泄洪雾化对环境的影响及缓解技术

韩昌海　张华　卢斌　余凯文　等著

U0227641

黄河水利出版社

·郑州·

内容提要

本书主要从细观尺度与宏观尺度出发,采用大比尺物理模型、非稳定渗流数值模型、随机统计模型、流体力学模型、大气数值模型,提出雾化环境响应机制和评估方法、低雾化度泄洪消能技术及影响缓解技术。主要内容包括泄洪雾化对岸坡稳定性的影响与控制技术;泄洪雾化对输变电及交通道路运行环境的影响及评估预警方法;不同挑流形式对泄洪雾化的影响,低雾化度的泄洪消能技术;低雾化度的泄洪运行调度技术,泄洪雾化对环境影响的缓解技术等。

本书可供水利水电工程设计、施工、管理及科研人员参考。

图书在版编目(CIP)数据

泄洪雾化对环境的影响及缓解技术/韩昌海等著
. —郑州:黄河水利出版社,2021.9
ISBN 978-7-5509-2998-2

Ⅰ.①泄…　Ⅱ.①韩…　Ⅲ.①泄水建筑物-雾化机理
-研究　Ⅳ.①TV65

中国版本图书馆 CIP 数据核字(2021)第 092160 号

出 版 社:黄河水利出版社　　　　　　　　　　网址:www.yrcp.com
地址:河南省郑州市顺河路黄委会综合楼 14 层　　邮政编码:450003
发行单位:黄河水利出版社
　　发行部电话:0371-66026940、66020550、66028024、66022620(传真)
　　E-mail:hhslcbs@126.com
承印单位:广东虎彩云印刷有限公司
开本:787 mm×1 092 mm　1/16
印张:21.75
字数:503 千字
版次:2021 年 9 月第 1 版　　　　　　　　　印次:2021 年 9 月第 1 次印刷

定价:158.00 元

前　言

　　泄洪雾化是指水利工程(特别是高坝工程)泄洪时下游局部区域内降雨和雾流弥漫现象,存在着不同程度的环境影响和安全问题。泄洪雾化危害的存在决定了开展相关研究的必要性。本书综合宏观尺度与微观尺度,采用理论分析、数值模拟、模型试验和原型观测等方法,研究泄洪雾化对环境影响评估技术,形成低雾化度泄洪消能及环境影响缓解技术。

　　本书内容包括泄洪雾化机制及危害、泄洪雾化对天气环境影响与评估方法、泄洪雾化入渗对坝区岸坡稳定影响及控制、泄洪雾化对坝区电力和交通的影响及综合防护、低雾化度泄洪消能技术研究和环境影响缓解技术研究等。本书面向从事水利设计、施工、管理、科研等工作者,也可以供相关领域的高校师生阅读参考。

　　本书各章节主要撰写者如下:第1章为泄洪雾化机制及危害,由韩昌海、余凯文撰写;第2章为泄洪雾化对天气环境影响与评估方法,由张华、彭燕祥撰写;第3章为泄洪雾化入渗对坝区岸坡稳定影响及控制,由卢斌、段祥宝、谢兴华撰写;第4章为泄洪雾化对坝区电力、交通的影响及综合防护,由卢斌、余凯文、谢兴华、韩昌海撰写;第5章为低雾化度泄洪消能技术研究,由韩昌海、余凯文、周辉、张陆陈撰写;第6章为泄洪消能雾化环境影响缓解技术研究,由余凯文、韩昌海、赵建钧撰写。

　　本书的出版得到国家重点研发计划"泄洪消能雾化对周边环境的影响及缓解技术研究"(2016YFC0401704)及国家自然科学基金-雅砻江联合基金项目"复杂环境下高坝枢纽泄流雾化机理与遥测-预测-危害防治技术研究"(U1765202)资助,在此表示衷心的感谢!

　　在本书写作过程中,作者虽力求审慎,但由于水平有限,书中不妥之处在所难免,敬请广大读者批评指正。

作　者

2021 年 7 月

目　录

第1章　泄洪雾化机制及危害

泄洪雾化主要是指水利枢纽在泄洪时段,由泄水建筑物下泄的高速水流在内部紊动和周围空气阻力等因素作用下,在空中掺气、扩散、碰撞、破碎,同时失稳后的水体进入下游河床与下游水体碰撞而产生的一种非自然降雨过程与水雾弥漫现象(见图1-1)。泄洪雾化是一个复杂的水、气两相流问题,涉及水舌空中掺气、扩散、破碎、碰撞及水舌入水激溅等多个物理过程。

(a)二滩水电站　　　　　　　　　　　　(b)溪洛渡水电站

图1-1　典型工程泄洪雾化

泄洪雾化的体现形式包括雨和雾。从工程实际运行和原型观测可知,雨比雾对水利枢纽的影响要大,但雾的运动模式更为复杂。雾化降雨相比自然降雨有很大的区别,自然降雨范围广,强度相对较小,而雾化降雨范围一般分布在水利工程下游局部地区,降雨区域小,但降雨强度较大。原型观测的降雨强度最大可达4 000~5 000 mm/h,而气象学有记录的最大降雨强度为636 mm/h,天然降雨中特大暴雨雨强的下限标准也仅为11.67 mm/h。枢纽泄水建筑物泄洪时,雾化降雨区的雨强大多会超过天然降雨中的特大暴雨的标准。泄洪雾化中产生的雾流则与天然雾流的区别不大,目前缺乏相关的对比研究成果。一般而言,泄洪雾化中的雾流浓度根据可见度分为浓雾、淡雾和薄雾,其划分的原则与天然雾流的划分标准一致。

实践表明,大型水电工程泄洪雾化的降雨强度及其影响范围相当大,这种非自然降雨对水利枢纽周边环境和下游岸坡所造成的威胁较自然降雨大得多。近30年来,中国大批高坝或超高坝相继开始建设运行,高水头大流量的泄洪需求、高边坡窄河谷的复杂地形环境,使得中国高坝泄洪环境越来越复杂,泄洪雾化引发的安全问题愈加凸显。因此,深入了解泄洪雾化问题,立足泄洪雾化的发生、发展过程,明确泄洪雾化机制,识别雾雨场共性特征,构建以泄洪源、泄洪水舌、雾雨源、雾雨场、雨强分区、防护分区为核心的防护体系(见图1-2),对确保工程的安全运行及缓解对周边环境的影响具有重要意义[1]。

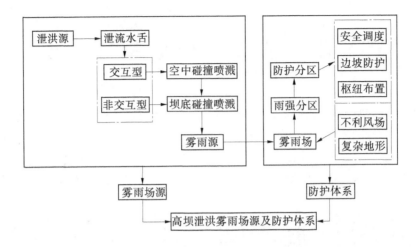

图 1-2　枢纽雾雨场源与防护体系

1.1　泄洪雾化机制

泄洪雾化与消能方式密切相关,不同消能方式产生水雾的机制、形态及雾量多寡,存在较大的差异。对于底流消能,雾化源是通过水跃产生的,雾化源包括坝面溢流面水流自掺气(见图 1-3 中 1 区)和水跃区水流强迫掺气(见图 1-3 中 2 区),其雾化形态主要是水雾,雾雨影响范围小,且强度小。而对于挑流消能,其雾化源通常来自三个方面,即水舌空中扩散掺气(见图 1-3 中 3 区)、水舌空中碰撞(见图 1-3 中 4 区)和水舌入水喷溅(见图 1-3 中 5 区),其形态主要是水滴,雾雨影响范围大,且强度大。

图 1-3　枢纽泄洪雾雨场源分区[1]

1.1.1　底流消能[2]

1.1.1.1　泄洪雾化过程

底流泄洪雾化的物理过程见图 1-4。水流在下泄和消能过程中形成的雾源在自然风和水舌风的综合作用下向下游扩散,在下游空间形成一定的水雾浓度,水雾经自动转换和碰并过程转变为雨滴。而水雾和水汽之间发生雾滴的蒸发或凝结过程,因雨滴数较雾滴少得多,一般不考虑雨滴的蒸发和水汽凝结为雨滴的过程,在图 1-4 中用虚线表示。

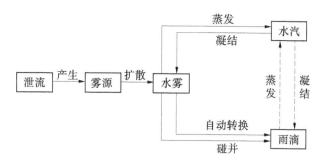

图 1-4　底流泄洪雾化的物理过程

泄水建筑物采取底流消能方式,雾源生成段和雾流扩散段是底流消能雾化发展过程的两个阶段。根据雾化产生机制的不同,底流泄流雾化源可分为两个:第一个是溢流坝面自掺气而产生的雾化源[见图 1-5(a)];第二个是水跃区强迫掺气而产生的雾化源[见图 1-5(b)]。

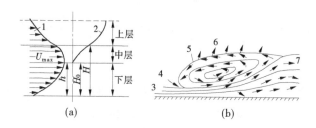

1—水流流速分布;2—空气含量分布;3—射流;4—空气挟;5—旋滚;6—空气逸出;7—主流

图 1-5　雾化源结构示意图

如图 1-5(a)所示坝面溢流自然掺气形成雾源,依据速度与含水浓度沿垂向的变化,溢流坝面上掺气水流可分为上、中、下三层。各层运动特征如下:①上层水滴在空气中运动,属气流挟带水滴的雾化流;②中层气泡在水流中运动,属水–气混合流;③下层不含气的水流运动,该层厚度随水流掺气程度的增加而减小。

如图 1-5(b)所示水跃区强迫掺气形成雾源,水跃区水流掺气强烈,水跃的挟气过程包括:从溢流水舌和水跃表面旋滚交界面(剪切面)开始,空气受水流的围裹而进入其中。由于剪切面的不稳定性,部分空气掺混至主流中,而绝大部分空气则通过水跃表面旋滚的作用从水面逸出。在空气以气泡的形式从旋滚表面逸出的过程中,部分水滴也将被挟带而进入空气中,这是水跃区雾源形成的主要因素之一。此外,由于水跃旋滚中紊动强烈,其垂向脉动也能将一部分水滴抛出水面,从而形成雾化流。

1.1.1.2 雾化范围与强度预测

1. 坝面溢流自由掺气的雾流计算

雾流的影响范围和含水率的分布,是雾流计算的两个主要内容。因而雾流中的水滴尺寸、含水率的状态和雾源距地面的高度,是计算中的几个基本量。

1)水滴最大抬升高度和水平移动距离

当水气交界面失去稳定性后,出现不稳定波坍塌,将空气卷入水流,与此同时,在水流垂向脉动作用下,水滴脱离水面跃入空气中,首先溅入被水流表面带动的空气流中,并在表面张力的作用下,形成球状水滴,一方面以水流相近的速度沿纵向运动,另一方面在流速垂直脉动作用下,被抛到某一高度,而后部分水滴跌回水流,部分水滴被气流带走形成雾流。梁在潮通过试验得出以下公式:

水滴抬高的最大高度($h_\alpha-H$)

$$\frac{h_\alpha - H}{H} = 1.75i \tag{1-1}$$

水滴在水面以上停留的最长时间

$$t = 3.75\sqrt{\frac{Hi}{g}} \tag{1-2}$$

水滴抬高到计算高度时,水滴停留在水面以上的时间

$$t = 2\sqrt{\frac{2(h_\alpha - H)}{g}} \tag{1-3}$$

式中:i为坝面斜坡,$i=\tan\theta$,θ为坝面坡脚;h_α为空气含水率为0.95的点的坐标;H为清水水深。

2)雾化量

根据能量的观点,一种气流只能挟带一定大小的水滴和一定的含水率;否则,超过了气流挟带能力的水滴,形不成雾化流。因此,雾化量的计算,应首先计算水流粒径分布及其能被气流挟带量和含水率的分布。

定义空气含量α为空气体积与全部水气混合体积之比,安德生根据试验资料得出了空气含量的计算式:

当$z<H$(在水面以下)

$$\alpha = \frac{1}{2}\left[1 - \text{erf}(1 \times 2\frac{1 - z/H}{1 -h_\alpha/H})\right] \tag{1-4}$$

当$z>H$(在水面以上)

$$\alpha = \frac{1}{2}\left[1 + \text{erf}(\frac{z/H - 1}{h_\alpha/H - 1})\right] \tag{1-5}$$

式中:z为垂向坐标。

水面以上的掺气流单宽含水率

$$q = \int_H^{h_\alpha} (1 - \alpha)\, \mathrm{d}z = \int_H^{h_\alpha} \left\{ 1 - \frac{1}{2}\left[1 + \mathrm{erf}(\frac{z/H - 1}{h_\alpha/H - 1}) \right] \right\} \mathrm{d}z \tag{1-6}$$

式中 H、h_α、z 含义同前。

2. 水跃区雾源量计算

从水面旋滚表面逸出的空气,是水跃区产生雾化的主要原因。当空气从水滚表面逸出时,破坏了其完整的表面,随着逸出的气泡大小不同,产生不同的垂向流速,进而将水滴带动抛离水面,形成气挟水滴的雾化流。

1)水滴最大抬升高度

根据流速垂直脉动谱密度的研究结果,最强烈的脉动能量等于 $4\rho_a \overline{u}'^2 / 2$,正是这些脉动才能将水滴掀到最高度 $(h_\alpha - H)$,即

$$h_\alpha = \frac{4\overline{u}'^2}{2g} + H \tag{1-7}$$

2)水跃区雾源量

近似认为水面以上的掺气率 β_z 的分布符合:

$$\beta_z = \frac{\tau}{2}\left[1 + \mathrm{erf}(\frac{z/H - 1}{h_\alpha/H - 1}) \right] \tag{1-8}$$

式中:τ 为系数,用水面的掺气率为水滚表面逸出的掺气率求得。

水跃区的单宽含水率为

$$q_2 = \int_H^{h_\alpha} (1 - \beta_z)\, \mathrm{d}z \tag{1-9}$$

H 根据水跃不同的断面采用不同值,例如跃前断面,H 则采用跃前水深;计算全水跃区的单宽含水率,则需考虑水跃跃长的影响。

3. 雾化流影响范围计算

水跃区及坝面溢流产生的雾化流,受风速和气流本身紊动扩散的影响,将向下游扩散,其影响范围可用以下两式计算:

(1)考虑雾流水滴沉降效应的雾流扩散

$$\frac{C_m}{C_{mv}} = 2k_1^3 (1 - e^{-h})^{-1} \frac{a^2}{\left(a^2 + \frac{k_1^2}{4}\right)^2 \left(a^2 + \frac{k_1^2}{4} + k_1\right)} \exp\left[-(a^2 + \frac{k_1^2}{4})k_2 X \right] \tag{1-10}$$

$$k_1 = \frac{6\omega h}{uh}; k_2 = \frac{uh}{6\omega h}; a = 0.505\pi$$

式中:C_{mv} 为雾流起始含水率;ω 为水滴沉降速度;h 为雾流厚度;u 为风速。

(2)线源雾流扩散

$$C_m(x,y,z,H) = \frac{Q_0}{2\sqrt{2\pi} u\sigma_z}\left\{ \exp\left[-\frac{(z+H)^2}{2\sigma_z^2} \right] + \exp\left[-\frac{(z-H)^2}{2\sigma_z^2} \right] \right\}\left[\mathrm{erf}(\frac{y+y_0}{\sqrt{2}\sigma_y}) - \mathrm{erf}(\frac{y-y_0}{\sqrt{2}\sigma_y}) \right]$$

$$\tag{1-11}$$

式中：$C_m(x,y,z,H)$ 为下游空间任意一点的水雾浓度；Q_0 为源强；u 为风速；σ_y 和 σ_z 分别为垂向扩散系数和横向扩散系数；H 为雾化流的有效扩散高度，取 x 轴与气流方向平行，线源总长为 $2y_0$。

对于地面（$z=0$）的浓度计算式为

$$C_m(x,y,z,H) = \frac{Q_0}{2\sqrt{2\pi}u\sigma_z}\left\{\exp\left[-\frac{H^2}{2\sigma_z^2}\right]\right\}\left[\mathrm{erf}\left(\frac{y+y_0}{\sqrt{2}\,\sigma_y}\right) - \mathrm{erf}\left(\frac{y-y_0}{\sqrt{2}\,\sigma_y}\right)\right] \quad (1\text{-}12)$$

1.1.2 挑流消能

1.1.2.1 泄洪雾化过程

挑流泄洪雾化的物理过程见图1-6。高坝挑流泄洪雾化是水舌在空中运动过程中紊动掺气形成不连续水体和落入下游水体时激溅反弹形成破碎水滴，向周围扩散形成降雨和雾流的现象。

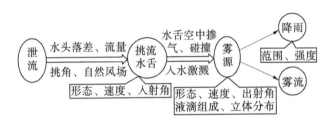

图1-6 挑流泄洪雾化的物理过程

泄水建筑物采取挑流消能方式时，泄洪产生的雾化源来自水舌空中扩散掺气、水舌空中碰撞和水舌入水喷溅。

泄水建筑物的鼻坎射出的高速水舌在空气中运动时，由于水和空气的相互作用，分别在水舌和空气边缘形成了两个边界层，并且在交界面上产生旋涡。当水舌边界层与空气边界层交汇后，这些旋涡体势必发生混掺和交换，而分裂成更小的旋涡，加剧水舌的紊动，使得水舌在横向和纵向不断扩散，从而形成掺气水舌。随着水舌的分裂破碎，水舌的掺气也越来越充分，外观如白色棉絮，分裂出的水块和水滴在沿程运动中又进一步分裂成更小的水滴或水汽。那些直径大的水滴落到水面或岸坡便形成降雨，直径小的水滴和水汽将飘逸在空中而形成水雾。

当泄洪水舌在空中碰撞时，水流上下翻滚，动能损失明显增加。另外，水舌高度紊动和变形，把边缘含气浓度较高的水团带到水舌核心中去，加速水舌的裂散。经过碰撞后的水舌，断面的掺气程度进一步增加，从水舌飞逸出的水滴和水汽更多，因此在水舌碰撞点周围内形成降雨和水雾。

水舌以较高的速度射向水垫，当水舌和下游水垫刚接触时，由于表面张力的作用，水舌还来不及排开水垫中的水，因此产生类似两固体相撞击的现象，在接触面处有较大的撞击力。撞击后，水舌将落水处水体排开、压弹形成喷溅。由于下游水垫并非完全柔性，其本身具有较强的压弹效应，因此混掺碎裂的水块入水时不会完全进入下游水垫，而会由于水垫的压弹效应和水块的表面张力作用，使一部分反弹起来，成为喷溅水流向下游及两岸抛射出去。这些水体在水舌风作用下进一步破碎，大直径水滴形成降雨，落入河床及两岸；小直径水滴形成水雾,笼罩着河床,并在水舌风和自然风的作用下向下游延伸变淡直至消散。

原型观测结果表明,空中水舌掺气扩散形成的雾化源不大,雾化源主要来自水舌空中碰撞和水舌落水附近水的喷溅。水舌在空中碰撞和入水时,形成强烈的激溅作用,激溅起来的水团或水滴可近似地看作弹性体在重力、浮力和空气阻力作用下以不同的出射角度、速度做抛射运动,这些高速溅起的水团或水滴在一定范围内产生强烈的"水舌风"或"溅水风","水舌风"又促进水团或水滴向更远处扩散,即向下游和两岸山坡扩散。根据挑流泄洪雾化各区域的形态特征和形成降雨的强弱,将挑流泄洪雾化分为两个区域,即溅水区和雾流扩散区。溅水区的范围为水舌空中碰撞点到入水点后的一定范围,包括水舌碰撞区和入水喷溅区;雾流扩散区在溅水区之后,包括雾流降雨区和薄雾区,分区示意图如图 1-7 所示。

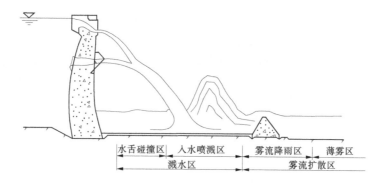

图 1-7　挑流泄洪雾化分布区域示意图

1.1.2.2　挑流水舌空中扩散特性

挑流水舌在空中的运动扩散特性取决于水舌初始断面的水流条件和周围流体的运动,其运动扩散过程大致可分为四段,即初始段、过渡段、分裂段和破碎段,如图 1-8 所示。初始段,水舌表面受到周围空气等流体的扰动,但存在一未受周围流体扰动的核心区。过渡段,水舌外观呈不透明的连续体,水舌表面产生大波纹且不断有细小水颗粒逸出,该阶段水舌中存在空隙,但水舌基本还是处于密实状态。分裂段,水舌紊动加剧,不断分裂为水束,甚至大水片,水束时断时续地摆动,在水舌中可明显地看到间隙。破碎段,水束、水片在重力、空气黏滞力等作用下,进一步破碎,破碎段前部水束破碎成大水片,中部破碎成小水片,后部则破碎成细小水滴。

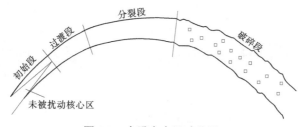

图 1-8　水舌空中运动分区

1. 挑流水舌横向扩散特性

自由挑流水舌的横向扩散特性与鼻坎的体形有关[3],对于连续坎,横向扩散特性与出口宽深比弗劳德数 Fr_λ 有关,$Fr_\lambda = \lambda^{-3}Fr_0$,$\lambda = (B/h_0)^{-3}$。

当 $Fr_\lambda > 0.1172$ 时可用式(1-13)表示为

$$\frac{b - b_0}{2S} = k + le^{k_1\sqrt{\bar{S}}} \tag{1-13}$$

式中:b_0 为鼻坎出口处水舌宽度,m;b 为沿水舌抛射轨迹 S 上的横向水舌宽度,m;S 为水舌厚度为 h 的断面到初始断面的曲线距离,m;$\bar{S}$ 为水舌相对抛射距离,$\bar{S} = S/h_0$;$k = k_{11} + k_{12}\sqrt{Fr_\lambda} + k_{13}Fr_\lambda$,其中 Fr_λ 为出口宽深比弗劳德数;$l = l_{11} + l_{12}\sqrt{Fr_\lambda} + l_{13}Fr_\lambda$,其中 k_{11}、k_{12}、k_{13}、l_{11}、l_{12}、l_{13} 为系数。

当 $Fr_\lambda < 0.1172$ 时可用式(1-14)表示为

$$b/b_0 = 1 + [0.426Fr_0(b_0/h_0)^{-3} - 0.032]S/h_0 \tag{1-14}$$

舌形鼻坎横向扩散也可用式(1-13)表示,其中 $k = -0.01932 + 0.1418Fr_\lambda$,$l = -1.884 + 3.596Fr_\lambda^{0.1}$。

张华[4]经回归分析得到 b 满足:

$$b/b_0 = 1 + k_b \cdot S/h_0 \tag{1-15}$$

式中:b、b_0、h_0、S 的含义同前;$k_b = 3.6804(Fr_0 \cdot b_0/h_0)^{-2} + 0.0837(Fr_0 \cdot b_0/h_0)^{-1} - 0.0036$。

式(1-13)~式(1-15)中水舌厚度为 h 的断面到初始断面的曲线距离 S 可用式(1-16)计算为

$$S = \frac{(u_0^2\cos\theta_0)^2}{2g}\left[t\sqrt{1 + t^2} + \ln\left|2t + 2\sqrt{1 + t^2}\right|\right]_{t(0)}^{t(lb)} \tag{1-16}$$

式中:$t_0 = -\tan(\theta_0)$;$t_{lb} = gL_b/(u_0\cos\theta_0)^2 - \tan(\theta_0)$。

2. 挑流水舌纵向扩散特性

刘宣烈等通过试验方法探究了二元[5]、三元[6]挑流水舌空中纵向扩散规律。试验表明二元挑流水舌纵向扩散与单宽流量和出射角有关,水舌任一断面厚度表达式为

$$h/h_0 = 1 + (0.038 + 0.0144\frac{\theta_0}{\pi})S/h_0 \tag{1-17}$$

进一步可化简为

$$h = h_0 + 0.04S \tag{1-18}$$

式中:h_0 为初始断面水舌厚度,m;θ_0 为水舌的出射角,rad;S 为水舌厚度为 h 的断面到初始断面的曲线距离,m。

三元挑流水舌沿程纵向扩散满足:

当 $S/h_0 \leq 5$ 时　　　　　　　　$h/h_0 = 1 + 0.02S/h_0$ $\tag{1-19}$

当 $S/h_0 > 5$ 时　　　　　　　　$h/h_0 = 1.1e^{k_1(S/h_0 - 5)^{n_1}}$ $\tag{1-20}$

式中:k_1 为系数,满足 $k_1 = (0.264Fr_0 - 0.555)/(h_0b_0)$;$n_1$ 为系数,满足 $n_1 = 0.97 \times$

$(b_0/h_0)^{-0.321}$; h_0、S 的含义同前。

当 $b_0/h_0 \geqslant 8$ 时,水舌将由三元转换为二元。

1.1.2.3　挑流水舌入水激溅特性

挑流水舌在空中运动的速度和扩散特性值既决定了水舌与下游水垫碰撞时的惯性,也决定了水舌入水的位置和角度。因此,挑流水舌入水时的水力特性由水舌在空中的运动决定。挑流水舌入水喷溅过程可分为三个阶段:撞击阶段、溅水阶段和流动形成阶段。

(1)撞击阶段:当水舌与下游水垫刚接触时,由于表面张力的作用,水舌还来不及排开水垫中的水,因此产生类似两固体相撞的现象,这种撞击将引起一个短暂的高速激波。这种入水激波的作用,使水舌落水处的水面升高,发生壅水现象,且水舌落水点上游水面升高值较小,下游水面升高值较大。同时发现在水舌与水面接触处有较大的撞击力,它将改变水舌的速度并产生喷溅。

(2)溅水阶段:当水舌和下游水面撞击后,水垫中的水从水舌入水处流开,溅水即开始形成。掺气水舌在到达入水点时已经充分掺混、破碎。由于下游水垫并非完全柔性,其本身具有较强的压弹效应,因此掺气水舌入水时大部分水会进入下游水垫,在受到下游水垫压弹效应和水体的表面张力作用下,其中一小部分水会反弹起来,成为喷溅水块向下游及两岸抛射出去,在水舌风的影响下进一步破裂,抛散形成雨滴和云雾。由于水块喷溅与下游水流流向形成各种角度,而且初始抛射角度和初速度又各相异,具有随机性,因而不会有恒定的喷溅轨迹和喷溅距离,而是形成一定的喷溅范围。喷溅轮廓近似于一条轴线近于水平的抛物线。由上可知,喷溅运动可视为水块的反弹溅射运动,其运动主体类似于质点的斜抛运动。研究表明,溅水出射角和出水速度随入水速度和入水角度的改变而改变,当下游水垫足够深时,水深对溅水出射角和抛射速度影响不大。

(3)流动形成阶段:紧接在撞击之后,下游水体被掺气水舌带入运动状态,流动形成阶段开始,掺气水舌进入下游水垫时,水舌周围边界将卷掺空气带入水内,由自由抛射转为淹没射流,由于水流的强烈紊动,卷掺两侧水体,水舌将继续扩散,断面逐渐加大,流速不断降低,临底水舌弯曲,两侧形成大旋涡,能量大部分在水垫中消耗。

1.1.2.4　挑流水舌空中碰撞特性

水舌空中碰撞消能是高拱坝经常采用的消能技术,水舌在空中碰撞使水舌紊动更加剧烈,掺气量增大,并喷溅出大量的水滴成为雾化源,对下游造成一定的雾化危害。

两股水舌空中碰撞如图 1-9 所示,q_1、v_{1m}、β_1 分别为上层水舌的单宽流量、汇合处的流速和流速与水平方向的夹角;q_2、v_{2m}、β_2 分别为下层水舌的单宽流量、汇合处的流速和流速与水平方向的夹角;q_m、v_m、β_m、h_m、$\overline{C}_m$ 分别为混合水舌的单宽流量、汇合处的流速、流速与水平方向的夹角、水舌厚度和平均含水浓度。

刘沛清等[7]在二元流的条件下和两股射流在空中碰撞后合成一股并沿其一方向射出的假定下,利用流体力学的动量积分方程,导出了计算两股水舌在空中碰撞后合成水舌的流速 v_m、方向 β_m 和水舌厚度 h_m 和平均含水浓度 $\overline{C}_m$ 计算关系式分别为

$$\tan\beta_m = \frac{q_1 v_{1m}\sin\beta_1 - q_2 v_{2m}\sin\beta_2}{q_1 v_{1m}\cos\beta_1 + q_2 v_{2m}\cos\beta_2} \tag{1-21}$$

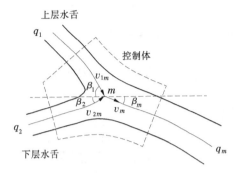

图 1-9　两股水舌相碰示意图

$$v_m = \frac{q_1 v_{1m} \cos\beta_1 + q_2 v_{2m} \cos\beta_2}{q_m \cos\beta_m} \qquad (1\text{-}22)$$

$$h_m = \frac{h_{1m} v_{1m} + h_{2m} v_{2m}}{v_m} \qquad (1\text{-}23)$$

$$\overline{C}_m = \frac{q_1 + q_2}{v_m h_m} \qquad (1\text{-}24)$$

孙建等[8]在三元流的条件下,用动量积分方程导出的三维碰撞流速和方位角分别为

$$u_s = \frac{\sqrt{J_x^2 + J_y^2 + J_z^2}}{q_s^2} \qquad (1\text{-}25)$$

$$\sin\alpha_s = \frac{J_z}{\sqrt{J_x^2 + J_y^2 + J_z^2}} \qquad (1\text{-}26)$$

$$\tan\beta_s = \frac{J_y}{J_x} \qquad (1\text{-}27)$$

式中:J_x、J_y、J_z 为水舌碰撞前动量;q_s、u_s、α_s、β_s 分别为水舌碰撞后水舌的单宽流量、流速、仰角和平面角。

1.1.2.5　雾流扩散模式

　　雾流扩散区包括雾流降雨区和薄雾区。雾流扩散区的降雨是由两部分组成的,一部分是挑流水舌从抛射最高点开始的下坠过程中,在各种力的作用下,水舌的外缘部分与水舌主体发生了分离现象,这些分离的水雾受水舌风的影响向下游扩散;另一部分是在水舌风的作用下,入水喷溅区外缘的水滴向两侧和下游扩散,从而形成雾流降雨。雾流扩散区的降雨主要由后一部分构成。雾流扩散区水雾的运动可视为水雾在空气中的扩散运动,属于气—液两相流的研究范畴。

　　雾流扩散区的水雾存在以下三种运动:

　　(1)在水舌风和自然风的综合作用下,空气处于流动状态。空气中存在许多大小不等的雾滴,这些雾滴随空气团的流动而发生迁移现象,把这种现象称为随流输送。

　　(2)在随空气团运动过程中,雾滴由于受重力的作用产生铅直方向的相对运动,其运动速度取决于重力、阻力和惯性力。因雾滴的直径很小,惯性力可以忽略不计。一般地,可以近似认为水雾在空气流中的阻力与在静止空气中的阻力相等。因而雾滴在空气流中铅直方向的相对速度与其在静止空气中的沉降速度相同。

（3）一般地,空气中的水雾浓度分布不均匀,当紊动空气团在两点间进行交换时,也将造成水雾的不等量交换,使一部分水雾从浓度较大的地方被挟带到浓度较小的地方,即形成水雾的紊动扩散。水雾紊动扩散的通量与其浓度梯度成正比。

1.1.2.6　雾化范围与强度预测

梁在潮[9]在分析坝下游雾化时,按其形态将雾化范围分成水舌溅水区、强暴雨区、雾流降雨区和薄雾大风区,重点研究了溅水区的影响范围,得出在考虑多种因素下溅水纵向距离和横向影响宽度：

$$L = \frac{u}{\sqrt{K_1 K_2 g}} \tan^{-1} K - \frac{1}{K_1} l_n \left[\sqrt{\frac{K_1}{K_2 g}} (u - u_0 \cos\gamma) \tan^{-1} K + 1 \right] \qquad (1-28)$$

$$D = \frac{2}{K_1} l_n \left[u_0 \cos\gamma \cos\alpha_m \sin\alpha_m \sqrt{\frac{K_1}{K_2 g}} \tan^{-1} \left(\frac{2u_0 \sin\gamma \cos\alpha_m \sqrt{K_1 K_1 g}}{K_2 g - K_1 u_0^2 \cos^2\gamma \cos^2\alpha_m} \right) + 1 \right] \qquad (1-29)$$

式中：u 为水舌风速；$K_1 = 3\rho_a c_f / 8\rho_w r_0$, r_0 为水滴粒径；$K_1 = 1 - \rho_a / \rho_w$；$K$ 为风阻参数，$K = 2u_0 \sin\gamma \sqrt{K_1 K_1 g} / (K_2 g - K_1 u_0^2 \sin\gamma)$；$\alpha_m$ 为水块达到最大横向距离时的反弹角；u_0 为入水断面流速；L 为溅水纵向距离；D 为溅水的横向影响宽度。

刘宣烈[10]将雾化区分成浓雾暴雨区、薄雾降雨区和淡雾水汽飘散区,并在收集大量挑流消能方式下泄洪雾化原型观测资料的基础上,经统计分析后,对拟建工程的雾化范围提出了如下估算公式。

对于浓雾暴雨区：

纵向范围　　　　　　　　$L_1 = (2.2 \sim 3.4)H$

横向范围　　　　　　　　$B_1 = (1.5 \sim 2.0)H$

高度　　　　　　　　　　$T_1 = (0.8 \sim 1.4)H$

对于薄雾降雨区和淡雾水汽飘散区：　　　　　　　　　　　　（1-30）

纵向范围　　　　　　　　$L_2 = (5.0 \sim 7.5)H$

横向范围　　　　　　　　$B_2 = (2.5 \sim 4.0)H$

高度　　　　　　　　　　$T_2 = (0.8 \sim 1.4)H$

式中：H 为最大坝高,m；L_1 和 L_2 皆为距坝脚或厂房后的纵向距离,m。

孙双科[11]基于 Rayleigh 量纲分析法建立了估算泄洪雾化纵向边界的经验公式：

$$L = 10.267 \left(\frac{v_c^2}{2g} \right)^{0.7651} \left(\frac{Q}{v_c} \right)^{0.11745} (\cos\theta)^{0.06217} \qquad (1-31)$$

式中：v_c 为入水流速；Q 为泄量；θ 入水角度。

式(1-31)的适用范围为：$100 \ m^3/s < Q < 6\,856 \ m^3/s$,$19.3 \ m/s < v_c < 50.0 \ m/s$。

吴柏春[12]认为溅起的水滴直径是沿程递减和连续的,得出降雨强度的表达式为

$$I - I_0 = F \frac{g}{v_t^2} \left(\frac{v_t^2}{g x_1} \right)^3 \left(2 \frac{y_1}{x_1} + 1 \right)^{-4} \qquad (1-32)$$

式中：$I_0 = 7.0 \times 10^{-6} \ m/s$；$F = 25 \ m^2/s$；$v_t$ 为水舌入水速度；x_1、y_1 为下游水面上某点的坐标(以水舌入水点为坐标原点)。

周辉、陈慧玲运用模糊综合评判的方法计算雾化降雨区内任意一点雨强：

$$S = f(Q, H, a, \beta, \beta_1, \beta_2, x, y, z) \tag{1-33}$$

式中：Q 为泄洪流量；H 为上下游水位差；a 为挑坎末端至下游水面高差；β 为地形条件影响因素；β_1 为挑流出口边界条件和水舌运动状态影响因素；β_2 为气象条件影响因素；x, y, z 为以水舌入水点为参照点，被考察点的空间直角系坐标，其中 x 沿水舌出流方向，z 沿铅直方向。

1.2　泄洪雾化研究方法

泄洪雾化的量化指标主要包括降雨强度分布与雾化边界。目前，对泄洪雾化的研究方法主要有三种，即原型观测、物理模型试验和数值模拟计算。

1.2.1　原型观测

原型观测是认知泄洪雾化现象最为直观可靠的方法，为泄洪雾化理论研究和工程设计奠定了夯实的基础。20 世纪 80 年代以来，我国先后开展了东风、湾塘、鲁布革、沿滩、二滩、拉西瓦、锦屏、官地、白山等工程的泄洪雾化原型观测研究。这些宝贵的雾化原型观测资料为泄洪雾化的深层次研究和从经验走向科学提供了依据。常见的泄洪雾化原型观测方法有雨滴滴谱法、核子方法等。泄洪雾化原型观测受现场随机观测条件影响较大，且进行原型观测需大量的人力、财力、物力支持。随着中国水电工程的持续性开发建设，枢纽泄洪雾化原型观测有必要向着观测技术遥测化、观测样本特色化、观测尺度多样化等方向综合突破，为泄洪雾化的变化规律研究提供数据支撑。

1.2.1.1　雨滴滴谱法

泄洪雾化原型观测时，大雨区可用特制的量筒重量法测量，小雨区可用雨滴谱法测量。

雨滴滴谱法又称为滤纸色斑法，其做法是：取一张滤纸，在其表面用毛刷均匀涂上一层玫瑰精和滑石粉的混合干粉末，这种混合干粉末在干燥的情况下不显色。但当雨滴落在滤纸上后，混合干粉末遇水变色，每个雨滴在滤纸上产生一个一个永久性的玫粉色的粗糙圆形色斑。通过对滤纸上色斑直径的量度，依据事先率定的粗糙圆形色斑直径与空中雨滴直径的关系，可获得模型试验中每个雨滴的直径，再根据滤纸上雨滴的数目、滤纸大小，依据特定的方法，得到雾化雨滴滴谱特性，由下式求得各点原型降雨强度：

$$V = \sum_1^m \frac{4}{3}\pi \left(\frac{d_i}{2}\right)^3 = \sum_1^m \frac{\pi}{6}(d_i)^3 \tag{1-34}$$

$$P = \frac{V}{S_1 T} \tag{1-35}$$

式中：V 为降雨量，mm^3；d_i 为原型观测雨滴直径，mm；S_1 为降雨面积，mm^2；T 为降雨时间，h；P 为原型降雨量，mm/h。

1.2.1.2　核子方法[14]

水电站大坝泄洪雾化浓度的测量若采用常规雨量计或量筒重量法，只能给出布置测点的总水量，无法得知泄洪过程中水雾浓度及其变化情况，更不能得知雾化场三维空间其他所需测点的水雾浓度。为解决这一难题，南京水利科学研究院（曹更新，1993）提出了核子方法测量泄洪雾化浓度,并在 1992 年鲁布革水电站大坝泄洪雾化原型观测中同时利用 γ 射线和 β 射线探测系统对泄洪雾化浓度分布进行了现场测试,取得了比较满意的成果,证明了这一测试方法的应用是可行的。

利用核子方法测量泄洪雾化浓度,无论用 γ 射线或者 β 射线,均利用射线的吸收原理,即射线从放射源发出,经过水气介质被探测器接收,当介质密度增大(即浓度增大),对射线的吸收增强,使探测器接受的射线强度减弱,并按照一定的规律变化,即

$$N = N_0 \mathrm{e}^{-\mu_m d\rho} \qquad (1\text{-}36)$$

式中:N_0 为射线的初始强度,即未穿透介质前的强度,次/s;N 为射线穿透介质以后的强度,次/s;μ_m 为介质对射线的质量吸收系数,cm^2/g;d 为源距,即放射源至探测器间的距离,cm;ρ 为介质密度,$\mathrm{g/cm}^3$。

1. γ 射线测量雾化

γ 射线测量雾化,应用的是低能源镅–241,为点状源,探测器为碘化钠晶体与光倍增管(GDB–23)相配合。经过室内标定,计数率 N 随介质密度的变化有明显的指数规律,因而可以推出雾化浓度随计数率 N 变化的计算公式:

$$W = \frac{l_n N_{\text{气}} - l_n N}{l_n N_{\text{气}} - l_n N_{\text{水}}} \qquad (1\text{-}37)$$

式中:W 为雾化浓度,即水气介质中水体积占水气体积的百分数(%),也可称为水量;N 为射线穿透水被测水气混合体介质的计数率,次/s;$N_{\text{气}}$ 为射线穿透净气的计数率,次/s;$N_{\text{水}}$ 为射线穿透净水的计数率,次/s;$N_{\text{气}}$ 和 $N_{\text{水}}$ 可通过标定试验确定,南京水利科学研究院(曹更新,1993)通过标定试验确定了水雾浓度与 γ 射线计数率的关系曲线,如图 1-10 所示,雾化浓度与 γ 射线计数率对数值线性关系较好。

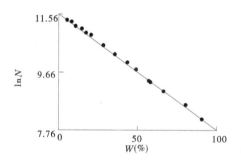

图 1-10 雾化浓度与 γ 射线计数率的关系曲线

2. β 射线测量雾化

利用高灵敏 β 射线穿透法测量雾化浓度的方法特别适用于高坝泄洪雾化低雾化浓度区域的观测。β 射线测量雾化,应用 β 平面源锶–90,探测器为塑料闪烁体与光倍增管(GDB–28)相配合,能够较准确地测量雾化浓度的变化,迅速直观。透射的 β 射线计数率随介质密度即雾化浓度(以体积百分含水率表示)增大而基本呈指数规律衰减,即

$$N = AN_0 \mathrm{e}^{-BM} \qquad (1\text{-}38)$$

式中:N_0 为 β 射线的初始计数率,次/s;N 为 β 射线穿透射计数率,次/s;M 为雾化浓度(%);A、B 为常数,可通过标定试验确定,南京水利科学研究院(曹更新,1993)通过标定

试验,确定了一组雾化浓度随 β 射线计数率关系曲线,如图 1-11 所示,标定曲线可近似地表示为两条斜率不同的线段,即两个斜率不同的线性函数:

当 $0 \leqslant M \leqslant 1.5\%$ 时 $\qquad M = 2.88\ln\dfrac{N_0}{N}$ $\qquad$ (1-39)

当 $1.5\% \leqslant M \leqslant 5\%$ 时 $\qquad M = 5.85\ln\dfrac{N_0}{N} - 1.64$ $\qquad$ (1-40)

在实际测量时,只要先测定出空气中射线的初始计数率 N_0,再测出不同雾化浓度下的计数率 N,即可据标定曲线计算出相应的雾化浓度 M。

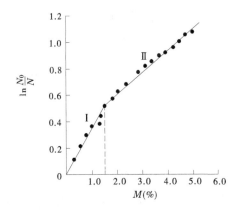

图 1-11　雾化浓度与 β 射线计数率关系曲线

1.2.2　物理模型试验

泄洪雾化物理模型试验是研究枢纽泄洪雾化重要的手段之一。泄洪雾化的室内物理模拟试验包括两种:一是基于重力相似准则的水工模型试验,能够直观地反映泄洪雾化降雨形成过程,结合理论分析可用于探究泄洪雾化雨强及雨区影响范围与泄量、水头、鼻坎体形、泄流方式和入水参数的关系;二是泄洪雾化专项模拟试验,如水舌入水喷溅全过程模拟和雾流空中扩散特性模拟等,主要用于研究泄洪雾化机制和率定泄洪雾化数学模型参数。

泄洪雾化物理模型试验中雾化降雨的测量也常常采用量筒重量法和雨滴滴谱法,但在确定原模型雨强、雨区比尺时需要综合考虑模型的缩尺效应。泄洪雾化涉及水舌空中的掺气、扩散、碰撞、破碎、入水激溅等多个物理过程,属于气液两相流范畴,影响因素众多,泄洪雾化模型与传统水工水力学模型有所不同。

泄洪雾化模型如仅考虑重力相似定律,其成果与原型实际现象有时相差甚大,雾化现象的模拟必须考虑表面张力相似(韦伯数)。高速运动的水流,其表面破碎,主要原因来自水流本身的紊动和摆脱水面张力的能力,脱离泄流主体之后的水滴、水块、水团及水股,其运动应该是重力运动。只有当水滴细小成为 $d<100~\mu m$ 时,空气对其作用显得比较大,$d>100~\mu m$ 时水滴已具有明显的下落速度,成为毛毛雨。可见流体表面失去动力稳定性时出现分裂,大于 100 μm 的水团、水滴应该是降雨的主要成分,它们离开主流水体运动的初始方向带有随机性,但水滴初始速度值仍应与该点所在的水体运动速度一致,运动特性仍为重力抛射运动。因此,泄洪雾化试验需要满足重力相似(满足弗劳德数定律),同时也应该考虑表面破碎因素,满足韦伯准则。

泄洪雾化物理模型在设计时既要遵守重力相似又要遵循表面张力相似,使得模型水流流速相似律出现矛盾,重力相似要求模型水流流速比尺为:$V_r = \sqrt{L_r}$(L_r 为尺度比尺),而表面张力相似要求 $V_r = \dfrac{1}{\sqrt{L_r}}$,只有在 $L_r = 1$ 时才能同时满足。因此,泄洪雾化模型只能抓住主要因素,遵循重力相似准则,保证水流主要物理量相似,而忽略一些次要因素,这就使得雾化模型存在明显的缩尺效应。在将模型试验数据转换到原型时,需要增加一个修正因子 K,使得模型与原型的雾化参数一致。具体表述如下:

设 $\mathbb{I}_1$、$\mathbb{I}_2 \cdots$ 表示雾化主要的相似准则,$\mathbb{I}'_1$、$\mathbb{I}'_2 \cdots$ 表示被忽略的及尚未被认知到的相似准则,那么相似准则可以表示为

$$\mathbb{I}_i = f_i(\mathbb{I}_1, \mathbb{I}_2, \cdots; \mathbb{I}'_1, \mathbb{I}'_2, \cdots) \tag{1-41}$$

其中,$\mathbb{I}_i$ 为任意未知系数。若忽略 $\mathbb{I}'_1$、$\mathbb{I}'_2 \cdots$,并应用比例模拟方法,则式(1-41)可写成:

$$\mathbb{I}_i = F_i(K_1\mathbb{I}_1, K_2\mathbb{I}_2, \cdots) \tag{1-42}$$

式中:K_1、$K_2 \cdots$ 为系数,是被忽略掉的相似准则的函数,即 $K_j = \varphi(\mathbb{I}'_1, \mathbb{I}'_2, \cdots)$。

为了使物理现象相似,必须满足:

$$(K_i\mathbb{I}_i)_{原体} = (K_i\mathbb{I}_i)_{模型} \tag{1-43}$$

或

$$(\mathbb{I}_j)_{原体} = K_j(\mathbb{I}_j)_{模型} \tag{1-44}$$

$$K_j = \frac{(K_j)_{模型}}{(K_i)_{原体}} \tag{1-45}$$

式中:K_j 为雾化相似修正因子。

南京水利科学研究院(陈慧玲、吴时强等)通过大量的模型试验、原体观测、原观反馈分析及辅助室内专门试验,确定出了泄洪雾化降雨雨强原型和模型之间的关系进而求得 K_j。根据二滩、安康、岩滩、东风水电站等原型观测与模型试验结果的对比分析得到了表 1-1 所示的关系。

表 1-1　各水电站原型与模型雨强关系

水电站名称	模型		原型与模型雨强关系 $(K = h_p/h_m)$	消能方式
	几何比尺	韦伯数		
安康	35	659	$K = (L_r)^{0.7}$	宽尾墩,戽式消力池
岩滩	36	689	$K = (L_r)^{0.51}$	宽尾墩,戽式消力池
东风	80	756	$K = (L_r)^{0.74}$	收缩消能工
乌江渡	35	523	$K = (L_r)^{1.53 \sim 1.64}$	挑流鼻坎
漫湾	100	—	$K = (L_r)^{1.55 \sim 2.30}$	挑流鼻坎
二滩	25	1 309	$K = (L_r)^{0.8 \sim 1.0}$	表孔泄流
	25	680	$K = (L_r)^{0.4 \sim 0.6}$	中孔泄流
	25	—	$K = (L_r)^{0.5}$	表中孔对撞

此外,南京水利科学研究院根据乌江渡水电站泄洪雾化资料,开展系列模型试验并辅以其他工程试验及专题研究,得到了模型溅雨强度与原型溅雨强度之间的关系:

当 $1 \leqslant L_r \leqslant 60$ 时

$$P = P_0 L_r^{1.53} \tag{1-46}$$

当 $60 < L_r \leqslant 100$ 时

$$P = \frac{50}{110\ 579} P_0 L_r^{3.40} \tag{1-47}$$

式中:P 为降雨强度原型观测值;P_0 为降雨强度模型观测值;L_r 为模型比尺。

长江科学院(陈端,2008)将泄洪雾化引起的下游降雨分为三个区:抛洒降雨区、溅水降雨区、雾流降雨区,并通过系列比尺的模型试验研究了不同降雨区雨强模型律,分别满足:

抛洒降雨区雨强模型律

$$S_p = S_m \times L_r^{1.553} \tag{1-48}$$

溅水降雨区雨强模型律

$$S_p = S_f \times L_r^{1.653} + S_g \times L_r^{1.196} \tag{1-49}$$

雾流降雨区雨强模型律

$$S_p = S_m \times L_r^{1.636} \tag{1-50}$$

式中:S_p 为原型雨强,mm/h;S_m 为模型雨强,mm/h;L_r 为模型比尺;S_f 为模型测点优频雨强,mm/h;S_g 为模型测点优势雨强,mm/h。

1.2.3 数值模拟计算

泄流雾化数值模拟计算是建立在原型观测和专项试验基础上的一种半理论半经验的分析方法,其显著特点是在充分掌握和分析原型观测及专项试验资料的基础上,深入研究雾化机制,建立一组数学方程对雾化过程进行数值模拟。张华等建立了早期的水电站挑流雾化随机喷溅数学模型和比较完整的水电站底流泄洪雾化数学模型。

1.2.3.1 挑流泄洪雾化随机喷溅数学模型

挑流泄洪雾化随机喷溅数学模型将泄洪水舌入水喷射过程视为一种随机喷射现象,采用拉格朗日方法,融合了泄水建筑物体形设计参数、水力设计及调度参数、复杂地形参数,以及环境风和自然风影响,以主要雾化源——水舌空中碰撞喷溅和入水碰撞喷溅为研究对象,计算挑流泄洪雾化区的地面降雨强度,进而结合雾化雨强标准确定雾化影响范围。

1. 水滴随机喷溅的基本假定

根据挑流水舌入水喷溅的机制和挑流泄洪雾化原型观测的反馈分析,对水滴随机运动的抛射速度 v_0、抛射角度 β、偏移角度 φ、直径 d 做出如下假定:

(1)水滴抛射速度 v_0 满足伽马分布:

$$f(v_0) = \frac{1}{b^a \Gamma(a)} v_0^{a-1} e^{-\frac{v_0}{b}} \tag{1-51}$$

式中:$a = 0.25 v_{0m0}$,v_{0m0} 为水滴初始抛射速度 v_0 的众值;$b = 4$。

(2)水滴抛射角度 β 满足伽马分布:

$$f(\beta) = \frac{1}{b^a \Gamma(a)} \beta^{a-1} e^{-\frac{\beta}{b}} \tag{1-52}$$

式中:$a = 10\beta_{m0} + 1$,β_{m0} 为水滴出射角度 β 的众值;$b = 0.1$。

（3）偏移角度 φ 满足正态分布：

$$f(\varphi) = \frac{1}{\sigma\sqrt{2\pi}}e^{-\frac{(\varphi-\mu)^2}{2\sigma^2}} \tag{1-53}$$

式中：$\mu = 0° \sim 5°$，$\varphi = 20° \sim 30°$。

（4）雨滴直径 d 满足：

$$f(d) = \frac{1}{\lambda^\alpha \Gamma(\alpha)}d^{\alpha-1}e^{-\frac{d}{\lambda}} \tag{1-54}$$

式中：α 为常数，$\alpha = 2$；$\lambda = 0.5\bar{d}$，$\bar{d}$ 为水滴粒径众值，m，与入水角度、流速、含水浓度以及入水形态等因素有关，一般取 0.005 m。

（5）水滴抛射速度众值 v_{0m0} 和出射角度众值 β_{m0} 满足：

$$\left.\begin{aligned}v_{0m0} &= 20 + 0.459v - 0.1\alpha - 0.0008\alpha^2\\\beta_{m0} &= 44 + 0.32v - 0.07\alpha\end{aligned}\right\} \tag{1-55}$$

式中：v 为水舌入水速度，m/s；α 为水舌入水角度，(°)。

2. 水滴的随机运动微分方程

以入水点为坐标原点，水滴以抛射速度 v_0、抛射角度 β、偏移角度 φ、直径 d，在重力、空气浮力和空气阻力的共同作用下运动微分方程为

$$\left.\begin{aligned}\frac{\mathrm{d}x}{\mathrm{d}t} &= v_x, \frac{\mathrm{d}y}{\mathrm{d}t} = v_y, \frac{\mathrm{d}z}{\mathrm{d}t} = v_z\\\frac{\mathrm{d}v_x}{\mathrm{d}t} &= -C_{\mathrm{fw}}\frac{3\rho_a}{4d\rho_w}(v_x - u_{fx})\sqrt{(v_x - u_{fx})^2 + (v_y - u_{fy})^2 + (v_z - u_{fz})^2}\\\frac{\mathrm{d}v_y}{\mathrm{d}t} &= -C_{\mathrm{fw}}\frac{3\rho_a}{4d\rho_w}(v_y - u_{fy})\sqrt{(v_x - u_f)^2 + (v_y - u_{fy})^2 + (v_z - u_{fz})^2}\\\frac{\mathrm{d}v_z}{\mathrm{d}t} &= -C_{\mathrm{fw}}\frac{3\rho_a}{4d\rho_w}(v_z - u_{fz})\sqrt{(v_x - u_f)^2 + (v_y - u_{fy})^2 + (v_z - u_{fz})^2} + \frac{\rho_a - \rho_w}{\rho_w}g\end{aligned}\right\} \tag{1-56}$$

式中：v_x, v_y, v_z 为水滴运动速度沿 x, y, z 方向分量，m/s；u_{fx}, u_{fy}, u_{fz} 为自然风速和水舌风速合成风速沿 x, y, z 方向分量，m/s；ρ_a 为空气的密度，kg/m³；ρ_w 为水的密度，kg/m³；d 为水滴直径，m；C_{fw} 为水滴的空气阻力系数，一般取 $0.02 \sim 0.05$。

初始条件：$x = 0$；$y = 0$；$z = 0$；$v_x = v_0\cos\beta\cos\varphi$；$v_y = v_0\cos\beta\sin\varphi$；$v_z = v_0\sin\beta$，计算终止条件：其在 $n-1$ 时刻水滴位于计算平面以上，而在 n 时刻位于该平面以下，则表明水滴已穿过该平面。此时，根据其平面坐标将其计入相应的平面网格，同时该水滴的飞行将终止。

3. 挑流水舌入水随机喷溅量的确定

水舌入水激溅主要发生在挑流水舌入水前缘和侧面的入水线附近，因此将挑流水舌的入水前缘和侧面的入水线作为随机喷溅的线源，其喷射厚度 h_w 可以表示为

$$h_w = \frac{\eta}{C}\sqrt{\frac{\nu_w R}{u_*}} \tag{1-57}$$

式中：η 为系数，一般取 $\eta = 25$；C 为含水浓度，可根据水舌入水时断面形态判断；ν_w 为水

的运动黏滞系数, m^2/s; R 为水力半径, m; u_* 为摩阻流速, m/s, 其表达式为 $u_* = \sqrt{\tau/\rho_w}$, 其中 τ 为空气阻力, $\tau = 0.5C_f\rho_a u_i^2$。

水舌入水喷射的总流量可表示为

$$q = k_s h_w u_i l \tag{1-58}$$

式中: k_s 为喷溅系数, $k_s = 0.01 \sim 0.03$; l 为水舌入水前缘总长度, m。

当喷射总流量确定后, 对应的水滴颗粒流量可以表示为

$$n = \frac{6q}{\pi d_m^3} \tag{1-59}$$

式中: d_m 为整个喷射过程的水滴平均粒径, m, 该粒径值未知且不同于粒径众值 $\overline{d}$。

4. 溅水模型的数值计算方法

(1)喷射时间的离散: 在溅水过程中, 水滴分布于整个空间, 只有当水滴到达地面时才能形成降水。为此, 在随机喷溅模型中: 第一, 根据水滴自由抛射后在空中的最长停留时间 t, 确定溅水喷射总历时 T, 一般应满足 $T \geq 2t$; 第二, 将计算时间划分为 m 个时间步长 dt, 假设在喷射历时 T 内的水滴总量为 $N = Tn$, n 为水滴喷射颗粒流量, 则每个步长内的水滴总量为 $N_i = N/m$; 第三, 运用4阶龙格-库塔法求解每个时间步长内水滴的运动方程, 其中对于第 i 个步长内的 N_i 个水滴, 其最长飞行历时为 $t_i = T(m-i)/m$。

(2)降雨强度的计算: 降雨强度定义为一定时间内穿过单位面积平面的总水量除以降雨历时。为此, 随机喷溅数学模型中, 首先将喷射区域内地面离散为小尺度的集雨网格, 然后在每一个时间步长 dt 内, 判断 N_i 个水滴的垂向位置, 若其在 $n-1$ 时刻位于地面高程以上, 而 n 时刻位于该平面以下, 则表明水滴已降落地面, 此时根据其平面坐标, 将其水量计入相应的集雨网格, 即有 $Volume = Volume_0 + \pi d^3/6$, 同时该水滴的飞行终止。由于采用随机函数模拟水滴出射条件, 模型需要重复 M 次喷射过程, 当所有 M 次喷射过程计算完成后, 统计平面上每个网格内积累的水滴总体积, 再除以喷溅历时 T、网格垂直投影面积 A 与重复次数 M, 即可得到该网格内时均降雨强度分布 $P = Volume/(MAT)$。

(3)水滴运动过程中风速与地形的影响: 模型求解水滴运动方程中, 需要获取水滴邻近风速与地面高程, 前者用于求解水滴所受风场加速度, 后者用于判断水滴是否降落地面, 从而反映两者对于雾化降雨分布的影响。为此, 随机喷溅模型中, 可采用相对成熟的 CFD 软件求解三维河谷风场, 然后通过相应的转换程序, 将非结构化的三维风场与地形数据转换为结构化的风场数据[$Wind(i,j,k)$]及地形数据[$Topo(i,j)$], 其中 i、j、k 为三维结构化坐标。

(4)数值振荡的抑制: 从水滴运动微分方程得知, 水滴所受的运动加速度, 其阻力项的量值与水滴粒径成反比, 由于采用随机函数模拟, 水滴喷射粒径为一随机变量, 当某一水滴粒径趋近于0时, 该水滴所受阻力加速度则趋于无穷大, 水滴运动则产生数值振荡。从理论分析可知, 单位时间步长内, 水滴所受的最大加速度可表示为 $a_{max} = (U_T - U_0)/dt$, U_T 为水滴终极速度, U_0 为水滴初始速度, dt 为时间步长。在水平方向上, 水滴终极速度 $U_T = U_f$, 即为当地风速; 在垂线方向上, 水滴终极速度 $U_T = U_f - \sqrt{4gd(\rho_w - \rho_a)/(3C_f\rho_a)}$, 即为重力、浮力、阻力达到平衡时的速度。当水滴初始时刻所受的运动加速度为 $a_0 \geq a_{max}$,

表明水滴运动速度在该时间步长中已经达到稳态,则在该时间步长中,令 $a_0 = a_{max}$,下一时间步长中,水滴初始速度 $U_0 = U_T$ 。

1.2.3.2　底流雾化数学模型

底流泄洪雾化数学模型综合考虑了雾滴、雨滴和水汽之间的相互转换过程,以跃首上方脱离自由面束缚而跃出水面的气泡为主要雾化源,并将其视为连续的线源计算底流泄洪雾化区的地面降雨强度和雾化影响范围。

1. 水雾雾源量的计算

底流消能时,高速水流流经水跃区发生强烈掺气,其中跃首处旋涡最强,可以认为掺气点发生在此处,从而形成水气两相流。被旋涡挟持进水中的空气,形成气泡,气泡在水中随着旋涡运动,在自由面的气泡以水点、水雾的形式跃出水面,从而形成雾源。雾化源量计算式为

$$\frac{q_l}{q_e} = f(Fr_1, N_{t1}, \frac{u_w}{v_c}) \tag{1-60}$$

式中: q_l 为单位长度线源的水雾雾源量; u_w 为自然风和水舌风的合成风速; $q_e = \rho L_j v_c$, L_j 为水跃长度, $L_j = 10.8 h_c (Fr_1 - 1)^2$, h_c 为跃首处的水深; N_{t1} 为跃首处的相对紊动强度, $N_{t1} = \frac{\sqrt{u'^2}}{v_c}$; Fr_1 为跃首处的傅氏数。

2. 水雾扩散基本假设

(1)水雾雾源位于跃首的上方,且为连续线源,时空尺度为小尺度模式。

(2)水雾扩散满足高斯扩散模式,扩散参数采用布鲁克海汶扩散(BNL)参数系统,时空为小尺度模式。

(3)水雾在峡谷内扩散,下垫面为水面,水雾在下垫面发生沉降和反射。

(4)地形采用 VALLEY(山谷)修正模式。

图 1-12 是一个高架连续线源扩散的示意图,坐标系 $OXYZ$ 的 y 轴与坝轴线平行, x 轴为水流方向, z 轴为垂直向上,点 O 位于跃首上方,其高程等于下游水位, P 为下游空间的任意一点,坐标分别为 x 、 y 、 z ,其水雾的浓度为

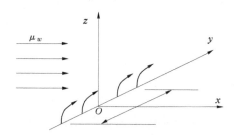

图 1-12　连续线源扩散示意图

$$C(x,y,z) = \frac{q_1}{2\sqrt{2\pi}u_w\sigma_z}\left\{\exp\left[-\frac{(z-h)^2}{2\sigma_z^2}\right] + \varphi\exp\left[-\frac{(z+h)^2}{2\sigma_z^2}\right]\right\} \times \left[\mathrm{erf}(\frac{y-y_1}{2\sigma_y}) - \mathrm{erf}(\frac{y-y_2}{2\sigma_y})\right]$$

$$(1\text{-}61)$$

式中：σ_y 为水雾在 y 方向的浓度分布方差；σ_z 为水雾在 z 方向的浓度分布方差；h 为水雾线源的高度，$h = (0.5 \sim 1)(h_{c_1} - h_e)$，$h_{c_1}$ 为 h_e 的共轭水深；y_1 为水雾线源起点 y 坐标；y_2 为水雾线源终点 y 坐标；φ 为下垫面的反射系数。

考虑到峡谷内盛行山谷风，并且其风向变化不大，故扩散参数选用布鲁克海汶扩散（BNL）参数系统（阵风度等级为 D）：

$$\sigma_y = 0.31x^{0.71} \tag{1-62}$$

$$\sigma_z = 0.06x^{0.71} \tag{1-63}$$

若水雾扩散过程中在下垫面发生沉降，就会引起雾源量的耗损，则有耗损线源的水雾浓度分布为

$$C(x,y,z) = \frac{q_i(x)}{2\sqrt{2\pi}u_w\sigma_z}\left\{\exp\left[-\frac{(z-h)^2}{2\sigma_z^2}\right] + \varphi\exp\left[-\frac{(z+h)^2}{2\sigma_z^2}\right]\right\} \times \left[\mathrm{erf}(\frac{y-y_1}{2\sigma_y}) - \mathrm{erf}(\frac{y-y_2}{2\sigma_y})\right]$$

$$(1\text{-}64)$$

式中：$q_i(x)$ 为有耗损单位长度线源的雾源量，$q_l(x) = q_l\exp\left[-\int_0^s \frac{v_d}{u_w}\overline{D}(\varepsilon, z_d)\mathrm{d}\varepsilon\right]$，$z_d$ 为参考高度，用于确定沉降速度 v_d，v_d 为水雾的沉降速度，水雾在峡谷内扩散，下垫面为水面，可取 $v_d = 0.4 \sim 0.5$ cm/s。

3. 雾滴、雨滴和水汽之间的相互转换过程

1）雾雨自动转换过程

雾雨自动转换过程就是雾滴之间相互结合形成雨滴胚胎的过程，它是雾中出现雨滴的起始过程。

Kessler[18] 给出了云雨自动转换率的关系式，它也适用于雾雨自动转换过程。当水雾浓度超过某一阈值时，自动转换率随水雾浓度增加而增大。

$$A_{cr} = k[C(x,y,z) - a] \quad \begin{matrix} C(x,y,z) > a & k > 0 \\ C(x,y,z) \leqslant a & k = 0 \end{matrix} \tag{1-65}$$

式中，$a = 0.0005$ kg/m³，$k = 0.01 \sim 0.03$ s⁻¹。

2）碰并过程

在重力作用下，雨滴比雾滴的下落速度快，雨滴可能追上并捕获一部分位于其下落路径上的雾滴，将实际碰撞数与雨滴所扫过的几何截面内全部可能的碰撞数之比称为碰撞效率。雨滴和雾滴碰撞后会发生三种情况："碰并""弹开""破碎"。可见雨滴和雾滴碰撞后不一定全部能并合，将并合的个数与碰撞的个数之比称为并合效率。显然，雨滴对雾滴的碰并增长过程既取决于碰撞效率，也取决于并合效率，将碰撞效率和并合效率的乘积称为碰并效率。

底流泄洪雾化数学模型中仅考虑重力碰并。单位质量空气中雨滴碰并增长率[19]可以用下式来表示：

$$C_{rc} = 2.54 E_{rc} \rho^{0.375} q_c q_r^{0.875} \tag{1-66}$$

式中：E_{rc} 为雨滴对雾滴的碰并效率，取 $E_{rc}=0.9$；ρ 为湿空气的密度；q_c 为单位质量空气中水雾的质量；q_r 为单位质量空气中雨滴的质量。

3) 雾滴的凝结和蒸发过程

根据平衡法，计算雾滴的凝结和蒸发。在过饱和空气中雾滴发生凝结，减少了空气中的水汽量，直到空气达到饱和为止；在不饱和空气中雾滴发生蒸发，增加了空气中的水汽量，直到空气达到饱和或雾滴蒸发完毕为止。

未发生泄洪时，空气的温度和水汽比湿分别为 T_1 和 q_1，若发生凝结，当凝结量等于 q_x 时空气达到饱和，此时，空气的温度和水汽比湿分别达 T 和 q，存在以下关系式：

$$T = T_1 + \frac{L}{c_p} q_x \tag{1-67}$$

$$q = q_1 - q_x \tag{1-68}$$

当水汽达到饱和时

$$q = q_{vs}(T), q_{vs} = \exp\left(17.27 \frac{T - 273.16}{T - 35.86}\right)$$

式中：c_p 为等压比热；L 为汽化潜热。

当 $q_x>0$ 时，q_x 表示在过饱和空气中发生凝结，为空气达到饱和时所凝结的水汽量；当 $q_x<0$ 时，表示在不饱和空气中发生蒸发，$|q_x|$ 为空气达到饱和时所蒸发的水汽量；当 $q_c<|q_x|$ 时，蒸发量就等于 q_c，即雾滴全部蒸发完，空气尚处于未饱和状态。所以凝结量为

$$S_{vs} = \max(-q_c, q_x) \tag{1-69}$$

4. 降雨强度的计算

(1) 经雾雨自动转换过程和碰并过程后，计算空间任意一点单位质量空气中雨滴的质量 q_r；

(2) 按照下式计算雨滴的群体降落速度 u_r，即 $u_r = 14.08 \rho^{-0.375} q_r^{0.125}$，该速度是根据不同大小雨滴的降落速度进行质量加权平均得到的；

(3) 空间任意一点的降雨强度 $I = \frac{\rho}{\rho_w} q_r u_r$，$\rho_w$ 为液态水密度。

1.3　泄洪雾化影响因素

泄洪雾化影响因素众多，既受泄洪方式的影响，又受地形地物的制约，而且气象条件也有一定的作用，大体上可归结为水力学因素、地形地貌因素及气象因素三大类。其中，水力学因素与工程结构及运行需求密切相关，主要包括上下游水位差、泄洪流量、水舌入水速度、入水角度、孔口挑坎形式、下游水垫深度、水舌空中流程及水舌掺气特性等；地形地貌因素包括下游河道的河势、河谷的形态、岸坡坡度、岸坡高度、冲沟发育情况；气象因素主要包括坝区自然气候特征，如风力、风向、气温、日照、日平均蒸发量和坝后局部小气候如水舌风等。

　　水力条件是影响雾化范围和降雨强度的首要因素。水头高、下泄流量大,雾化范围和降雨强度显著增大,水雾沿两岸山坡上爬的高度亦明显增加。泄水建筑物孔口的开启组合工况对雾化的影响也很显著,在同样的水头与流量情况下,由于中孔挑流水舌的初始流速大、入水角小,因此雾化范围和降雨强度都比相同条件下表孔泄洪时严重。另外,表孔、中孔水舌空中碰撞时,岸坡的降雨范围和强度亦明显增大。

　　地形对雾化的影响主要是近坝区两岸山坡峰壑、坡度及河道形态等因素。雾雨随水舌风扩散,当遇到阻挡时,则形成降雨落到地面。原型观测资料表明:河道开阔,水雾容易消散,雾雨爬高较低;河道狭窄,水雾不易消散,雾雨爬高较高;河道转弯及岸坡山体变化时,凹岸雾化比凸岸严重。

　　气象因素对雾化的影响也比较明显,晴天比阴雨天雾雨范围小,中午比早晚的雾雨范围小,自然风的方向与大小影响雾雨区范围的延伸和缩短,此外湿度、气压也不同程度地影响雾化的形成与发展。地形与气象因素被认为是在数值计算中难以考虑的因素,而蒙特卡罗方法随机抽样的特性使这些因素的绝大部分很容易被加到现有的数学模型中。

1.4　泄洪雾化环境影响等级划分

　　对于天然降雨,气象部门将暴雨分成三个等级:①暴雨:12 h 雨量 30.1~70 mm(或 4 h 雨量 50.1~100 mm);②大暴雨:12 h 雨量 70~140 mm(或 24 h 雨量 100.1~200 mm);③特大暴雨:12 h 雨量大于 140 mm(或 24 h 雨量大于 200 mm)。据资料,我国历史上暴雨极值强度 636 mm/h,但历时仅 5 min,另一次历时 270 min 极值雨量 173.8 mm/h。

　　表 1-2 中列出了国内一些高坝工程泄洪雾化原型观测的雾化降雨强度和范围,根据实测数据可见,水利枢纽泄水建筑物泄洪雾化降雨区的雨强大大超过天然降雨中特大暴雨标准。泄洪过程中所产生的雾流对周围环境的影响一般较轻微或短暂,而泄洪过程中所产生的狂风暴雨甚至特大暴雨对周围环境则具有较大危害,根据雾化降雨的危害性,可对泄洪雾化降雨影响进行等级划分。

　　为了研究雾化危害与防范措施,国内多家相关单位根据原型观测资料从多个角度对泄洪雾化雨强进行分级,主要有按照形态、程度及综合性等几类方法进行分级,表 1-3 为几种典型的雾化等级划分,各等级从左到右降雨强度和危害性依次递减。推荐使用方法一的降雨强度作为划分等级标准。

表 1-2　部分原型观测实测泄洪雾化雨强资料

工程名称	泄洪时间	泄洪运行状况	最大雨强 (mm/h)	雨雾范围
乌江渡 水电站	1982 年	4 个溢流表孔泄洪 (挑流消能)	687.4	坝后 80~450 m 长雾升腾 300 m
黄龙滩 水电站	1982 年	溢洪道泄洪 (挑流消能)	78	半径 450 m, 夹角 45°的扇形

续表 1-2

工程名称	泄洪时间	泄洪运行状况	最大雨强（mm/h）	雨雾范围
鲁布革水电站	1992 年	左岸溢洪道泄洪（挑流消能）	113.75	长 70~80 m
		右岸溢洪洞泄洪（挑流消能）	45	长 200~300 m
		左岸溢洪洞泄洪（挑流消能）	152	长 120 m
漫湾水电站	1994 年	3 号表孔泄洪（挑流消能）	24.21	长 200 m
		左岸泄洪洞泄洪（挑流消能）	270.8	长 200 m
		五表孔左双短孔左岸泄洪洞联合泄洪	115	长 400 m
东风水电站	1997 年	右、中孔泄洪	4 063	长 200 m,宽 120 m
二滩水电站	1999 年	表、中孔泄洪	2 100	1 800 m×1 200 m
溪洛渡水电站	2015 年	深孔泄洪	左岸 4 704 右岸 4 412	水垫塘至二道坝后 200 m 区域、在 420 m 高程以下为超强降雨区

表 1-3　泄洪雾化降雨影响的等级划分

划分方法	等级	I	II	III	IV	V
方法一	平均雨强(mm/h)	>600	200~600	10~200	1~10	<1
	12 h 雨量(mm)	>7 200	2 400~7 200	120~2 400	12~120	<12
	特征	极强特大暴雨	较强大暴雨	超过自然特大暴雨	介于自然大雨和大暴雨之间	薄雾和淡雾
方法二	等级	大暴雨区		暴雨区		毛毛雨区
	平均雨强(mm/h)	>50		16~50		0.5~16
方法三	等级	特大降水区	强降水区	一般降水区	雾流区	
	平均雨强(mm/h)	>600	11.7~600	<11.7		

1.5　泄洪雾化危害

挑流泄洪消能引起坝下游局部地区雾化是不可避免的现象,泄洪雾化引起的降雨强度远远超过自然界中特大暴雨值,如果水电站的泄洪雾化影响范围超过河槽水垫而进入岸边和建筑物布置区,则对枢纽建筑物正常运行、坝区生态环境、两岸交通、下游边坡的稳定甚至输变电系统的安全均可能造成较大危害。根据国内众多已建水利工程泄洪雾化的原型观测资料统计分析,泄洪雾化的影响主要体现在以下几个方面:

(1)影响水利枢纽的正常运行和两岸交通安全。有些水电站泄水建筑物开启泄洪时,大坝下游局部区域被浓雾笼罩,出现大风暴雨现象,严重影响电站正常运行及两岸交通。

(2)影响岸坡稳定,诱发滑坡、泥石流等地质灾害。雾化降雨浸入两岸边坡后,既增加坡体的下滑力又降低坡体的抗滑力,导致边坡失稳,诱发事故。

(3)影响周围生态环境和居民的正常生活。

(4)影响厂房布置。若水电站厂房布置不当,位于泄洪雾化强降雨区极易造成厂房进水,从而威胁厂房安全。

(5)影响输变电系统正常运行。泄洪雾化产生的雨雾使得空气中含水率增大,易造成输变电系统短路、跳闸,影响正常运行。

典型工程泄洪雾化及其危害见表1-4。

表 1-4　泄洪雾化原型观测资料及其危害

工程名称	泄流量(m^3/s)	雾化情况	危害
乌江渡水电站	$Q=852\sim6\,200$	由坝后 80~450 m,上升高度大于 300 m	两岸岩体遭暴雨冲蚀,有碎石滚落
刘家峡水电站	—	雾化影响范围 200~300 m,上升高度在百米以上	交通受阻,输电线路结冰
黄龙滩水电站	$Q_{max}=11\,200$	整个厂区上空被浓雾笼罩	厂房被淹,高压线短路,停电 49 d
新安江水电站	$Q=1\,040\sim4\,995$	最大风速 13~15 m/s,右岸离开坝下 1 km 处仍见雾状水气	两岸交通中断,开关跳闸,机组停机
白山水电站	$Q=300\sim1\,668$	雾化影响范围坝下大于 700 m,水舌下方水雾区风速 17~22.4 m/s,爬高 386 m	开关站电气设备被溅水飞石砸坏,地下厂房进水,磁瓦放电,临时建筑物倒塌、破坏,设备及器材冲走移动,两岸冲刷

续表 1-4

工程名称	泄流量(m³/s)	雾化情况	危害
凤滩水电站	$Q_{max}=12\,500$	雾化范围纵向长 370 m 左右,横向宽达 190 m,上升高度超过坝顶 18.5 m	两岸公路无法通行,距坝址约 280 m 处的办公楼降雨 480 mm/h
鲁布革水电站	$Q=770\sim1\,800$	雾化范围溢洪道区距坝址 600 m,泄洪洞区距泄洪洞出口 80~290 m,上升高度达到坝顶	右岸底层公路处于暴雨中心,雨量大,能见度低,公路以上岸坡偶有滚石落下
漫湾水电站	$Q=454\sim2\,117$	雾化范围至挑坎下游 200 m,距泄洪洞出口 190 m,上升高度达到坝顶	浓雾区到达交通洞口,对交通有影响
李家峡水电站	$Q=400$	雾化范围纵向距挑坎 450 m	岸坡形成冰层,最厚 4 m,滑坡
东风水电站	$Q=522\sim2\,597$	雾化范围纵向最远可达 1 110 m	水舌分裂外翘打击岸坡(最大雨量处于右中孔水翅区),影响局部岸坡安全,岸坡掉块石,交通洞口处于暴雨区,水流倒灌,能见度极低,影响交通
东江水电站	$Q=433\sim2\,846$	雾化范围纵向 540~570 m,横向 200~300 m	岸坡不稳定岩块下落,影响两岸公路交通
二滩水电站	$Q=3\,688\sim7\,748$	雾化范围纵向 760~1 230 m,上升高度最大可超过坝高 80 m	水垫塘两岸局部滑坡,湿度增加影响农作物生长
柘溪水电站	—	雾化范围纵向 200~300 m,上升高度可达 150 m	处于左岸山头的办公楼及一部分生活区处于雾流区,泄洪时该处狂风暴雨,无法工作,办公楼被迫迁移

第 2 章　泄洪雾化对天气环境影响与评估方法

高坝泄洪过程中所产生的水舌风和雨雾扩散现象,对局地环境风场、温度和相对湿度都会有一定的影响。本章主要是以数值天气预报模式 WRF (weather research and forecasting model) 为基础,研究行星边界层方案对河谷地形气象场模拟的影响;结合 Apriori 关联规则算法,建立坝区泄洪期间局地天气分型模型,并对二滩水电站进行泄洪雾化的天气分型研究;介绍四种数据同化理论,运用牛顿松弛同化,将高坝泄洪过程中的水舌风、温度、相对湿度等数据同化到模式的背景场中,提出天气参数的同化数据设置方法,分别进行锦屏一级和向家坝水电站泄洪雾化对天气参数影响的数值模拟研究;建立 WRF/Nudging/CALMET 高分辨率数值模式,获得二滩水电站泄洪雾化坝区高分辨率气象场,提出泄洪雾化影响范围的评价指标,并应用自组织数据挖掘方法,建立泄洪雾化影响范围预测模型,得到泄洪雾化影响范围与同化参数的关系。本章的评估方法为评估泄洪雾化对天气环境的影响,提供重要的支持。

2.1　行星边界层方案对河谷地形气象场模拟的影响

由于许多水电工程位于河谷地形中,泄洪雾化会受到峡谷风和山谷风等局地环流的影响。对于风速的模拟,在地形复杂的环境下, 行星边界层方案是关键[20]。所以,本节应用 WRF 数值模式模拟四川彝族自治州安宁河谷地形的局地气象场,研究不同边界层方案下,河谷局地气象场的模拟精度、河谷地形对气象场模拟的影响,以及选择合适的边界层方案的问题。

2.1.1　WRF 中尺度数值天气预报模式

2.1.1.1　WRF 中尺度数值天气预报模式概述

WRF[21]是由美国环境预测中心 (NCEP)、美国国家大气研究中心 (NCAR) 等美国科研机构开发的新一代中尺度数值天气预报模式。WRF 模式可以用于几千米到几万千米尺度的天气系统模拟。采用模块化、并行化和分层设计[22],集成了气象领域中尺度数值模拟的研究成果。大量模拟和预报试验表明,WRF 模式在各种天气类型下均有较好的表现。

WRF 模式的优点有:多维的动态内核、合理的模式动力框架、最新三维变分资料系统、可达数千米的格距和丰富的物理参数化方案等。WRF 模式采用完全可压缩和非静力模式。水平方向采用 Arakawa C[23]网格点,垂直方向采用地形跟随质量的 η 坐标。在时间积分方面使用三阶或者四阶的 Runge-Kutta 算法。WRF 模式不仅适用于理想条件下的数值天气试验,也可根据真实气象资料模拟研究真实天气条件下的个案。WRF 模式的输入和输出均可使用 nc 格式来进行数据保存,能够节省硬盘空间。

WRF 模式的 ARW(the advanced research WRF)版本主要包括四部分:WRF 的预处理(WPS)、WRF 参数同化系统(WRFDA)、ARW 求解器、后处理和可视化程序,如图 2-1 所示。

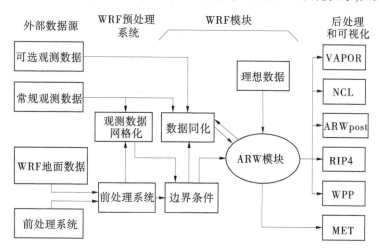

图 2-1　WRF 模式系统流程

2.1.1.2　WRF 模式的控制方程

由 Laprise[24] 提出用气压作独立变量的方法,垂直质量坐标 η 定义为

$$\eta = (p_h - p_{ht})/\mu \tag{2-1}$$

$$\mu = p_{hs} - p_{ht} \tag{2-2}$$

式中:p_h 为气压的静力平衡分量;p_{hs}、p_{ht} 分别为地面气压和模式顶部的气压。

由于 $\mu(x,y)$ 看作模式中某一格点(x,y) 的单位面积上的气柱质量,因此可将保守量以通量形式近似的表示为

$$\vec{V} = \mu\vec{v} = (U,V,W),\Omega = \mu\dot{\eta},\Theta = \mu\theta \tag{2-3}$$

式中:$\vec{v} = (u,v,w)$ 为两个水平方向和垂直方向的协变速度;$\dot{\eta}$ 为逆变"垂直"速度;θ 为位温。

扰动量对参考态的偏差可定义为

$$p = \overline{p}(z) + p' \tag{2-4}$$

$$\varphi = \overline{\varphi}(z) + \varphi' \tag{2-5}$$

$$\alpha = \overline{\alpha}(z) + \alpha' \tag{2-6}$$

$$\mu = \overline{\mu}(z) + \mu' \tag{2-7}$$

式中:p 为气压;z 为离地高度;$\varphi = gz$;α 为逆密度,$\alpha = 1/\rho$。

由于 η 坐标所处位置通常均为曲面,因此参考状态量 $\overline{p}$、$\overline{\varphi}$、$\overline{\alpha}$ 一般都是(x,y,η) 的函数,利用上述扰动量,模式方程组可写成如下通量预报形式:

$$\partial_t U + (\nabla \cdot \vec{V}u) - \partial_x(p\varphi_\eta) + \partial_\eta(p\varphi_x) = F_U \tag{2-8}$$

$$\partial_t V + (\nabla \cdot \vec{V}v) - \partial_y(p\varphi_\eta) + \partial_\eta(p\varphi_y) = F_V \tag{2-9}$$

$$\partial_t W + (\nabla \cdot \vec{V}w) - g(\partial_\eta p - \mu) = F_W \tag{2-10}$$

$$\partial_t \Theta + (\nabla \cdot \vec{V}\theta) = F_\Theta \tag{2-11}$$

$$\partial_t \mu + (\nabla \cdot \vec{V}) = 0 \tag{2-12}$$

$$\partial_t \varphi + \mu^{-1}[(\vec{V} \cdot \nabla\varphi) - gw] = 0 \tag{2-13}$$

方程组要求满足干空气诊断关系和气体状态方程：

$$\partial_\eta \varphi = -a\mu \tag{2-14}$$

$$p = p_0(R_d\theta/p_0a)^\gamma \tag{2-15}$$

式中：g 为当地重力加速度；R_d 为干空气气体常数；p_0 为基准压力（一般为 10^5 Pa）；γ 为干空气的比热之比，$\gamma = c_p/c_v = 1.4$。

若考虑水汽的影响，可继续沿用干空气中的诊断变量和干空气守恒方程，则 η 可写为

$$\eta = (P_{dh} - P_{dht})/\mu_d \tag{2-16}$$

$$\vec{V} = \mu_d\vec{v}, \Omega = \mu_d\dot{\eta}, \Theta = \mu_d\theta \tag{2-17}$$

式中：μ_d 为单位气柱中干空气的质量；P_{dh}、P_{dht} 分别为干空气中气压和模式顶气压。

包含水汽的欧拉方程组可写为

$$\partial_t U + (\nabla \cdot \vec{V}u)_\eta - u_d a\partial_x p + (a/a_d)\partial_\eta p\partial_x\varphi = F_U \tag{2-18}$$

$$\partial_t V + (\nabla \cdot \vec{V}v)_\eta - u_d a\partial_y p + (a/a_d)\partial_\eta p\partial_y\varphi = F_V \tag{2-19}$$

$$\partial_t W + (\nabla \cdot \vec{V}w)_\eta - g[(a/a_d)\partial_\eta p - \mu_d] = F_W \tag{2-20}$$

$$\partial_t \Theta + (\nabla \cdot \vec{V}\theta)_\eta = F_\Theta \tag{2-21}$$

$$\partial_d \mu_d + (\nabla \cdot \vec{V})_\eta = 0 \tag{2-22}$$

$$\partial_t \varphi + \mu_d^{-1}[(\vec{V} \cdot \nabla\varphi)_\eta - gw] = 0 \tag{2-23}$$

$$\partial_t Q_m + (\vec{V} \cdot \nabla q_m)_\eta = F_{Q_m} \tag{2-24}$$

方程组同样需要满足干空气诊断关系和气体状态方程：

$$\partial_\eta \varphi = -a_d\mu_d \tag{2-25}$$

$$p = p_0(R_d\theta_m/p_0a_d)^\gamma \tag{2-26}$$

式中：α_d 为干空气密度的倒数；α 为包含全部水物质的密度的倒数，$\alpha = \alpha_d \times (1+q_v+q_c+q_r+q_i+\cdots)^{-1}$；$q_v, q_c, q_r, q_i$ 分别为水气、云水、雨水、冰晶等的混合比；$\theta_m = \theta[1+(R_v/R_d)q_v] \approx \theta(1+1.61q_v)$；$Q_m = \mu_d q_m, q_m = q_v, q_c, q_i \cdots$。

2.1.1.3　WRF 模式的物理参数化方案

物理参数化方案[25]是指当对一个物理过程的规律了解不充分时，使用经验公式来描述和求解该物理过程。由于物理参数化方案是对物理过程相对浅显的认识和描述，而不是从基本的物理概念来建立和描述物理过程，因此利用物理参数化方案来解决问题存在

一定的局限性。但考虑到实际的物理过程一般非常复杂,在计算资源有限的情况下,采用物理参数化方案对一个物理过程做人为假设和适度简化是合理的。

WRF 模式包含丰富的物理参数化方案,可以满足从简单到复杂的需求,简单的方案的计算速率高,复杂的方案计算耗时大。WRF 模式物理参数化方案如表2-1 所示。

表 2-1　WRF 模式物理参数化方案

物理过程	物理参数化方案选项
微物理过程	Kessler(1);Lin(2);WSM3(3);WSM5(4);Eta Ferrier(5);WSM6(6);Goddard(7);New Thompson(8);Milbrandt(9);Morrison(10);WDM5(14);WDM6(16);Lin SBU(13)
积云对流	Kain-Fritsch(1);BMJ(2);Grell-Freitas(3);Arakawa-Schubert(4);Grell 3D(5);Tiedtke(6);Zhang-McFarlane(7);Mu-Kain-Fritsch(1);New Arakawa-Schubert(14);New Tiedtke(16);SAS(84);Meso-SAS(85);Grell-Devenyi(93);Old Kain-Fritsch(99)
边界层	YSU(1);MYJ(2);GFS(3);QNSE(4);MYNN2(5);MYNN3(6);ACM2(7);BouLac(8);UW(9);TEMF(10);Shin-Hong(11);Grenier-Bretherton(12);GFS 2011(83);MRF(99);LES(0)
表面层	RMM5(1);Eta(2);GFS(3);QNSE(4);MYNN(5);Pleim-Xiu(7);TEME(10);GFDL(88);MM5(91)
陆面过程	Slab(1);Noah(2);RUC(3);NoahMP(4);CLM4(5);Pleim-Xiu(7);SSiB(8);GFDL slab(88)
长波辐射	RRTM(1);CAM(3);RRTMG(4);New Goddard(5);Fu-Liou-Gu(7);HWRF LW(98);GFDL(99)
短波辐射	Dudhia(1);Goddard(2);CAM(3);RRTMG(4);New Goddard(5);Fu-Liou-Gu(7);Held-Suarez(31);HWRF LW(98);GFDL(99)

主要物理参数化方案介绍[26-29]:

(1)微物理方案(microphysics),水汽、云和降水的显式处理过程。

(2)长波辐射方案(longwave radiation),计算辐射通量的辐合辐散产生的大气加热率的变化。

(3)短波辐射方案(shortwave radiation),计算辐射通量的辐合辐散产生的大气加热率的变化。

(4)积云对流参数化方案(cumulus parameterization),处理次网格尺度深对流和浅对流积云产生的大尺度效应,并描述了网格无法分辨的云内上升气流、下降气流及云外补偿气流。

(5)近地面层方案(surface layer),表层状态决定了陆地—大气相互作用。

(6)陆面过程方案(land surface),陆面过程通过地—气之间动量、热量及水分交换影响天气气候,数值预报模式中不同陆面过程对低空气象场特征模拟结果影响较大。

（7）行星边界层方案（planetary boundary layer），对边界层内发生的物理过程的次网格效应进行描述。

WRF V3.7 版本的行星边界层方案有 13 种，具体为 YSU、MYJ、MRF、ACM2、QNSE、MYNN2、MYNN3、BouLac、UW、TEMF、LES、GBM、Shin-Hong 方案。部分方案的内容概述如下：

①YSU 方案[30]。应用一种适用于天气预报和气候预报模型的修正垂直扩散算法，修正主要内容是在边界层的顶部考虑对夹卷过程的显式处理。解决了中程预报边界层混合的常见问题，重现对流抑制方面效果较好。

②MYNN 方案[31]。高阶湍流闭合方案，可以细致刻画湍流动能的发展过程。

③ACM2 方案[32-33]。一种非局部方案和涡流扩散方案，既可以表示对流边界层中湍流输运的大网格分量，也可以表示对流边界层中湍流输运的亚网格分量，为气象模型和空气质量模型模拟任意模拟量的垂直混合而设计。

④BouLac 方案[34]。BouLac 方案与 MYJ 类似，同为一局地湍流模型，只是在利用湍流动能计算气象要素场垂直扩散率时，混合长度等经验常数的定义与 MYJ 方案有所不同。

⑤UW 方案[35]。主要特点包括湿守恒（moist-conserved）变量的应用，显式的对流层夹卷过程，对于湍流扩散系数计算的湍流动能（TKE）诊断，以有效湍流动能传输的新形式作为平均层湍流动能的松弛项，对大气中所有湍流层统一的处理方法。

⑥Shin-Hong 方案[36]。一种次网格尺度的湍流输送方案，主要描述对流边界层灰色区域内的特征。其主要特点是：强的非局地向上混合与小尺度涡动的局地输送在计算上是相互分离的；通过增加一个次网格尺度局地输送廓线与大涡模拟输出相互依赖的函数来描述次网格尺度非局地输送；通过制定一个依赖总的局地输送廓线的函数来描述次网格尺度的局地输送。

⑦GBM 方案[36]。一种湍流动能闭合方案，该方案包括一个 1.5 阶的湍流闭合模型，在边界层顶运用夹卷闭合技术，有效地改进了云顶长波辐射的散射状况，确保了浮力产生廓线的合理准确性。可以在给定的有限垂直分辨率下提供有效准确的有云层覆盖下的边界层模拟。

⑧MRF 方案[37]。反梯度非局地输送，使用 K 廓线的方法来确定扩散系数。

SHIN[38]等对比了五种边界层方案对温度、湿度和风速的影响，发现各边界层方案的风速均在晚间误差较大，非局地方案在不稳定条件下的模拟效果更好。D. Carvalho 等对伊比利亚半岛应用不同的行星边界层和表层参数化方案进行了 5 次 WRF 模拟，结果表明行星边界层方案 ACM2 和表层参数化方案 PX 与实测风资料相比，误差最小[39]。Hu 等[40]对比了得克萨斯州 MYJ、YSU 和 ACM2 参数化方案的模拟效果，发现用 YSU 和 ACM2 方案进行的模拟比用 MYJ 方案的偏差要小得多，不同方案之间的差异主要是由于垂直混合强度和边界层上方的空气夹卷的不同。

2.1.2　行星边界层方案对河谷风场模拟影响实例

2.1.2.1　方案设计

边界层方案需要与近地面层方案配合使用，为保持与其他物理方案相同，选择能与

RMM5（revised MM5 monin-obukhov scheme）近地面层方案搭配使用的 8 种边界层方案，分别为 YSU、MYNN2、ACM2、BouLac、UW、Shin-Hong、GBM、MRF。采用单因素敏感性分析方法，即边界层方案为唯一的变化因素，模式的其他设置保持不变。通过对比不同边界层方案下气象场的模拟值与实测值，研究边界层方案对模拟河谷局地气象场的影响[41]。

使用 WRF V3.7 版本的模式，采用 NCEP/NCAR 全球再分析数据产生初始、侧边界的气象场，使用模式提供的地形、地表资料产生下垫面边界条件。模拟区域设置为四层嵌套，其中 d02、d03 和 d04 等 3 层嵌套图，如图 2-2 所示，中心坐标：纬度 27.49°N、经度 102.18°E，垂直分为 32 层（其中 200 m 以下 9 层）。第四层嵌套区域由于分辨率较高，以及河谷地形陡峭，积分步长设置为 6 s。

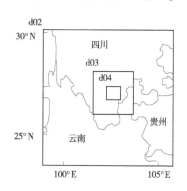

图 2-2　计算域嵌套设置

模式各嵌套层设置和物理参数化方案的选择，如表 2-2 所列（除边界层方案）。模式积分起始时间为 2011 年 7 月 1 日 08:00（北京时间，下同），结束时间为 2011 年 7 月 6 日 08:00，共计积分时长 120 h。

表 2-2　模式嵌套层设置和参数化方案设置

嵌套层	分辨率（km）	格点数	微物理	长波辐射	短波辐射	近地面层	陆面过程	积云
d01	27	100	Lin	rrtm	Dudhia	RMM5	Noah	KF
d02	9	100	Lin	rrtm	Dudhia	RMM5	Noah	——
d03	3	68	Lin	rrtm	Dudhia	RMM5	Noah	——
d04	1	57	Lin	rrtm	Dudhia	RMM5	Noah	——

WRF 模式输出气象场的格点，如图 2-3 所示，代表气象场在临近区域的平均值。根据测站附近格点的气象场数据，使用插值方法把格点数据插值到测站，获得两个测站的模拟数据。模式积分时长为 120 h，每小时输出一次结果，前 12 h 为模式调整期，予以舍弃，取 108 h 的数据。测站与格点的距离越近，其数据间的相似程度越高，这里选择距离反比加权法作为插值方法，从而获得在测站处的模拟值。

$$V = \sum_{i=1}^{n} \frac{1}{D_i^p} V_i \Big/ \sum_{i=1}^{n} \frac{1}{D_i^p} \qquad (2-27)$$

式中：V 为估计值；V_i 为第 i 个格点的值；D_i 为距离；p 为幂指数，这里取为 2。

模拟效果的评价指标，可以选择平均误差 ME（meanbias error）、均方根误差 RMSE（root mean squared error）和皮尔逊相关系数 R（pearson correlation coefficient），具体定义见下式：

$$ME = \frac{1}{n} \sum_{i=1}^{n} (V_{Mi} - V_{Pi}) \qquad (2-28)$$

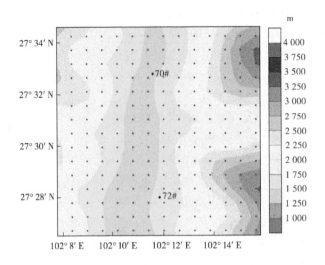

图 2-3　第 4 层计算域网格点(河谷区域)位置示意和地形

$$RMSE = \sqrt{\frac{1}{n}\sum_{i=1}^{n}(V_{Mi} - V_{Pi})^2} \qquad (2\text{-}29)$$

$$R = \frac{\sum_{i=1}^{n}[(V_{Mi} - \overline{V}_M)\cdot(V_{Pi} - \overline{V}_P)]}{\sqrt{\sum_{i=1}^{n}(V_{Mi} - \overline{V}_M)^2\cdot\sum_{i=1}^{n}(V_{Pi} - \overline{V}_P)^2}} \qquad (2\text{-}30)$$

式中：n 为样本个数；V_{Mi}、V_{Pi} 分别为 i 时刻的模拟值和实测值；$\overline{V}_M$、$\overline{V}_P$ 分别为样本模拟值和实测值的平均值。

2.1.2.2　模拟结果分析

风速方面,图 2-4 和图 2-5 为 70 m 高度处风速的实测值和 WRF 模式不同边界层方案下的模拟值随时间的对比图。据图 2-4 和图 2-5 可知,不同边界层方案模拟值相互之间差异不大；而模拟值与实测值之间,模拟值波动范围大,且表现出整体性偏大的特点。

图 2-6 和图 2-7 为 70# 和 72# 塔的不同高度层及不同边界层方案的模拟值与实测值之间的相关系数。从图 2-6、图 2-7 中可以看出,10 m 模拟风速与实测风速的相关系数最大,70 m 的相关系数最小；随着高度增加,相关系数变小。

对于同一高度层不同边界层方案相关系数的对比,70# 塔的 ACM2、UW 和 MRF 方案较差,72# 塔的 UW、GBM 和 MRF 方案较差。

表 2-3 为 70 m 风速的平均误差,可以看出风速模拟值整体偏大；均方根误差显示 ACM2、BouLac、UW 和 GBM 方案误差较大。YSU 和 MYNN2 的平均误差和均方根误差均较低,相关系数较好,模拟效果相对较好。

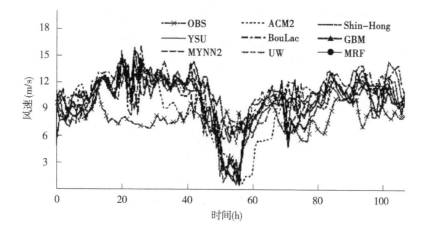

图 2-4 70#塔 70 m 风速实测值和模拟值

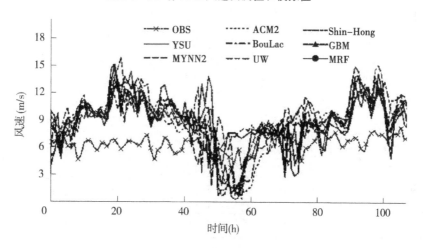

图 2-5 72#塔 70 m 风速实测值和模拟值

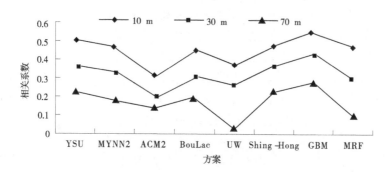

图 2-6 70#塔不同高度各风速不同边界层方案相关系数

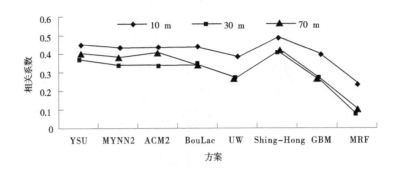

图 2-7　72#塔不同高度各风速不同边界层方案相关系数

表 2-3　70 m 风速平均误差和均方根误差

方案	ME(m/s)		RMSE(m/s)	
	70#	72#	70#	72#
YSU	2.20	2.24	3.30	3.21
MYNN2	1.95	2.28	3.15	3.40
ACM2	1.75	2.56	3.81	3.86
BouLac	3.51	3.24	4.02	3.72
UW	2.64	3.51	3.59	4.18
Shing-Hong	2.16	2.15	3.49	3.47
GBM	2.68	3.01	3.54	3.82
MRF	2.83	2.97	3.54	3.69

风向方面,图 2-8 和图 2-9 为 70# 和 72# 两个测风塔的 10 m 风向。可以看出,WRF 模拟的风向:70# 塔波动范围为 150°~200°;72# 塔波动范围为 100°~200°;模拟值与实测值的主风向基本一致。如图 2-3 所示,72# 塔在更为开阔的河谷入口,河谷的狭管作用相对较弱,风向的变化会相对更大,其特点与图 2-8 所示模拟值的波动幅度更相符。

ACM2 和 Shin-Hong 方案在 70# 测塔处风向的不稳定情况如图 2-10 所示(72# 塔的情况类似),方案在 50~60 h 时间段出现明显跳跃波动,是由于第四层嵌套区域的分辨率较高,河谷地形过于陡峭,造成数值积分不稳定,可通过减小积分时间步长改善,本文中设置的积分时间步长已经很小。

表 2-4 为测塔的 10 m 风向平均误差和均方根误差计算结果。从表 2-4 中可得出,除了 ACM2 和 Shin-Hong 的误差较小,其余边界层方案风向的误差相差不大;72# 塔相对于 70# 塔,平均误差的绝对值和均方根误差更大,这可能是由于 72# 塔处于河谷的入口,风向的变化更复杂有关。

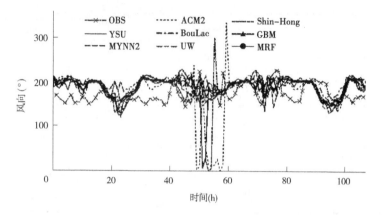

图 2-8　70#塔 10 m 风向实测值和模拟值

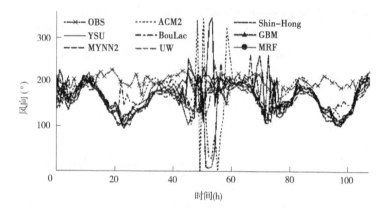

图 2-9　72#塔 10 m 风向实测值和模拟值

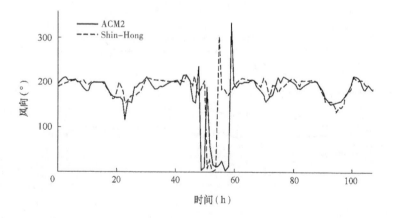

图 2-10　70#塔 10 m 风向计算不稳定情况

表 2-4　10 m 风向平均误差和均方根误差

方案	ME(m/s)		RMSE(m/s)	
	70#	72#	70#	72#
YSU	14.21	−29.54	38.10	54.07
MYNN2	18.09	−32.23	32.40	45.97
ACM2	3.77	−30.61	58.20	60.77
BouLac	22.14	−27.25	33.05	38.23
UW	18.00	−36.26	33.56	52.41
Shing-Hong	13.03	−37.82	45.29	57.13
GBM	17.55	−29.18	34.15	48.59
MRF	16.68	−32.88	31.45	49.24

　　压强方面,从图 2-11、图 2-12 中可以看出,8 种边界层方案的模拟压强与实测压强的大小和趋势一致。模拟值与实测值之间的相关系数为 0.85~0.91,为强相关关系。

　　两测站的压强模拟值较实测值整体偏小,误差最大为 2 kPa,均方根误差为 0.6~1.5 kPa。8 种边界层方案对压强的模拟效果都较好,不同边界层方案差异很小。各方案模拟效果较好,这与压强自身变化不大有关。

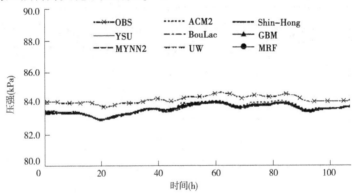

图 2-11　70#塔压强实测值和模拟值

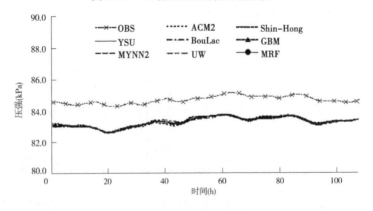

图 2-12　72#塔压强实测值和模拟值

　　温度方面,从图 2-13、图 2-14 中可以看出,8 种边界层方案均能较好地反映实测温度的变化趋势,相关系数为 0.83~0.89,模拟与实测之间为强相关关系。不同方案的均方根误差为 1.8~3.2 ℃,模拟效果较好,且各方案相差不大。

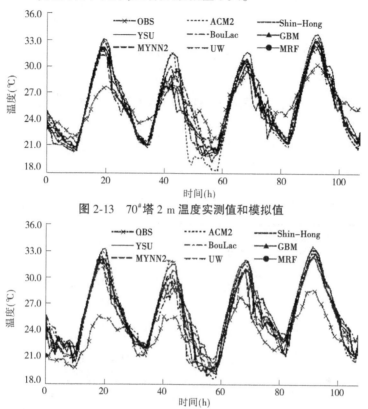

图 2-13　70#塔 2 m 温度实测值和模拟值

图 2-14　72#塔 2 m 温度实测值和模拟值

综合风速、风向、压强、温度的模拟分析结果,MYNN2 方案模拟效果相对较好。现以该边界层方案的风场模拟结果,分析河谷地形对风场的影响特点。模拟区域的河谷地形如图 2-15 所示,两侧山峰高程均为 2 000 m 以上,河谷西侧较缓,东侧陡峭。由于河谷局

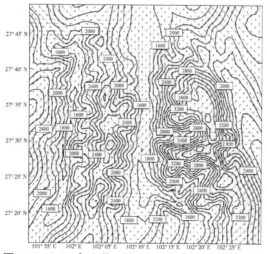

图 2-15　2011 年 7 月 2 日 01：00 时 10 m 风向矢量

地地形,产生河谷狭管效应,风速沿河谷逐渐增加,经过河谷收缩段后,风速达到最大;风向由初始的西南风向,逐渐变为正南风,逐渐与河谷的走向趋于一致。

对于采用 WRF 模式研究河谷局地气象场,今后可以耦合小尺度的数值模式、应用 LES 模型进行模拟、使用高分辨率的 ECMWF 再分析气象数据、高精度的 ASTER 地形数据等方法,提高 WRF 模式对局地气象场的模拟精度。

2.2　坝区泄洪期间局地天气分型模型

应用 WRF 数值天气预报模式和 Apriori 关联规则算法,对坝区泄洪期间局地气象场开展天气分型研究。主要技术路线如图 2-16 所示。

首先,应用 WRF 数值天气预报模式,对一次雨雾过程开展数值模拟研究,得到了雾雨生消机制。然后,应用 WRF 数值天气预报模式和 Apriori 关联规则算法,对坝区泄洪期间局地气象场开展天气分型研究,得到了天气分型模型。

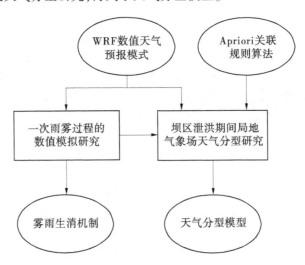

图 2-16　坝区泄洪期间局地天气分型的研究技术路线

2.2.1　研究方法与数据

2.2.1.1　Apriori 关联规则算法

关联规则挖掘是指找到大量数据中项集之间的关联或相关联系[42]。1993 年 Agrawal[43] 首先提出关联规则概念,但是关联性能较差。1994 年,他们建立了项目集格空间理论,并提出了 Apriori 关联规则算法。而 Apriori 关联规则算法至今仍然作为关联规则挖掘的经典算法被广泛应用[44]。

Apriori 关联规则算法的基本思想是根据候选项集逐层迭代找出频繁项集,然后由频繁项集产生强关联规则,这些规则必须满足最小支持度和最小置信度[45]。理解 Apriori 关联规则算法的原理,必须清楚以下概念:

(1)关联规则:记为 $X–>Y$ 的形式,X 表示先决条件,Y 为相应的关联结果。

（2）支持度：指所有项集中，同时出现 X 和 Y 的可能性，数学表达式可表示为

$$support(X -> Y) = \frac{\sigma(T_X \cap T_Y)}{N} = \frac{X 和 Y 同时出现的事务数目}{事务数总和} \quad (2\text{-}31)$$

该指标可以为频繁项集指定一个阈值，从而剔除出现频率比较低的项集。

（3）置信度：表示关联规则 X->Y 中，发生 X 的前提下也出现了 Y，实际为一种条件概率，数学表达式为

$$confidence(X -> Y) = \frac{support(X -> Y)}{support(X)} = \frac{\sigma(T_X \cap T_Y)}{\sigma(T_X)} \quad (2\text{-}32)$$

该指标可控制哪些项集为强关联项集（同时满足最小支持度和最小置信度），即出现 X 的情况下有多大把握出现 Y[46]。

（4）最小置信度：为预设值，由多次尝试算法结果得出，用来排除每次候选集中的元素，得到下一层的频繁项集。

（5）频繁项集：如果项集 I 满足给定最小支持度的阈值，则项集 I 就为频繁项集。

2.2.1.2　气象资料

模式计算所用初始资料为 NCEP FNL 1°×1°再分析资料，每隔 6 h 一次的气象再分析资料。模拟时间为北京时间 2007 年 12 月 5 日 20：00 至 6 日 20：00。

2.2.2　溧水河乌刹桥段一次雨雾的天气要素模拟研究

2.2.2.1　溧水河及此次雨雾概况

溧水河，全长 6.4 km，是秦淮河的南源，发源于南京市溧水区东庐山，过石臼湖，由南向北，在达练岗入境，流经秦村、青圩、黄桥、铺头、杨树湾、北庄六个行政村，与秦淮河北源句容河在南京市江宁区方山埭西北村汇合成秦淮河干流。

2007 年 12 月南京地区雾日是其近 30 年来出现最多的月份，雾日数高达 8 d。然而 2008 年 12 月南京地区雾日仅为 1 d。在连续两年的时间里，南京地区城市化、污染源、地形地貌等因素变化不大，所以雾发生频次的多少一定与气象、气候条件密切相关[47-48]。

2.2.2.2　模拟区域和物理参数化方案设置

应用 WRF 中尺度数值天气预报模式进行数值模拟，采用四重嵌套模式，四重网格水平格距分别为 27 km、9 km、3 km、1 km，格点数分别为 100×100、88×88、76×76、64×64，模拟中心点设在（31.734°N，118.872°E），模拟区域及最内层嵌套范围的地形高度如图 2-17 所示。

为了更好地模拟出此次雾的过程，垂直方向按照 σ 位面分为不等距 36 层，具体设置参数为 1.000、0.999、0.998、0.997、0.996、0.994、0.992、0.990、0.985、0.980、0.975、0.970、0.960、0.950、0.940、0.930、0.920、0.910、0.900、0.890、0.880、0.870、0.860、0.850、0.840、0.830、0.820、0.800、0.750、0.700、0.600、0.500、0.400、0.300、0.200、0.100、0.000，对低层特别加密。垂直方向 σ 位面不等距分层示意图如图 2-18 所示。

模式计算所用初始资料为 NCEP FNL 1°×1°再分析资料，每隔 6 h 一次的气象再分析资料。模拟时间为北京时间 2007 年 12 月 5 日 20：00 至 6 日 20：00。积分时间步长为 60 s。选取的物理参数化方案如表 2-5 所示。

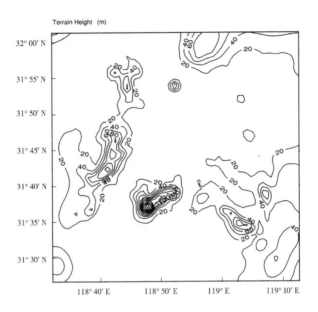

图 2-17　模拟区域及最内层地形高度

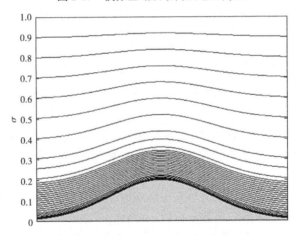

图 2-18　垂直方向 σ 位面不等距分层示意图

表 2-5　WRF 模式物理参数化方案

物理过程	参数化方案
Microphysics	WSM6
Longwave Radiation	RRTM
Shortwave Radiation	Dudhia
Surface Layer	Monin-Obukhove
Land Surface	Noah
Urban Surface	no urban physics
Planetary Boundary Layer	YSU
Cumulus Parameterization	Kain-Fritsch

2.2.2.3　模拟结果

1.海平面气压场

2007 年 12 月 6 日 05∶00、06∶00、08∶00、10∶00 的第二层嵌套范围的海平面气压场分布情况如图 2-19 所示,其中五角星处为乌刹桥位置。

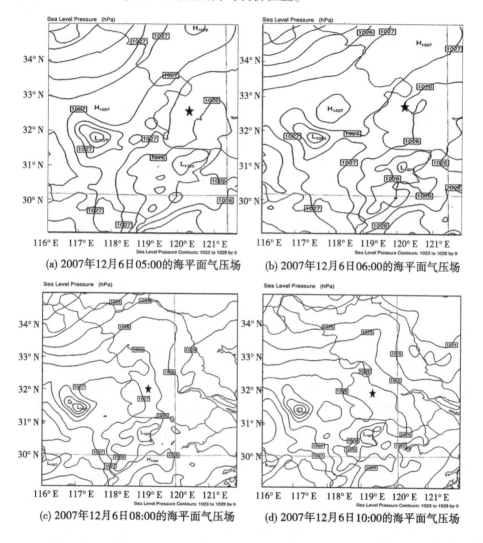

(a) 2007年12月6日05:00的海平面气压场　　(b) 2007年12月6日06:00的海平面气压场

(c) 2007年12月6日08:00的海平面气压场　　(d) 2007年12月6日10:00的海平面气压场

图 2-19　2007 年 12 月 6 日四个时间点的第二层嵌套范围的海平面气压场

2007 年 12 月 6 日 05∶00～06∶00 时,溧水河乌刹桥段西北部为高压,溧水河乌刹桥段位于南部低压的低压槽处,有利于水汽聚集,水汽易达到饱和。2007 年 12 月 6 日 07∶00～10∶00,溧水河乌刹桥段处于鞍形气压区附近,为均压场,有利于水汽的维持。

2.风场

2007 年 12 月 6 日 05∶00、06∶00、08∶00、10∶00 的第二层嵌套范围的风场分布情况如图 2-20 所示,其中五角星处为乌刹桥位置。

2007 年 12 月 6 日 05∶00～06∶00 时,溧水河乌刹桥段主要是西北风向,风速较小,风

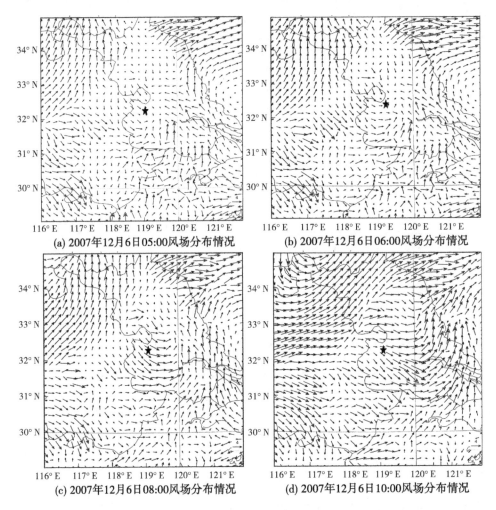

(a) 2007年12月6日05:00风场分布情况　　(b) 2007年12月6日06:00风场分布情况

(c) 2007年12月6日08:00风场分布情况　　(d) 2007年12月6日10:00风场分布情况

图 2-20　2007 年 12 月 6 日四个时间点的第二层嵌套范围的风场

级小于 3 级。2007 年 12 月 6 日 07:00~10:00 时,溧水河乌刹桥段依然主要是西北风向,风速增大,风级为 3 级微风。

2007 年 12 月 6 日 05:00~13:00 的溧水河乌刹桥位置 10 m 风速模拟值与观测值对比情况,如图 2-21 所示。

模拟的风速变化趋势比较符合风速实际观测的变化趋势。对于风速模拟值来说,05:00~06:00 风速模拟值小于 3 m/s,07:00~09:00 的风速模拟值有所增大,为 3~4 m/s。10 m 风速模拟值的均方根误差为 1.405 m/s。风速模拟效果较好。

3. 液态水含量

2007 年 12 月 6 日 05:00~10:00 的第二层嵌套范围的地面液态水含量(LWC)分布情况,如图 2-22 所示,其中五角星处为乌刹桥位置。由图 2-22 模拟结果可知,2007 年 12 月 6 日 05:00 溧水河乌刹桥段的地面液态水含量小于 0.001 g/kg,从 06:00 开始,至 09:00,溧水河乌刹桥段的地面液态水含量均大于或等于 0.015 g/kg,10:00 之后溧水河乌刹桥段的地面液态水含量小于 0.001 g/kg。

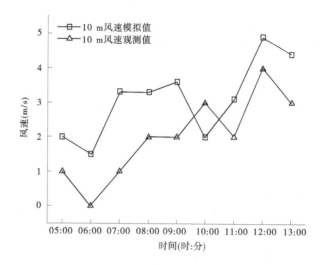

图 2-21　2007 年 12 月 6 日 05:00~13:00 的溧水河乌刹桥位置 10 m 风速模拟值与观测值

研究发现,液态水含量大小与雾的存在与否具有相关性[49]。根据判断条件:地面液态水含量大于或等于 0.015 g/kg,则判定有雾存在[50]。结合模拟的溧水河乌刹桥段地面液态水含量,得出溧水河乌刹桥段在 2007 年 12 月 6 日 06:00 左右开始起雾,07:00~09:00 一直处于有雾状态,至 10:00 左右雾散。

综合溧水河乌刹桥段地形高度(见图 2-17)、海平面气压场(见图 2-19)、风场(见图 2-20)和地面液态水含量(见图 2-22)的模拟情况进行分析,将 2007 年 12 月 6 日 05:00~10:00 分为两个时间段,05:00~06:00 为起雾阶段,07:00~10:00 为雾维持及雾消散阶段。

05:00~06:00 起雾阶段,一方面,溧水河乌刹桥段地形高度比周围低,位置处于低压槽,有利于水汽聚集,水汽易达到饱和,有利于雨雾天气形成;另一方面,风速较小的西北风有利于溧水河乌刹桥段西部与北部高压区的雨雾向溧水河乌刹桥段缓慢扩散。

07:00~10:00 雾维持及雾消散阶段,溧水河乌刹桥段地形高度比周围低,不利于雾的扩散;溧水河乌刹桥段处于鞍形气压区附近,为均压场,有利于雾天气维持;随着西北风风速逐渐增大,溧水河乌刹桥段雨雾由逐步向溧水河乌刹桥段东南部高坡移动。至 10:00左右,溧水河乌刹桥段的雨雾消散。

4. 相对湿度及能见度

引用以相对湿度为主的能见度经验公式来反映轻雾的能见度,经验公式如下[51]:

$$V_m = 26.12263 \times \exp(-0.03052R) \tag{2-33}$$

式中:V_m 为能见度,km;R 为相对湿度,20% $\leqslant R \leqslant$ 100%。

2007 年 12 月 6 日 06:00~11:00 的溧水河乌刹桥位置相对湿度、能见度情况如表 2-6所示。

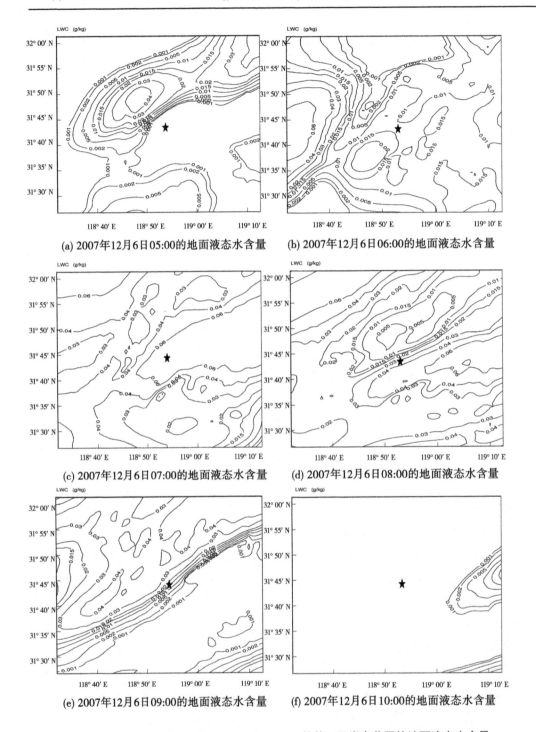

(a) 2007年12月6日05:00的地面液态水含量　　(b) 2007年12月6日06:00的地面液态水含量

(c) 2007年12月6日07:00的地面液态水含量　　(d) 2007年12月6日08:00的地面液态水含量

(e) 2007年12月6日09:00的地面液态水含量　　(f) 2007年12月6日10:00的地面液态水含量

图 2-22　2007 年 12 月 6 日 05:00~10:00 的第二层嵌套范围的地面液态水含量

表 2-6　溧水河乌刹桥位置相对湿度和能见度

时间	相对湿度(%)			能见度(km)		
(时:分)	模拟值	观测值	绝对误差	计算值	观测值	绝对误差
06:00	85.7	87	1.3	1.91	3	1.09
07:00	90.2	87	3.2	1.67	1.4	0.27
08:00	86.8	93	6.2	1.85	1.4	0.45
09:00	88.7	93	4.3	1.74	1.6	0.14
10:00	88.9	87	1.9	1.73	2.5	0.77
11:00	80.1	83	2.9	2.26	2.8	0.54

对于相对湿度,2007 年 12 月 6 日 06:00 左右起雾,之后溧水河乌刹桥位置相对湿度逐渐增大。07:00~09:00 雾维持阶段,溧水河乌刹桥位置相对湿度保持在较高水平,维持在 85% 以上。10:00 之后,雾消散阶段,溧水河乌刹桥位置相对湿度逐渐下降。相对湿度模拟值与观测值绝对误差在 1.3%~6.2%,相对湿度的均方根误差为 3.67%,模拟效果较好。

对于能见度的数值模拟,06:00 左右起雾,此时能见度绝对误差为 1.09 km。07:00~09:00 雾维持阶段,能见度观测值和计算值均维持在 2 km 以下,而且能见度绝对误差均小于 0.5 km,估算的能见度与实测的差值范围在 1 km 以内[32],说明能见度的模拟效果较好。10:00 左右雾开始消散,能见度开始大于 2 km,能见度误差绝对值在 0.77 km 以内,能见度模拟效果较好。

2007 年 12 月 6 日 06:00~11:00 溧水河乌刹桥位置的相对湿度和能见度计算值和观测值对比情况,如图 2-23 所示。

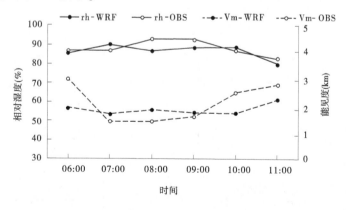

图 2-23　2007 年 12 月 6 日 06:00~11:00 溧水河乌刹桥位置的能见度和相对湿度

2007 年 12 月 6 日 07:00~11:00 溧水河乌刹桥位置的能见度计算值曲线和观测值曲线的变化趋势一致。能见度计算值的均方根误差为 0.48 km,小于 1 km,预测效果较好。

总体来看,以相对湿度为主的能见度经验公式来反映轻雾的能见度,模拟效果较好,在雾维持阶段和雾消散阶段,估算的能见度与实测的能见度绝对误差均在 1 km 以内,能够表征雨雾过程中能见度的大小情况和变化趋势。

2.2.3 溧水河乌刹桥段一次雨雾的天气分型研究

2.2.3.1 天气要素数据统计

结合实际 WRF 模拟数据和气象站观测数据,确定溧水河乌刹桥段的局地气象场影响因素主要为当前时刻 2 m 高度的温度减去前一时刻 2 m 高度的温度的温度差(简称温度差)、2 m 高度相对湿度(简称相对湿度)、10 m 高度风速(简称风速)、当前时刻 54 m 高度的理查森数减去前一时刻 54 m 高度的理查森数的理查森数差(简称理查森数差)、降雨强度这五种天气要素。

结合 2.2.2 对这次雨雾过程的分析,将这次雨雾过程分为两个时间段:促进雾发生的时间段和抑制雾发生的时间段。分别进行天气要素分型研究。

溧水河乌刹桥天气要素模拟数据统计如表 2-7 所示。

促进雾发生的时间段为 2007 年 12 月 6 日 05:00~09:30,其间每隔 10 min 记录一次要素数据,序号为 1~27。

促进雾消散的时间段为 2007 年 12 月 6 日 09:40~14:00,其间每隔 10 min 记录一次要素数据,序号为 28~54。

溧水河乌刹桥段的局地气象场影响因素主要为温度差、相对湿度、风速、理查森数差、降雨强度这五种天气要素。其中,温度差从 $-0.4565\sim0.3423℃$ 不等,相对湿度从 $64.0931\%\sim90.6952\%$ 不等,风速从 $0.4482\sim5.3288$ m/s 不等,理查森数差从 $-235.9713\sim26.8271$ 不等,降雨强度从 $0\sim1.2702$ mm/h 不等。

表 2-7 溧水河乌刹桥天气要素模拟数据统计

序号	温度差(℃)	相对湿度(%)	风速(m/s)	理查森数差	降雨强度(mm/h)
1	$0.01(\Delta t_2)$	$82.7(r_{h2})$	$2.1(w_{s2})$	$-236.0(\Delta R_{i1})$	$0.05(q_1)$
2	$-0.01(\Delta t_1)$	$83.5(r_{h2})$	$1.5(w_{s1})$	$-5.9(\Delta R_{i1})$	$0.18(q_1)$
3	$-0.05(\Delta t_1)$	$84.8(r_{h2})$	$0.4(w_{s1})$	$-1.1(\Delta R_{i1})$	$0.19(q_1)$
4	$-0.01(\Delta t_1)$	$84.8(r_{h2})$	$0.6(w_{s1})$	$-0.3(\Delta R_{i1})$	$0.24(q_1)$
5	$0.01(\Delta t_2)$	$85.5(r_{h3})$	$1.2(w_{s1})$	$-0.2(\Delta R_{i1})$	$0.23(q_1)$
6	$0.09(\Delta t_2)$	$85.7(r_{h3})$	$1.5(w_{s1})$	$-0.2(\Delta R_{i1})$	$0.15(q_1)$
7	$0.13(\Delta t_2)$	$85.9(r_{h3})$	$1.9(w_{s2})$	$0.4(\Delta R_{i2})$	$0.10(q_1)$
8	$0.05(\Delta t_2)$	$86.6(r_{h3})$	$2.1(w_{s2})$	$-0.1(\Delta R_{i1})$	$0.33(q_2)$
9	$0.03(\Delta t_2)$	$87.8(r_{h3})$	$2.5(w_{s2})$	$-0.1(\Delta R_{i1})$	$1.09(q_2)$
10	$0.08(\Delta t_2)$	$88.8(r_{h3})$	$2.7(w_{s2})$	$-0.5(\Delta R_{i1})$	$1.27(q_2)$
11	$0.12(\Delta t_2)$	$89.7(r_{h3})$	$2.9(w_{s2})$	$-0.1(\Delta R_{i1})$	$1.21(q_2)$
12	$0.21(\Delta t_2)$	$90.2(r_{h3})$	$3.3(w_{s2})$	$-0.1(\Delta R_{i1})$	$1.14(q_2)$

续表 2-7

序号	温度差(℃)	相对湿度(%)	风速(m/s)	理查森数差	降雨强度(mm/h)
13	$-0.02(\Delta t_1)$	$90.3(r_{h3})$	$3.7(w_{s3})$	$-0.2(\Delta R_{i1})$	$0.99(q_2)$
14	$0.01(\Delta t_2)$	$89.3(r_{h3})$	$3.8(w_{s3})$	$-0.2(\Delta R_{i1})$	$0.72(q_2)$
15	$-0.01(\Delta t_1)$	$88.2(r_{h3})$	$3.5(w_{s2})$	$-0.1(\Delta R_{i1})$	$0.54(q_2)$
16	$-0.04(\Delta t_1)$	$87.3(r_{h3})$	$3.2(w_{s2})$	$0(\Delta R_{i1})$	$0.45(q_2)$
17	$-0.03(\Delta t_1)$	$87.0(r_{h3})$	$3.2(w_{s2})$	$-0.1(\Delta R_{i1})$	$0.44(q_2)$
18	$-0.01(\Delta t_1)$	$86.8(r_{h3})$	$3.3(w_{s2})$	$-0.1(\Delta R_{i1})$	$0.35(q_1)$
19	$0.05(\Delta t_2)$	$85.8(r_{h3})$	$3.5(w_{s2})$	$-0.5(\Delta R_{i1})$	$0.20(q_1)$
20	$-0.02(\Delta t_1)$	$86.0(r_{h3})$	$3.5(w_{s2})$	$-0.1(\Delta R_{i1})$	$0.08(q_1)$
21	$-0.14(\Delta t_1)$	$86.6(r_{h3})$	$3.8(w_{s3})$	$-4.4(\Delta R_{i1})$	$0.04(q_1)$
22	$-0.08(\Delta t_1)$	$87.2(r_{h3})$	$3.7(w_{s3})$	$-6.5(\Delta R_{i1})$	$0.02(q_1)$
23	$-0.06(\Delta t_1)$	$87.8(r_{h3})$	$3.7(w_{s3})$	$-4.9(\Delta R_{i1})$	$0.01(q_1)$
24	$-0.05(\Delta t_1)$	$88.7(r_{h3})$	$3.6(w_{s3})$	$-3.9(\Delta R_{i1})$	$0.14(q_1)$
25	$-0.02(\Delta t_1)$	$89.8(r_{h2})$	$3.4(w_{s2})$	$-4.9(\Delta R_{i1})$	$0.54(q_2)$
26	$0(\Delta t_1)$	$90.4(r_{h3})$	$2.9(w_{s2})$	$-5.5(\Delta R_{i1})$	$0.63(q_2)$
27	$0.02(\Delta t_2)$	$90.7(r_{h3})$	$2.4(w_{s2})$	$-16.6(\Delta R_{i1})$	$0.48(q_2)$
28	$0.14(\Delta t_2)$	$90.0(r_{h3})$	$2.2(w_{s2})$	$-25.1(\Delta R_{i1})$	$0.11(q_1)$
29	$0.08(\Delta t_2)$	$89.5(r_{h3})$	$2.0(w_{s2})$	$-22.6(\Delta R_{i1})$	$0(q_1)$
30	$0.07(\Delta t_2)$	$88.9(r_{h3})$	$2.0(w_{s2})$	$-5.0(\Delta R_{i1})$	$0(q_1)$
31	$0.11(\Delta t_2)$	$87.8(r_{h3})$	$2.0(w_{s2})$	$6.3(\Delta R_{i2})$	$0(q_1)$
32	$0.09(\Delta t_2)$	$86.7(r_{h3})$	$2.1(w_{s2})$	$17.7(\Delta R_{i2})$	$0(q_1)$
33	$0.08(\Delta t_2)$	$85.6(r_{h3})$	$2.2(w_{s2})$	$7.0(\Delta R_{i2})$	$0(q_1)$
34	$0.31(\Delta t_2)$	$83.4(r_{h2})$	$2.4(w_{s2})$	$26.8(\Delta R_{i2})$	$0(q_1)$
35	$0.20(\Delta t_2)$	$81.6(r_{h2})$	$2.8(w_{s2})$	$9.8(\Delta R_{i2})$	$0(q_1)$
36	$0.16(\Delta t_2)$	$80.1(r_{h2})$	$3.1(w_{s2})$	$4.0(\Delta R_{i2})$	$0(q_1)$
37	$0.34(\Delta t_2)$	$78.1(r_{h2})$	$3.4(w_{s2})$	$4.2(\Delta R_{i2})$	$0(q_1)$
38	$0.24(\Delta t_2)$	$76.8(r_{h2})$	$3.6(w_{s3})$	$1.7(\Delta R_{i2})$	$0(q_1)$
39	$0.16(\Delta t_2)$	$76.2(r_{h2})$	$3.8(w_{s3})$	$0(\Delta R_{i1})$	$0(q_1)$
40	$0.26(\Delta t_2)$	$75.1(r_{h2})$	$3.9(w_{s3})$	$5.6(\Delta R_{i2})$	$0(q_1)$
41	$0.23(\Delta t_2)$	$73.9(r_{h2})$	$4.3(w_{s3})$	$-1.0(\Delta R_{i1})$	$0(q_1)$
42	$0.10(\Delta t_2)$	$73.3(r_{h2})$	$4.9(w_{s3})$	$-8.3(\Delta R_{i1})$	$0(q_1)$
43	$-0.46(\Delta t_1)$	$74.9(r_{h2})$	$4.8(w_{s3})$	$3.5(\Delta R_{i2})$	$0(q_1)$

续表 2-7

序号	温度差(℃)	相对湿度(%)	风速(m/s)	理查森数差	降雨强度(mm/h)
44	$-0.05(\Delta t_1)$	$74.5(r_{h2})$	$4.4(w_{s3})$	$0.9(\Delta R_{i2})$	$0(q_1)$
45	$0.01(\Delta t_2)$	$74.3(r_{h2})$	$4.1(w_{s3})$	$1.1(\Delta R_{i2})$	$0(q_1)$
46	$0.22(\Delta t_2)$	$73.3(r_{h2})$	$4.0(w_{s3})$	$0.9(\Delta R_{i2})$	$0(q_1)$
47	$0.15(\Delta t_2)$	$72.4(r_{h2})$	$4.2(w_{s3})$	$5.6(\Delta R_{i2})$	$0(q_1)$
48	$0.24(\Delta t_2)$	$71.0(r_{h2})$	$4.4(w_{s3})$	$2.7(\Delta R_{i2})$	$0(q_1)$
49	$0.24(\Delta t_2)$	$69.6(r_{h1})$	$4.6(w_{s3})$	$-1.2(\Delta R_{i1})$	$0(q_1)$
50	$0.15(\Delta t_2)$	$68.6(r_{h1})$	$4.6(w_{s3})$	$1.2(\Delta R_{i2})$	$0(q_1)$
51	$0.17(\Delta t_2)$	$67.4(r_{h1})$	$4.8(w_{s3})$	$1.0(\Delta R_{i2})$	$0(q_1)$
52	$0.25(\Delta t_2)$	$65.9(r_{h1})$	$5.0(w_{s3})$	$0.3(\Delta R_{i2})$	$0(q_1)$
53	$0.14(\Delta t_2)$	$64.6(r_{h1})$	$5.3(w_{s3})$	$-1.0(\Delta R_{i1})$	$0(q_1)$
54	$0.06(\Delta t_2)$	$64.1(r_{h1})$	$5.3(w_{s3})$	$-1.9(\Delta R_{i1})$	$0(q_1)$

2.2.3.2　天气要素数据的离散化

确定相邻两个时刻的温度差、相对湿度、风速、相邻两个时刻的理查森数差、降雨强度的区间分界点如下：

(1)温度差的区间分界点：温度下降，饱和水汽压降低，导致水汽饱和或者过饱和，容易成雾或形成降水。将温度差的区间分界点定为0，单位为℃。

(2)相对湿度的区间分界点：广东省气象局84个台站中以相对湿度70%为界来区分霾和雾(轻雾)的有57个台站，占67.9%[52]，在测报工作中，常把相对湿度大于70%作为记录轻雾的重要依据[53]。冬半年轻雾生成时，相对湿度一般在65%~85%[54]。将相对湿度的区间分界点定为70%和85%。

(3)风速的区间分界点：主要依据风力等级[55]国家标准，2级轻风的风速范围是1.6~3.3 m/s。将轻风的上限适当扩大，将风速的区间分界点定为1.6和3.5，单位为m/s。

(4)理查森数差的区间分界点：在大气上，理查森数表示大气静力稳定度与垂直风切变的比值[56-57]。理查森数减小，能够表征大气稳定度降低。将理查森数差的区间分界点定为0。

(5)降雨强度的区间分界点：主要依据降雨强度等级划分标准[58]。12 h 降雨量小于5 mm，为小雨。平均到每小时降雨量为0.417 mm/h，将降雨强度的区间划分点设置为0.417，单位为 mm/h。

根据统计结果，对温度差、相对湿度、风速、理查森数差、降雨强度数据进行区间划分。各天气要素区间划分的结果如下：

(1)温度差(℃)：$(-\infty, 0)$，$[0, +\infty)$。

(2)相对湿度(%)：$[0, 70)$，$[70, 85)$，$[85, 100]$。

（3）风速（m/s）：[0,1.6)，[1.6,3.5)，[3.5,+∞）。

（4）理查森数差：(-∞,0)，[0,+∞)。

（5）降雨强度（mm/h）：[0,0.417)，[0.417,+∞)。

在上述分类的基础上将温度差、相对湿度、风速、理查森数差、降雨强度等五个数量型字段进行离散化，其中 Δt 表示温度差，r_h 表示相对湿度，w_s 表示风速，ΔR_i 表示理查森数差，q 表示降雨强度。

对于温度差，Δt_1 对应区间 $(-\infty,0)$，Δt_2 对应区间 $[0,+\infty)$；

对于相对湿度，r_{h1} 对应区间 $[0,70)$，r_{h2} 对应区间 $[70,85)$，r_{h3} 对应区间 $[85,100]$；

对于风速，w_{s1} 对应区间 $[0,1.6)$，w_{s2} 对应区间 $[1.6,3.5)$，w_{s3} 对应区间 $[3.5,+\infty)$；

对于理查森数差，ΔR_{i1} 对应区间 $(-\infty,0)$，ΔR_{i2} 对应区间 $[0,+\infty)$；

对于降雨强度，q_1 对应区间 $[0,0.417)$，q_2 对应区间 $[0.417,+\infty)$。

2.2.3.3　促进雾发生时间段天气要素集的支持度

促进雾发生的时间段为 2007 年 12 月 6 日 05:00～09:30。应用 Apriori 关联规则算法对经过数据离散化处理后的天气要素数据进行关联分析。将参数支持度 support 的最小值设为 0.01，置信度 confidence 的最小值设为 0.8，得到天气要素集的支持度结果如表 2-8 所示。

表 2-8　天气要素集的支持度

序号	天气要素集	support
1	$[q_2, \Delta R_{i1}, r_{h3}, \Delta t_1, w_{s2}]$	0.185
2	$[q_2, \Delta R_{i1}, r_{h3}, \Delta t_2, w_{s2}]$	0.185
3	$[q_1, \Delta R_{i1}, r_{h3}, \Delta t_1, w_{s3}]$	0.148
4	$[q_1, \Delta R_{i1}, r_{h2}, \Delta t_1, w_{s1}]$	0.111
5	$[q_1, \Delta R_{i1}, r_{h3}, \Delta t_2, w_{s2}]$	0.074
6	$[q_1, \Delta R_{i1}, r_{h3}, \Delta t_1, w_{s2}]$	0.074
7	$[q_1, \Delta R_{i1}, r_{h3}, \Delta t_2, w_{s1}]$	0.074
8	$[q_1, r_{h3}, \Delta R_{i2}, \Delta t_2, w_{s2}]$	0.037
9	$[q_2, \Delta R_{i1}, r_{h3}, \Delta t_1, w_{s3}]$	0.037
10	$[q_2, \Delta R_{i1}, r_{h3}, \Delta t_2, w_{s3}]$	0.037
11	$[q_1, \Delta R_{i1}, r_{h2}, \Delta t_2, w_{s2}]$	0.037

根据表 2-8 可知，在最小支持度为 0.01、最小置信度为 0.8 的条件下，天气要素集的关联分析共产生 11 条支持度结果。

支持度超过 0.15 的天气要素集分别是：$[q_2, \Delta R_{i1}, r_{h3}, \Delta t_1, w_{s2}]$、$[q_2, \Delta R_{i1}, r_{h3}, \Delta t_2, w_{s2}]$，即降雨强度在 $[0.417,+\infty)$、理查森数差在 $(-\infty,0)$、相对湿度在 $[85,100]$、温度差在 $(-\infty,0)$、同时风速在 $[1.6,3.5)$ 区间范围内，或者降雨强度在 $[0.417,+\infty)$、理查森数差在 $(-\infty,0)$、相对湿度在 $[85,100]$、温度差在 $[0,+\infty)$、同时风速在 $[1.6,3.5)$ 区间范围内这两种天气要素集。

支持度超过 0.10 的天气要素集分别是：$[q_1, \Delta R_{i1}, r_{h3}, \Delta t_1, w_{s3}]$、$[q_1, \Delta R_{i1}, r_{h2},$

Δt_1, w_{s1}],即降雨强度在[0,0.417)、理查森数差在(-∞,0)、相对湿度在[85,100]、温度差在(-∞,0)、同时风速在[3.5,+∞)区间范围内,或者降雨强度在[0,0.417)、理查森数差在(-∞,0)、相对湿度在[70,85)、温度差在(-∞,0)、同时风速在[0,1.6)区间范围内这两种天气要素集。

因此,在促进雾发生的时间段内,以下四种情况的可能性较大:

(1)降雨强度在[0.417,+∞)、理查森数差在(-∞,0)、相对湿度在[85,100]、温度差在(-∞,0)、同时风速在[1.6,3.5)区间范围内。

(2)降雨强度在[0.417,+∞)、理查森数差在(-∞,0)、相对湿度在[85,100]、温度差在[0,+∞)、同时风速在[1.6,3.5)区间范围内。

(3)降雨强度在[0,0.417)、理查森数差在(-∞,0)、相对湿度在[85,100]、温度差在(-∞,0)、同时风速在[3.5,+∞)区间范围内。

(4)降雨强度在[0,0.417)、理查森数差在(-∞,0)、相对湿度在[70,85)、温度差在(-∞,0)、同时风速在[0,1.6)区间范围内。

2.2.3.4 促进雾消散时间段天气要素集的支持度

促进雾消散的时间段为2007年12月6日09:40~14:00,经过天气要素离散化处理后,可知在此时间段内,降雨强度q一直位于[0,0.417)这一区间范围内,即降雨强度一直处于q_1这一区间范围。所以在此时间段内,不添加降雨强度这一天气要素进行关联分析。

应用Apriori关联规则算法对经过数据离散化处理后的天气要素数据进行关联分析。将参数支持度support的最小值设为0.01,置信度confidence的最小值设为0.8,得到天气要素集的支持度结果如表2-9所示。

表2-9　天气要素集的支持度

序号	天气要素集	support
1	[w_{s3}, ΔR_{i2}, r_{h2}, Δt_2]	0.222
2	[w_{s2}, r_{h2}, Δt_2, ΔR_{i2}]	0.148
3	[w_{s3}, r_{h1}, ΔR_{i2}, Δt_2]	0.111
4	[w_{s2}, ΔR_{i1}, r_{h3}, Δt_2]	0.111
5	[w_{s2}, r_{h3}, ΔR_{i2}, Δt_2]	0.111
6	[r_{h1}, w_{s3}, ΔR_{i1}, Δt_2]	0.111
7	[w_{s3}, ΔR_{i1}, r_{h2}, Δt_2]	0.111
8	[w_{s3}, r_{h2}, ΔR_{i2}, Δt_1]	0.074

根据表2-9可知,在最小支持度为0.01、最小置信度为0.8的条件下,天气要素集的关联分析共产生8条支持度结果。

其中支持度超过0.2的是[w_{s3}, ΔR_{i2}, r_{h2}, Δt_2]天气要素集,即风速在[3.5,+∞)、理查森数差在[0,+∞)、相对湿度在[70,85)、同时温度差在[0,+∞)区间范围内。

支持度超过0.14的是[w_{s2}, r_{h2}, Δt_2, ΔR_{i2}]天气要素集,即风速在[1.6,3.5)、相对

湿度在[70,85)、理查森数差在[0,+∞)、同时温度差在[0,+∞)区间范围内。

因此,在促进雾消散的时间段内,风速在[3.5,+∞)、理查森数差在[0,+∞)、相对湿度在[70,85)、同时温度差在[0,+∞)区间范围内,或者风速在[1.6,3.5)、相对湿度在[70,85)、理查森数差在[0,+∞)、同时温度差在[0,+∞)区间范围内出现的可能性较大。

2.2.3.5　各时间段的天气要素分型

1. 促进雾发生时间段的天气要素分型

促进雾发生时间段得到的关联规则算法结论如下:

(1)降雨强度在[0.417,+∞)、理查森数差在(-∞,0)、相对湿度在[85,100]、温度差在(-∞,0)、同时风速在[1.6,3.5)区间范围内,支持度为0.185。

(2)降雨强度在[0.417,+∞)、理查森数差在(-∞,0)、相对湿度在[85,100]、温度差在[0,+∞)、同时风速在[1.6,3.5)区间范围内,支持度为0.185。

(3)降雨强度在[0,0.417)、理查森数差在(-∞,0)、相对湿度在[85,100]、温度差在(-∞,0)、同时风速在[3.5,+∞)区间范围内,支持度为0.148。

(4)降雨强度在[0,0.417)、理查森数差在(-∞,0)、相对湿度在[70,85)、温度差在(-∞,0)、同时风速在[0,1.6)区间范围内,支持度为0.111。

得到促进雾发生的天气型:

(1)最能促进雾发生的天气型:降雨强度在[0.417,+∞)、理查森数差在(-∞,0)、相对湿度在[85,100]、同时风速在[1.6,3.5)。

(2)比较促进雾发生的天气型:降雨强度在[0,0.417)、理查森数差在(-∞,0)、相对湿度在[70,100]、温度差在(-∞,0)、同时风速在[0,1.6)/[3.5,+∞)。

2. 促进雾消散时间段的天气要素分型

促进雾消散时间段得到的关联规则算法结论如下:

(1)风速在[3.5,+∞)、理查森数差在[0,+∞)、相对湿度在[70,85)、同时温度差在[0,+∞)区间范围内,支持度为0.222。

(2)风速在[1.6,3.5)、相对湿度在[70,85)、理查森数差在[0,+∞)、同时温度差在[0,+∞)区间范围内,支持度为0.148。

得到促进雾消散的天气型:

(1)最促进雾消散的天气型:风速在[3.5,+∞)、理查森数差在[0,+∞)、相对湿度在[70,85)、同时温度差在[0,+∞)、降雨强度在[0,0.417)。

(2)比较促进雾消散的天气型:风速在[1.6,3.5)、相对湿度在[70,85)、理查森数差在[0,+∞)、同时温度差在[0,+∞)、降雨强度在[0,0.417)。

2.2.3.6　局地气象场天气要素分型模型

依据局地气象场与促进雾发生或促进雾消散的相关性大小,将局地气象场天气型分为a、b、c、d共4种,建立局地气象场天气要素分型模型,如表2-10所示。

表 2-10　局地气象场天气要素分型模型

天气型	促进雾发生		促进雾消散	
	a	b	c	d
温度差(℃)	—	$(-\infty,0)$	$[0,+\infty)$	$[0,+\infty)$
相对湿度(%)	$[85,100]$	$[70,100]$	$[70,85]$	$[70,85]$
风速(m/s)	$[1.6,3.5)$	$[0,1.6)/[3.5,+\infty)$	$[1.6,3.5)$	$[3.5,+\infty)$
理查森数差	$(-\infty,0)$	$(-\infty,0)$	$[0,+\infty)$	$[0,+\infty)$
降雨强度(mm/h)	$[0.417,+\infty)$	$[0,0.417)$	$[0,0.417)$	$[0,0.417)$

其中,对雾产生的促进作用,a>b>c>d,为了减轻由于坝区水电站泄洪雾化而产生的危害,应尽量选择局地气象场情况符合 d 或 c 天气型所在的时段泄洪。

另外,在天气型具体应用过程中,要遵循"最大化满足"原则。天气型的所有天气要素特征完全符合当然是最理想的情况。但是如果实际天气情况不是每个天气要素都完全契合,需要具体情况具体分析。对于实际的水电站坝区气象场而言,经过天气要素关联分析后,所计算时间段的主要影响因素要优先考虑。综合所计算时段所有的天气要素特征,契合哪个天气型最多,就认为其符合哪一种天气型。

对于实际天气要素特征不满足以上四种天气型中任何一种的情况,说明时间段内的天气要素特征与雾发生或雾消散的相关性较小,对泄洪雾化危害的影响较小,既不会加重雾化危害,也不能减轻雾化危害。因此,可以与其他时间段天气型比较后,合理安排泄洪时间。

2.3　坝区泄洪期间局地天气分型模型的应用研究

2.3.1　二滩水电站泄洪雾化的天气分型研究

2.3.1.1　天气要素数据统计

根据 1999 年 11 月 16~17 日的二滩水电站的泄洪雾化原型观测泄流工况,在这两天中:

选取代表二滩水电站第一天泄洪的时间段为 1999 年 11 月 16 日 09:00~17:00,其间每隔 10 min 记录一次要素数据。

选取代表二滩水电站第二天泄洪的时间段为 1999 年 11 月 17 日 09:00~17:00,其间每隔 10 min 记录一次要素数据。

2.3.1.2　天气要素数据的离散化

与 2.2.3.2 区间划分标准相同,将温度差、相对湿度、风速、理查森数差、降雨强度数据进行区间划分,并对天气要素数据进行离散化处理。

经过天气要素数据离散化处理,可知在所统计的全部时间内,降雨强度始终位于 q_1,即区间 $[0,0.417)$ 内。所以降雨强度这一天气要素,不参与针对这段时间的二滩水电站坝区气象场的天气要素关联计算分析。

2.3.1.3　第一天泄洪时间段的天气要素集支持度

第一天泄洪时间段为:1999 年 11 月 16 日 09:00~17:00。

应用 Apriori 关联规则算法对经过数据离散化处理后的天气要素数据进行关联分析。将参数支持度 support 的最小值设为 0.01,置信度 confidence 的最小值设为 0.8,得到天气要素集的支持度结果,如表 2-11 所示。

表 2-11　天气要素集的支持度

序号	天气要素集	support
1	$[w_{s3}, r_{h1}, \Delta R_{i2}, \Delta t_2]$	0.327
2	$[r_{h1}, w_{s3}, \Delta R_{i1}, \Delta t_2]$	0.224
3	$[w_{s3}, r_{h1}, \Delta R_{i2}, \Delta t_1]$	0.143
4	$[w_{s2}, r_{h1}, \Delta R_{i2}, \Delta t_2]$	0.102
5	$[r_{h1}, w_{s3}, \Delta R_{i1}, \Delta t_1]$	0.12
6	$[r_{h1}, w_{s2}, \Delta R_{i1}, \Delta t_2]$	0.082
7	$[w_{s2}, r_{h2}, \Delta R_{i2}, \Delta t_1]$	0.020

根据表 2-11 可知,在最小支持度为 0.01、最小置信度为 0.8 的条件下,天气要素集的关联分析共产生 7 条支持度结果。

支持度超过 0.2 的天气要素集是 $[w_{s3}, r_{h1}, \Delta R_{i2}, \Delta t_2]$、$[r_{h1}, w_{s3}, \Delta R_{i1}, \Delta t_2]$,即风速在 $[3.5, +\infty)$、相对湿度在 $[0,70)$、理查森数差在 $[0,+\infty)$、同时温度差在 $[0,+\infty)$ 区间范围内,或者相对湿度在 $[0,70)$、风速在 $[3.5,+\infty)$、理查森数差在 $(-\infty,0)$、同时温度差在 $[0,+\infty)$ 区间范围内。

因此,在 1999 年 11 月 16 日 09:00~17:00 这段时间内,以下两种情况出现的可能性较大:

(1)风速在 $[3.5,+\infty)$、相对湿度在 $[0,70)$、理查森数差在 $[0,+\infty)$、同时温度差在 $[0,+\infty)$ 区间范围内。

(2)相对湿度在 $[0,70)$、风速在 $[3.5,+\infty)$、理查森数差在 $(-\infty,0)$、同时温度差在 $[0,+\infty)$ 区间范围内。

2.3.1.4　第二天泄洪时间段的天气要素集支持度

第二天泄洪时间段为:1999 年 11 月 17 日 09:00~17:00。

应用 Apriori 关联规则算法对经过数据离散化处理后的天气要素数据进行关联分析。将参数支持度 support 的最小值设为 0.01,置信度 confidence 的最小值设为 0.8,得到天气要素集的支持度结果,如表 2-12 所示。

表 2-12　天气要素集的支持度

序号	天气要素集	support
1	$[w_{s1},\ \Delta R_{i1},\ r_{h2},\ \Delta t_1]$	0.122
2	$[w_{s2},\ \Delta R_{i1},\ r_{h2},\ \Delta t_2]$	0.102
3	$[w_{s3},\ \Delta R_{i1},\ r_{h2},\ \Delta t_1]$	0.102
4	$[w_{s2},\ r_{h2},\ \Delta t_2,\ \Delta R_{i2}]$	0.082
5	$[w_{s3},\ \Delta R_{i1},\ r_{h2},\ \Delta t_2]$	0.082
6	$[w_{s3},\ r_{h1},\ \Delta R_{i2},\ \Delta t_2]$	0.082
7	$[w_{s3},\ r_{h2},\ \Delta R_{i2},\ \Delta t_1]$	0.061
8	$[w_{s3},\ r_{h1},\ \Delta R_{i2},\ \Delta t_1]$	0.061
9	$[r_{h1},\ w_{s3},\ \Delta R_{i1},\ \Delta t_1]$	0.061
10	$[w_{s2},\ \Delta R_{i1},\ r_{h2},\ \Delta t_1]$	0.061
11	$[w_{s3},\ r_{h2},\ \Delta R_{i2},\ \Delta t_2]$	0.061
12	$[w_{s1},\ r_{h2},\ \Delta R_{i2},\ \Delta t_1]$	0.041
13	$[w_{s1},\ r_{h2},\ \Delta R_{i2},\ \Delta t_2]$	0.041
14	$[r_{h1},\ w_{s3},\ \Delta R_{i1},\ \Delta t_2]$	0.020
15	$[w_{s1},\ \Delta R_{i1},\ r_{h2},\ \Delta t_2]$	0.020

根据表 2-12 可知,在最小支持度为 0.01、最小置信度为 0.8 的条件下,天气要素集的关联分析共产生 15 条支持度结果。

支持度超过 0.1 的天气要素集是 $[w_{s1},\ \Delta R_{i1},\ r_{h2},\ \Delta t_1]$、$[w_{s2},\ \Delta R_{i1},\ r_{h2},\ \Delta t_2]$、$[w_{s3},\ \Delta R_{i1},\ r_{h2},\ \Delta t_1]$,即风速在 $[0,1.6)$、理查森数差在 $(-\infty,0)$、相对湿度在 $[70,85)$、同时温度差在 $(-\infty,0)$ 区间范围内,或者风速在 $[1.6,3.5)$、理查森数差在 $(-\infty,0)$、相对湿度在 $[70,85)$、同时温度差在 $[0,+\infty)$ 区间范围内,或者风速在 $[3.5,+\infty)$、理查森数差在 $(-\infty,0)$、相对湿度在 $[70,85)$、同时温度差在 $(-\infty,0)$ 区间范围内。

因此,在 1999 年 11 月 17 日 09:00～17:00 这段时间内,以下三种情况出现的可能性较大:

(1)风速在 $[0,1.6)$、理查森数差在 $(-\infty,0)$、相对湿度在 $[70,85)$、同时温度差在 $(-\infty,0)$ 区间范围内。

(2)风速在 $[1.6,3.5)$、理查森数差在 $(-\infty,0)$、相对湿度在 $[70,85)$、同时温度差在 $[0,+\infty)$ 区间范围内。

(3)风速在 $[3.5,+\infty)$、理查森数差在 $(-\infty,0)$、相对湿度在 $[70,85)$、同时温度差在 $(-\infty,0)$ 区间范围内。

2.3.1.5　各时间段的天气要素特征

1. 第一天泄洪时间段的天气要素特征

在 1999 年 11 月 16 日 09:00～17:00 这段时间内,得到的关联规则算法结论如下:

（1）风速在[3.5,+∞)、相对湿度在[0,70)、理查森数差在[0,+∞)、同时温度差在[0,+∞)区间范围内,支持度为0.327。

（2）相对湿度在[0,70)、风速在[3.5,+∞)、理查森数差在(-∞,0)、同时温度差在[0,+∞)区间范围内,支持度为0.224。

结合未参加关联分析的天气要素特征,即降雨强度在[0,0.417),得到第一天泄洪时间段的天气型特征:风速在[3.5,+∞)、相对湿度在[0,70)、温度差在[0,+∞)、降雨强度在[0,0.417)。

2. 第二天泄洪时间段的天气要素特征

在1999年11月17日09:00～17:00这段时间内,得到的关联规则算法结论如下:

（1）风速在[0,1.6)、理查森数差在(-∞,0)、相对湿度在[70,85)、同时温度差在(-∞,0)区间范围内,支持度为0.122。

（2）风速在[1.6,3.5)、理查森数差在(-∞,0)、相对湿度在[70,85)、同时温度差在[0,+∞)区间范围内,支持度为0.102。

（3）风速在[3.5,+∞)、理查森数差在(-∞,0)、相对湿度在[70,85)、同时温度差在(-∞,0)区间范围内,支持度为0.102。

结合未参加关联分析的天气要素特征,即降雨强度在[0,0.417),得到第二天泄洪时间段的天气型特征:理查森数差在(-∞,0)、相对湿度在[70,85)、降雨强度在[0,0.417)。

2.3.1.6　天气型归类及泄洪时间优选

二滩水电站不同时间段局地气象场的天气要素特征如下:

（1）第一天泄洪时间段的天气要素特征:风速在[3.5,+∞)、相对湿度在[0,70)、温度差在[0,+∞)、降雨强度在[0,0.417)。

（2）第二天泄洪时间段的天气要素特征:理查森数差在(-∞,0)、相对湿度在[70,85)、降雨强度在[0,0.417)。

结合表2-10局地气象场天气要素分型模型,进行天气型归类如下:

（1）第一天泄洪时间段的温度差在[0,+∞)、风速在[3.5,+∞)、理查森数差、降雨强度在[0,0.417)四项指标契合天气型d。依据"最大化满足"原则,第一天泄洪时间段局地气象场归类为天气型d。

（2）第二天泄洪时间段的温度差、相对湿度在[70,85)、风速、理查森数差在(-∞,0)、降雨强度在[0,0.417)五项指标契合天气型b。第二天泄洪时间段局地气象场归类为天气型b。

由于第一天泄洪时间段属于天气型d,是最能促进雾消散的天气型。第二天泄洪时间段属于天气型b,是比较促进雾产生的天气型。因此,比较而言,选择第一天泄洪时间段泄洪,造成的雾化危害更小。

因此,对于二滩水电站而言,1999年11月16日09:00～17:00比1999年11月17日09:00～17:00更适合泄洪。

2.4　资料同化理论

资料同化通过分析处理随空间和时间分布的观测数据,可以为数值天气预报提供计算所需的初始场[59]。资料同化可以提供高质量的四维分析场[60],通过为有限区域或嵌套模式提供高质量边界条件,实现多重嵌套网格对内层嵌套边界条件的调整,同时运用变分伴随法对相关参数进行优化[61]。

资料同化以下两层基本含义[62]:一是如何合理地利用各种精度不同的非常规资料,把它们与常规资料融合为一个有机的整体,为数值预报提供一个更好的初始场;二是如何综合利用不同时次的观测资料,将这些资料中所包含的时间演变信息转化为要素场的空间分布状况。

资料同化的核心就是将观测资料通过数学方法变换到数值模式的网格点上,为数值预报模式提供更高质量的初始场和边界条件[63-64]。非常规观测资料对环境状态的描述最真实,但观测时间间隔很长,获得的数据完整性不高,难以细致描述中小尺度泄洪雾化所引起的环境陡变情况。而通过大气数据同化的数值模拟方法,可以高分辨率地对每个物理量进行分析,为泄洪雾化模拟和区域影响评价提供参考。

资料同化应用于改善预报的初始条件或提供过去天气状况的估计[65]。当在动态中使用时,在预先预测的时间段内进行数据同化,然后通过这种动态初始化对预测模型进行更新。预报之前的结果会在资料同化的过程中持续接近同化数据。动态初始化提供了一种改进模型条件的方法,它将一段时间内的观测数据引入到一个动态一致的模型框架中,动态分析继续使用数据同化把模型模拟出来。这可以用来对过去的情况进行分析,其中包括所有可用的观测结果。这些分析可以用来驱动其他模型,也可以用来分析当前的情况。

资料同化方法一般分为经验插值、统计插值、变分方法和卡尔曼滤波四种。在现有的应用领域中,经验插值中的牛顿松弛逼近法应用最为广泛[66]。

2.4.1　经验插值

大气资料同化的任务之一是根据分布在不规则观测点上的气象观测资料得到规则网格点上的大气变量分析值。经验插值预测的关键在于限制用来预测的时间步在特定的时间范围之内,只要所有需要用来的插值的时间步已知,就可以通过插值得到已知时间之外的数据[67]。

2.4.1.1　逐步订正法

逐步订正法是最早应用于数值业务预报的方案,被称作气象资料的客观分析方法。逐步订正法的原理是从每个观测中减去背景场得到的观测增量,通过分析观测增量得到分析增量,然后将分析增量加到背景场得到最终分析[68]。每个分析格点上的分析增量通过其周围影响区域内观测增量的线性组合加权,观测权重与观测位置和格点之间的距离成反比。

逐步订正法有如下四个特点:①引入了背景场;②分析增量时观测增量的加权平均;③权重函数是经验给定的;④单点分析方案,只有在影响半径范围内的观测资料才对分析场产生作用。逐步订正法中用到的假定与近似条件包括:①背景误差是无偏、无相关和各向均匀的;②观测误差无偏和无相关;③观测误差和背景误差无相关。

2.4.1.2　牛顿松弛逼近法

观测松弛法是松弛逼近法的主要计算方法,是在模式方程中加入松弛系数,通过积分模式不断进行松弛调整,使计算数据向观测数据逼近,即在动力方程中增加松弛项,使得预报值在指定时间内逼近观测值,同时又能有效地阻尼由于资料插入而引发的重力惯性波。观测松弛法是一种四维数据同化(FDDA)[69],它是一种持续的数据同化形式,因为它应用于时间段内的每一个时间步长。这与某些数据同化技术形成了对比,这些技术在一定的分析时间改变了模型的解,因此是间歇性的数据同化技术。(间歇资料同化是在数值模式积分的一定时间间隔上引入观测资料,避免频繁地激发出重力惯性波。由于在这一时段内具有不同时次的观测资料,若选取的时段比较长,需采用时间插值得到指定时刻的值;若选取的时段较短,则可不计较这些资料的时间差异。)

观测松弛法可以利用模型和观测的差异,将各种因素相乘,并添加到模型趋势方程中,以逐步推动模型数据向观测数据逼近[70]。

$$\frac{\partial p^* \alpha}{\partial t} = F(\alpha,x,t) + G_\alpha \cdot p^* \frac{\sum\limits_{i=1}^{N} W_i^2(x,t) \cdot \gamma_i \cdot (\alpha_0 - \hat{\alpha})_i}{\sum\limits_{i=1}^{N} W_i(x,t)} \qquad (2\text{-}34)$$

$$W(x,t) = \omega_{xy} \cdot \omega_\sigma \cdot \omega_t \qquad (2\text{-}35)$$

其中:$p^* = p_s - p_t$,p_s 为地面气压,p_t 为顶部气压;x、y 为离格点的距离;α 为模式预报变量;$\hat{\alpha}$ 为模式预报变量插值到三维空间中的观测位置;F 为模式中所有物理过程变率;G_α 为松弛逼近系数(松弛系数的取值范围在 $10^{-4} \sim 10^{-3}$,若取得过大,会使模式解太逼近观测值,有时会破坏场的整体结构,若取得过小,则观测资料在同化中将不起作用);γ 为观测质量因素;α_0 为对应时刻观测值;$W(x,t)$ 为松弛后第 t 步预报值。

选取合适的松弛系数可以使观测资料高效的与模式相结合,并且合理地控制逼近快慢和程度。

$$\omega_{xy} = \frac{R^2 - D^2}{R^2 + D^2}, 0 \leq D \leq R \qquad (2\text{-}36)$$

$$\omega_{xy} = 0, D > R \qquad (2\text{-}37)$$

式中:R 为影响半径;D 为离观测点的距离。

$$\omega_t = 1, |t - t_0| < \frac{\tau}{2} \qquad (2\text{-}38)$$

$$\omega_t = \frac{\tau - |t - t_0|}{\frac{\tau}{2}}, \frac{\tau}{2} \leq |t - t_0| \leq \tau \qquad (2\text{-}39)$$

式中:τ 为观测值指定的时间窗口。

与任何数据同化方法一样,松弛同化技术也有其优点和缺点。

一个优点是,松弛同化在计算上很简单,因为它只需要添加一个附加趋势项。另一个优点是,不像三维变分(3DVAR)这样需要详细的误差协方差信息。为保证同化的连续性,只允许在任何给定的时间步骤中对模型的解决方案进行相对较小的更改。这使得模型的物理趋势项更有可能与模型计算方法保持平衡,这比间歇数据同化技术在一个或几个时间步长的应用具有更大的优势。

传统数据同化方法的缺点是:不能直接同化模型未识别变量的观测结果。而且使用的观测数据权重之间通常不具有关联性。与其他数据同化相结合的混合数据同化技术是为了综合多种技术的优点,减轻个别技术的弱点而发展起来的。

2.4.2　统计插值

统计插值方法中,最优插值法目前应用最为广泛。最优插值法是随着计算机的发展,由大气资料客观分析方法逐步发展而来的[66]。与逐步订正法不同,最优插值法的权重函数不是经验给定的,而是由最小方差确定的[71]。

最优插值的一般分析公式为

$$x_i^a = x_i^b + \sum_{k=1}^{K_i} W_{ki} (x_k^{obs} - x_k^b) = x_i^b + w_i^{\mathrm{T}} (x^{obs} - x^b) \qquad (2\text{-}40)$$

其中权重函数

$$w_i^{\mathrm{T}} = (W_{1i} \quad W_{2i} \quad \cdots \quad W_{K_i}) \qquad (2\text{-}41)$$

必须使分析场的误差方差为最小,即最优插值中的权重函数是下述极小化问题的解:

$$\min_{w_i} \sigma_{ai}^2 = \min_{w_i} \overline{(x_l^a - x_l^t)(x_l^a - x_l^t)} \qquad (2\text{-}42)$$

把式(2-40)代入式(2-42),在背景场误差和观测误差都无偏和无相关,观测误差和背景场误差无相关的假设下,令 $\partial \sigma_{ai} / \partial w_i = 0$,可得到权重函数的表达式:

$$w_i = (B + O)^{-1} b_i \qquad (2\text{-}43)$$

结合以上公式,可计算得分析场误差为

$$\sigma_{ai}^2 = \sigma_{bi}^2 - b_i^{\mathrm{T}} (B + O)^{-1} b_i \qquad (2\text{-}44)$$

最优插值可理解为以下两部分组成:

(1) $(B + O)^{-1} (x^{obs} - x^b)$ 是观测增量的加权平均。其中矩阵 B 是背景场在 n 个观测点之间的误差协方差矩阵;矩阵 O 是观测误差协方差矩阵。权重 $(B + O)^{-1}$ 是背景误差协方差矩阵与观测误差协方差矩阵之和的逆。因此,观测误差方差较大的观测资料将给较小的权重,并且权重 $(B + O)^{-1}$ 不依赖于分析格点的位置。

(2) $b_i^{\mathrm{T}} (B + O)^{-1} (x^{obs} - x^b)$ 中,b_i 是第 i 个分析格点与不同观测点之间的背景场协方差误差向量。观测增量的 n 个加权平均根据 b_i^{T} 的大小来影响分析值。位于与分析格点具有更大背景误差协方差位置的观测,将给予更大的权重,因此对分析将有大的影响。

基于背景误差协方差的最优插值方案物理上是合理的,并且通常比任意选择基函数进行的函数插值和逐步订正法中给定的权重函数更合理[72]。与逐步订正法一样,最优插值法也是一个单点分析方案,也引入背景场,分析增量也是观测增量的加权平均。但最优插值法产生的分析场比逐步订正法产生的分析场更加准确,因此最优插值法需要合理的估计背景场误差协方差,还需要求解一个 $n \times n$ 阶矩阵的逆矩阵。

最优插值法在记录稠密的地区能很好地拟合资料[73]；而在记录稀少的地方，因能考虑各种不同类型记录和其误差，便于将风场和质量场（指气压、高度或温度场等）协调起来，比较灵活，并充分利用记录。

在对预测场及误差性质充分了解的情况下，最优插值法充分利用了预测场及观测的信息，给出了一个方差最小意义的最优线性估计。在误差为高斯分布时，它同时是系统的极大似然估计。同时最优插值法的一个最大的优点就是算法简单，易于实现，计算过程内存需求不大。在利用复杂的海洋、大气资料进行同化时，这一点非常重要。最优插值法的缺点是不能完整地考虑模型的动力约束，此外，分析时实际使用的相关函数也是人为模拟的表达式。

2.4.3　变分方法

变分方法（variational method）是以变分学和变分原理为基础的一种近似计算方法，是解决力学和其他领域问题的有效数学工具。

变分方法又称变分约束，广泛地应用在大气和海洋领域，因为其不受分析变量和观测数据的线性条件约束，所以通过利用多源观测，可以将观测数据同化问题转化为约束条件变分问题。变分约束有强、弱约束变分两类[74]。强约束变分方法中的变分伴随法，通过构造 Lagrange 函数，将泛函数求极值问题的有约束条件转化为无约束条件。弱约束变分是以物理关系作为约束条件来构造泛函数。

变分方法的伴随方程依赖于原模式，一旦原模式存在物理和动力上的不完善、伴随方程与原模式不具有对应关系或出现数值离散等问题，伴随模式便会引入相应的缺陷，导致同化结果出现致命的影响。因为变分伴随法同化结果是由模式起主导作用，长时间的模式积分产生的误差使得最终结果偏离观测值[75]。

2.4.3.1　三维变分

三维变分的目标函数定义为

$$J(x_0) = \frac{1}{2}(x_0 - x_b)^{\mathrm{T}} B^{-1}(x_0 - x_b) + \frac{1}{2}(H(x_0) - y^{obs})^{\mathrm{T}}(O + F)^{-1}(H(x_0) - y^{obs}) \quad (2\text{-}45)$$

式中：x_0 为大气状态变量；x_b 为大气状态的先验知识（也称作背景场）；y^{obs} 为已知观测资料；H 为观测算子；B 为背景场 x_b 的误差协方差矩阵；O 为观测资料 y^{obs} 的误差协方差矩阵；F 为观测算子 H 的协方差矩阵。

三维变分产生的分析场 x_0^{ana} 是目标函数式（2-45）达到最小值的解，即

$$J(x_0^{ana}) = \min_{x_0} J(x_0) \quad (2\text{-}46)$$

分析场 x_0^{ana} 的求解通常需要目标函数 $J(x_0)$ 的梯度：

$$\nabla J(x_0) = B^{-1}(x_0 - x_b) + H^{\mathrm{T}}(O + F)^{-1}(H(x_0) - y^{obs}) \quad (2\text{-}47)$$

式中：$H = \dfrac{\partial H(x)}{\partial x}$ 为观测算子的切线性算子；H^{T} 为观测算子的伴随算子。

目标函数式（2-45）的极小值（即分析场）可以通过数学家提供的逐步迭代极小化方法得到。

在线性近似的条件下,通过上述方法可解得模式空间的三维变分公式:

$$x_0^{ana} = x_b + (H^{\mathrm{T}}(O+F)^{-1}H + B^{-1})^{-1}H^{\mathrm{T}}R^{-1}(y^{obs} - H(x_b)) \tag{2-48}$$

以及观测空间三维变分式:

$$x_0^{ana} = x_b + BH^{\mathrm{T}}(HBH^{\mathrm{T}} + O + F)^{-1}(y^{obs} - H(x_b)) \tag{2-49}$$

经验证,在有较多观测资料和较少格点时用模式空间三维变分公式(2-49)较为有利,并较易加入强或弱的约束条件(譬如地转平衡方程等)。反之,在有较多格点和较少观测资料时,使用观测空间三维变分公式(2-49)较为有利,此时只能实现弱约束条件,如快速重力波的抑制等。

2.4.3.2　四维变分

三维变分中假定观测资料 y^{obs} 与模式控制变量 x_0 都是在同一时间的。四维变分中不同时间的观测资料($y_m^{obs} = y^{obs}(t_m)$,$m=0,1,2,\cdots,M$)可以同时影响初始的模式控制变量 $x_0 = x(t_0)$。在三维变分公式的观测算子(H)中加入数值天气预报模式(M),即 $H(x_0) = H(M(x_0))$。

就可以得到四维变分的目标函数:

$$J(x_0) = \frac{1}{2}(x_0 - x_b)^{\mathrm{T}}B^{-1}(x_0 - x_b) +$$

$$\frac{1}{2}\sum_{m=0}^{M}((H_m(M_m(x_0)) - y_m^{obs})^{\mathrm{T}}(O+F)^{-1}H_m(M_m(x_0)) - y_m^{obs}) \tag{2-50}$$

适用于业务运行的增量形式的四维变分目标函数则可表示为

$$J(\delta x_0) = \frac{1}{2}(\delta x_0)^{\mathrm{T}}B^{-1}\delta x_0 + \frac{1}{2}\sum_{m=0}^{M}(\bar{y_m} - y_m^{obs})^{\mathrm{T}}(O+F)^{-1}(\bar{y_m} - y_m^{obs}) \tag{2-51a}$$

$$\bar{y} = H_m(M_m(x_b)) + H_m\delta x_m \quad \delta x_m = M_{m-1}\delta x_0 \tag{2-51b}$$

式中:$\delta x_0 = x_0 - x_b$;M_m 为数值天气预报模式的切线模式或其他近似模式。

四维变分目标函数的梯度为

$$\nabla_{x_0}J = B^{-1}(x_0 - x_b) + \sum_{m=1}^{M}M_m^{\mathrm{T}}H_m^{\mathrm{T}}R^{-1}(H_m(M_m(x_0)) - y_m^{obs}) \tag{2-52}$$

式中:M_m^{T} 是数值预报模式的伴随模式算子(从 t_m 到 t_0 时的积分)。

四维变分同化能够有效使用在时间上比较密集的观测资料(如水气和臭氧等示踪场)中包含的大气动力场(如风场和温度场等)的信息。四维变分还保留了三维变分以下优点:①间接观测资料(譬如辐射亮温、降水等)的直接同化;②不同观测资料的全球同时同化(不需要进行对资料的先验选取);③加入动力和数学附加约束条件的灵活性。强约束条件可以通过拉格朗日法,弱约束条件可通过在目标函数式(2-50)或式(2-51)中加入惩罚项 $a\|g(x_0)\|$,其中 a 是惩罚系数。

2.4.4　卡尔曼滤波

卡尔曼滤波是从观测场获得信息,以改善模式的初值分析场和预报场,其最大特点是需要先确定模式的预报和观测误差。通过对非单一数据源获取的不同误差级别数据进行处理,得到统计意义上的最佳场[76]。

　　卡尔曼滤波的核心算法是计算模式预报误差的协方差矩阵。目前有两种卡尔曼滤波的简化方法:简化卡尔曼滤波和集合卡尔曼滤波[77-78]。简化卡尔曼滤波是以模式的物理过程规律和动力学特性为基础,用局部参量模式误差协方差代表整个模式预报误差协方差。集合卡尔曼滤波通过 Monte-Carb 法,用一个模式状态集合代表随机动力预报中的概率密度函数,用集合的思想避免了使用伴随模式,解决了非线性近似问题、误差协方差矩阵估计和预报的难度[79]。

　　卡尔曼滤波公式如下:

$$\hat{x_k^-} = A\hat{x}_{k-1} + Bu_{k-1} \tag{2-53a}$$

$$P_k^- = AP_{k-1}A^{\mathrm{T}} + Q \tag{2-53b}$$

$$K_k = \frac{P_k^- H^{\mathrm{T}}}{HP_k^- H^{\mathrm{T}} + R} \tag{2-53c}$$

$$\hat{x}_k = \hat{x_k^-} + K_k(z_k - H\hat{x_k^-}) \tag{2-53d}$$

$$P_k = (I - K_k H)P_k^- \tag{2-53e}$$

式中:$\hat{x}_{k-1}$ 和 $\hat{x}_k$ 分别为 $k-1$ 时刻和 k 时刻的后验状态估计值,是滤波的结果之一,即更新后的结果,也叫最优估计;$\hat{x_k^-}$ 为 k 时刻的先验状态估计值,是滤波的中间计算结果,即根据上一时刻($k-1$ 时刻)的最优估计预测的 k 时刻的结果,是预测方程的结果;P_{k-1} 和 P_k 分别为 $k-1$ 时刻和 k 时刻的后验估计协方差(即 $\hat{x}_{k-1}$ 和 $\hat{x}_k$ 的协方差,表示状态的不确定度),是滤波的结果之一;P_k^- 为 k 时刻的先验估计协方差(即 $\hat{x_k^-}$ 的协方差),是滤波的中间计算结果;H 为状态变量到测量(观测)值的转换矩阵,表示将状态和观测连接起来的关系,卡尔曼滤波里为线性关系,它负责将 m 维的观测量转换到 n 维,使之符合状态变量的数学形式,是滤波的前提条件之一;z_k 为观测量,是滤波的输入条件之一;K_k 为滤波的增益矩阵,是滤波的中间计算结果,又称为卡尔曼增益或卡尔曼系数;A 为状态转移矩阵,实际上是对目标转换状态的一种猜测模型,例如在机动目标跟踪中,状态转移矩阵常常用来对目标的运动构建模型,其模型可能为匀速直线运动或匀加速运动,当状态转移矩阵不符合目标的状态转换模型时,滤波会很快发散;Q 为过程激励过程协方差(系统过程的协方差),该参数被用来表示状态转换矩阵与实际过程之间的误差,由于无法直接观测到过程信号,所以 Q 的取值很难直接确定;R 为测量噪声协方差,滤波器实际实现时,测量噪声协方差 R 一般可以观测得到,是滤波器的已知条件;B 为将输入转换为状态的矩阵;($z_k - H\hat{x_k^-}$)为实际观测值和预测观测值的残差,和卡尔曼增益一起修正先验值,得到后验值。

　　此处需要注意,状态估计是卡尔曼滤波的重要组成部分。一般来说,根据观测数据对随机量进行定量推断就是估计问题,特别是对动态行为的状态估计,它能实现实时运行状态的估计和预测功能。例如,对飞行器状态估计。状态估计对于了解和控制一个系统具有重要意义,所应用的方法属于统计学中的估计理论。最常用的是最小二乘估计、线性最小方差估计、最小方差估计、递推最小二乘估计等。其他如风险准则的贝叶斯估计、最大似然估计、随机逼近等方法也都有应用。而受噪声干扰的状态量是个随机量,不可能测得精确值,但可对它进行一系列观测,并依据一组观测值,按某种统计观点对它进行估计。使估计值尽可能准确地接近真实值,这就是最优估计。真实值与估计值之差称为估计误差。若估计值的数学期望与真实值相等,这种估计称为无偏估计。卡尔曼提出的递推最优估计理论,采用状态空间描述法,在算法采用递推形式,卡尔曼滤波能处理多维和非平稳的随机过程[80]。

卡尔曼滤波已经有很多不同的实现,卡尔曼最初提出的形式一般称为简单卡尔曼滤波器。除此以外,还有施密特扩展滤波器、信息滤波器以及很多 Bierman、Thornton 开发的平方根滤波器的变种。最常见的卡尔曼滤波器是锁相环,它在收音机、计算机和几乎任何视频或通信设备中广泛存在[81]。

卡尔曼滤波有如下性质:

(1)卡尔曼滤波是一个算法,它适用于线性、离散和有限维系统。每一个有外部变量的自回归移动平均系统(ARMAX)或可用有理传递函数表示的系统都可以转换成用状态空间表示的系统,从而能用卡尔曼滤波进行计算。

(2)任何一组观测数据都无助于消除观测量的确定性,增益矩阵也同样与观测数据无关。

(3)当观测数据和状态联合服从高斯分布时用卡尔曼递归公式计算得到的是高斯随机变量的条件均值和条件方差,从而卡尔曼滤波公式给出了计算状态的条件概率密度的更新过程线性最小方差估计,也就是最小方差估计。

2.5　挑流泄洪雾化对天气环境影响的松弛同化方法研究

泄洪雾化对环境的影响存在多个方面,主要影响因素有地形条件、环境背景场、水舌风和水雾扩散范围。目前,泄洪雾化的研究集中在雾源特性、水雾扩散、降雨分布和雾化范围等方面,研究手段以数值模拟和原型观测为主。泄洪雾化的数值模拟和原型观测存在的难题有两个方面:①数值模拟过程中未对地形和环境背景场进行综合考虑;②原型观测数据中缺少泄洪期间对水舌风、坝区周边温度和相对湿度变化的观测数据。

为解决泄洪雾化数值模拟目前面临的两个难题,现提出泄洪雾化对天气环境影响的松弛同化方法。该方法基于 WRF 数值天气预报模式,运用牛顿松弛同化方法(Newton Nudging Assimilation Method),将高坝泄洪过程中的水舌风、温度、相对湿度等数据同化到模式的背景场中,结合模式中的地形条件和天气环境背景场对泄洪过程进行模拟,量化泄洪雾化对天气环境的影响大小和范围,为泄洪雾化对天气环境影响的分析研究提供了新方法[82-86]。

2.5.1　技术路线

利用 WRF 天气预报模式,研究降雨过程中天气参数变化,得到雨强对温度和湿度影响的变化关系;根据大岗山水电站原型观测资料和相关研究成果,提出泄洪雾化的天气参数同化数据分类设置方法;基于牛顿松弛同化法,对大岗山水电站泄洪期间的天气要素进行同化计算,并将模拟结果与观测数据进行对比,主要技术路线如图 2-24 所示。

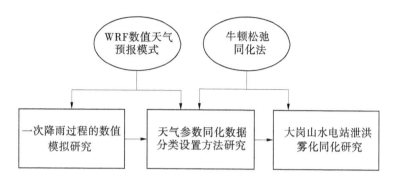

图 2-24　松弛同化方法研究技术路线

2.5.2　降雨对局部气象要素影响的研究

2.5.2.1　雅安一次降雨过程模拟

为研究降雨对周边地区气象要素的影响,现选取雅安 2011 年 8 月 20~21 日的一次降雨过程进行模拟[87],运用 WRF 研究此次降雨过程中大岗山水电站位置温度、相对湿度和压强的变化,其中大岗山水电站区域地形情况如图 2-25 所示。

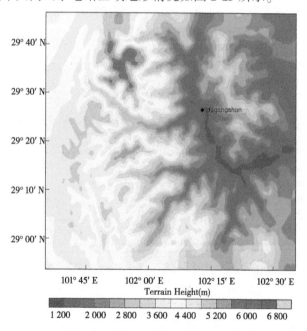

图 2-25　大岗山水电站的区域地形图

2.5.2.2　模拟区域及参数化方案设置

应用 WRF 数值天气预报,使用 4 层单向嵌套模拟区域,以坐标 29.44°N 和 102.21°E 为中心。从外层到内层采用的水平分辨率分别为 27 km、9 km、3 km、1 km,各嵌套层格点数分别为 100×100、88×88、76×76、100×100,垂直层分为 31 层。使用初始场和边界场资料为 NCEP(National Centers for Environmental Prediction)的 FNL(Final Operational Global

Analysis)再分析资料,资料的水平分辨率为 1°×1°。研究区域的 d02、d03 和 d04 等 3 层嵌套图如图 2-26 所示。

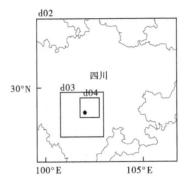

图 2-26　大岗山水电站模拟区域嵌套图

模拟时间为北京时间 2011 年 8 月 19 日 20∶00 至 2011 年 8 月 22 日 08∶00 降雨时间段。积分时间步长为 60 s,积分时长 60 h。物理过程参数化方案做如下处理:

长波辐射选用 RRTM 方案[88],短波辐射采用 Dudhia 方案[89],微物理过程选用 Lin 云微物理方案,积云对流采用 Grell-Deveny 集合方案,如表 2-13 所示。

表 2-13　模式的基本物理方案选取

物理过程	参数化方案
Microphysics	Lin
Longwave Radiation	RRTM
Shortwave Radiation	Dudhia
Surface Layer	Monin-Obukhov
Land Surface	Noah
Planetary Boundary Layer	YSU
Cumulus Parameterization	Grell-Devenyi

2.5.2.3　模拟结果分析

由于模拟过程中存在多个降雨时间段,故选取变化效果显著的 2011 年 8 月 21 日 00∶00~23∶00 时间段进行说明。通过雅安降雨过程的模拟结果,分析降雨过程中大岗山位置上降雨量、温度、相对湿度和压强的变化情况。详细变化情况如表 2-14 所示。

表 2-14　2011 年 8 月 21 日雅安模拟降雨过程天气参数变化情况

时间 （时：分）	降雨强度 （mm/h）	温度 （℃）	温度差 （℃）	相对湿度 （%）	相对湿度差 （%）	压强 （kPa）	压强差 （kPa）
00：00		23.587		57.577		86.489	
01：00	0.015	24.555	0.968	53.196	−4.381	86.390	−0.099
02：00	0.001	26.232	1.677	48.632	−4.564	86.304	−0.086
03：00	0	27.661	1.429	43.491	−5.141	86.253	−0.051
04：00	0.001	29.179	1.518	39.795	−3.696	86.180	−0.074
05：00	0	30.408	1.229	35.348	−4.447	86.131	−0.049
06：00	0.001	31.355	0.947	35.685	0.337	86.105	−0.026
07：00	0	31.682	0.327	40.380	4.695	86.082	−0.023
08：00	0.001	30.745	−0.937	48.967	8.587	86.083	0.001
09：00	0	29.110	−1.635	56.745	7.779	86.174	0.091
10：00	0.015	25.196	−3.914	68.855	12.110	86.317	0.143
11：00	2.384	23.397	−1.799	78.938	10.082	86.375	0.057
12：00	0.147	23.752	0.356	69.920	−9.017	86.435	0.060
13：00	3.271	21.727	−2.025	82.285	12.365	86.516	0.081
14：00	4.913	21.366	−0.361	81.809	−0.477	86.543	0.027
15：00	4.214	21.393	0.027	81.149	−0.660	86.608	0.065
16：00	5.077	21.258	−0.134	80.786	−0.363	86.663	0.054
17：00	3.856	20.814	−0.444	83.075	2.290	86.711	0.048
18：00	3.376	20.430	−0.385	83.529	0.454	86.739	0.029
19：00	2.657	20.227	−0.203	82.930	−0.599	86.742	0.003
20：00	2.275	20.110	−0.116	82.270	−0.660	86.773	0.031
21：00	1.860	20.437	0.326	79.788	−2.482	86.759	−0.014
22：00	1.903	20.409	−0.027	79.228	−0.560	86.764	0.005
23：00	1.667	20.356	−0.054	79.109	−0.120	86.803	0.039

由表 2-14 所示，雨强和相对湿度皆随时间先增加后减小，温度是先降低后升高，压强一直保持在 86.5 kPa 左右。在 8 月 21 日 16：00 时，降雨强度变化达到最大，为 5.077 mm/h；10：00 时，温度变化值达到最大，下降 3.914 ℃；13：00 时，相对湿度变化值最大，上升 12.365%。泄洪雾化导致的降雨对温度和相对湿度的影响，可以以此次降雨过程作为参考，再通过观测资料进行修正。其中，累计雨量、温度和相对湿度的变化图如图 2-27 所示。

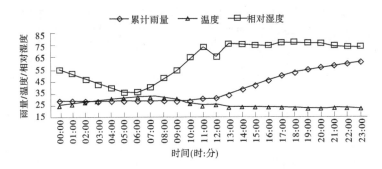

图 2-27 大岗山水电站位置累计雨量、温度和相对湿度变化图

由图 2-27 可知,09:00 时刻降雨过程开始,温度下降了 4 ℃,相对湿度上升了 12%。在降雨过程中,温度始终在 20 ℃ 左右变化,相对湿度始终在 80% 左右变化,其中压强受到的影响最小。温度和相对湿度在降雨开始时变化剧烈,一段时间后趋于稳定。泄洪雾化导致的温度和相对湿度变化,由于缺少自然降雨的先天天气条件,会在泄洪一段时间后出现变化,高坝在泄洪过程中降雨强度大,故温度和相对湿度在强暴雨区和暴雨区内的变化幅度也大。王继刚[90]等对大岗山水电站 2015 年 9 月 14 日 15:30~16:40 泄洪期间泄洪洞出口观测点观测数据进行了汇总,如表 2-15 所示。

表 2-15 泄洪洞出口各测点观测数据汇总

测点序号	温度(℃)			相对湿度(%)			风速(m/s)		大气压(kPa)			降雨强度(mm/h)
	未泄洪	泄洪中	变化值	未泄洪	泄洪中	变化值	未泄洪	泄洪中	未泄洪	泄洪中	变化值	
1	19.6	21	1.4	82.9	88.1	5.2	0.6~1.3	0.3~0.8	90.34	90.22	0.12	0
2	27.1	21.3	5.8	68.2	88.5	20.3	0.8~1.3	0	90.37	90.28	0.09	0
3	26.5	22.2	4.3	69.5	87.6	18.1	0.7~1.1	0	90.35	90.26	0.09	0
4	22.6	20.1	2.5	71.5	94.3	22.8	0	1.2	90.31	90.25	0.06	9.4
5	19.6	18	1.6	93.4	92.8	0.6	0.9~1.3	0.6~1.3	90.38	90.26	0.12	0
6	21.1	18.8	2.3	84.3	94.9	10.6	1~1.9	0	90.3	90.26	0.07	0
7	23.4	17.7	5.7	72.3	100	27.7	1.2	25.26	90.32	90.08	0.24	3.8
8	21.9	18.6	3.3	83.2	100	16.8	1.3	10.78	90.37	90.24	0.13	0.5
9	23.4	18.9	4.5	86.1	98.2	12.1	0.6	3.52	90.45	90.31	0.14	0
10	18.7	16.1	2.6	75	100	25	2.4	19.1	90.37	90.31	0.06	5.7
11	19.4	17.7	1.6	63.8	98	34.2	1.6	5.6	90.37	90.33	0.04	3.3

2.5.3 泄洪雾化的天气参数同化数据设置方法

以表 2-15 的观测数据和张华[91]、张旻[92]对泄洪雾化过程的数值模拟为参考,高坝泄洪雾化过程中,环境场风速受水舌风影响,实际风速可达 20 m/s,温度受降雨强度影响低于环境场达 4 ℃，相对湿度受雾化影响可达到 90% 以上。结合大岗山降雨过程中降雨量、温度、相对湿度和压强的模拟情况，依据雨强的分类，提出泄洪雾化的天气参数同化数据设置方法，如表 2-16 所示。

表 2-16　泄洪雾化的天气参数同化数据分类设置

雨强(mm/h)	风速(m/s)	相对湿度(%)	温度(℃)	压强(kPa)
$q \geqslant 50$	$30 > SP \geqslant 20$	$100 \geqslant RHA > 95$	$T - 3 \geqslant TA > T - 4$	P
$50 > q \geqslant 10$	$20 > SP \geqslant 15$	$95 \geqslant RHA > 90$	$T - 2 \geqslant TA > T - 3$	P
$10 > q \geqslant 2$	$15 > SP \geqslant 10$	$90 \geqslant RHA > RH$	$T \geqslant TA > T - 2$	P
$q < 2$	$10 > SP \geqslant 0$	RH	T	P

注：SP 为同化风速，RHA 为同化相对湿度，RH 为环境场相对湿度，TA 为同化温度，T 为环境场温度，P 为环境场压强。

2.5.4　泄洪雾化的天气参数同化数据设置方法的验证

所谓泄洪雾化对天气环境影响的松弛同化方法，即在数值天气模式中，应用牛顿松弛同化方法，结合泄洪雾化的天气参数同化数据设置方法，来评价泄洪雾化对天气环境影响的一种方法。根据雅安降雨过程中大岗山水电站位置降雨过程中温度、相对湿度和压强的变化，结合大岗山泄洪洞出口各测点的观测数据，现运用泄洪雾化对天气环境影响的松弛同化方法，对大岗山水电站泄洪期间的天气参数影响情况进行模拟研究[93]。

2.5.4.1　参数化方案设置

大岗山水电站位于四川省大渡河中游雅安市境内，枢纽泄洪洞位于大坝右岸，为无压泄洪洞，进口为开敞式，出口采用挑流消能。2015 年 9 月 14 日，水库泄洪，泄洪流量为 1 344 m^3/s。现选取 2015 年 9 月 14 日 14:00~20:00 时间段，对大岗山水电站泄洪期间顺河流方向数据进行同化，同化位置点从坝址开始，同化点数为 6 个，受同化位置点经纬度转换精度限制，同化点距离间隔设置为 200 m。物理参数化方案如表 2-17 所示。

表 2-17　模式的基本物理方案选取

物理过程	参数化方案
Microphysics	WSM6
Longwave Radiation	RRTM
Shortwave Radiation	Dudhia
Surface Layer	Monin-Obukhov
Land Surface	Noah
Planetary Boundary Layer	YSU
Cumulus Parameterization	Kain-Fritsch

高坝泄洪期间的暴雨区内，风速受水舌风影响，速度增至 20 m/s 以上，风向顺河谷下游方向；温度值低于周围环境场温度 4 ℃；相对湿度受雾化影响保持在 95% 以上，压强影响较小，保持与周围环境场一致。同化位置高度选取泄洪挑坎位置高程 1 000 m，距下游

河面高度约 50 m。同化数据参数设置情况如表 2-18 所示。

表 2-18　同化数据参数设置情况

雨强(mm/h)	风速(m/s)	相对湿度(%)	温度(℃)	压强(kPa)	高程(m)
$q \geqslant 50$	21~27	98~100	13~21	87	1 000
$50 > q \geqslant 10$	16~20	95~98	14~22	87	1 000
$10 > q \geqslant 2$	11~17	90~95	16~23	87	1 000
$q < 2$	6~12	85	17~24	87	1 000

2.5.4.2　大岗山天气要素的模拟结果分析

大岗山水电站泄洪洞出口位置距下游河面约 50 m,为观察泄洪过程中河谷段的天气环境场要素变化情况,选取模式嵌套范围内 50 m 高度 16:00 时刻变化情况,通过模拟结果验证泄洪雾化对天气环境影响的松弛同化方法的可行性。

1. 风场

2015 年 9 月 14 日 16:00 第四层嵌套范围内 50 m 高度风场和同化后风场变化情况如图 2-28 所示。

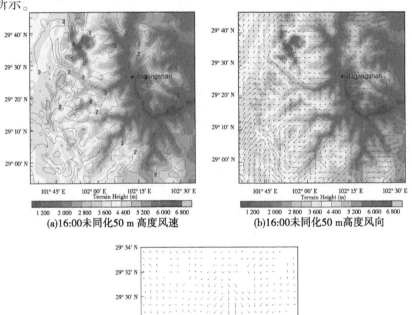

(a)16:00未同化50 m 高度风速　　　　(b)16:00未同化50 m高度风向

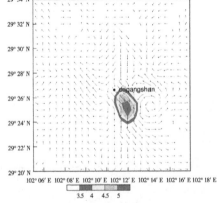

(c)16:00同化后50 m高度风场变化

图 2-28

由图 2-28 可知,大岗山水电站在 2015 年 9 月 14 日 16:00 时,50 m 高度的风速为 1.88 m/s,同化后大岗山水电站位置 50 m 高度风速为 6.88 m/s。不考虑风向条件下,同化前后风速差值为 5 m/s。在风向由向上游的东南风变为向下游的西北风条件下,风速实际变化了 8.76 m/s,其中纵向影响范围约 2.1 km,横向影响范围约 1 km。

2. 温度

2015 年 9 月 14 日 16:00 第四层嵌套范围内 50 m 高度温度场和同化后温度场变化情况,如图 2-29 所示。

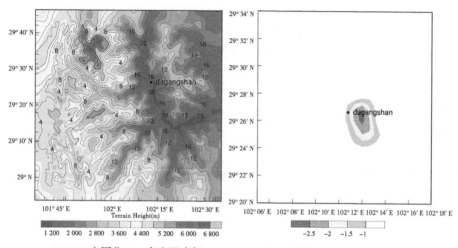

(a)16:00未同化50 m高度温度场　　　(b)16:00同化后50 m高度温度场变化

图 2-29

由图 2-29 可知,大岗山水电站在 2015 年 9 月 14 日 16:00 时,50 m 高度的温度约为 21.18 ℃。同化后大岗山水电站位置 50 m 高度温度为 17.86 ℃。相比同化前温度降低了 3.32 ℃,其中影响区域纵向范围约 2 km,横向范围约 1 km。

3. 相对湿度

2015 年 9 月 14 日 16:00 第四层嵌套范围内 50 m 高度相对湿度和同化后相对湿度变化情况,如图 2-30 所示。

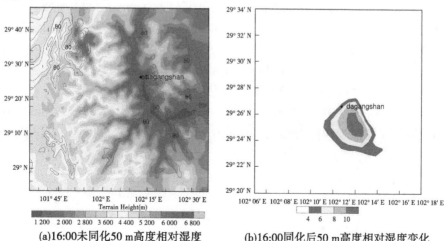

(a)16:00未同化50 m高度相对湿度　　　(b)16:00同化后50 m高度相对湿度变化

图 2-30

　　由图 2-30 可知,大岗山水电站在 2015 年 9 月 14 日 16:00 时,50 m 高度的相对湿度为 84.08%。同化后大岗山水电站位置 50 m 高度相对湿度为 92.79%。相比同化前相对湿度升高了 8.71%,其中影响区域纵向约 2.8 km,横向约 1.4 km。

　　4. 同化计算结果的分析评价

　　运用泄洪雾化对环境影响的松弛同化方法,将大岗山水电站泄洪期间的水舌风、温度和相对湿度等参数进行了同化计算,现选取 16:00 时刻的同化结果进行对比分析,结果如表 2-19 所示。

表 2-19　16:00 时刻同化计算对比

天气参数	风速(m/s)	温度(℃)	相对湿度(%)
泄洪前观测参考值	1.20	23.40	72.30
泄洪中观测参考值	25.26	17.70	100.00
同化前模拟值	1.88	21.18	84.08
同化后模拟值	6.88	17.86	92.79

　　由表 2-19 可知,泄洪雾化对环境影响的松弛同化方法,可以实现模拟高坝泄洪过程中泄洪雾化对区域天气要素的影响。同化后的风速、温度和相对湿度数据均趋近于观测数据,模拟结果符合高坝泄洪对天气环境影响的基本规律。

2.6　泄洪雾化对天气环境影响的松弛同化方法的应用研究

2.6.1　锦屏一级水电站泄洪对环境影响的模拟研究

2.6.1.1　锦屏一级水电站工程概况

　　锦屏一级水电站[94]位于四川省凉山彝族自治州盐源县和木里县境内的雅砻江干流上,经纬度坐标为 101°37′52.79″E、28°10′57.10″N,是雅砻江干流下游河段的控制性水库梯级电站。锦屏一级水电站是混凝土双曲拱坝,坝顶高程 1 885 m,建基面高程 1 580 m,最大坝高 305 m,正常蓄水位 1 880 m,在坝段 1 789~1 792 m 高程上设 5 个泄洪深孔和 4 个泄洪表孔,溢流面堰顶高程 1 868 m。出口段采用挑流消能,挑坎中心顶高程为 1 688.62 m。其中锦屏一级水电站区域地形情况如图 2-31 所示。

2.6.1.2　锦屏一级水电站泄洪时间段天气型归类

　　应用 Apriori 关联规则算法对 2014 年 8 月 24 日 02:00~20:00 的天气要素数据进行关联分析。由于相对湿度和降雨强度一直处在同一区间范围,故不对其进行关联分析。在支持度 0.01 以上、置信度 0.8 以上,求得天气要素集的结果如表 2-20 所示。

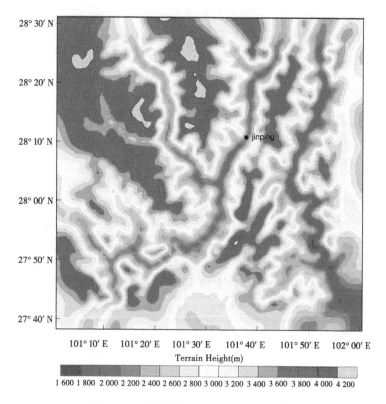

图 2-31　四川锦屏一级水电站区域地形图

表 2-20　天气要素集的支持度

序号	天气要素集	支持度
1	$[i_1, w_{s2}, t_2]$	0.222
2	$[i_2, w_{s3}, t_2]$	0.167
3	$[i_1, w_{s2}, t_1]$	0.167
4	$[i_2, w_{s2}, t_1]$	0.111
5	$[i_2, w_{s2}, t_1]$	0.111
6	$[i_1, w_{s3}, t_2]$	0.111
7	$[i_2, w_{s3}, t_1]$	0.056
8	$[i_1, w_{s3}, t_1]$	0.056

支持度超过 0.15 的天气要素集是 $[i_2, w_{s3}, t_2]$、$[i_1, w_{s2}, t_1]$、$[i_1, w_{s2}, t_2]$，即在 2014 年 8 月 24 日 02:00~20:00 的时间段内，以下三种情况出现的可能性较大：

（1）理查森数差在 $[0, +\infty)$、风速在 $[3.5, +\infty)$、温度差在 $[0, +\infty)$ 区间内。

（2）理查森数差在 $(-\infty, 0)$、风速在 $[1.6, 3.5)$、温度差在 $(-\infty, 0)$ 区间内。

（3）理查森数差在 $(-\infty, 0)$、风速在 $[1.6, 3.5)$、温度差在 $[0, +\infty)$ 区间内。

根据未参与关联分析的降雨强度和相对湿度两个天气特征要素,得到锦屏一级水电站天气型特征:理查森数差在$(-\infty,0)$、风速在$[1.6,3.5)$、温度差在$[0,+\infty)$、相对湿度在$[0,70)$、降雨强度在$[0,0.42)$。通过表 2-10 局地气象场天气要素分型模型,依据"最大化满足"原则,锦屏一级水电站局地气象场天气型为促进雾消散类型。

2.6.1.3　模拟区域和参数化方案设置

锦屏一级水电站的主要雾化源主要有两个:一个是锦屏一级的泄洪洞出口采用不对称的燕尾挑坎挑流消能,泄洪洞龙落尾反弧段末端流速达 50 m/s,使雾化现象发展严重;另一个是水舌入水激溅形成泄流雾化中的最大雾化源。根据 2014 年 8 月 24 日锦屏一级水电站的泄洪雾化原型观测的泄洪工况,结合同化技术对锦屏一级水电站的泄洪情况进行模拟分析。其中原型观测工况[95]如表 2-21 所示。

表 2-21　锦屏一级水电站 2014 年 8 月 24 日原型观测工况

工况	观测时间 (时:分)	开度	泄流量 (m^3/s)	上游水位 (m)	下游水位 (m)
1	07:41~07:55	4#泄洪深孔闸门全开	1 090	1 880.00	1 646.61
2	08:08~08:22	2#、4#泄洪深孔闸门全开	2 080	1 880.00	1 647.53
3	08:35~08:54	2#、4#、5#泄洪深孔闸门全开	3 270	1 880.00	1 648.67
4	09:07~09:24	1#、2#、4#、5#泄洪深孔闸门全开	4 360	1 880.00	1 650.08
5	09:35~10:10	1#、2#、3#、4#、5#泄洪深孔闸门全开	5 450	1 880.00	1 651.98
6	10:26~10:27	2#、3#、4#、5#泄洪深孔闸门全开	4 360	1 880.00	1 650.31
7	10:46~11:00	2#、3#、、4#深孔+2#、3#表孔	5 190	1 880.00	1 651.69
8	11:13~11:15	2#、4#深孔+2#、3#表孔	4 100	1 880.00	1 651.26
9	11:49~16:00	1#、2#、3#、4#表孔全开	3 840	1 880.00	1 650.02

泄洪雾化过程中泄洪浓雾区雨强较大,能见度低,并伴有 10 m/s 以上的大风。结合模型试验成果以及工程观测资料[96],坝下左岸桩号(坝)1+200~1+500 m 高程 1 710~1 730 m 以下、右岸桩号(坝)1+200~1+400 m 高程 1 710 m 以下雨强 $q>50$ mm/h;坝下左岸桩号(坝)1+100~1+650 m、右岸桩号(坝)1+100~1+550 m,高程 1 710~1 770 m 及 1 710 m 以下其他部位雨强 10 mm/h$<q<50$ mm/h。结合气象部门对暴雨强度的定义以及泄洪雾化的强度,对泄洪雾化的降雨强度进行分级,见表 2-22。

表 2-22　泄洪雾化的降雨强度分级

序号	分级	雨强(mm/h)
1	水舌裂散及激溅区(特大暴雨)	$q>50$
2	浓雾暴雨区(大暴雨 — 暴雨)	$50>q>10$
3	薄雾降雨区(大雨 — 中雨)	$10>q>2.1$
4	淡雾水汽飘散区(小雨以下)	$q<2$

应用 WRF 数值天气预报,以坐标纬度 28.19°N 和经度 101.63°E 为中心。运用 4 层单向嵌套模拟区域,最外层采用水平分辨率 27 km,第二层水平分辨率为 9 km,第三层水平分辨率为 3 km,最内层水平分辨率为 1 km,各嵌套层格点数分别为 D1:100×100、D2:88×88、D3:76×76、D4:100×100,垂直层分为 31 层。使用初始场和边界场资料为 FNL 再分析资料,资料的水平分辨率为 1°×1°。研究区域的 d02、d03 和 d04 等 3 层嵌套图如图 2-32 所示。

模拟时间为北京时间 2014 年 8 月 24 日 02:00~20:00 时间段。积分步长为 60 s,积分时长 18 h,物理参数化方案如表 2-23 所示。

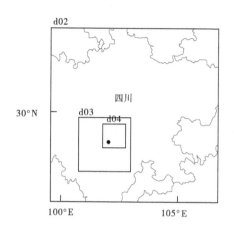

图 2-32　四川锦屏一级模拟区域嵌套图

表 2-23　模式的基本物理方案选取

物理过程	参数化方案
Microphysics	WSM6
Longwave Radiation	RRTM
Shortwave Radiation	Dudhia
Surface Layer	Monin-Obukhov
Land Surface	Noah
Planetary Boundary Layer	YSU
Cumulus Parameterization	Kain-Fritsch

2.6.1.4　同化数据设置

根据原型观测资料和泄洪流量的实际情况,对锦屏一级水电站下游顺河谷方向进行数据同化,模拟时间为北京时间 2014 年 8 月 24 日 02:00~20:00 时间段。同化位置点从坝址开始,距离间隔为 200 m,同化位置点数为 8 个,同化数据的时间间隔为 10 min。

同化参数包括风速、风向、相对湿度、温度、压强、经纬度和高程,其中风速和相对湿度顺河谷方向逐渐减小至与环境场一致,温度顺河谷方向逐渐上升至与环境场一致。压强与环境场保持一致。风向为顺河谷方向。高程选取观测数据中毛毛雨区监测点高程。根据锦屏一级 2013 年 3 月 26 日降雨所引起的气象参数的变化情况,结合高坝泄洪雾化的实际情况,分别对第四层嵌套范围内的风速、相对湿度、温度、压强等数据进行同化分析,具体设置情况如表 2-24 所示。

表 2-24　同化数据参数设置情况

雨强(mm/h)	风速(m/s)	相对湿度(%)	温度(℃)	压强(kPa)	高程(m)
$q > 50$	18 ~ 20	99 ~ 100	8.5 ~ 9.4	80	1 770
$50 > q > 10$	14 ~ 17	97 ~ 98	9.5 ~ 11	80	1 770
$10 > q > 2.1$	12 ~ 13	94 ~ 96	11	80	1 770
$q < 2$	11	90	11	80	1 770

2.6.1.5　模拟结果分析和评价

1. 风场

2014 年 8 月 24 日 16:00 的第四层嵌套范围内 130 m 高度风场和同化后风场变化情况,如图 2-33 所示。

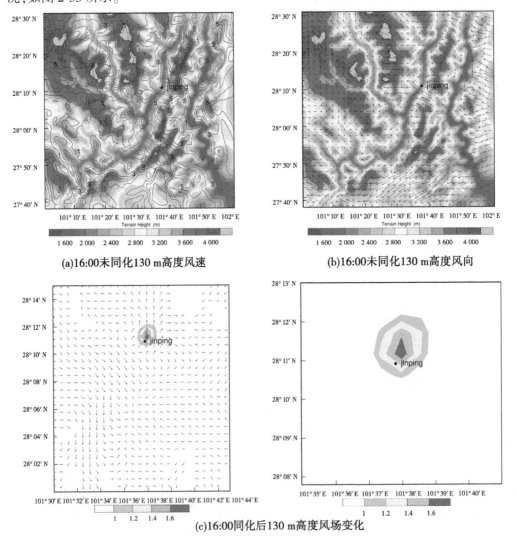

(a)16:00未同化130 m高度风速　　(b)16:00未同化130 m高度风向

(c)16:00同化后130 m高度风场变化

图 2-33　2014 年 8 月 24 日 16:00 同化前后第四层嵌套范围内 130 m 高度风场

　　由图 2-33 可知,锦屏一级水电站在 2014 年 8 月 24 日 16:00 时,130 m 高度的风速约为 3.61 m/s,风向为东北风。同化后锦屏一级水电站位置 130 m 高度风速为 1.98 m/s,风向为西南风。相比没同化前风速降低了 1.63 m/s,其中影响区域纵向范围约 1 km,横向约 500 m。

　　2. 温度

　　2014 年 8 月 24 日 16:00 的第四层嵌套范围内 130 m 高度温度场和同化后温度场变化情况,如图 2-34 所示。

　　由图 2-34 可知,锦屏一级水电站在 2014 年 8 月 24 日 11:00 时,130 m 高度的温度约为 21.67 ℃。同化后锦屏一级水电站位置 130 m 高度温度为 21.09 ℃。相比没同化前温度降低了 0.58 ℃,其中影响区域纵向范围约 1.5 km,横向约 1 km。

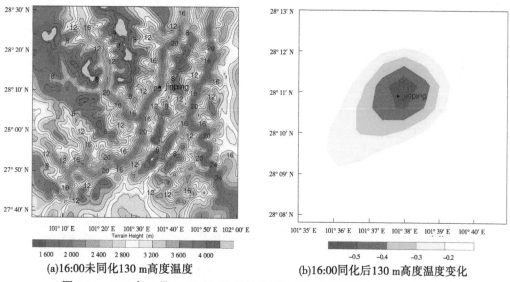

(a)16:00未同化130 m高度温度　　　　(b)16:00同化后130 m高度温度变化

图 2-34　2014 年 8 月 24 日 16:00 同化前后第四层嵌套范围内 130 m 高度温度

　　3. 相对湿度

　　2014 年 8 月 24 日 16:00 的第四层嵌套范围内 130 m 高度和同化后相对湿度变化情况,如图 2-35 所示。

　　由图 2-35 可知,锦屏一级水电站在 2014 年 8 月 24 日 16:00 时,130 m 高度的相对湿度为 42.6%。同化后锦屏一级水电站位置 130 m 高度相对湿度为 44.34%。相比没同化前相对湿度升高了 1.74%,其中影响区域纵向范围约 1 km,横向约 1 km。

　　4. 模拟结果分析

　　水利枢纽泄洪雾化不仅会在坝下游产生降雨,还会伴随着水舌风和雨雾的扩散。结合此种情况,对锦屏一级水电站下游区域的风速、风向、温度和湿度进行了数据同化,对 2014 年 8 月 24 日 08:00~20:00 时间段内,水库泄洪期间局部气象数据进行了模拟,模拟结果如图 2-36 所示。

　　由于锦屏一级水电站缺少实际气象数据的观测资料,所以对锦屏一级水电站同化数据的考量考虑了两个方面:一方面温度和相对湿度变化是基于模拟 2013 年 3 月 26 日降雨引起的气温和湿度变化关系确定的;另一方面风速和风向变化是由水库泄洪期间水舌风的风速和风向以及泄洪流量确定的。

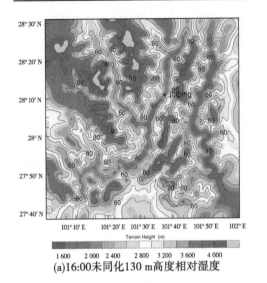

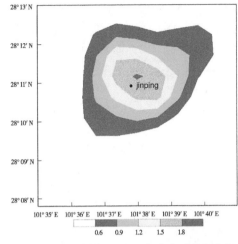

(a)16:00未同化130 m高度相对湿度

(b)16:00同化后130 m高度相对湿度变化

图 2-35　2014 年 8 月 24 日 16:00 同化前后第四层嵌套范围内 130 m 高度相对湿度

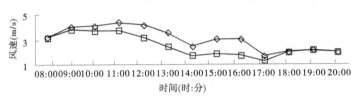

(a)锦屏一级风速变化对比图

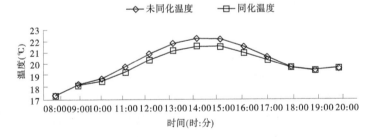

(b)锦屏一级温度变化对比图

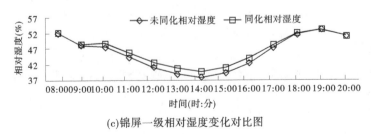

(c)锦屏一级相对湿度变化对比图

图 2-36

锦屏一级水电站 8 月 24 日泄洪期间模式背景场风向为东北风,而水舌风风向是顺坝体下游河谷方向,所以同化后风速减小,风向由东北风转为西南风。受背景风场影响,风速最大变化值为 1.63 m/s。风速的纵向影响范围约 1 km,横向影响范围约 500 m。

在泄洪过程中,温度受到雨雾蒸发影响开始降低,最大温降变化值为 0.7 ℃,温度变化的纵向影响范围为 1.2 km,横向影响范围约 1 km。相对湿度由于受到降雨和雨雾蒸发开始升高,相对湿度最大升高 2%,纵向影响范围约 1.6 km,横向影响范围约 1 km。

2.6.2　向家坝水电站泄洪对环境影响的模拟研究

2.6.2.1　向家坝水电站工程概况

向家坝水电站[97] 位于四川省宜宾县和云南省水富县之间,经纬度坐标为 $104°23'35.15''E$、$28°38'38.20''N$,是金沙江下游河段规划的最后一个梯级电站。向家坝水电站为混凝土重力坝,最大坝高 162 m,坝顶长度 897 m。正常蓄水位 380 m,汛期限制水位 367 m。总库容 51.85 亿 m^3,调节库容 9.05 亿 m^3。向家坝水库设计洪水入库流量 41 200 m^3/s,校核洪水入库流量 49 800 m^3/s,相应上下游水位差 85 m。

向家坝水电站[98] 设置有 12 个表孔和 10 个中孔,两层孔口进口高差 49 m,采用高低跌坎消力池底流消能,表中孔隔墙延伸至坝址跌坎末端。表孔出口跌坎高 16 m,中孔出口跌坎高 8 m。表中孔间坝面隔墙厚 3~4 m,跌坎段从表孔地面起算高度 10 m。消力池池长 228 m,设置中导墙分为对称的左右两池,单池净宽 108 m,尾坎相对底板高度 25 m。中、表孔分别布置时,其消力池最大单宽流量分别为 188 $m^3/(s·m)$、256 $m^3/(s·m)$,常遇洪水最大下泄流量在 20 000 m^3/s 左右。泄洪期间上下游水位差为 90~100 m。

2012 年 10 月 10 日向家坝水电站蓄水后库水位逐渐上升至 310 m,此时水库改变泄洪孔,由底流泄洪改为中孔泄洪[99]。水库泄洪量起伏较大,10 月 11 日泄洪流量在 2 740~3 610 m^3/s 之间波动;10 月 12 日泄洪流量在 2 620~3 220 m^3/s 之间波动;10 月 13 日泄洪流量在 2 710~2 600 m^3/s 之间波动。向家坝水电站区域地形情况如图 2-37 所示。

2.6.2.2　向家坝水电站泄洪时间段天气分型

应用 Apriori 关联规则算法对 2012 年 10 月 11 日 02:00~23:00、2012 年 10 月 12 日 00:00~23:00、2012 年 10 月 13 日 00:00~08:00 三个时间段的天气要素数据进行关联分析。2012 年 10 月 11 日和 2012 年 10 月 13 日天气要素参数降雨强度一直处在同一区间范围,故不对其进行关联分析。在支持度 0.01 以上、置信度 0.8 以上,求得天气要素集的结果如表 2-25~表 2-27 所示。

支持度超过 0.15 的天气要素集是 $[w_{s1},r_{h2},i_2,t_2]$、$[w_{s2},r_{h1},i_2,t_2]$、$[w_{s3},r_{h2},i_1,t_1]$,即在 2012 年 10 月 11 日 02:00~23:00 的时间段内,以下三种情况出现的可能性较大:

(1)风速在 $[0,1.6)$、相对湿度在 $[70,85)$、理查森数差在 $[0,+\infty)$、温度差在 $[0,+\infty)$ 区间内。

(2)风速在 $[1.6,3.5)$、相对湿度在 $[0,70)$、理查森数差在 $[0,+\infty)$、温度差在 $[0,+\infty)$ 区间内。

(3)风速在 $[3.5,+\infty)$、相对湿度在 $[70,85)$、理查森数差在 $(-\infty,0)$、温度差在 $(-\infty,0)$ 区间内。

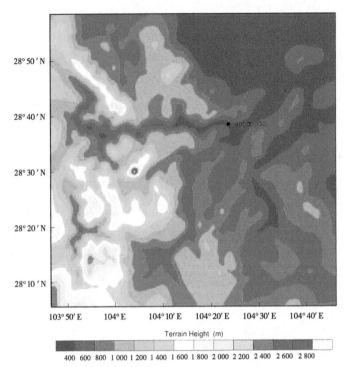

图 2-37　向家坝水电站区域地形图

表 2-25　2012 年 10 月 11 日天气要素集的支持度

序号	天气要素集	支持度
1	$[w_{s1}, r_{h2}, i_2, t_2]$	0.227
2	$[w_{s2}, r_{h1}, i_2, t_2]$	0.182
3	$[w_{s3}, r_{h2}, i_1, t_1]$	0.182
4	$[w_{s1}, r_{h2}, i_1, t_2]$	0.136
5	$[w_{s2}, r_{h1}, i_2, t_1]$	0.091
6	$[w_{s1}, r_{h2}, i_2, t_1]$	0.045
7	$[w_{s2}, r_{h2}, i_2, t_2]$	0.045
8	$[w_{s2}, r_{h2}, i_1, t_2]$	0.045
9	$[w_{s3}, r_{h1}, i_2, t_2]$	0.045

　　根据未参与关联分析的降雨强度天气特征要素,得到向家坝水电站天气型特征:理查森数差在$[0, +\infty)$、温度差在$[0, +\infty)$、相对湿度在$[70, 85)$、降雨强度在$[0, 0.42)$。通过表 2-10 局地气象场天气要素分型模型,依据"最大化满足"原则,向家坝水电站局地气象场天气型为促进雾消散类型。

表 2-26　2012 年 10 月 12 日天气要素集的支持度

序号	天气要素集	支持度
1	$[q_1, r_{h3}, i_2, t_1, w_{s2}]$	0.208
2	$[q_1, i_1, r_{h2}, t_2, w_{s2}]$	0.125
3	$[q_1, r_{h2}, i_2, t_1, w_{s3}]$	0.125
4	$[q_2, r_{h3}, i_2, t_1, w_{s2}]$	0.083
5	$[q_1, i_1, r_{h3}, t_1, w_{s2}]$	0.083
6	$[q_2, i_1, r_{h3}, t_2, w_{s2}]$	0.083
7	$[q_1, i_1, r_{h3}, t_2, w_{s2}]$	0.042
8	$[q_1, r_{h2}, i_2, t_2, w_{s3}]$	0.042
9	$[q_2, i_1, r_{h3}, t_1, w_{s3}]$	0.042
10	$[q_1, i_1, r_{h3}, t_2, w_{s3}]$	0.042
11	$[q_1, i_2, r_{h2}, t_1, w_{s2}]$	0.042
12	$[q_1, r_{h3}, i_2, t_2, w_{s2}]$	0.042
13	$[q_2, r_{h3}, i_2, t_1, w_{s3}]$	0.042

支持度超过 0.12 的天气要素集是 $[q_1, r_{h3}, i_2, t_1, w_{s2}]$、$[q_1, i_1, r_{h2}, t_2, w_{s2}]$、$[q_1, r_{h2}, i_2, t_1, w_{s3}]$，即在 2012 年 10 月 12 日 00:00~23:00 的时间段内，以下三种情况出现的可能性较大：

(1)降雨强度在 $[0, 0.42)$、相对湿度在 $[85, 100]$、理查森数差在 $[0, +\infty)$、温度差在 $(-\infty, 0)$、风速在 $[1.6, 3.5)$ 区间内。

(2)降雨强度在 $[0, 0.42)$、相对湿度在 $[70, 85)$、理查森数差在 $(-\infty, 0)$、温度差在 $[0, +\infty)$、风速在 $[1.6, 3.5)$ 区间内。

(3)降雨强度在 $[0, 0.42)$、相对湿度在 $[70, 85)$、理查森数差在 $[0, +\infty)$、温度差在 $(-\infty, 0)$、风速在 $[3.5, +\infty)$ 区间内。

根据关联分析的天气特征要素，得到向家坝水电站天气型特征：理查森数差在 $[0, +\infty)$、温度差在 $(-\infty, 0)$、相对湿度在 $[70, 85)$、降雨强度在 $[0, 0.42)$、风速在 $[1.6, 3.5)$。通过表 2-10 局地气象场天气要素分型模型，依据"最大化满足"原则，向家坝水电站局地气象场天气型为促进雾消散类型。

表 2-27　2012 年 10 月 13 日天气要素集的支持度

序号	天气要素集	支持度
1	$[w_{s2}, r_{h2}, t_2, i_2]$	0.444
2	$[w_{s1}, i_1, r_{h2}, t_1]$	0.222
3	$[w_{s2}, i_1, r_{h3}, t_2]$	0.111

续表 2-27

序号	天气要素集	支持度
4	$[w_{s1},i_1,r_{h2},t_2]$	0.111
5	$[w_{s1},i_2,r_{h2},t_1]$	0.111

支持度超过 0.2 的天气要素集是 $[w_{s2},r_{h2},t_2,i_2]$、$[w_{s1},i_1,r_{h2},t_1]$，即在 2012 年 10 月 13 日 02：00~8：00 的时间段内，以下两种情况出现的可能性较大：

（1）风速在 $[1.6,3.5]$、相对湿度在 $[70,85)$、理查森数差在 $[0,+\infty)$、温度差在 $[0,+\infty)$ 区间内。

（2）风速在 $[0,1.6)$、相对湿度在 $[70,85)$、理查森数差在 $(-\infty,0)$、温度差在 $(-\infty,0)$ 区间内。

根据未参与关联分析的降雨强度天气特征要素，得到向家坝水电站天气型特征：理查森数差在 $[0,+\infty)$、风速在 $[1.6,3.5]$、温度差在 $[0,+\infty)$、相对湿度在 $[70,85)$、降雨强度在 $[0,0.42)$。通过表 2-10 局地气象场天气要素分型模型，依据"最大化满足"原则，向家坝水电站局地气象场天气型为促进雾消散类型。

2.6.2.3　模拟区域和参数化方案设置

应用 WRF 数值天气预报，运用 4 层单向嵌套模拟区域，以坐标纬度 28.64° N 和经度 104.39°E 为中心。最外层采用水平分辨率 27 km，第二层水平分辨率为 9 km，第三层水平分辨率为 3 km，最内层水平分辨率为 1 km，各嵌套层格点数分别为 D1：100×100、D2：88×88、D3：76×76、D4：100×100，垂直层分为 31 层。使用初始场和边界场资料为 FNL 再分析资料，资料的水平分辨率为 1°×1°。模拟区域的 d02、d03 和 d04 等 3 层嵌套图，如图 2-38 所示。

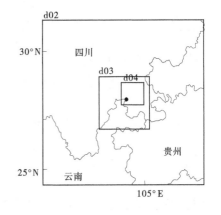

图 2-38　向家坝水电站模拟区域嵌套图

模拟时间为北京时间 2012 年 10 月 11 日 02：00 至 2012 年 10 月 13 日 08：00 时间段。积分步长为 60 s，积分时长为 54 h。物理参数化方案如表 2-28 所示。

表 2-28　模式的基本物理方案选取

物理过程	参数化方案
Microphysics	WSM6
Longwave Radiation	RRTM
Shortwave Radiation	Dudhia
Surface Layer	Monin-Obukhov

续表 2-28

物理过程	参数化方案
Land Surface	Noah
Planetary Boundary Layer	YSU
Cumulus Parameterization	Kain-Fritsch

2.6.2.4　同化数据设置

目前向家坝水电站采用的消能形式为底流消能,若向家坝水电站泄洪消能形式变为挑流形式是否会加大泄洪雾化的影响还鲜有研究。现结合数据同化的方法,分别对向家坝底流泄洪雾化现象和挑流泄洪雾化对下游环境影响进行模拟研究[100]。

对向家坝水电站下游顺河流方向进行数据同化,模拟时间为北京时间 2012 年 10 月 11 日 02:00 至 2012 年 10 月 13 日 08:00 时间段。同化位置点从坝址开始,数据同化点数为 6 个,距离间隔为 200 m,同化数据的时间间隔为 10 min。

同化参数包括风速、风向、相对湿度、温度、压强、经纬度和高程,其中底流消能时,风速升高,顺河谷方向为 12 m/s,温度下降至 14.8 ℃,压强保持与环境场一致为 98 kPa,相对湿度随同化距离逐渐下降至与环境场;挑流消能时,风速升高,顺河谷方向为 16 m/s,温度下降至 12.8 ℃,压强保持与环境场保持一致为 98 kPa,相对湿度随同化距离逐渐下降至与环境场。高程为离地面距离 50 m 高度。

根据锦屏一级 2013 年 3 月 26 日降雨所引起的气象参数的变化情况,结合高坝泄洪雾化的实际情况,分别对第四层嵌套范围内的风速、相对湿度、温度、压强等参数进行同化分析,底流消能具体设置情况如表 2-29 所示,挑流消能具体设置情况如表 2-30 所示。

表 2-29　底流消能同化数据参数设置情况

雨强(mm/h)	风速(m/s)	相对湿度(%)	温度(℃)	压强(kPa)	高程(m)
$q > 50$	12	95 ~ 100	14.8	98	275
$50 > q > 10$	12	91 ~ 94	14.8	98	275
$10 > q > 2.1$	12	89 ~ 90	14.8	98	275
$q < 2$	12	88	14.8	98	275

表 2-30　挑流消能同化数据参数设置情况

雨强(mm/h)	风速(m/s)	相对湿度(%)	温度(℃)	压强(kPa)	高程(m)
$q > 50$	16	100 ~ 95	12.8	98	275
$50 > q > 10$	16	94 ~ 91	12.8	98	275
$10 > q > 2.1$	16	90 ~ 89	12.8	98	275
$q < 2$	16	88	12.8	98	275

2.6.2.5　底流泄洪模拟结果分析和评价

1. 风场

2012 年 10 月 11 日 09:00 的第四层嵌套范围内 50 m 高度风场和同化后风场变化情况,如图 2-39 所示。

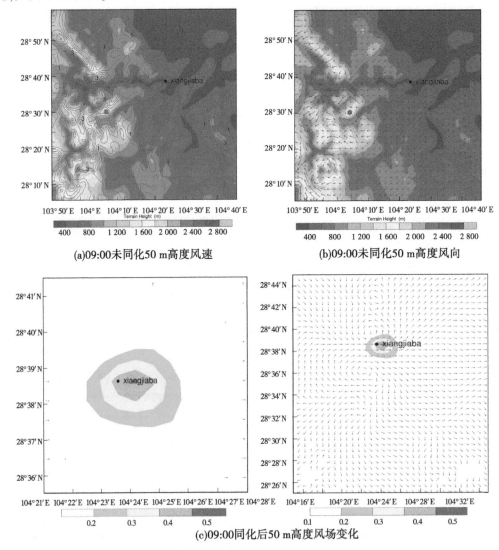

(a)09:00未同化50 m高度风速　　(b)09:00未同化50 m高度风向

(c)09:00同化后50 m高度风场变化

图 2-39　2012 年 10 月 11 日 09:00 同化前后第四层嵌套范围内 50 m 高度风场

由图 2-39 可知,向家坝水电站在 2012 年 10 月 11 日 09:00 时,50 m 高度的风速约为 1.6 m/s,风向为东风。同化后向家坝水电站位置 50 m 高度风速为 1.1 m/s,风向为西风。相比没同化前风速降低了 0.5 m/s,其中影响区域纵向范围约 500 m,横向范围约 200 m。

2. 温度

2012 年 10 月 11 日 09:00 的第四层嵌套范围内 50 m 高度温度场和同化后温度场变化情况,如图 2-40 所示。

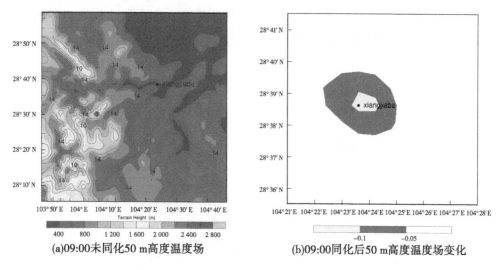

(a)09:00未同化50 m高度温度场　　　　(b)09:00同化后50 m高度温度场变化

图 2-40 2012 年 10 月 11 日 09:00 同化前后第四层嵌套范围内 50 m 高度温度场

由图 2-40 可知,向家坝水电站在 2012 年 10 月 11 日 09:00 时,50 m 高度的温度约为 18.06 ℃。同化后向家坝水电站位置 50 m 高度温度为 17.95 ℃。相比没同化前温度降低了 0.1 ℃,其中影响区域纵向范围约 1.5 km,横向范围约 1 km。

3. 相对湿度

2012 年 10 月 11 日 09:00 的第四层嵌套范围内 50 m 高度相对湿度和同化后相对湿度变化情况,如图 2-41 所示。

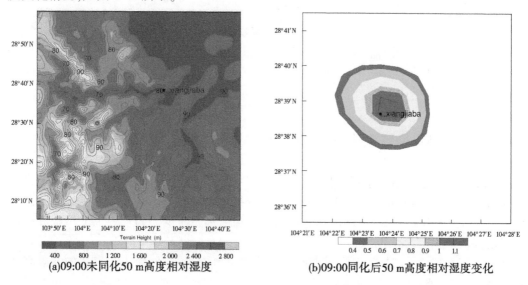

(a)09:00未同化50 m高度相对湿度　　　　(b)09:00同化后50 m高度相对湿度变化

图 2-41 2012 年 10 月 11 日 09:00 同化前后第四层嵌套范围内 50 m 高度相对湿度

4. 底流消能模拟结果分析

向家坝水电站由于采用底流消能的消能方式,泄洪雾化过程影响较轻,范围较小。通过对向家坝泄洪过程中的风速、风向、温度和相对湿度进行数据同化,模拟 2012 年 10 月 11 日水库泄洪期间局部气象数据,模拟结果如图 2-42 所示。

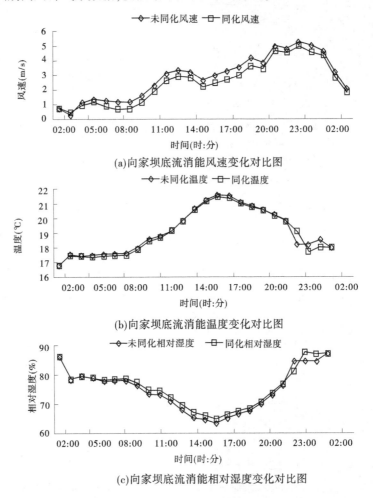

(a)向家坝底流消能风速变化对比图

(b)向家坝底流消能温度变化对比图

(c)向家坝底流消能相对湿度变化对比图

图 2-42　2012 年 10 月 11 日水库泄洪期间局部气象数据模拟结果

由于向家坝水电站缺少实际观测资料,所以对向家坝水电站同化数据的考量考虑了两个方面:一方面温度和相对湿度变化是基于模拟 2013 年 3 月 26 日降雨引起的气温和湿度变化关系确定的;另一方面风速和风向变化是由水库泄洪期间水舌风的风速和风向以及泄洪流量确定的。

向家坝水电站 10 月 11 日泄洪期间模式背景场风向为东风,而水舌风风向是顺坝体下游河谷方向,所以同化后风速减小,风向由东风转为西风。受背景风场影响,风速最大变化值为 0.57 m/s。风速的纵向影响范围约 4 km,横向影响范围约 1.8 km。

温度受到雨雾蒸发影响开始降低,最大温降变化值为 0.5 ℃,温度变化的纵向影响范围为 1.8 km,横向影响范围约 1.5 km。相对湿度由于受到降雨和雨雾蒸发开始升高,相对湿度最大升高 3%,纵向影响范围约 2 km,横向影响范围约 1.4 km。

2.6.2.6　挑流泄洪模拟结果分析和评价

1. 风场

2012 年 10 月 11 日 09：00 的第四层嵌套范围内 50 m 高度风场和同化后风场变化情况，如图 2-43 所示。

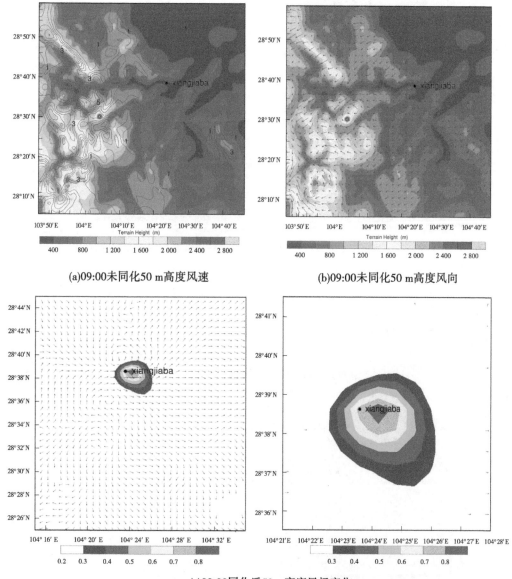

(a)09：00未同化50 m高度风速　　　　　　　(b)09：00未同化50 m高度风向

(c)09：00同化后50 m高度风场变化

图 2-43　2012 年 10 月 11 日 09：00 同化前后第四层嵌套范围内 50 m 高度风场

通过图 2-43 可知，向家坝水电站在 2012 年 10 月 11 日 09：00 时，50 m 高度的风速约为 1.6 m/s，风向为东风。同化后向家坝水电站位置 50 m 高度风速为 0.8 m/s，风向为西风。相比没同化前风速降低了 0.8 m/s，其中影响区域范围纵向约 1 km，横向约 1 m。相比没同化前风速降低 0.5 m/s 的纵向影响范围为 3.6 km，横向影响范围 3 km。

2. 温度

2012 年 10 月 11 日 09:00 的第四层嵌套范围内 50 m 高度温度场和同化后温度场变化情况,如图 2-44 所示。

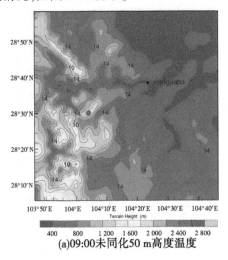 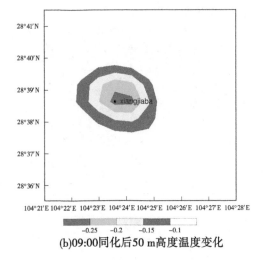

(a)09:00未同化50 m高度温度　　(b)09:00同化后50 m高度温度变化

图 2-44　2012 年 10 月 11 日 09:00 同化前后第四层嵌套范围内 50 m 高度温度

通过图 2-44 可知,向家坝水电站在 2012 年 10 月 11 日 09:00 时,50 m 高度的温度约为 18.06 ℃。同化后向家坝水电站位置 50 m 高度温度为 17.8 ℃。相比没同化前温度降低了 0.26 ℃,其中影响区域范围为纵向约 1.5 km,横向约 0.7 km。相比没同化前温度降低 0.1 ℃ 的纵向影响范围为 5 km,横向影响范围为 4 km。

3. 相对湿度

2012 年 10 月 11 日 09:00 的第四层嵌套范围内 50 m 高度相对湿度和同化后相对湿度变化情况,如图 2-45 所示。

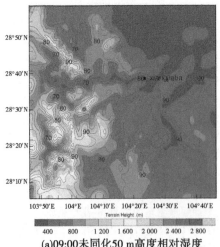 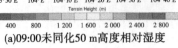 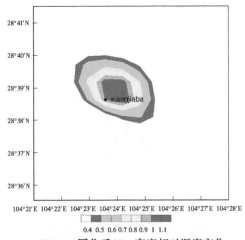

(a)09:00未同化50 m高度相对湿度　　(b)09:00同化后50 m高度相对湿度变化

图 2-45　2012 年 10 月 11 日 09:00 同化前后第四层嵌套范围内 50 m 高度相对湿度

通过图 2-45 可知,向家坝水电站在 2012 年 10 月 11 日 09:00 时,50 m 高度的相对湿度约为 76.81%。同化后向家坝水电站位置 50 m 高度相对湿度为 77.76%。相比没同化前相对湿度升高了 0.95%,其中影响区域范围为纵向约 2.2 km,横向约 1.4 km。相比没同化前相对湿度降低 1.1% 的纵向影响范围为 1 km,横向影响范围约 0.5 km。

4. 挑流消能模拟结果分析

向家坝水电站若采用挑流消能的消能方式,泄洪雾化过程影响加重,范围较大。通过对向家坝泄洪过程中的风速、风向、温度和相对湿度进行数据同化,模拟 2012 年 10 月 11 日水库泄洪期间局部气象数据,模拟结果如图 2-46 所示。

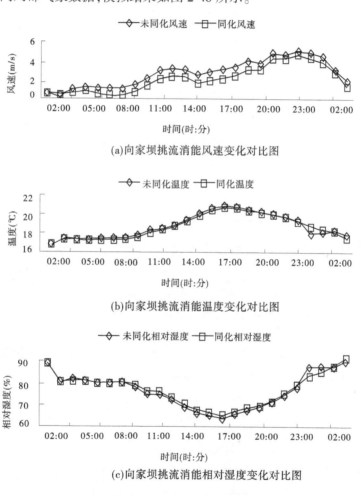

(a)向家坝挑流消能风速变化对比图

(b)向家坝挑流消能温度变化对比图

(c)向家坝挑流消能相对湿度变化对比图

图 2-46 2012 年 10 月 11 日水库泄洪期间局部气象数据模拟结果

由于向家坝水电站既缺少实际观测资料,又缺少对挑流泄洪雾化的论证资料,所以对向家坝水电站挑流泄洪雾化的同化数据的考量考虑了两个方面:一方面温度和相对湿度变化是基于模拟 2013 年 3 月 26 日降雨引起的气温和湿度变化关系确定的;另一方面风速和风向变化是借鉴了锦屏一级水电站水库泄洪期间水舌风的风速和风向以及泄洪流量确定的。

向家坝水电站 10 月 11 日泄洪期间模式背景场风向为东风,而水舌风风向是顺坝体下游河谷方向,所以同化后风速减小,风向由东风转为西风。受背景风场影响,风速最大变化值为 1 m/s。风速的纵向影响范围约 6 km,横向影响范围约 1.4 km。

温度受到雨雾蒸发影响开始降低,最大温降变化值为 0.37 ℃,温度变化的纵向影响范围约 2 km,横向影响范围约 2 km。相对湿度由于受到降雨和雨雾蒸发开始升高,相对湿度最大升高 1.57%,纵向影响范围约 2.2 km,横向影响范围约 1.5 km。

2.6.2.7　向家坝底流和挑流泄洪雾化模拟结果比较

通过对向家坝底流消能和挑流消能的数值模拟,计算在不同消能方式下,泄洪雾化对局部天气环境的影响。2012 年 10 月 11 日 09:00 同化前后参数对比情况如表 2-31 所示。

表 2-31　底流和挑流泄洪雾化影响情况对比

天气参数	底流		挑流	
	泄洪前后变化值	影响范围	泄洪前后变化值	影响范围
风速	-0.5 m/s	纵向 0.5 km 横向 0.2 km	-0.5 m/s	纵向 3.6 km 横向 3 m
温度	-0.1 ℃	纵向 1.5 km 横向 1 km	-0.1 ℃	纵向 5 km 横向 4 km
相对湿度	1.1%	纵向 1 km 横向 0.5 km	1.1%	纵向 1.1 km 横向 0.7 km

向家坝水电站在 2012 年 10 月 11 日泄洪期间风向为东风,水舌风为顺河谷方向的西风,通过对对流风的数据同化,最终底流消能的风速同化结果低于背景场 0.5 m/s 风速,挑流消能的风速同化结果低于背景场 0.5 m/s 风速,且纵向影响长度由底流的 500 m 扩展到 3.6 km 范围,横向影响长度由底流的 200 m 扩展到 3 km。

对向家坝水电站泄洪雾化温度的数据同化,最终底流消能的温度同化结果低于背景场 0.1 ℃,挑流消能的温度同化结果低于背景场 0.1 ℃,且纵向影响长度由底流的 1.5 km 扩展到 5 km 范围,横向影响长度由底流的 1 km 扩展到 4 km。

对向家坝水电站泄洪雾化相对湿度的数据同化,最终底流消能的相对湿度同化结果高于背景场 1.1%,挑流消能的相对湿度同化结果高于背景场 1.1%,且纵向影响长度由底流的 1 km 扩展到 1.1 km 范围,横向影响长度由底流的 0.5 km 扩展到 0.7 km。

2.7　泄洪雾化对天气环境影响的 WRF/Nudging/CALMET 高分辨率数值模式研究

2.7.1　CALMET 诊断模式

CALMET 诊断模式包括微气象模块和诊断风场模块,是一种常用的将中尺度与小尺度相结合的气象模式。它能够以 WRF 模式输出的气象场作为初始场,根据地形和边界条件等进行动力学降尺度,得到的气象场不仅分辨率和精度得到提高,还能体现坝区复杂地形对局部气流特征的影响。

诊断风场模块则是以 WRF 风场为初始猜测场,对其进行辐散最小化处理,来获得受地形动力学影响的水平风分量,根据地形动力学效应,计算模拟区域的风场来获得受地形影响的垂直风速,其次根据时间、地形坡度、坡高等参数计算风分量,从而将空气动力学影响调入风场中,然后利用局地弗劳德数对风场进行地形阻塞效应调整,得到第一步风场,最后利用平滑处理、辐散最小化、垂直风速的 O'Brien 调整和插值,对第一步风场进行客观分析,得到最终风场。

微气象模块采用参数化方法,根据边界层高度、对流速度、摩擦速度、莫宁–奥布霍夫长度、地表热通量等参数,形成最终的边界层结构,得到最终气象场。

大型水利枢纽大多建设在深山峡谷中,地形复杂多变,且泄洪雾化对天气环境的影响仅限于坝区周围,属于微小尺度的范围。而中尺度数值模式的水平分辨率最小为 1 km 左右,难以达到计算模拟的要求,无法刻画出复杂地形对气象场的影响,因此需要对此进行降尺度,利用更精细的分辨率体现局部复杂下垫面对气象场的影响。CALMET 诊断模式[101]可利用动力学方法,对中尺度模式得到的气象场进行修正,已获得较多研究学者的认同。

LU Yi-xiong 等将 WRF 预报模式与 CALMET 诊断模式相结合,对海陵岛 2003 年 9 月 12 日至 2004 年 9 月 11 日这一年期间的近地面风进行模拟,水平分辨率为 100 m,并将模拟结果与 4 个低点的风观测结果进行比较,根据传统的统计分数,包括相关系数、标准偏差和平均绝对误差,WRF/CALMET 模式得到的风估计效果更好[102]。

José A. González 等将 CALMET 诊断模型嵌套到 WRF 模式,模拟西班牙西北部复杂地形和沿海区域的气象场,结果表明,CALMET 模型对近地面气象数据的模拟结果与测量数据更为接近[103]。

李俊徽等选取广东省,利用 CALMET 模式,对 WRF 输出的风场进行动力降尺度,结果表明,降尺度后的风场与原观数据对比的相关性更好,误差更小[104]。

Tang Shengming 等利用 WRF/CALMET 耦合模式对福建省石笋山莫兰蒂台风期间的风场进行模拟,模拟风场与实测风场的相关系数较大,表现出良好的耦合性能[105]。

胡洵等利用 CALMET 模式对关中盆地的风场进行模拟,获取该地区每小时的近地面风场以及运动轨迹,从而对该地近地面风场类型与输送特征进行研究[106]。

张华和陈永访等为精细化解析河谷风场,在 WRF/Nudging 模式的基础上,建立了 WRF/Nudging/CALMET 模式,并设置了 WRF、WRF/Nudging、WRF/CALMET、WRF/Nudging/CALMET 等 4 组试验方案,针对河谷风场进行了数值模拟,WRF/Nudging/CALMET 方案所得到的模拟结果更接近于实际观测值[107]。

2.7.2　自组织数据挖掘方法 GMDH

2.7.2.1　GMDH 算法的基本原理

GMDH 方法(Group Method of Data Handing)是自组织数据挖掘方法的核心算法,自

从 A. G. Ivakhnenko[108]提出 GMDH 算法以来,学者们将其应用到生态、经济、人口等诸多领域,理论基础不断完善,算法得到优化改良。GMDH 算法的主要思想是根据自然界中生物由简单到复杂,优胜劣汰,适者生存的进化过程仿照而来的:初始阶段是一个简单的模型,集合元素按照某种特定的法则进行组合,形成更为复杂的模型,然后按照某种方案对新生成的模型进行选择,反复进行这一过程,一直到不能生成更为复杂的模型为止,最终保留的模型叫作最优复杂度模型。

与传统神经网络算法相比,GMDH 算法可以得出明确的函数表达式,更加清晰地描述各变量之间的关系;无须预先假定模型初始结构,自组织生成最优模型,因此 GMDH 算法非常适用于泄洪雾化影响范围与同化点气象参数的建模。

GMDH 算法要将数据分成两份:一份是作为训练样本,主要是根据拟合回归方法或者是最小二乘法,对中间模型的各参数进行估计;另一份作为测试样本,是在形成新的一层中间模型后,根据外准则,来进行这一层模型的筛选,如图 2-47 所示。

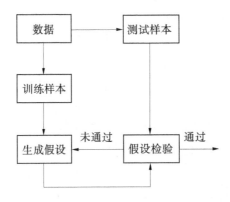

图 2-47　GMDH 算法基本模式

目前常见的 GMDH 外准则有赤迟信息量准则(AIC 信息准则)、相对误差平均值准则(ARE 准则)以及残差平方和准则(PESS 准则)。本书采用的是 PESS 准则如下:

$$PESS = \sum_{t=1}^{N} \left[Y(t) - \hat{Y}(t) \right]^2 \tag{2-54}$$

式中:$\hat{Y}(t)$ 为中间模型在第 t 个样本的输出估计值;$Y(t)$ 为第 t 个样本的实际输出值;N 为测试数据的个数。

2.7.2.2　GMDH 算法的建模流程

由于各个变量所代表的物理含义不一样,数量级和量纲也存在差异,在分析建模过程中直接利用原始数据会使计算出的关系系数中,不同变量所占的比重大不相同:数值水平高的变量对结果的影响会变大,数值水平较低的变量对结果的影响会被削弱。因此,需要对各类数据做标准化处理,剔除不同变量的量纲差异、数量级大小和自身性质对建模结果的影响,从而提高模型的有效性,加快权重参数的收敛。

(1)计算各变量的算数平均值,即

$$\overline{X_i} = \frac{X_i^0(1) + X_i^0(2) + \cdots + X_i^0(n)}{n} \quad (2\text{-}55)$$

式中：$X_i^0(n)$ 为变量 X_i 第 n 个时间段的原始数据。

（2）计算各变量的标准差，即

$$s_i = \sqrt{\frac{1}{n}\sum_{t=1}^{n}(X_i^0(t) - \overline{X_t})^2} \quad (2\text{-}56)$$

（3）进行 z-score 标准化处理，即

$$X_i(t) = \frac{(X_i^0(t) - \overline{X_t})}{s_i} \quad (2\text{-}57)$$

GMDH 算法初始模型的生成需要参考函数决定，参考函数一般采用 K-G 多项式形式：

$$f(x_1, x_2, \cdots, x_m) = a_0 + \sum_{i=1}^{m} a_i x_i + \sum_{i=1}^{m}\sum_{j=1}^{m} a_{ij} x_i x_j + \sum_{i=1}^{m}\sum_{j=1}^{m}\sum_{k=1}^{m} a_{ijk} x_i x_j x_k + \cdots \quad (2\text{-}58)$$

以两个输入变量为例，GMDH 网络形成的示意图如图 2-48 所示，具体的建模基本流程如下：

（1）将标准化处理后的数据分为两组，一组是训练数据，训练数据用来得出各个中间模型的系数；另一组是测试数据，用来确定每一层保留的中间模型。

（2）由初始输入变量两两组合产生初始模型。两变量的参考函数一般为 $y = a_0 + a_1 x_1 + a_2 x_2 + a_3 x_1 x_2 + a_4 x_1^2 + a_5 x_2^2$，初始模型集合一般为 $V = \{v_1 = a_1 x_1, v_2 = a_2 x_2, v_3 = a_3 x_1 x_2, v_4 = a_4 x_1^2, v_5 = a_5 x_1^2\}$，第一层输入变量为初始模型，将初始模型的变量两两进行结合，就生成了第二层的输入模型。假设一共有 m 个输入变量，那么下一层就会生成 C_m^2 个中间模型。

（3）输入训练数据来回归拟合各个中间模型的系数 $a_{n,i}^l$（n 为层数，$i = 0, 1, \cdots, 5, l = 1, 2, \cdots, C_m^2$），事先对各层中间模型的保留个数 P 进行规定，输入测试数据来计算各中间模型的外准则值，并筛选出外准则值最小的 P 个模型作为下一层的输入模型。

（4）不断重复上述过程，直至生成层的层准则值与上一层比较，不会再减小的时候，网络拓展结束，继而得出最优复杂度模型。

2.7.3　技术路线

利用中尺度数值模式 WRF 与 CALMET 诊断模块相结合的方法对坝区下游的气象场进行高分辨率模拟，并结合牛顿松弛同化方法（Nudging）将水舌风等影响融入气象场，建立 WRF/Nudging/CALMET 高分辨率数值模式，得到水电站泄洪对下游局地气象场的空间影响范围，提出泄洪雾化影响范围的评价指标；应用自组织数据挖掘方法，建立泄洪雾化影响范围预测模型，得到泄洪雾化影响范围与同化参数的关系。主要技术路线如图 2-49 所示。

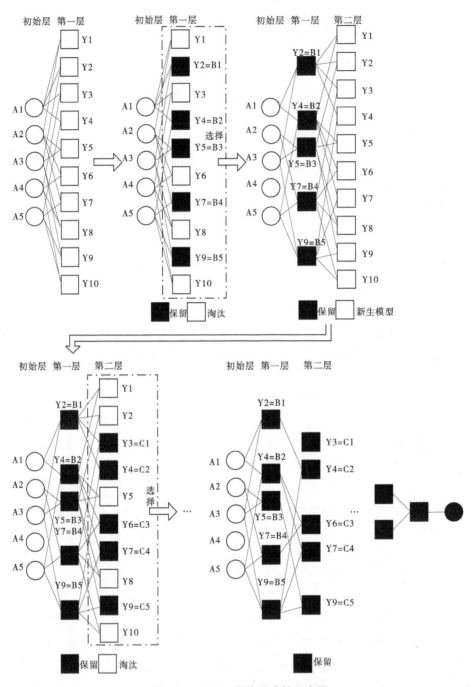

图 2-48　GMDH 网络形成的示意图

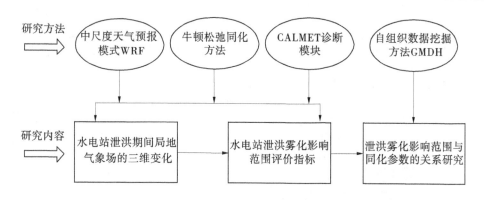

图 2-49　水电站泄洪雾化对局地天气影响范围研究的技术路线

2.8　基于 WRF/Nudging/CALMET 高分辨率数值模式的泄洪雾化对天气环境影响的数值模拟研究

2.8.1　模拟参数设置

2.8.1.1　WRF 模式模拟参数设置

1999 年 10 月中旬到 11 月底,科研人员在二滩水电站进行了多次泄洪雾化原型观测,研究降雨和雾流扩散的范围,泄洪流量与水位情况如表 2-32 所示。

表 2-32　二滩水电站泄洪雾化原型观测工况

日期	泄洪工况	库水位(m)	下游水位(m)	下泄流量(m³/s)
10 月 25 日	6 个中孔全开	1 199.69	1 015.1	6 856

应用 WRF 中尺度数值天气预报模式,研究二滩水电站泄洪时段的下游局地气象场,模拟时间段为北京时间 1999 年 10 月 25 日 00:00 至 10 月 26 日 00:00,共 24 h,积分步长为 60 s。以(26.824 1°N,101.790 8°E)为区域中心点,采用 4 层单向嵌套方案,从外到内分辨率分别为 27 km、9 km、3 km 和 1 km,各嵌套网格数分别为 D4:101×101、D3:75×75、D2:90×90、D1:101×101,垂直方向一共 31 层。利用 NCEP FNL 再分析资料作为初始场和边界场,资料的水平分辨率为 1°×1°。模拟区域地形和模式的 d02、d03 和 d04 等 3 层嵌套图,如图 2-50 所示。

2.8.1.2　泄洪雾化天气参数同化数据的设置

参考二滩水电站 WRF/CALEMT 模式的天气环境背景场,以及二滩水电站泄洪雾化原型观测资料中的雾化观测工况,每隔 10 min 对第四层嵌套范围内风速、风向、温度、相对湿度等物理参数进行松弛同化。二滩水电站同化数据参数设置情况如表 2-33 所示。

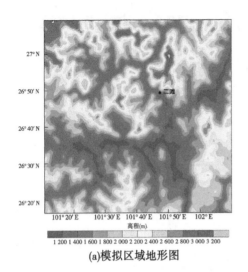

(a)模拟区域地形图

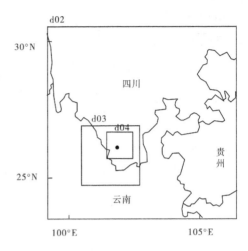

(b)模拟区域嵌套图

图 2-50　WRF 模拟区域示意图

表 2-33　二滩水电站数据同化天气参数设置情况

雨强(mm/h)	风速(m/s)	相对湿度(%)	温度(℃)	压强(kPa)	离地高度(m)
$q>50$	14~17	85~90	14~16	86.6	20
$50>q>10$	12~14	80~85	16~18	86.6	20
$10>q>0.5$	10~12	70~80	18~20	86.6	20

　　根据刘宣烈提出的雾化范围估算公式,从二滩水电站坝址处开始,沿顺河道方向选取 6 个同化点,间隔为 200 m,同化点位置如图 2-51 所示,其中 A1~A3 处于浓雾区,A4~A6 处于薄雾区。二滩下游水面高程为 1 015.1 m,由于泄洪雾化主要对近地面气象场产生较大影响,因此同化高度选取为离地高度 20 m。

图 2-51　数据同化点位置示意图

2.8.1.3　CALMET 模拟设置

利用 CALMET 诊断模块对 WRF 模拟的下游气象场进行降尺度处理,模拟区域为 4 km×4 km 的正方形区域,左下角经纬度坐标为(26.79°,101.77°),对应的 UTM 坐标为 (2 966.430 3,775.756 9),水平分辨率采用 40 m,网格数量为 100×100,垂直方向分为 10 层。模拟时间段为 1999 年 10 月 24 日 00:00 至 10 月 27 日 00:00 时间段。模拟区域如图 2-52 所示。

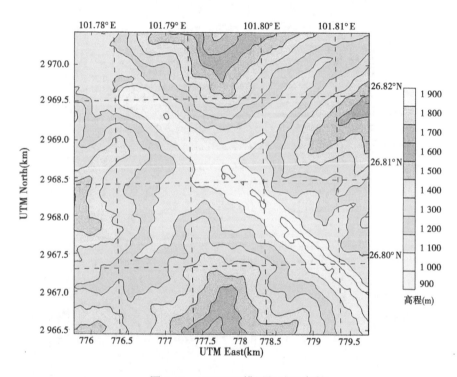

图 2-52　CALMET 模拟区域示意图

2.8.2　模拟结果分析

将 WRF 同化前后的模拟结果分别进行 CALMET 动力降尺度,以 WRF/CALMET 模式的模拟结果作为泄洪前气象场,以 WRF/Nudging/CALMET 模式的模拟结果作为泄洪后气象场,选取 1999 年 10 月 25 日 12:00 时刻,分析泄洪前后的风场、温度和相对湿度变化情况如图 2-53~图 2-55 所示。

由图 2-53 可知,二滩水电站(图中黑点)1999 年 10 月 25 日 12:00 时,在离地 20 m 高度处,WRF/CALMET 模式得到的风速为 2.1 m/s,风向为向上游的东南风,WRF/Nudging/CALMET 模式得到的风速为 3.8 m/s,增大 1.7 m/s,风向变为向下游的西北风。

以风速增量为 1 m/s,作为风速的空间影响区域,如图 2-53(c)所示,其纵向约为 2.1 km,横向约为 2.3 km,高度约为 45 m。

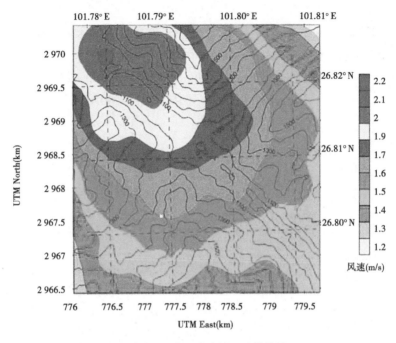

(a)未泄洪时20 m离地高度的风速等值线

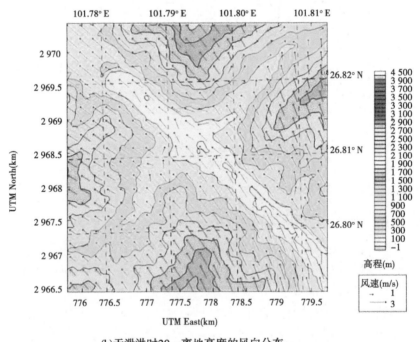

(b)无泄洪时20 m离地高度的风向分布

图 2-53　二滩水电站 1999 年 10 月 25 日降尺度处理后风场情况

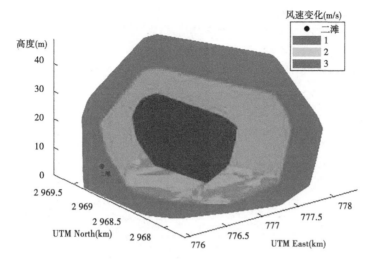

(c)泄洪时的风速变化三维图

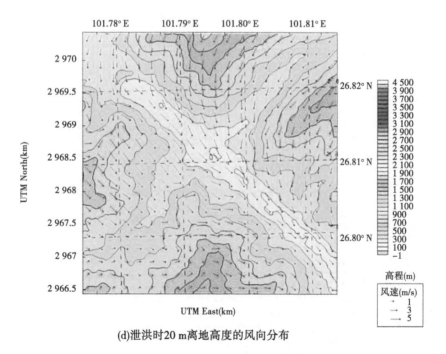

(d)泄洪时20 m离地高度的风向分布

续图 2-53

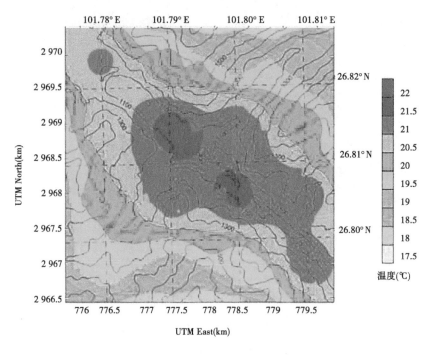

(a)未泄洪时20 m离地高度的温度等值线

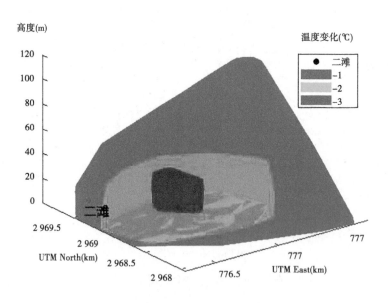

(b)泄洪时的温度变化三维图

图 2-54　二滩水电站 1999 年 10 月 25 日 12:00 动力降尺度后温度情况

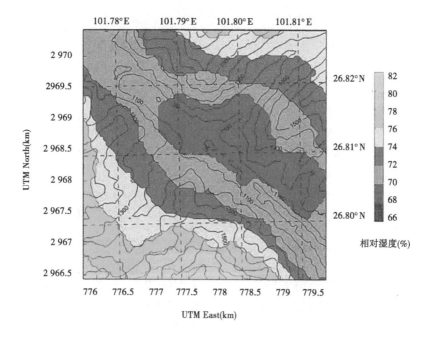

(a)未泄洪时20 m离地高度的相对湿度等值线

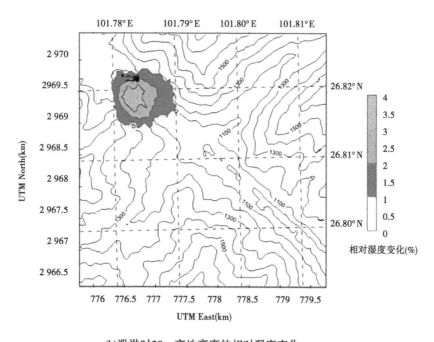

(b)泄洪时20 m离地高度的相对湿度变化

图 2-55 二滩水电站 1999 年 10 月 25 日 12:00 动力降尺度后相对湿度情况

由图 2-54 可知,二滩水电站(图中黑点)1999 年 10 月 25 日 12:00 时,在离地 20 m 高度处,WRF/CALMET 模式得到的温度为 21 ℃,WRF/Nudging/CALMET 模式得到的温度为 19.4 ℃,降低了 1.6 ℃。

以温度变化为−1 ℃,作为温度的影响区域,如图 2-54(b)所示,其纵向约为 1.9 km,横向约为 1.5 km,高度约为 120 m。

由图 2-55 可知,二滩水电站(图中黑点)1999 年 10 月 25 日 12:00 时,在离地 20 m 高度处,WRF/CALMET 模式得到的相对湿度为 72%,WRF/Nudging/CALMET 模式得到的相对湿度为 73.5%,增加了 1.5%。

以相对湿度变化为 1%,作为相对湿度的影响区域,如图 2-55(b)所示,其纵向约为842 m,横向约为 1 208 m。

2.8.3　泄洪雾化影响范围指标

图 2-56 为二滩泄洪时降雨的原型观测雨强等值线数据,图上彩色线条为 WRF/Nudging/CALMET 模型计算得到的相对湿度变化的等值线。将图 2-56 中的雾化边界线,与各相对湿度变化的等值线进行分析,不同相对湿度变化等值线与雾化边界线横向距离和纵向距离的对比如表 2-34 所示。

通过表 2-34 的对比分析,相对湿度变化为 1%的等值线与雾化边界线最为接近,并且考虑到已有的研究中预测向家坝泄洪时的相对湿度等值线为 84%,相对湿度初值为83.1%,相对湿度增加值为 0.9%,以此等值线得到其影响范围,预测成果与向家坝的原型观测反馈资料一致。因此,建议以相对湿度增加 1%的等值线作为水电站泄洪雾化对局地天气环境的影响范围。

表 2-34　二滩水电站泄洪雾化边界线数据对比

项目	纵向距离(m)	纵向距离误差(%)	横向距离(m)	横向距离误差(%)
雾化边界线原观值	1 013.5		806.4	
ΔRH 为 0.1%的等值线计算值	1 216	19.98	1 028	27.48
ΔRH 为 1%的等值线计算值	1 000	1.33	902	11.85
ΔRH 为 2%的等值线计算值	660	34.88	640	20.63
ΔRH 为 3%的等值线计算值	400	60.53	440	45.44

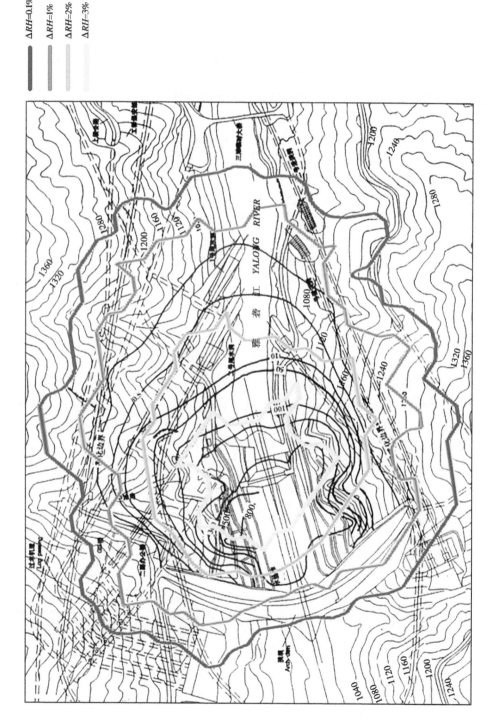

图 2-56　二滩泄洪降雨型原型观测与相对湿度变化的等值线

2.8.4　二滩泄洪雾化影响范围与同化参数的关系研究

应用自组织数据挖掘的方法与技术,建立二滩水电站泄洪雾化影响范围预测模型,研究泄洪雾化影响范围与同化参数之间的关系。

2.8.4.1　自变量和因变量的选取

运用 WRF/CALMET 模式和 WRF/Nudging/CALMET 模式对二滩水电站泄洪雾化进行模拟,模拟时间为 1999 年 10 月 25 日 00:00 至 10 月 26 日 00:00 时间段,时间间隔为 1 h。结合 WRF/Nudging/CALMET 模式的模拟结果分析,选取以下 18 个指标作为泄洪雾化影响范围预测的输入变量:1~6 号同化点的风速变化值($\Delta WS_1-\Delta WS_6$),1~6 号同化点的温度变化值($\Delta T_1-\Delta T_6$),1~6 号同化点的相对湿度变化值($\Delta RH_1-\Delta RH_6$)。输出变量为相对湿度变化为 1% 的区域的纵向长度(L)和横向长度(D)。同化点的位置如图 2-51 所示。

2.8.4.2　二滩泄洪雾化影响范围预测模型的构建

依照指标选取,对变量进行标准化处理,利用 GMDH 算法对二滩泄洪雾化影响范围进行建模。

以 25 日 00:00~16:00 的模拟结果作为训练样本,共 17 个;以 25 日 17:00 至 26 日 00:00 的模拟结果作为测试样本,共 8 个,建模得出泄洪雾化影响范围表达式如式(2-59)、式(2-60)所示。二滩泄洪雾化范围的纵向距离和横向距离的公式计算值与 WRF/Nudging/CALMET 模式的计算值对比分别如图 2-57、图 2-58 所示,建模结果和误差分析如表 2-35 所示。

$$L = -0.381\,4 + 0.322\Delta WS_2 - 0.305\,3\Delta T_2 + 1.136\,1\Delta RH_2 + 0.244\,7\Delta WS_3\Delta WS_2 +$$
$$0.516\,8\Delta WS_2\Delta RH_2 + 0.225\,6\Delta WS_2\Delta WS_3\Delta RH_2 \tag{2-59}$$

$$D = 0.707 - 0.422\,2\Delta WS_3 + 0.428\,5\Delta T_6 + 0.142\,6\Delta RH_4 +$$
$$0.216\,7\Delta T_6\Delta RH_4 - 0.295\Delta WS_3\Delta T_5^2 \tag{2-60}$$

由表 2-35 可知,GMDH 模型计算的泄洪雾化横向范围和纵向范围的相对误差均小于 5%,对泄洪雾化横向范围和纵向范围的预测效果比较好,因此可以利用式(2-59)、式(2-60)作为二滩泄洪雾化的纵向范围和横向范围的模型表达式。

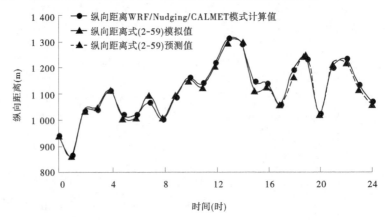

图 2-57　二滩泄洪雾化范围纵向距离的公式与 WRF/Nudging/CALMET 模式计算值对比图

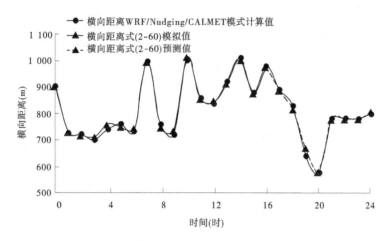

图 2-58　二滩泄洪雾化范围横向距离的公式与 WRF/Nudging/CALMET 模式计算值对比图

由式(2-59)、式(2-60)可知,雾化影响范围的纵向距离主要与同化点 A2、A3 的气象要素变化有关,即浓雾区的气象要素变化对纵向距离影响更大,且与风速和相对湿度变化成正比,与温度变化成反比;泄洪雾化影响范围的横向距离主要与同化点 A3、A4、A5 和 A6 的气象要素变化有关,即薄雾区的气象要素变化对横向距离影响更大,且与温度和相对湿度变化成正比,与风速变化成反比。

表 2-35　泄洪雾化范围纵向距离、横向距离的公式计算值和模式计算值比较

时间	纵向范围(m)		相对误差(%)	横向范围(m)		相对误差(%)
	公式计算值	WRF/Nudging/CALMET模式计算值		公式计算值	WRF/Nudging/CALMET模式计算值	
00:00	941	940	0.207	912	900	1.344
01:00	863	860	0.428	731	726	0.744
02:00	1 038	1 033	0.506	718	720	0.235
03:00	1 047	1 040	0.714	710	700	1.558
04:00	1 113	1 111	0.204	759	740	2.666
05:00	1 009	1 018	0.920	749	760	1.396
06:00	1 007	1 018	1.074	740	730	1.410
07:00	1 096	1 065	2.973	999	999	0.022
08:00	1 009	1 000	0.890	748	760	1.498
09:00	1 091	1 083	0.739	737	720	2.382
10:00	1 152	1 161	0.773	1 019	1 001	1.821
11:00	1 125	1 136	0.943	856	860	0.370

注:表最左侧竖排为"训练样本"。

续表 2-35

时间	纵向范围(m)		相对误差(%)	横向范围(m)		相对误差(%)
	公式计算值	WRF/Nudging/CALMET模式计算值		公式计算值	WRF/Nudging/CALMET模式计算值	
12:00	1 208	1 216	0.669	842	840	0.240
13:00	1 301	1 311	0.768	914	920	0.647
14:00	1 297	1 291	0.487	1 002	1 010	0.694
15:00	1 112	1 146	2.928	878	880	0.195
16:00	1 129	1 139	0.835	981	980	0.126
17:00	1 057	1 059	0.144	887	890	0.366
18:00	1 166	1 189	1.924	816	830	1.674
19:00	1 250	1 233	1.373	668	640	4.401
20:00	1 025	1 025	0.010	583	576	1.317
21:00	1 215	1 200	1.298	782	779	0.508
22:00	1 218	1 233	1.161	779	782	0.334
23:00	1 118	1 133	1.339	780	780	0.063
24:00	1 058	1 070	1.140	806	801	0.653

（时间列左侧标注：训练样本）

2.8.5　宝珠寺水电站泄洪对局地天气多尺度影响范围的研究

2.8.5.1　模拟参数设置

1. WRF 模式模拟参数设置

2001 年 9 月 20 日和 21 日,宝珠寺水电站的上游水位已接近最大蓄水位,研究人员对水电站开展了泄洪雾化原型观测工作,来测量雨强的分布和雾雨区的范围。9 月 21 日 10:53 开始,左右底孔轮流开始泄洪,泄流情况如图 2-59 所示。

应用 WRF 中尺度数值天气预报模式,研究宝珠寺水电站泄洪时段的下游局地气象场,模拟时间段为北京时间 2001 年 9 月 21 日 00:00 至 9 月 22 日 00:00,共 24 h,积分步长为 60 s。以(32.490 4°N,105.602 2°E)为区域中心点,采用四层单向嵌套方案,从外到内分辨率分别为 27 km、9 km、3 km 和 1 km,各嵌套网格数分别为 D4:101×101、D3:75×75、D2:90×90、D1:101×101,垂直方向一共 31 层。利用 NCEP FNL 再分析资料作为初始场和边界场,资料的水平分辨率为 1°×1°。模拟区域地形和模式的 d02、d03 和 d04 等 3 层嵌套图,如图 2-60 所示。

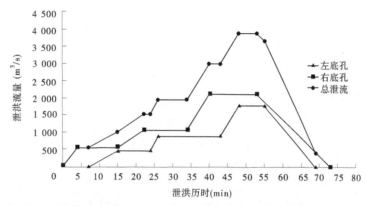

图 2-59　宝珠寺水电站 2001 年 9 月 21 日左右底孔联合泄洪流量过程图

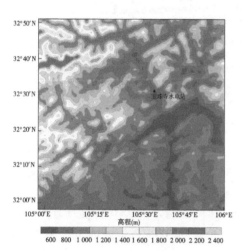

(a)WRF模拟区域地形图

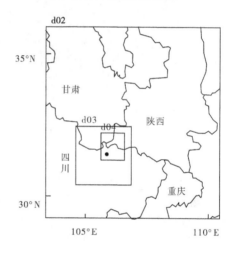

(b)WRF模拟区域四层嵌套图

图 2-60　宝珠寺水电站 WRF 模拟区域示意图

2. 宝珠寺水电站同化数据的设置

根据调整后的同化数据设置方法,参考宝珠寺水电站的天气环境背景场,以及宝珠寺水电站泄洪雾化原型观测资料中的雾化观测工况,每隔 10 min 对第四层嵌套范围内风速、风向、温度、相对湿度等物理参数进行松弛同化。宝珠寺水电站同化数据参数设置情况如表 2-36 所示。

表 2-36　宝珠寺水电站同化数据参数设置情况

雨强(mm/h)	风速(m/s)	相对湿度(%)	温度(℃)	压强(kPa)	离地高度(m)
$q>50$	14～17	85～90	12～14	83	50
$50>q>10$	12～14	80～85	14～16	83	50
$10>q>0.5$	10～12	70～80	16～18	83	50

根据刘宣烈提出的雾化范围估算公式,从宝珠寺水电站坝址处开始,沿顺河道方向选取 3 个同化点,间隔为 200 m,同化点位置如图 2-61 所示,其中 B1、B2 处于浓雾区,B3 处

于薄雾区。由于泄洪雾化主要对近地面气象场产生较大影响,因此同化高度选取为离地高度 50 m。

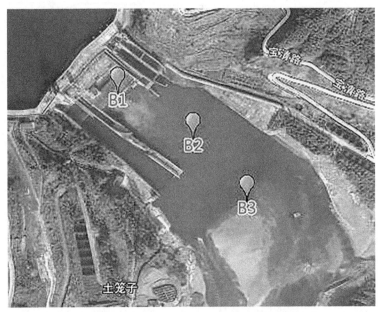

图 2-61　宝珠寺水电站同化点位置示意图

3. CALMET 模拟设置

利用 CALMET 诊断模块对 WRF 模拟的下游气象场进行降尺度处理,模拟区域为 4 km×4 km 的正方形区域,左下角经纬度坐标为(32.49°N,105.59°E),对应的 UTM 坐标为 (3 594.94 km,555.58 km),水平分辨率采用 40 m,网格数量为 100×100,垂直方向分为 10 层。模拟时间段为 2001 年 9 月 21 日 00:00 至 9 月 22 日 00:00。模拟区域如图 2-62 所示。

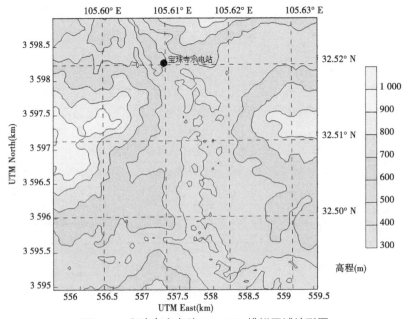

图 2-62　宝珠寺水电站 CALMET 模拟区域地形图

2.8.5.2　模拟结果分析

　　将 WRF 同化前后的模拟结果分别进行 CALMET 动力降尺度后,选取 2001 年 9 月 21 日 12:00 时刻,分析 WRF/CALMET 模式和 WRF/Nudging/CALMET 模式的风场、温度和相对湿度变化情况如图 2-63~图 2-65 所示。

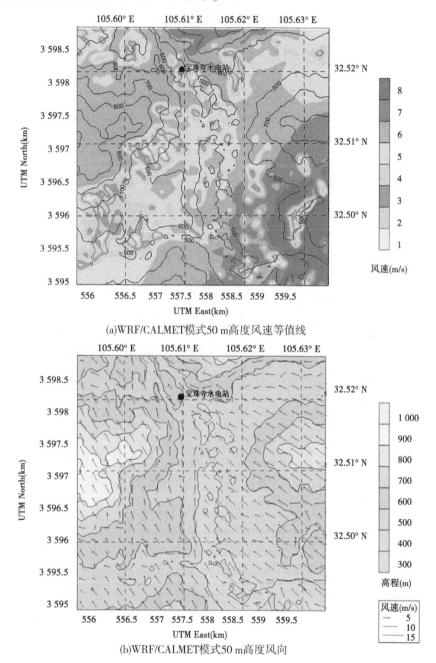

(a)WRF/CALMET模式50 m高度风速等值线

(b)WRF/CALMET模式50 m高度风向

图 2-63　宝珠寺水电站 2001 年 9 月 21 日 12:00 降尺度处理后 50 m 高度风场

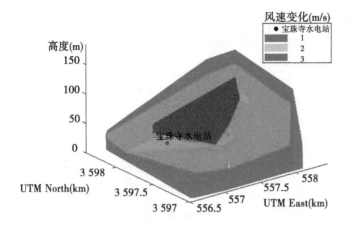

(c)WRF/Nudging/CALMET相较WRF/CALMET模式的风速变化三维图

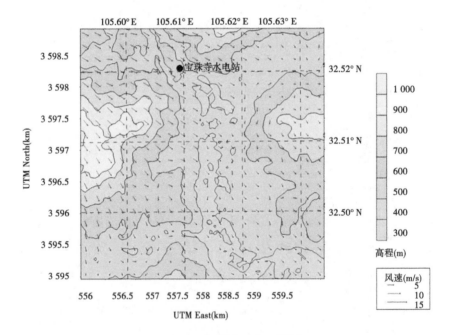

(d)WRF/Nudging/CALMET模式50 m高度风向

续图 2-63

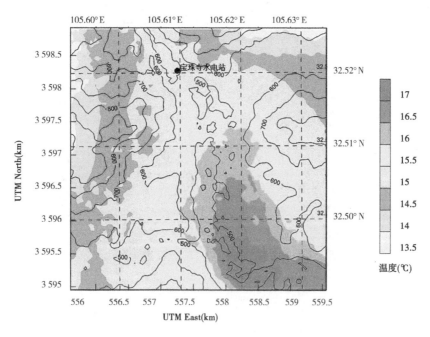

(a)WRF/CALMET模式50 m高度温度等值线

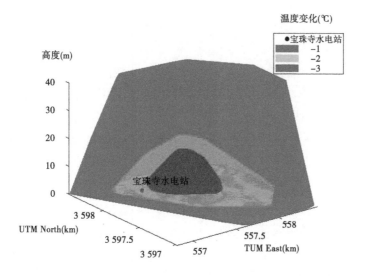

(b)WRF/Nudging/CALMET相较WRF/CALMET模式的温度变化三维图

图 2-64　宝珠寺水电站 2001 年 9 月 21 日 12:00 降尺度处理后 50 m 高度温度场

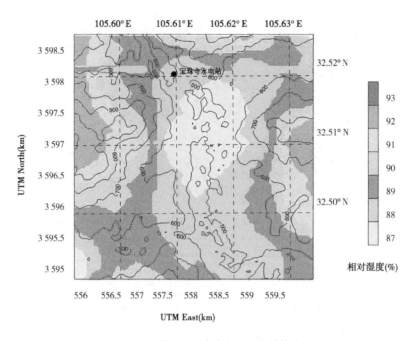

(a)WRF/CALMET模式50 m高度相对湿度等值线

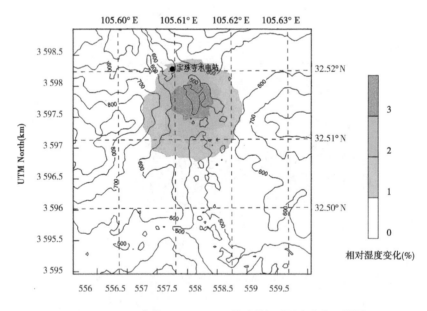

(b)WRF/Nudging/CALMET相较WRF/CALMET模式的相对湿度变化三维图

图2-65　宝珠寺水电站2001年9月21日12:00降尺度处理后50 m高度相对湿度场

由图 2-63 可知,宝珠寺水电站(图中黑点)2001 年 9 月 21 日 12:00 时,在离地 50 m 高度处,WRF/CALMET 模式得到的风速为 3.5 m/s,风向为向上游的东南风,WRF/Nudging/CALMET 模式得到的风速为 5.9 m/s,增大 2.4 m/s,风向变为向下游的西北风。

以风速增量为 1 m/s,作为风速的空间影响区域,如图 2-63(c)所示,其纵向约为 1.42 km,横向约为 1.96 km,高度约为 184 m。

由图 2-64 可知,宝珠寺水电站(图中黑点)2001 年 9 月 21 日 12:00 时,在离地 50 m 高度处,WRF/CALMET 模式得到的温度为 15.5℃,WRF/Nudging/CALMET 模式得到的温度为 12.9 ℃,降低了 2.6 ℃。

以温度变化为-1 ℃,作为温度的影响区域,如图 2-64(b)所示,其纵向约为 1.48 km,横向约为 1.64 km,高度约为 40 m。

通过图 2-65 可知,宝珠寺水电站(图中黑点)2001 年 9 月 21 日 12:00 时,在离地 50 m 高度处,WRF/CALMET 模式得到的相对湿度为 88%,WRF/Nudging/CALMET 模式得到的相对湿度为 89.2%,增加了 1.2%。

以相对湿度变化为 1%,作为相对湿度的影响区域,如图 2-65(b)所示,其纵向约为 1.3 km,横向约为 1.1 km。

2.8.5.3　宝珠寺水电站泄洪雾化影响范围与同化参数的关系研究

应用自组织数据挖掘的方法与技术,建立宝珠寺水电站泄洪雾化影响范围预测模型,研究泄洪雾化影响范围与同化参数之间的关系。

1. 自变量和因变量的选取

运用 WRF/CALMET 模式和 WRF/Nudging/CALMET 模式对宝珠寺水电站泄洪雾化进行模拟,模拟时间为 2001 年 9 月 21 日 00:00 至 9 月 22 日 00:00 时间段,时间间隔为 1 h。结合 WRF/Nudging/CALMET 模式的模拟结果分析,选取以下 9 个指标作为泄洪雾化影响范围预测的输入变量:B1 号至 B3 号同化点的风速变化值($\Delta WS_1 - \Delta WS_3$),1~6 号同化点的温度变化值($\Delta T_1 - \Delta T_3$),1~6 号同化点的相对湿度变化值($\Delta RH_1 - \Delta RH_3$)。根据泄洪雾化影响范围评价指标,输出变量为相对湿度变化为 1%的区域的纵向长度(L)和横向长度(D)。同化点的位置如图 2-61 所示。

2. 宝珠寺水电站泄洪雾化影响范围预测模型的构建

依照指标选取,对变量进行标准化处理,利用 GMDH 算法对宝珠寺水电站泄洪雾化影响范围进行建模。

以 21 日 00:00~16:00 的模拟结果作为训练样本,共 17 个;以 21 日 17:00~22 日 00:00 的模拟结果作为测试样本,共 8 个,建模得出泄洪雾化影响范围表达式如式(2-61)、式(2-62)所示。二滩泄洪雾化范围的纵向距离和横向距离的公式计算值与 WRF/Nudging/CALMET 模式的计算值对比分别如图 2-66、图 2-67 所示,建模结果和误差分析如表 2-37 所示。

$$L = 1.37 + 0.34\Delta WS_1 + 0.85\Delta RH_1 - 1.57\Delta T_1 - 1.41\Delta T_1\Delta RH_3 + 1.91\Delta RH_1\Delta RH_3$$

$$(2\text{-}61)$$

$$D = 1.28 - 1.39\Delta T_1 + 2.55\Delta RH_1 + 2.27\Delta RH_2 + 2.55\Delta WS_1\Delta RH_2 - 2.82\Delta T_1\Delta RH_1$$

$$(2\text{-}62)$$

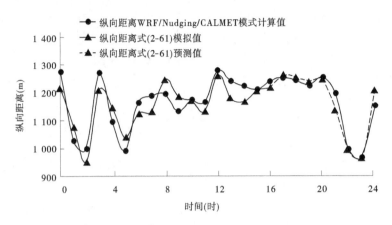

图 2-66　宝珠寺水电站泄洪雾化范围纵向距离的公式与 WRF/Nudging/CALMET 模式计算值对比图

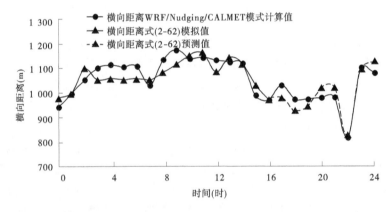

图 2-67　宝珠寺水电站泄洪雾化范围横向距离的公式与 WRF/Nudging/CALMET 模式计算值对比图

表 2-37　泄洪雾化范围纵向距离、横向距离的公式计算值和模式计算值比较

| 数据分类 | 时间 | 纵向范围（m） | | 相对误差（%） | 横向范围（m） | | 相对误差（%） |
		公式计算值	WRF/Nudging/CALMET模式计算值		公式计算值	WRF/Nudging/CALMET模式计算值	
训练样本	00:00	1 221.75	1 280	4.55	980.09	942	4.04
	01:00	1 080.1	1 030	4.86	999.85	999	0.09
	02:00	952.54	1 000	4.74	1 099.42	1 055	4.21
	03:00	1 212.06	1 275	4.94	1 053.22	1 100	4.25
	04:00	1 150.52	1 099	4.69	1 060.06	1 115	4.93
	05:00	1 040.54	994	4.68	1 054.25	1 105	4.59
	06:00	1 129.06	1 169	3.41	1 060.39	1 110	4.47
	07:00	1 135.62	1 192	4.73	1 053.66	1 033	1.99

续表 2-37

数据分类	时间	纵向范围(m)		相对误差(%)	横向范围(m)		相对误差(%)
		公式计算值	WRF/Nudging/CALMET 模式计算值		公式计算值	WRF/Nudging/CALMET 模式计算值	
训练样本	08:00	1 252.62	1 200	4.38	1 084.74	1 135	4.43
	09:00	1 191.17	1 136	4.85	1 116.92	1 175	4.94
	10:00	1 174.16	1 176	0.16	1 154.56	1 139	1.37
	11:00	1 134.71	1 169	2.93	1 165.98	1 145	1.83
	12:00	1 269.5	1 284	1.13	1 083.61	1 133	4.36
	13:00	1 183.88	1 246	4.98	1 145.17	1 125	1.79
	14:00	1 170.61	1 226	4.51	1 121.26	1 120	0.11
	15:00	1 212.02	1 215	0.24	1 030.52	990	4.09
	16:00	1 221.86	1 245	1.85	974.91	970	0.51
测试样本	17:00	1 267.12	1 258	0.72	981.61	1 033	4.97
	18:00	1 259.58	1 248	0.92	928.62	974	4.76
	19:00	1 244.81	1 230	1.20	946.73	975	2.89
	20:00	1 249.45	1 259	0.76	1 020.72	980	4.16
	21:00	1 139.84	1 199	4.93	1 024.17	982	4.29
	22:00	997.04	999	0.20	824.14	816	0.99
	23:00	969.04	969	0.004	1 095.21	1 100	0.44
	24:00	1 213.57	1 156	4.98	1 130.69	1 080	4.69

　　由表 2-37 可知,GMDH 模型计算的泄洪雾化横向范围和纵向范围的相对误差均小于 5%,对泄洪雾化横向范围和纵向范围的预测效果比较好,因此可以利用式(2-61)、式(2-62)作为二滩泄洪雾化的纵向范围和横向范围的模型表达式。

　　由式(2-61)、式(2-62)可知,雾化影响范围的纵向距离主要与同化点 B1 的气象要素变化有关,即浓雾区的气象要素变化对纵向距离影响更大,且与风速和相对湿度变化成正比,与温度变化成反比;泄洪雾化影响范围的横向距离主要与同化点 B1 的气象要素变化有关,即浓雾区的气象要素变化对宝珠寺水电站横向距离影响更大,且与相对湿度变化成正比,与温度变化成反比。

第 3 章　泄洪雾化入渗对坝区岸坡稳定影响及控制

　　泄洪是水库大坝运行过程中的必要工况,泄洪时间过程短则数小时,长则数天。泄洪伴随的雨雾极大地改变了近坝区域环境,对坝区地质环境安全构成严重威胁[109-113]。雾化雨入渗使得边坡地下水位和孔隙水压力升高,在边坡体内形成暂态饱和区及暂态水压力,降低岩土体的抗剪强度,进而导致边坡稳定性的降低。开展泄洪雾化区岸坡入渗机制及稳定性影响研究,以满足科学、合理地进行泄洪雾化区边坡防排水设计和稳定性评估,对于高坝泄洪雾化岸坡安全具有重要的实际意义。

3.1　高坝边坡及泄洪雾化危害

3.1.1　高坝边坡地质特性

　　边坡雾化雨的径流、入渗、失稳机制与边坡类型有关。边坡分类方式主要按物质组成、边坡成因、岩土结构、边坡破坏形式、地质水文条件等进行。按物质组成,可分为岩石边坡、土质边坡和土石边坡等。

　　岩石在自然风化作用下(包括物理、化学、生物等作用),原有的结构会出现疏松、破坏,各项力学性能减弱,岩石化学组成也会发生改变,形成新的化学矿物。一般情况下,风化岩的风化程度从表部向底部呈现由强到弱的规律,且为带状分布。工程上为便于设计施工,采用划分风化带的方法来区别风化岩组成[114-115]。根据风化程度和特征,边坡自上而下可划分为土壤层、风化土层(全风化带)、风化碎石带(强风化带)、风化块石带(弱风化带)、风化裂隙带(微风化带)及未风化的新鲜基岩,各带之间呈过渡关系。《水利水电工程地质勘察规范》(GB 50487—2008)根据风化岩的地质特征和纵波波速 K_v 比对风化壳进行分类[116]。《岩土工程勘察规范》(GB 50021—2001)根据风化岩的地质特征、纵波波速 K_v 及风化系数 K_f 对风化壳进行分类[117]。

　　多数情况下,高坝工程的修建场地都具有复杂的地质环境和不良的工程地质条件,我国已建的很多高坝工程都遇到了不同类型、不同规模的边坡地质问题[118](见表3-1)。降雨型滑坡产生的物质基础,一般为岩石上覆的残积土斜坡或者崩积土斜坡、填土斜坡、工程切坡及含有软弱岩层或破碎带的边坡等。岩石在自然风化作用下分解成大小不等的风化颗粒,风化颗粒在风、雨水等自然力量的推移作用下,一部分被带走,一部分残留在母岩部位,这种残留的风化颗粒层称为残积土。残积土由浅到深呈现出颗粒变粗的变化规律,以及具有构造松散、孔隙率大、透水性强等特点。在自然力的不断搬运作用下,高处的风化颗粒物会沿坡面分布,并在自然压密作用下形成土层,这种土层称为坡积土。坡积土的矿物来源多样,矿物分布与下卧基岩矿物并不存在直接关系,而残积土成分与母岩成分及所受风化作用的类型有密切的关系,见图 3-1。

表 3-1　国内典型高坝工程边坡地质问题

工程名称	坝型	坝高(m)	边坡岩石类型	边坡地质问题
刘家峡	重力坝	147	云母、石英片岩	右导流洞出口边坡稳定及库区崩塌体问题
小浪底	斜墙堆石坝	154	砂岩、黏土岩	库岸边坡稳定及进出水口边坡稳定性问题
乌江渡	拱形重力坝	165	石灰岩	喀斯特发育,右坝肩稳定性问题
李家峡	双曲拱坝	165	片岩、混合岩	右坝肩滑坡,左岸岩体单薄,缓倾裂隙问题
三峡	重力坝	175	花岗岩	风化深,近坝库岸大型滑坡和危岩体问题
龙羊峡	重力拱坝	178	花岗岩、长斑岩	高边坡稳定问题,近坝段库岸滑坡问题
天生桥一级	面板堆石坝	178	灰岩、砂岩、泥岩	库岸稳定性问题

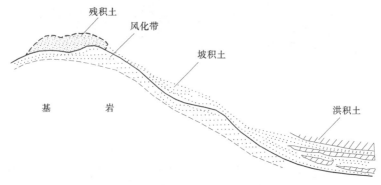

图 3-1　典型边坡风化壳分布组成

　　风化岩带的土体强度与粒度特征、基岩成分和风化程度等有关。风化程度越强,颗粒平均粒度越小。同一风化边坡,风化带风化程度越大,颗粒越细,黏性土粒含量越多。一般而言,粗颗粒含量越多,土体内摩擦角、抗压强度越大;细颗粒含量越多,则土体黏聚力越大、可塑性越强。黏性风化岩呈现黏聚力大、摩擦角小的特点;砂性风化岩呈现黏聚力小、摩擦角大的特征。

　　新鲜岩体通常透水性较弱,而风化岩体裂隙发育,透水性较强。同时,风化岩体遇水后,其物理、化学及力学性质会发生变化,这种作用称为水理特性,岩体遇水后强度减弱、构造及矿物成分改变等均为岩石水理特性的表现。

3.1.2　泄洪雾化对边坡危害

　　1989 年,龙羊峡水电站在泄洪时,由于泄洪雾化产生强降雨入渗到边坡内部,造成虎山坡的滑坡事故,滑体超过百万立方米[119]。对当时的中国乃至全世界来说,这种因泄洪雾化雨入渗产生滑坡的问题并不常见。本次事件之后,人们认识到泄洪雾化可能影响岸坡的稳定性,导致滑坡的发生,并第一次确立了水雾诱发滑坡的概念。此外,1997 年,李家峡水电站泄洪时,因为雾化降雨的入渗作用,发生了超过 1 600 万 m³ 的山体滑坡[120]。

二滩水电站1999年泄洪时,泄洪雾化产生的强烈降雨造成了下游岸坡的坍塌和局部失稳[121],在2015年汛期又因泄洪雾化及强降雨影响,下游两岸工程边坡开口线以上多处天然边坡变形破坏(见图3-2),雾化影响破坏高程约为1 215.00 m,主要以局部塌滑为主[122]。我国兴建的一批高坝、超高坝坝高规模都在200~300 m或者300 m以上,这些水电站大部分位于我国西南地区,泄洪时泄流落差大,容易发生严重的泄洪雾化现象,由此对下游高边坡可能产生的隐患不可小视。

(a)左岸边坡　　　　　　　　　　　　　　(b)右岸边坡

图3-2　二滩水电站下游边坡泄洪雾化破坏区域[122]

泄洪雾化影响高边坡环境的安全稳定问题,涉及多学科交叉,包括水力学、渗流水力学、岩土力学、两相流体力学等。以往工程案例(见表3-2)表明,边坡的滑动带往往发生在残坡积层(全风化带)或者强风化带上。强风化带及以上岩层风化程度大、岩体结构碎裂、抗压抗剪等力学性能较原岩明显降低,岩土体内部孔隙率大、裂隙发育、渗透性强,岩土在雨水侵蚀下会发生软化、膨胀或崩解等地质不良现象。同时,风化层往往存在不连续面,坡面降雨或者地下水沿着不连续面运动时会冲刷和软化岩土,形成潜在软弱滑动面。

表3-2　我国部分工程因泄洪雾化引起的滑坡事故

工程名称	时间	泄洪雾化边坡问题
白山水电站	1986年	泄洪雾化导致局部山体滑坡
龙羊峡水电站	1989年	泄洪雾化雨入渗导致虎山坡发生巨型滑坡事故,滑坡超过百万立方米
东江水电站	1992年	泄洪雾化雨入渗边坡,使下游两岸发生大面积的风化岩体和土体滑坡,进厂公路被阻隔,交通中断
李家峡水电站	1997年	泄洪雾化雨产生强降雨,诱发两块滑坡,Ⅰ号滑坡方量为200多万 m³,Ⅱ号滑坡方量多达1 400多万 m³
二滩水电站	1999年	泄洪产生强大的雾化雨,造成下游岸坡滑塌和局部失稳
	2015年	因泄洪雾化及强降雨影响,下游边坡开口线以上多处天然边坡变形破坏

3.2 泄洪雨雾坡面径流与入渗

3.2.1 降雨坡面径流—入渗耦合机制

雾化雨或天然降雨作用于边坡时,雨水运动包括坡面径流和坡体入渗两个主要过程。泄洪雾化雨形成的坡面径流冲刷和入渗渗流,是影响坝下游岸坡稳定性、导致边坡失稳的最主要和最普遍的环境因素。一般认为当未产生坡面径流时,雨水全部渗入坡体内,当降雨强度超过地表入渗能力或表层土体蓄满饱和,形成坡面径流。泄洪雾化伴随的短时强降雨主要形成超渗坡面径流,强降雨条件下,坡面径流与入渗过程相互影响,作用机制十分复杂。

坡面径流是指降雨在扣除土壤入渗、地表填洼及植被截流等损失后,在重力作用下沿坡面流动的浅层水流。坡面径流不同于一般的明渠流,其底坡较陡,水深极浅(毫米级),沿程不断有质量源和动量源的汇入,使其水深和流速随时空不断变化,同时坡面径流在一定条件下往往出现水面失稳状态,产生滚坡的现象,加上降雨的扰动,水流结构较明渠流更为复杂[123-124]。

坡面径流水力学特性能够反映径流的能量变化,从而影响坡面土壤侵蚀与水分入渗等过程。坡面水流流速是径流对坡面侵蚀的直接动力,一般情况下,坡面径流流速越大,径流的挟沙能力越大,坡面侵蚀量越大。坡面流速受坡度、坡面径流量、径流含沙量等共同影响,且与径流侵蚀力密切相关[125-127]。

坡面水流流态是分析坡面水流流速、径流冲刷和泥沙输移的前提条件,对坡面侵蚀过程有重要影响。一般来说,当坡面水流流态由层流缓流过渡到紊流急流时,由于径流自身的紊动作用增强,导致对坡面剥蚀和搬运能力增强,坡面侵蚀力增强,导致坡面侵蚀量增大。坡面径流流态的判定主要依据雷诺数和弗劳德数来进行。雷诺数是衡量水流运动过程中水体紊动程度的参数,其表达式为水流惯性力与黏性力的比值。一般情况下,雷诺数越大,扰动水体的惯性力大于削弱阻滞扰动水体的黏滞力,坡面水流流态从层流过渡成紊流。同时,在冲刷条件下雷诺数可较好地表征坡面侵蚀特征,雷诺数变大会导致坡面侵蚀量的明显增加[128]。弗劳德数是判别坡面缓流和急流的标准,其表达式为水流惯性力与重力的比值。当弗劳德数大于 1 时,认为坡面水流是急流;当弗劳德数小于 1 时为缓流;当弗劳德数等于 1 时为临界流。降雨条件下弗劳德数是表征坡面侵蚀最好的水力学特征参数,弗劳德数越大,表明坡面径流挟沙能力和剪切力越大[129-132]。

阻力系数反映了坡面含沙水流沿坡面流动过程中所受阻力的大小。在基本水文条件相同的情况下,阻力系数越大,则水流克服坡面阻力所消耗的能量越大,坡面水流用于侵蚀和泥沙搬运的能量越小,坡面土壤侵蚀越小。一般认为,可以根据地表特征差异将坡面流阻力分为 4 个部分:颗粒阻力、形态阻力、波阻力及降雨阻力,且这些阻力可以相互叠加。通常,降雨可以增加坡面流阻力,特别是在层流状态下。研究发现在层流状态下,降雨条件下的坡面流阻力要大于非降雨条件下,且雨强越大,阻力也越大。但是当雷诺数大于 2 000 后,降雨对坡面流阻力的影响不再明显[133-134]。

根据 Horton[135] 的观点,坡面流是一种边坡表面在降雨因素影响下形成的一种浅层水流,坡面径流的运动是一种紊流区和层流区混合状态下的水流运动,可用半经验公式表示为

$$q = kh^m \tag{3-1}$$

式中:q 为坡面上任意点的单位宽度出流量;h 为该处水流深度;m 为紊动程度指数,用于判断径流处于何种状态,当坡面径流全部处于紊流状态时 m 值取 1.67,当坡面径流全部处于层流状态时 m 值取 3,混合流状态时 m 值在 1.67~3 之间;k 为综合系数,受边坡坡度、坡面的表面特征及水流黏性等影响。

H. 巴津[136] 提出坡面径流的流速与径流深度成正比,吴长文[137] 通过坡面径流试验提出,坡面径流在流速小于 50 cm/s、径流水深小于 3 mm 时,流速与径流深度呈现线性关系。m 值可以取 2,即式(3-1)可以表示为:

$$q = kh^2 \tag{3-2}$$

降雨过程中伴随着土体水分下渗,早期对于入渗问题的研究主要集中在一维入渗模型。干燥土体在积水条件下的入渗是最典型的垂直入渗问题,通常根据土体体积含水率分布将入渗剖面划分为 4 个分区[138]:①饱和区:土壤孔隙被水充满或处于饱和状态,该区域通常只有几毫米厚,与积水的时间有关。②过渡区:含水率随深度增加下降,一般向下几厘米。③传导区:含水率随深度增加变化很小,通常传导区是一段较厚的高含水率非饱和区。④湿润区:含水率从传导区较高含水率随深度增加急剧下降到接近初始含水率。剖面入渗典型分区与含水率分布关系见图 3-3,含水率随入渗时间变化过程见图 3-4。

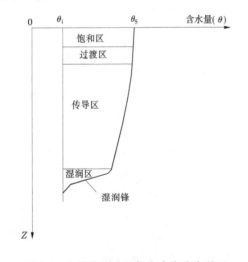

图 3-3　入渗典型分区与含水率分布关系

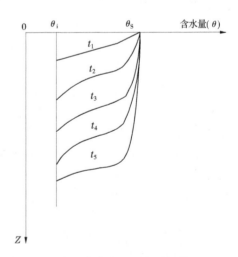

图 3-4　含水率随入渗时间发展

土体表面的下渗能力随时间的变化曲线称为下渗曲线(见图 3-5、图 3-6)。一般情况下,将下渗变化过程分为三个阶段:①初级阶段为渗润阶段:土壤含水率较小,分子力和毛细压力大,所以土壤入渗能力较大,而随着土体中含水率的增加,分子力和毛细压力快速减小,导致入渗能力迅速递减;②第二阶段为渗漏阶段:此时土体颗粒周围存在一层水膜,分子力接近于零,然而由于毛细压力的增加趋于缓慢,所以下渗能力的递减速率减缓;

③第三阶段为渗透阶段：土体中的体积含水率已将达到田间持水量，此时分子力和毛细压力均不起作用，水分仅在重力作用下运动，由于重力是一个稳定的作用力，因此下渗能力达到一个稳定的极小值（近似等于饱和渗透系数），即为稳定下渗率。对于任何给定的土体，其都有一个极限入渗曲线，它决定相对于时间的入渗可能最大流量，这个曲线称为土壤的"入渗能力"。在降雨期间的任何时刻，若降雨强度超过入渗能力，超出的水将转化为地表径流。

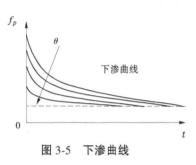

图 3-5　下渗曲线

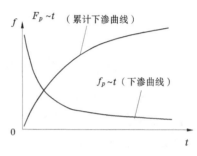

图 3-6　累计下渗曲线

基于土壤水分运动特性提出了众多入渗模型，如 Kostiakov 模型、Kostiakov-Leiws 模型、Parlange 模型、Philip 模型、Horton 模型、Greep-Ampt 模型和 Smith 模型等。各模型简要介绍如下：

（1）Greep-Ampt 模型[139]。

Green 和 Ampt 提出了一个在充分供水条件下，均质各向同性土体的入渗方程，并假定湿润锋上方的土体含水率达到饱和，下方区域仍为初始含水率。其表达式为

$$f = K(h + z_f + P_f)/z_f \tag{3-3}$$

式中：f 为入渗率；K 为饱和渗透系数；h 为地表压力水头；z_f 为湿润锋垂直厚度；P_f 为湿润锋所处位置的毛细压力。

该公式形式简单，物理意义明确，被广泛应用。

（2）Horton 模型[140]。

当降雨强度不超过土体的入渗能力时，全部的雨水均渗入土体；当降雨强度大于土体入渗能力时，雨水按土体的下渗能力入渗，而多余降水则构成地表径流；随着水流下渗趋于稳定，土体的入渗率接近于相应的饱和渗透系数，此时的入渗率称为稳定入渗率（简称稳渗率）。据此，Horton 建立了降雨过程中，入渗率与初渗率、稳渗率及时间之间的经验关系为

$$f_t = f_c + (f_0 - f_c)\,e^{-kt} \tag{3-4}$$

式中：f_t 为入渗率；f_c 为稳渗率；f_0 为初渗率；k 为经验参数，反映了入渗率 f_t 由 f_0 减小到 f_c 的快慢程度。

由式（3-4）可见，当 $t\to 0$，$f_t\to f_0$，因此 f_0 称为初渗率；当 $t\to\infty$，$f_t\to f_c$，故 f_c 称为稳渗率，理论上等于饱和渗透系数。虽然 Horton 公式是经验公式，但应用简单，适用范围广泛。

（3）Philip 模型[141]。

Philip 认为在降雨入渗过程中，土体的入渗率与所经历的时间呈幂级数关系：

$$f = \frac{1}{2}St^2 + A \tag{3-5}$$

式中:S 为土壤的吸渗率;A 为拟合参数。

(4)Smith 模型[142]。

Smith 对不同质地的土壤,进行了降雨入渗的模拟试验,提出了如下的下渗公式:

$$\left. \begin{array}{ll} f_t = R & t \le t_p \\ f_t = f_c + B(t - t_0)^{-\beta} & t > t_p \end{array} \right\} \tag{3-6}$$

式中:R 为降雨强度;t_p 为开始积水时间;t_0 为下渗的初始时间;B、β 为经验参数。

下渗初期,下渗由降雨强度控制,实际下渗率等于降雨强度 R;在 t_p 时刻出现积水后,下渗由土壤特性决定。当 $t \to \infty$,$f_t \to f_c$,f_c 理论上等于饱和渗透系数。

3.2.2　边坡暂态饱和区发展机制

3.2.2.1　暂态饱和区概念与类别

暂态饱和区指边坡浅层和深层部位因降雨入渗而引起的短时饱和区。暂态饱和区的特点是降雨停止后孔隙水在重力作用下继续发生迁移,使暂态饱和区土体孔隙逐渐由饱和状态演化为非饱和状态,相对于稳定地下水位以下的饱和区而言,这部分区域的饱和状态是不稳定的[143-144]。暂态饱和区典型分布形态示意图见图 3-7。

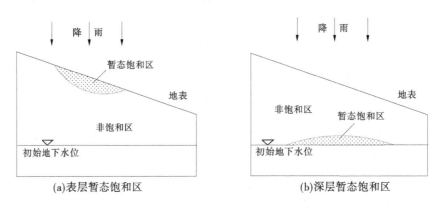

图 3-7　暂态饱和区典型分布形态示意图

不同边坡岩土分层结构中,暂态饱和区的发展机制和赋存形态也存在一定的差异,主要可分为两种情况:①对于渗透性较低的边坡,强降雨条件下,雨水入渗后主要集聚在土体表层,形成具有一定厚度的表层暂态饱和区;②对于渗透性较强的边坡,降雨入渗可能通过大孔隙通道直接补充到边坡深部,在稳定地下水位上部形成深层暂态饱和区。在暂态饱和区内,孔隙水压力由降雨前的负压转变为正压。正孔隙水压力将会减小有效应力从而导致位于表层暂态饱和区内滑动面上的抗剪强度降低。多数情况下,暂态饱和区都位于边坡表层范围,暂态饱和区内产生的正孔隙水压力是影响边坡浅层稳定性的重要因素之一[145-146]。

3.2.2.2　边坡雾化雨入渗模型试验

物理模型试验是研究边坡降雨入渗机制的重要方法之一,通过建立室内砂槽物理模型,模拟降雨条件下边坡入渗,监测断面湿润锋面的发展及土体内部含水率变化过程,分析降雨条件下土质边坡暂态饱和区的扩展机制。

1. 试验设计

模型试验采用均质砂土边坡,边坡砂槽模型及人工降雨系统如图 3-8(a)、(b)所示,边坡比采用 1:2 的小坡比,宽度为 1 m,长度和高度分别为 2.4 m 和 1.2 m。边坡制作过程采用控制干密度法,砂土在自然条件下的干密度约为 1.55 g/cm³。因此,为了使试验条件更接近于工程实际状态,边坡填筑过程中控制砂土的干密度为 1.55 g/cm³,并按每层 10 cm 分层填筑。降雨试验开始前,在相同控制填筑密度条件下,测量砂土的饱和渗透系数为 6.54×10^{-4} cm/s。

含水率传感器布置原则是应能尽可能地测定边坡内部真实的含水率分布。本试验研究的是二维条件下的降雨入渗过程,因此可认为每个断面的情况是相同的,为了降低边界形成界面渗流对试验结果的影响,传感器布置的位置应远离边界。平行于坡面布置 4 排,总共 24 个含水率传感器。在宽度方向上,距边界 20 cm、40 cm、60 cm、80 cm 的位置分别布设 1、2、3、4 四个观测断面[见图 3-8(c)],每个观测断面布置 6 个传感器,位置分布见图 3-8(d),其中编号 m-n 表示第 m 个断面第 n 个传感器。

(a)坡砂槽模型　　　　　　　　　　　　　(b)人工降雨系统

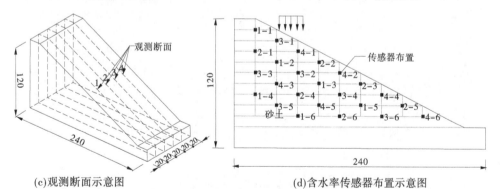

(c)观测断面示意图　　　　　　　(d)含水率传感器布置示意图

图 3-8　雾化雨边坡入渗模型及监测点布置

我国气象部门规定:暴雨按降雨强度分为三级,即特大暴雨、大暴雨、暴雨。其中,当 24 h 雨量大于或等于 250 mm 或者 12 h 雨量大于或等于 140 mm 时即为特大暴雨。中国香港滑坡研究资料,明确指出,70 mm/h 是滑坡发生的降雨强度临界值,当雨强超过 70 mm/h 时,滑坡的数目会显著增加,造成的滑坡也会更严重。南京水利科学研究院根据泄洪雾化原型观测资料分析,参照地质灾害气象等级划分标准和自然降雨中暴雨的等级标准,将泄洪雾化雨分为5个等级。结合砂土的饱和渗透系数,试验降雨选用72 mm/h、108 mm/h 和 144 mm/h 三种降雨强度。根据降雨强度的大小、是否限制降雨区域及有无排水管的不同设置了5个工况,每组降雨时间为3 h,停雨后再观察及监测数据24 h,总共监测27 h,详细工况见表3-3。

表3-3 雾化雨边坡入渗试验工况设计

工况	排水管情况	降雨区域	雨强(mm/h)	监测时长
一	无	限制区域	72	降雨阶段3 h+停雨阶段24 h
二	无	限制区域	108	降雨阶段3 h+停雨阶段24 h
三	无	限制区域	144	降雨阶段3 h+停雨阶段24 h
四	无	全区域	108	降雨阶段3 h+停雨阶段24 h
五	有	限制区域	108	降雨阶段3 h+停雨阶段24 h

2.湿润锋面发展过程

工况四在降雨强度为108 mm/h,不限制降雨区域(全坡面入渗)的情况下,湿润锋面位置变化如图3-9所示。降雨开始后,在整个坡面范围内都发生了降雨入渗。降雨初始阶段,湿润锋面位置与坡面几乎平行。由于边坡坡脚处砂土的厚度比较小,因此在坡脚处水分比较容易入渗到边坡底部,所以该部分的砂土饱和速度较快,降雨0.5 h后,坡脚出现了浸水湿润的现象并有部分水分在坡脚处聚集;降雨38 min,坡脚处开始出现流土破坏,该处的砂土开始随雨水垮塌。随着降雨的继续进行,流土破坏的区域逐渐向上发展,在这之后,雨水进入边坡的方式不仅是从边坡上方降雨入渗,还会从边坡底部向边坡内部侵入,加快边坡的破坏。降雨3 h,边坡表面大量的砂土被雨水带走,产生了大量的水土流失现象,边坡的完整性已经被破坏。

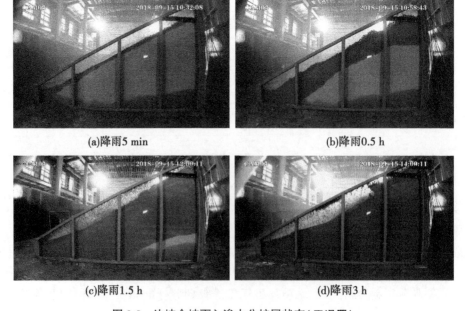

(a)降雨5 min   (b)降雨0.5 h

(c)降雨1.5 h   (d)降雨3 h

图3-9 边坡全坡面入渗水分扩展状态(工况四)

工况二在降雨强度为 108 mm/h,限制降雨区域(局部坡面入渗)的情况下,湿润锋面位置变化如图 3-10 所示。在 3 h 的降雨入渗过程中,边坡没有发生滑移破坏,边坡的完整性得以保持。在降雨开始后,雨水从被打开的窗口区域进入边坡内部,窗口下方的砂土被润湿,水分由窗口位置的边坡入渗,并在边坡内部向下扩散,少部分水分向两边扩散,整个湿润锋面呈扇形展开。降雨 0.25 h,水分入渗边坡的深度为 10 cm;降雨 0.5 h,水分入渗边坡的深度为 14.8 cm;降雨 1.5 h,水分入渗边坡的深度为 32.3 cm;降雨 3 h,水分入渗边坡的深度为 58.8 cm。

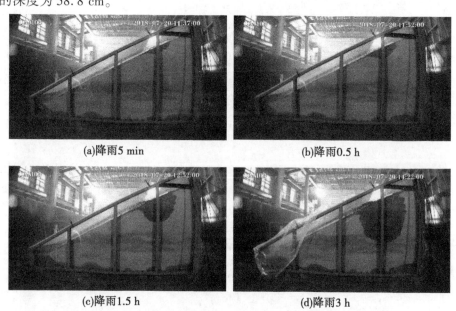

(a)降雨5 min　　　　　　　(b)降雨0.5 h

(c)降雨1.5 h　　　　　　　(d)降雨3 h

图 3-10　边坡局部入渗水分扩展状态(工况二)

图 3-11(a)、(b)分别为工况四(降雨强度为 108 mm/h,不限制降雨区域全坡面入渗)和工况二(降雨强度为 108 mm/h,限制降雨区域局部入渗)在降雨 0.5 h、1.5 h、3 h 时刻的边坡含水率等值线图。图 3-12 为监测点 4-1、3-2、2-4、1-6(埋置深度分别为 10 cm、30 cm、50 cm 和 70 cm)在工况二、工况四条件下的含水率变化曲线图。从图中可以看出,对于限制降雨区域的边坡来说,水分入渗边坡的位置在边坡开窗的位置,从这个位置开始,水分呈现扇形状扩散,在试验 0.5 h 时刻,位于开窗下的竖排最上方,埋深为 10 cm 的4-1 号监测点开始监测到含水率的变化,并且数值迅速升高到了 26.7%,这个数值已经接近了试验砂土的饱和值。试验 0.5 h 后,该监测点的含水率会有所下降,但下降不明显,水分往边坡内部继续扩散,到降雨 3 h 结束时,边坡内部仍有大部分区域未被雨水入渗。对于不限制降雨区域的边坡来说,水分可以从边坡表面的任何位置入渗,从含水率等值线图可以看出,降雨前期,含水率等值线与坡面近乎平行,位于边坡表面较近的若干个平行于坡面的监测点也几乎在同一时间监测到了含水率的上升。不限制降雨区域条件下,埋深为 10 cm 的 4-1 号监测点监测到含水率上升的时间比限制降雨区域条件下该监测点监测到含水率上升的时间要早一些,而在 0.5 h 监测到该位置的最大含水率为 27.5%。

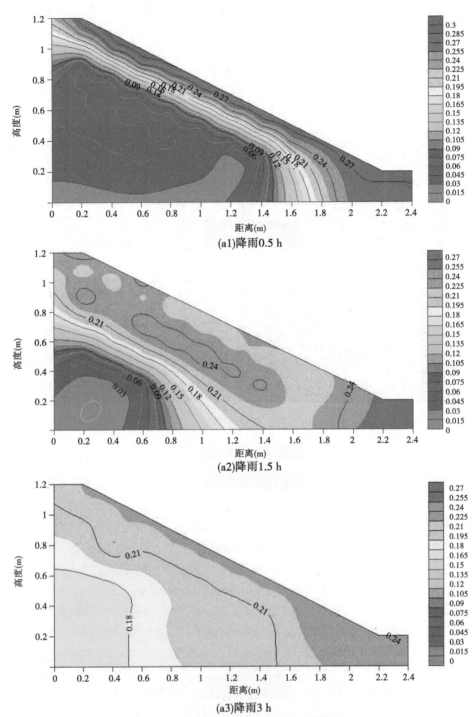

(a1)降雨0.5 h

(a2)降雨1.5 h

(a3)降雨3 h

（a）边坡全坡面入渗（工况四）

图 3-11　不同降雨时刻边坡含水率等值线图

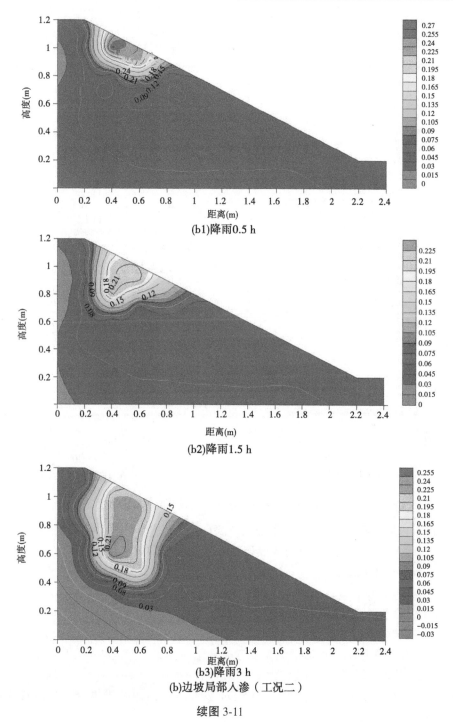

(b1)降雨0.5 h

(b2)降雨1.5 h

(b3)降雨3 h

(b)边坡局部入渗（工况二）

续图 3-11

到了降雨阶段后期,水分不断向边坡内部扩散,坡脚处的水分到达坡底后沿着坡底入渗边坡内部。从同一竖排上不用埋置深度的 4 个监测点的含水率变化曲线来看,同一位置上工况四监测到含水率上升的时间早于工况二,且越往边坡内部,监测到含水率上升的时间越早。一方面是因为工况四边坡上部的降雨区域较大,能提供更多的入渗水来源;另

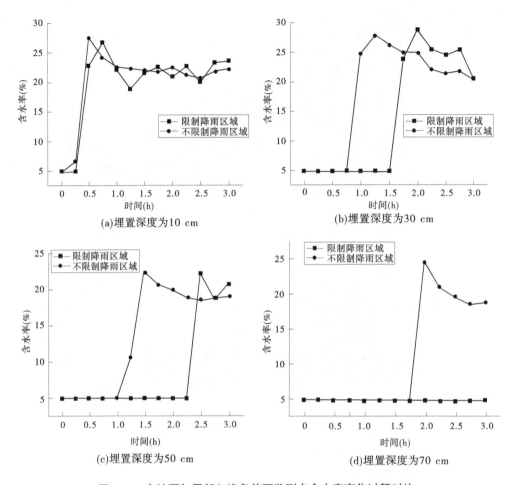

图 3-12　全坡面与局部入渗条件下监测点含水率变化过程对比

一方面是在边坡坡脚达到饱和后,水分从坡底向坡内入渗。这两方面因素加速了内部入渗速度。降雨 3 h 后,不限制降雨区域条件下边坡内部基本已经充满了水分,边坡内各个位置含水率不小于 0.165。

3.2.3　边坡入渗模拟理论

3.2.3.1　边坡径流数学模型

对于雾化雨作用下的边坡渗流需要考虑雾化雨径流与渗流的耦合作用。当净雨率大于 0 时,坡面积水会在重力作用下沿坡面形成薄层水流。因为运动波方程近似理论可以很好地描述坡面流运动,所以通常采用 Saint-Venant 坡面流一维微分方程来描述坡面径流过程[143,147-148],见图 3-13。

$$\left.\begin{aligned} \frac{\partial h}{\partial t} + \frac{\partial vh}{\partial x} &= q_e \\ \frac{\partial v}{\partial t} + v\frac{\partial v}{\partial x} + g\frac{\partial h}{\partial x} &= g(S_0 - S_f) - \frac{v}{h}q_e \end{aligned}\right\} \tag{3-7}$$

式中:h 为坡面径流深度;v 为流速;S_0 为坡比;S_f 为水流摩阻系数;g 为重力加速度;q_e 为扣除植物拦截的雨量和土体入渗后的降雨强度。

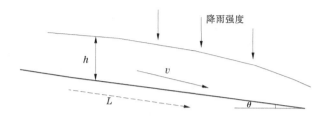

图 3-13　坡面径流示意图

Saint-Venant 方程一般应用于坡度小于 3 的缓坡条件下,吴长文基于动量守恒原理推导出了可适用于坡面多种情况的坡面径流微分方程[137]:

$$\left. \begin{array}{l} \dfrac{\partial h}{\partial t} + \dfrac{\partial vh}{\partial x} = I(t)\cos a - C(t) - f(x,t) \\[3mm] \dfrac{\partial v}{\partial t} + v\dfrac{\partial v}{\partial x} + g\dfrac{\partial h}{\partial x} = g(S_0 - S_f) - \dfrac{v}{h}q_e\cos a - IV_0 S_0\cos a/h \end{array} \right\} \qquad (3\text{-}8)$$

式中:$I(t)$ 为降雨强度;a 为坡角;$C(t)$ 为坡面植被拦截雨水的能力;$f(x,t)$ 为土的入渗速率。

$C(t)$ 可以用以下公式近似计算:

$$C(t) = (C_m - C_0)\exp(-kt) \qquad (3\text{-}9)$$

式中:C_m 为坡面植物拦截的降雨量;C_0 为坡面初始时刻的水流量,k 为表示衰减程度的常数。

3.2.3.2　边坡非饱和渗流数学模型

岩土体渗流分析方法分为连续介质分析法和离散网络分析法等。连续介质分析法包括稳定/非稳定、饱和/非饱和及多相流分析法等。稳定渗流分析法用于分析评价特定设计工况下岩土体的长期渗流特性评价;而非稳定渗流分析法则对库水位涨落变化、降雨过程及水动力荷载变化条件下,研究重力水的运动过程及自由面波动范围内的岩土体地下水释放和储存的地下水变化过程。离散网络分析法则是对岩体内部存在节理裂隙等结构体的地下水渗流分析。

1. 连续介质渗流模型[149]

对于连续介质的岩土体,可用下述微分方程来描述其饱和-非饱和渗流状态:

$$\sum_{i=1}^{3}\sum_{j=1}^{3}\frac{\partial}{\partial x_i}\left[k_r(h)k_{ij}\frac{\partial}{\partial x_i}(h+x_3)\right] - \left[C(h)+\beta S_s\right]\frac{\partial h}{\partial t} - S = 0 \qquad (3\text{-}10)$$

式中:k_{ij} 为等效饱和渗透张量,对于土质边坡 k_{ij} 可以表达为三个坐标轴向的各向异性渗透系数,也可以为各向同性;k_r 为等效非饱和相对渗透率,它是压力水头的函数,为一变量,在非饱和区 $0<k_r<1$,在饱和区 $k_r=1$;h 为压力水头;x_i 为坐标轴,其中 x_3 为正向向上的铅直轴;C 为等效比容水度,在正压区 $C=0$;β 为饱和—非饱和选择常数,在非饱和区 $\beta=0$,在饱和区 $\beta=1$;S_s 为等效单位贮水量,在非饱和土体中 $S_s=0$;t 为时间;S 为源(汇)项。

1）定解条件

与式（3-10）相应的定解条件及其处理方法为：

初始条件由压力水头描述为：

$$h(x_i,0) = h_0(x_i) \quad i = 1,2,3 \tag{3-11}$$

式中：h_0 为 x_i 的给定函数。

如图 3-14 所示，设有渗流区域 $G = G_1 + G_2$，G_1 和 G_2 分别表示饱和区及非饱和区。G 的边界由已知压力水头边界 S_1、已知流量边界 S_2、入渗边界 S_3 和出逸边界 S_4 组成。值得注意的是，与只考虑饱和区渗流的模型不同，自由面不再是一个边界。

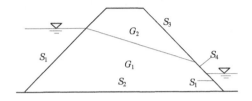

图 3-14　饱和—非饱和渗流示意图

已知压力水头边界为

$$h(x_i,t) = h_c(x_i,t) \quad i = 1,2,3 \tag{3-12}$$

式中：h_c 为 x_i 和 t 的给定函数。

已知流量边界为

$$k_r(h) \sum_{i=1}^{3} \left[\sum_{j=1}^{3} k_{ij} \frac{\partial h}{\partial x_j} + k_{i3} \right] n_i = -q(x_i,t) \tag{3-13}$$

式中：n_i 为边界面法向矢量的第 i 个分量；q 为 x_i 和 t 的给定函数。

由于事先难以精确确定地表入渗边界条件，故计算时根据式（3-14）是否满足来确定地表入渗边界是作为已知水头边界还是作为已知流量边界。

$$\left| k_r(h) \sum_{i=1}^{3} \left[\sum_{j=1}^{3} k_{ij} \frac{\partial h}{\partial x_j} + k_{i3} \right] n_i \right| \leq |E_s| \tag{3-14}$$

式中：E_s 为给定的势表面通量（入渗时取降雨强度值）；k_r、k_{ij} 和 h 的意义同式（3-10）；n_i 的意义同式（3-13）。

地表入渗边界的具体处理方法叙述如下：

在任一时步的第一次迭代期间，入渗边界作为流量等于给定势流量的一部分（乘以地表入渗系数）的已知流量边界。若入渗边界上某结点计算的压力水头值满足式（3-15），则该结点的流量绝对值按式（3-16）计算的值被增大。

$$h_L \leq h \leq 0 \tag{3-15}$$

式中：h_L 为地表最小允许压力水头。

$$\frac{|h_L|}{|h_L - h_n|} \tag{3-16}$$

式中：h_L 意义同式（3-15）；h_n 为入渗边界上结点的压力水头计算值。

若计算的压力水头值不满足式(3-15),结点 n 在随后的迭代中变成已知水头边界,压力水头值 $h_n = 0$。

任何计算阶段式(3-14)不满足,即计算流量超过给定势流量,则结点流量被给定,等于势值,并再作为已知流量边界。

出逸边界分为饱和部分和非饱和部分(开始时先假定)。每次迭代,饱和部分为零压力水头边界,非饱和部分为不透水边界。迭代中连续调整每一部分的长度,直至沿饱和部分所有结点流量计算值及沿非饱和部分所有结点压力水头计算值为负值。

2)方程求解

上述数学模型,微分方程和定解条件时域内是非线性的,采用半离散的逐步积分数值法求解。对空间采用等参元离散,对时域用后差分格式离散,从而较好地解决了数值计算中出现的振荡等问题。

应用 Galerkin 加权余量法求解上述数学模型。

将计算空间域Ω离散为有限个单元,对于每个单元,选取适当的形函数 $N_m(x_i)$,满足:

$$h_c(x_i, t) = N_m(x_i) h_{cm}(t) \quad i = 1, 2, 3 \tag{3-17}$$

式中: $h_{cm}(t)$ 为节点压力水头值。

将 $h_c(x_i, t)$ 分别代入微分方程及边界条件,一般不能精确满足,分别会产生一定的误差,记残差值(余量)分别为 R 和 $\overline{R}$,按照加权余量法原理,选择权函数 $W(x_i)$ 及 $\overline{W}(x_i)$,取 $W(x_i) = N_n(x_i)$,在边界上,取 $\overline{W}(x_i) = -N_n(x_i)$,略去中间推导过程,对于离散后空间域Ω有:

$$\sum_{e=1}^{NE} \left[\iiint_{\Omega^e} \sum_{i=1}^{3} \sum_{j=1}^{3} k_r(h_c) k_{ij}^s \frac{\partial N_n}{\partial x_i} \frac{\partial (N_m h_m)}{\partial x_i} \mathrm{d}\Omega \right] + \sum_{e=1}^{NE} \left[\iiint_{\Omega^e} \sum_{i=1}^{3} k_r(h_c) k_{i3}^s \frac{\partial N_n}{\partial x_i} \mathrm{d}\Omega \right] +$$

$$\sum_{e=1}^{NE} \left[\iiint_{\Omega^e} N_n [C(h_c) + \beta S_s] \frac{\partial (N_m h_m)}{\partial t} \mathrm{d}\Omega \right] + \sum_{e=1}^{NE} \left[\iiint_{\Omega^e} N_n Q \mathrm{d}\Omega + \oiint_{\Gamma_2} q_n N_n \mathrm{d}S \right] = 0 \tag{3-18}$$

令式(3-18)中

$$[A] = \sum_{e=1}^{NE} \left[\iiint_{\Omega^e} \sum_{i=1}^{3} \sum_{j=1}^{3} k_r(h_c) k_{ij}^s \frac{\partial N_n}{\partial x_i} \frac{\partial N_m}{\partial x_i} \mathrm{d}\Omega \right]$$

$$[B] = \sum_{e=1}^{NE} \left[\iiint_{\Omega^e} N_n N_m [C(h_c) + \beta S_s] \mathrm{d}\Omega \right]$$

$$\{P\} = -\sum_{e=1}^{NE} \left[\iiint_{\Omega^e} \sum_{i=1}^{3} k_r(h_c) k_{i3}^s \frac{\partial N_n}{\partial x_i} \mathrm{d}\Omega \right] - \sum_{e=1}^{NE} \left[\iiint_{\Omega^e} N_n Q \mathrm{d}\Omega + \oiint_{\Gamma_2} q_n N_n \mathrm{d}S \right]$$

则式(3-18)变为

$$[A]\{h_c\} + [B]\left\{ \frac{\partial h_c}{\partial t} \right\} = \{P\} \tag{3-19}$$

采用向后有限时间差分格式对时间域的积分进行求解,其基本方程如下:

$$\left(\alpha[A] + \frac{[B]}{\Delta t^k} \right) \{h_c^k\} = \{P\} - (1 - \alpha)[A]\{h_c^{k-1}\} + \frac{[B]\{h_c^{k-1}\}}{\Delta t^k} \quad 0 \leqslant \alpha \leqslant 1 \tag{3-20}$$

根据求解的稳定性,采用 t^k 时刻的压力水头值 $\{h_c^k\}$ 近似作为 Δt^k 时段的平均压力水

头值,可得式(3-20)的隐式差分格式:

$$\left([A] + \frac{[B]}{\Delta t^k}\right)\{h_c^k\} = \{P\} + \frac{[B]\{h_c^{k-1}\}}{\Delta t^k} \tag{3-21}$$

式中:$[A]$为渗透系数矩阵$[k]$的函数,而$[k]$又是$\{H\}$的函数,所以为非线性方程组,可以采用迭代法求解。

迭代过程如下:迭代开始,先用已知时刻的水头分布$\{H\}^k$,线性外推待求时刻的水头值,即$\{H\}^{k+1} = \{H\}^k$,$k = 0$;当$k > 0$时,计算得$\{H\}^{k+1,L}$,L为迭代次数($L = 1,2\cdots$),用$\{H\}^{k+1/2,L} = (\{H\}^{k+1,L} + \{H\}^k)/2$计算系数矩阵$[k]$,通过高斯塞德尔法解方程组,得到水头值$\{H\}^{k+1,L+1}$。若绝对误差收敛条件满足成立,则$\{H\}^{k+1} = \{H\}^{k+1,L+1}$进入下一个步长;否则重复迭代,直至收敛条件满足后,再进入下一个时间步长。

3)计算参数的确定

非饱和渗流模型虽然在数学模型上有所简化,但在其计算参数资料缺乏,主要是其测试技术尚需完善。对稳定渗流所涉及的只是非饱和渗流计算参数,且其参数选取对稳定渗流分析结果影响不大,可满足工程计算要求,故一般可参照有关试验资料选取。非饱和渗透系数$k = k(h) = k_r(h)k_s$,k_s为饱和渗透系数,$k_r(h)$为相对非饱和渗透系数,对某一类土为相对稳定值。但对不稳定流计算,容水度$C(h)$值选取对计算结果影响较大。

土水特征曲线一般通过试验测定。砂与黏土的土水特征曲线如图3-15所示。也可用下列数学模型估算。

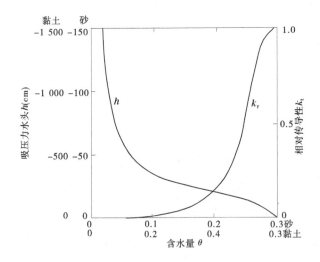

图3-15　非饱和土体土水特征曲线

(1)以对数函数的幂函数形式表达的数学模型。

Fredlund 等[150]通过对土体孔径分布曲线的研究,用统计分析理论推导出适用于全吸力范围的任何土类的土水特征曲线表达式:

$$\frac{\theta}{\theta_s} = F(\psi) = C(\psi)\frac{1}{\{\ln[e + (\psi/a)^b]\}^c} \tag{3-22}$$

$$C(\psi) = 1 - \frac{\ln(1 + \psi/\psi_r)}{\ln(1 + 10^6/\psi_r)} \qquad (3\text{-}23)$$

式中:a、b、c 为拟合参数;a 为进气值函数的土性参数;b 为当基质吸力超过土的进气值,是土中水流出率函数的土性参数;c 为残余含水率函数的土性参数;ψ 为基质吸力;ψ_r 为残余含水率 θ_s 所对应的基质吸力;θ 为体积含水率;θ_s 为饱和体积含水率。

式(3-22)适用于全吸力范围的任何土类。但式(3-22)形式较为复杂,给实际工程应用带来诸多不便。

(2)幂函数形式的数学模型。

Van Genuchten 通过对土水特征曲线的研究,得出非饱和土体含水率与基质吸力之间的幂函数形式的关系式:

$$\frac{\theta - \theta_r}{\theta_s - \theta_r} = F(\psi) = \frac{1}{\left[1 + (\psi/a)^b\right]^{\left(1 - \frac{1}{b}\right)}} \qquad (3\text{-}24)$$

式中:拟合参数为 a、b;其他符号意义同式(3-22)。

式(3-24)中,体积含水率 θ 的取值范围为:$\theta \in (\theta_r, \theta_s]$,基质吸力 ψ 的取值范围为:$\psi \in [0, \psi_r)$。上式适用于描述基质吸力变化范围为 $\psi \in [0, \psi_r)$ 的土水特征曲线。

(3)Van Genuchten 方法[151]。

Van Genuchten 方法关系式为

$$k_w = k_s \frac{\left[1 - a\psi^{(n-1)}(1 + (a\psi)^n)^{-m}\right]^2}{(1 + (a\psi)^n)^{\frac{m}{2}}} \qquad (3\text{-}25)$$

式中:k_s 为饱和导水率;a、n、m 为系数,$n = 1/(1-m)$。

Van Genuchten 用土水特征曲线的中间点 p 的斜率(剩余含水率与饱和含水率的平均值对应的点)来确定上面两个参数 a、m。规定:$s_p = \frac{1}{\theta_s - \theta_r} \left| \frac{\mathrm{d}\theta_p}{\mathrm{d}\log\psi_p} \right|$,当 $0 < s_p \leqslant 1$ 时,$m = 1 - \exp(-0.8 s_p)$;当 $s_p > 1$ 时,$m = 1 - \frac{0.575\,5}{s_p} + \frac{0.1}{s_p^2} + \frac{0.025}{s_p^3}$。

不同成分的土体具有不同的土水特征曲线。一般来说,土体的黏土颗粒含量愈高,同一吸力条件下土的含水率愈高。

土水特征曲线还受土结构的影响,土壤愈密实,则大孔隙相对愈少,小孔隙相对愈多,因此同一吸力条件下,干容重大的土相应的含水率一般也大。这种关系在低吸力时尤为明显。

土中不同的水分变化过程对应不同的特征曲线。对于同一种土即使在恒温下,其脱湿与吸湿过程对应的特征曲线也不同,会出现通常所说的滞后现象。此外,曲线还受温度等其他因素的影响。

2.裂隙岩体渗流数学模型

裂隙岩体是极其复杂的介质,裂隙分布具有强随机性、非均质性、不规则性等特点,裂隙系统构成岩体的透水系统。裂隙岩体渗流模型主要包括几种类型[152]:①等效连续介质模型:从宏观角度触发,认为裂隙岩体可以等效看作是一种具有连续介质性质的物质,以渗透率张量为基础、用连续介质方法描述岩体渗流问题的数学模型[152]。②离散裂隙网络模型:把裂隙介质看成由不同规模、不同方向的裂隙个体在空间相互交叉构成的网络状系统,即裂隙网络。地下水沿裂隙网络运动,该模型把岩体看成单纯的按几何规律分布的裂隙介质。③双重介质模型:假定岩体是孔隙介质和裂隙介质相重叠的连续介质(孔隙—裂隙二重性),分别考虑孔隙和裂隙的水力学特性,即孔隙介质储水,裂隙介质导水。

1) 等效连续介质模型

当岩体内部的空隙结构以裂隙为主,岩体中地下水的渗流主要在这些裂隙中进行。相对于裂隙的强渗透性能,岩块自身的渗透性可以忽略,裂隙的分布较密集,表征单元体(REV)比较小,则可以将裂隙岩体看作等效连续介质,可利用上述连续介质渗流的方法描述裂隙岩体的渗流问题。裂隙岩体渗流需要考虑岩体的非均质性和各向异性,一般用渗透系数张量来反映这种非均质性和各向异性。等效连续介质的裂隙岩体渗流偏微分方程为

$$\nabla(K\nabla H) = S_s \frac{\partial H}{\partial t} \tag{3-26}$$

式中:H 为水头;∇ 为哈密尔顿算符;K 为渗透系数张量;S_s 为岩体贮水系数。

式(3-26)中

$$K\nabla H = \begin{bmatrix} K_{xx} & K_{xy} & K_{zx} \\ K_{xy} & K_{yy} & K_{zy} \\ K_{xz} & K_{yz} & K_{zz} \end{bmatrix} \cdot \begin{bmatrix} \dfrac{\partial H}{\partial x} \\ \dfrac{\partial H}{\partial y} \\ \dfrac{\partial H}{\partial z} \end{bmatrix} \tag{3-27}$$

根据机制分析结合初值条件及边界条件,裂隙岩体等效连续介质渗流数学模型可以写成

$$\left. \begin{aligned} \nabla(K\nabla H) + Q &= S_s \frac{\partial H}{\partial t} \quad t \geq t_0, (x,y,z) \in \Omega \\ H(x,y,z,t_0) &= H_0(x,y,z), (x,y,z) \in \Omega \\ H(x,y,z,t) &= H_1(x,y,z,t), \ t \geq t_0, (x,y,z) \in \Gamma_1 \\ K_x\cos(n,x)\frac{\partial H}{\partial x} + K_y\cos(n,y)&\frac{\partial H}{\partial y} + K_z\cos(n,z)\frac{\partial H}{\partial z} = q(x,y,z,t) \\ t &\geq t_0, (x,y,z) \in \Gamma_2 \end{aligned} \right\} \tag{3-28}$$

式中:Ω 为空间渗流域;Γ_1 为水头边界条件;Γ_2 为流量边界条件;Q 为地下水系统的源(汇)项;$q(x,y,z,t)$ 为已知流量边界上的流量;$H_1(x,y,z,t)$ 为已知水头边界上的水头值;$H_0(x,y,z)$ 为初始时刻 t_0 时渗流区域内的地下水位分布。

式(3-28)有限元数值方程可写为

$$[K]\{H\} + \{Q\} = [S]\left\{\frac{\partial H}{\mathrm{d}t}\right\} \tag{3-29}$$

式中:$[K]$ 为裂隙岩体中渗透系数矩阵;$\{H\}$ 为水头列阵;$\{Q\}$ 为源(汇)项列阵;$[S]$ 为贮

水矩阵。

当考虑裂隙岩体渗流场与应力场耦合时,应力与渗透压力共同作用下的等效连续介质模型控制方程为

$$
\left.\begin{array}{c}
\sigma_{ij} = T_{ijkl}^{-1}\varepsilon_{kl} + T_{ijkl}^{-1}C_{kl}P \\[2mm]
K_{ij} = K_{ij}^{(0)} + K_{ij}^{(P)} - K_{ij}^{(\sigma)} \\[2mm]
-\gamma C_{ij}(n\beta + 1)\dfrac{\partial P}{\partial t} - \gamma\dfrac{\partial}{\partial t}(T_{ijkl}\sigma_{kl}) = \dfrac{\partial}{\partial x_i}\left[K_{ij}\dfrac{\partial}{\partial x_j}(P + \gamma Z)\right]
\end{array}\right\}
\tag{3-30}
$$

式中:第一个方程式为有效应力作用下,裂隙岩体的等效应力张量表达式;第二个方程式为受应力和渗透压力共同作用下,裂隙岩体等效渗透系数张量,其中 $K_{ij}^{(0)}$ 表示 $P=0$、$\sigma=0$ 时,裂隙岩体的初始渗透系数张量,$K_{ij}^{(P)}$ 表示在渗透压力作用下,裂隙隙宽的改变(扩张)导致裂隙岩体渗透性的改变,$K_{ij}^{(\sigma)}$ 表示由于应力环境的作用,裂隙岩体中隙宽的改变(压缩)导致裂隙岩体渗透性的改变;第三个方程式为受应力和渗透压力共同作用下,裂隙岩体渗流方程。

在实际工程应用中,等效连续介质模型具有丰富的理论基础,得到了较为广泛的应用。等效连续介质模型中岩体裂隙渗流的非均质性和各向异性通过裂隙岩体渗透系数张量,以矩阵的形式表达。需要注意的是,等效连续介质模型主要适用于裂隙分布相对密集的岩体,使用等效连续介质模型首先需要对岩体裂隙特征进行详细的分析,对等价的条件做出正确的判断。REV 的存在与否与裂隙发育几何要素(如迹长、隙宽、倾角、间距及其分布规律)密切相关。关于裂隙岩体表征单元体 REV 的判别,可参考一些经验或半经验准则。如一些研究中提出岩体裂隙的平均间距与构筑物的尺寸比值小于 1/20,或最大间距与构筑物的尺寸比值小于 1/50 时,则存在表征单元体 REV[153-155]。

2) 离散裂隙网络模型

岩体裂隙网络系统是指在岩体系统内,不同成因、不同规模、不同力学性能和不同发育方向的单个裂隙在岩体系统空间上相互交错形成的网状系统。由于裂隙之间交错导致的裂隙间相互连通或阻断,裂隙网络渗流具有非均质和各向异性等特点。相互连通的裂隙是地下水流运动的主要通道,而部分不连通的裂隙,或者切穿性差的裂隙,会引起裂隙网络水流的断续分布,这种互相不连通或阻水裂隙存在的裂隙网络称为非联通裂隙网络。

单裂隙是裂隙网络的最基本组成单元,光滑单裂隙渗流可采用经典的"立方定律"(即裂隙的流量与裂隙隙宽的立方成正比)描述[156-158],然而天然单裂隙是粗糙的、起伏的、非等宽的,天然粗糙单裂隙渗流受到隙宽变化、壁面粗糙度、充填程度、应力环境等影响。另外,在裂隙网络系统中,单个裂隙的隙宽大小有所差异,导致渗流过程中绝大部分水流集中在较宽的少数裂隙中,即交叉裂隙的偏流效应[159-160]。总之,岩体裂隙网络的水流运动机制十分复杂。

天然岩体裂隙网络分布具有很强的随机性,通过调查的方法很难也无法完全描述出裂隙的真实展布情况。但是,通过对大量裂隙几何要素进行概率统计分析,可以发现裂隙特征分布符合一定的规律。如一些研究表明,裂隙倾角和隙宽服从正态分布,裂隙迹长服从均匀分布、对数正态分布或负指数分布的一种,有些几何要素还服从泊松分布、威布尔

分布等[161-162]。对于裂隙网络的模拟通常是在裂隙几何特征概率统计分析的基础上,采用随机模拟的方法进行生成。首先,通过开展岩体节理发育现场调查,对裂隙数量、产状、隙宽、迹长、间距等特征参数进行测量统计。然后,对调查测量的裂隙按照产状进行分组,通过绘制各组裂隙几何参数统计直方图,推求各参数的概率密度分布函数,并给出概率模型的均值、标准差等参数。最后,通过蒙特卡洛方法产生随机数及符合概率模型的随机量,模拟出裂隙各几何要素及分布,从而生成裂隙网络[161-163]。图 3-16 为生成的二维和三维随机裂隙网络模型示例。

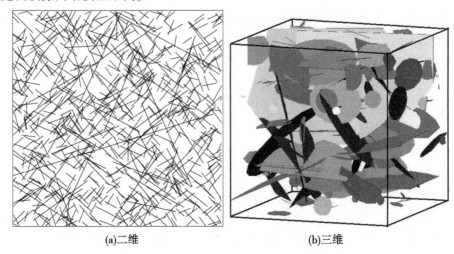

(a)二维 (b)三维

图 3-16 生成的随机裂隙网络模型

从裂隙单元均衡域水均衡原理角度,推导二维裂隙网络稳定渗流计算矩阵方程。在表征单元的均衡域内,设某一时刻流进和流出各个衔接线元的流量为 $q(j=1,2,\cdots,N')$,表征单元域内每个线元的垂向补给量为 $w_j(j=1,2,\cdots,N')$,i 节点上源(汇)项为 Q_t。则在单元时间内,流进和流出该表征单元均衡域内的流量差值等于该表征单元域中地下水储量的变化,则表征单元域中地下水的均衡方程式为

$$\left[\sum_{j=1}^{N'} q_j\right]_i - \left[\sum_{j=1}^{N'} w_j\right]_i + Q_i = -d_i \frac{\mathrm{d}H_{fi}}{\mathrm{d}t} \quad (i=1,2,\cdots,N) \tag{3-31}$$

式中:H_{fi} 为 i 节点上的水头;$d_i = \frac{S_i}{2}\sum_{j=1}^{N'} b_j l_j$,$S_i$ 为裂隙以 i 点为中心的表征单元域内的弹性贮水(释水)系数。

若整个研究区内包含 N 个节点,则应由 N 个式(3-31)组成方程组。对于稳定渗流问题,其研究模型区域内地下水的储量不随时间变化,则可以推导出求解二维裂隙网络稳定渗流的计算矩阵方程式:

$$\left.\begin{array}{l} A_1 T A_1^{\mathrm{T}} H_1 + A_1 T A_2^{\mathrm{T}} H_2 + A_1 T A_3^{\mathrm{T}} H_3 + Q_1 = 0 \\ A_2 T A_1^{\mathrm{T}} H_1 + A_2 T A_2^{\mathrm{T}} H_2 + A_2 T A_3^{\mathrm{T}} H_3 + Q_2 = 0 \\ A_3 T A_1^{\mathrm{T}} H_1 + A_3 T A_2^{\mathrm{T}} H_2 + A_3 T A_3^{\mathrm{T}} H_3 + Q_3 = 0 \end{array}\right\} \tag{3-32}$$

式中:A_1、A_2、A_3 称为裂隙网络的 $N×M$ 阶衔接矩阵,它们分别描述了裂隙网络模型内节点

与线元、上下边界(第二类边界)交点与线元,以及左右边界(第一类边界)交点与线元的衔接关系。$A = \{a_{ij}\}_{N \times M}$,其中的元素 a_{ij} 可表述为:若 $a_{ij} = 0$ 则表示 j 线元不衔接于 i 节点;若 $a_{ij} = -1$ 则表示 j 线元衔接于 i 节点,且指向离开 i 节点方向;若 $a_{ij} = 1$ 则表示 j 线元衔接于 i 节点,且指向 i 节点方向(无量纲);T 为对角矩阵,矩阵对角线上的主值元素 $T_j = \rho g \lambda b_j^3 h_j / \mu L_j$,$j$ 为对角线上的元素对应的行数或列数;H_1 表示研究区模型内节点水头矢量;H_2 为研究区模型上下边界(第二类边界)交点处水头矢量;H_3 为研究区模型左右边界(第一类边界)交点处水头矢量;Q_1 表示研究区模型内节点地下水源(汇)项;Q_2 为研究区模型上下边界交点处流量值,正值表示流入,负值表示流出;Q_3 为研究区模型左右边界交点处流量值,正值表示流入,负值表示流出。

3)双重介质模型

双重介质渗流模型由苏联学者 Barenblatt 在 1960 年提出,Barenblatt 将裂隙岩体看作由孔隙介质(岩块)和岩块之间的裂隙介质构成的双重介质结构体,孔隙介质和裂隙介质都均匀分布在裂隙岩体渗流研究区域内,形成连续介质系统。在该系统中,孔隙介质作为储水介质,裂隙介质作为导水介质。由于裂隙介质的导水作用,在该双重介质系统中会形成两个水头,即孔隙介质中的水头和岩块间裂隙介质中的水头,两种介质之间通过水交换项联系(满足质量平衡),这种模型在本质上也是属于连续介质渗流模型。双重介质渗流模型从实质上可分为狭义双重介质渗流模型和广义双重介质渗流模型。所谓狭义双重介质渗流模型,指孔隙介质和裂隙介质共同存在于一个裂隙岩体系统中,形成具有水力联系的含水介质渗流模型。而广义双重介质渗流模型则被定义为:连续介质(或等效连续介质)同非连续网络介质共同存在于一个裂隙岩体系统中,形成具有水力联系的含水介质渗流模型。对于广义双重介质渗流模型中的连续介质(或等效连续介质)可以由均质各向同性或者非均质各向同性的孔隙介质构成,也可以由具有非均质各向异性渗流特性的密集裂隙网络介质(可以看作等效连续介质)构成;而非连续介质则由完全连通或部分连通的裂隙网络介质系统构成,这两种介质渗流的特性是不相同的。

(1)狭义双重介质渗流模型。

狭义双重介质渗流模型主要是按照实际岩体中裂隙的发育展布特征以及岩块形状,分为岩块孔隙介质系统和岩块之间的裂隙介质系统两种渗流数学模型。其中,裂隙壁作为连通两介质系统的边界条件,裂隙的交叉点作为数值计算的剖分节点。根据裂隙网络系统的渗流矩阵方程和岩块系统的渗流方程,可以得出耦合岩块孔隙介质系统和裂隙网络介质系统的狭义双重介质模型二维稳定渗流数学模型:

$$
\left.\begin{array}{l}
[G]\{H_f\} - [A^*]W + [D]\left\{\dfrac{\mathrm{d}H_f}{\mathrm{d}t}\right\} + \{E_f\} = 0 \\[2mm]
(R_f\{H_f\})_i + (R_s H_s)_i + \left(B\dfrac{\mathrm{d}H_s}{\mathrm{d}t}\right) = \{E_s\}_i
\end{array}\right\}
\tag{3-33}
$$

$$
[G] = \begin{bmatrix} (A_1 F A_1^{\mathrm{T}}) & (A_1 F A_2^{\mathrm{T}}) \\ (A_2 F A_1^{\mathrm{T}}) & (A_2 F A_2^{\mathrm{T}}) \end{bmatrix}
$$

$$\{E_f\} = \begin{Bmatrix} Q_1 + (A_1 FA_3^{\mathrm{T}}) \cdot (H_f)_3 \\ Q_2 + (A_2 FA_3^{\mathrm{T}}) \cdot (H_f)_3 \end{Bmatrix}$$

$$[A^*] = \begin{bmatrix} A_1^* \\ A_2^* \end{bmatrix}$$

$$[D] = \begin{bmatrix} D_1 & 0 \\ 0 & D_2 \end{bmatrix}$$

$$\left\{ \frac{\mathrm{d}H_f}{\mathrm{d}t} \right\} = \left\{ \frac{\mathrm{d}(H_f)_1}{\mathrm{d}t}, \frac{\mathrm{d}(H_f)_2}{\mathrm{d}t} \right\}^{\mathrm{T}}$$

式中：R_s、R_f 分别为岩块孔隙、裂隙系统的总渗透矩阵；N_s 为渗流研究区域内岩块的总数目；B 为渗流研究区域内岩块的贮水矩阵；H_s 为渗流研究区域内岩块中地下水水头；A_1、A_2、A_3 分别为渗流研究区域内裂隙网络内节点、上下边界(第二类边界)交点、左右边界(第一类边界)交点与线元的衔接矩阵；$F = \mathrm{diag}(F_1, F_2, \cdots, F_J)$；$J$ 为研究区域内裂隙总条数；$F_j = (K_f)_j b_j m_j / l_j$；$\{H_f\} = \begin{Bmatrix} (H_f)_1 \\ (H_f)_2 \end{Bmatrix}$；$(H_f)_1$、$(H_f)_2$、$(H_f)_3$ 分别为渗流研究区域内与裂隙网络内节点、上下边界(第二类边界)交点处、左右边界(第一类边界)交点处有关的裂隙节点水头矢量；Q_1、Q_2、Q_3 分别为渗流研究区域内与裂隙网络内节点、上下边界(第二类边界)交点处、左右边界(第一类边界)交点处有关的裂隙节点流量矩阵；A_1^*、A_2^*、A_3^* 分别为 A_1、A_2、A_3 的关联矩阵；D_1、D_2、D_3 为表示渗流研究区域内与裂隙网格内节点、上下边界(第二类边界)、左右边界(第一类边界)有关的贮水率矢量。

W 为裂隙与岩块之间水量交换项向量，其值可表示为

$$W = (R_f)_e \{H_f\} + (R_s)_e \{H_s\}_e' + (R_s)_e' \{H_s\}_e'' \tag{3-34}$$

式中：e 为下标，表示与裂隙壁相接的单元；上标 $'$、$''$ 分别为裂隙的一壁与另一壁。

(2)广义双重介质渗流模型。

对于广义双重介质渗流模型，认为在渗流研究区域内的裂隙岩体中的空隙结构由大、小两种裂隙网络组成。所谓的大裂隙，指一些展布规模较大的、稀疏发育的、较容易测量观测的断裂构造，如断层；而小裂隙则是指由这些大裂隙派生的节理、劈理、裂缝及微裂隙组成。将大裂隙看成非连续网络介质，将小裂隙看成非均质、各向异性的等效连续介质，这两种介质之间的水量交换通过大裂隙的裂隙壁进行。广义双重介质渗流模型在模型框架上与狭义双重介质渗流模型是一致的。

多重介质渗流模型将裂隙和孔隙按照规模和渗透性分为四级体系：一级真实裂隙网络、二级随机裂隙网络、三级等效连续介质体系、四级连续介质体系。各级体系之间进行流体质量交换(满足质量平衡)，这种模型全面地反映了复杂介质中的渗流问题。根据实际问题的特点，又可将双重介质模型分为双孔隙度模型和双重渗透模型。

降雨入渗研究中，单独求解渗流与坡面径流的数学模型和求解方法相对比较成熟，两者的耦合求解方法也较多，难点在于如何确定入渗边界及径流冲刷影响。泄洪雾化雨岸

坡分析研究中,因雾化雨雨强更大,径流较为重要,需加以重视。应将降雨、坡面径流及雾化雨入渗视为一个系统,需要建立相应的数学方程耦合模型来联合求解。

3.2.4　边坡入渗影响因素分析

从不同工况的边坡含水率等值线图来看:降雨持续 3 h,不同降雨强度条件下水分入渗的深度和范围不同,雨强越大,水分扩散范围越广,暂态饱和区越大。降雨强度对水分入渗边坡形成暂态饱和区的影响主要有以下几个方面。

3.2.4.1　水分入渗深度

降雨入渗试验中,水分的下渗体现在浸润线的迁移过程。基于试验数据,统计了三种降雨强度条件下的 3 h 降雨过程水分入渗深度,绘成水分入渗深度—降雨历时曲线,如图 3-17 所示。

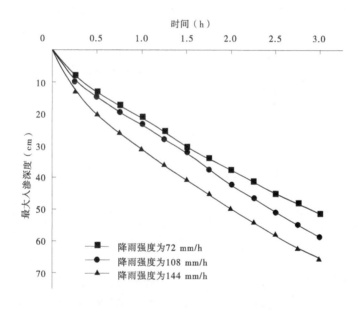

图 3-17　不同雨强条件下边坡水分入渗深度—降雨历时曲线

降雨过程中,由于边坡上方源源不断的降雨补给,水分在重力和压力作用下持续向下入渗,水分入渗深度随着时间增长,从图 3-17 可以看出,水分入渗最大深度与时间近似为线性关系;水分入渗深度与降雨强度存在正相关关系,降雨强度越大,同一时刻水分入渗的深度越大;0.5 h 时刻,降雨强度为 72 mm/h 的水分入渗深度为 13.4 cm,降雨强度为 108 mm/h 的水分入渗深度为 14.8 cm,降雨强度为 144 mm/h 的水分入渗深度为 20.4 cm;降雨阶段结束时,水分入渗深度也不同,降雨强度大的水分入渗深度越大,降雨强度为 72 mm/h 时,水分在该时刻的入渗深度为 51.4 cm,降雨强度为 108 mm/h 时,水分入渗深度为 58.8 cm,而降雨强度最大的 144 mm/h 的水分入渗深度达到了 65.5 cm。将试验数据进行拟合,得到试验砂土的水分入渗深度随降雨强度和降雨时间的经验公式为

$$h = 199.385t - 0.319I + 0.466tI - 21.652t^2 + 0.005I^2, R^2 = 0.992\ 5 \quad (3-35)$$

式中：h 为水分入渗深度，mm；t 为时间，h；I 为降雨强度，mm/h。

3.2.4.2 水分入渗速率

降雨强度影响着水分入渗边坡的速率，从图 3-18 不同埋置深度的几个监测点（4-1、3-2、2-4、1-6）的含水率变化曲线可以看出，对于不同的降雨强度，同一埋深的监测点监测到明显的含水率变化的时间并不相同。降雨强度为 72 mm/h 时，埋置深度为 10 cm 的 4-1 号监测点在 0.5 h 时刻监测到该部位土体含水率为 21.3%；降雨强度为 144 mm/h 时该部位在 0.25 h 时刻的含水率为 16.2%，0.5 h 时刻的含水率为 22.6%；埋深小的监测点对含水率变化的时间响应差异并不明显，时间间隔较短。埋深大的监测点对含水率变化的时间响应差异较为明显，降雨强度为 72 mm/h 条件下，埋深为 70 cm 的监测点 1-6 监测到 8 h 时刻的土体含水率为 17.4%，而降雨强度为 144 mm/h 该部位 4 h 时刻的土体含水率为 17.4%，两者监测到含水率变化的时间相差 4 h，差异明显。这是因为降雨强度越大，入渗的水分越多，水分受到的重力和压力越大，迫使其以较快的速率入渗。

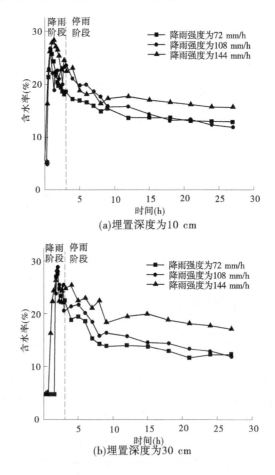

图 3-18　不同雨强条件下监测点含水率随时间变化过程对比

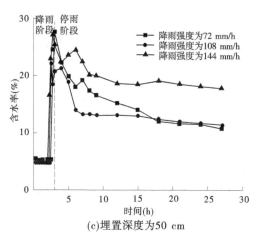

(c)埋置深度为50 cm

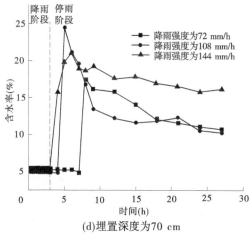

(d)埋置深度为70 cm

续图 3-18

3.2.4.3　边坡极限含水率

降雨开始前,砂土的初始含水率为 5.4%,试验过程中,边坡内土体含水率的提高全部来自降雨的补给,3 h 的降雨阶段,三种降雨强度条件下土体达到的极限含水率较为接近,见表 3-4。降雨强度大的边坡的极限含水率稍大些,但都小于理论饱和含水率 30%。砂土内存在一定的孔隙,降雨入渗的水分会填充这些孔隙,部分气体可能被压缩成密闭的气泡,增大降雨强度会使气泡变小,但不能使其完全消失。

表 3-4　边坡极限含水率

工况	降雨强度 （mm/h）	降雨阶段 极限含水率(%)	试验 27 h 极限含水率(%)
一	72	27.5	12.8
二	108	27.8	14.6
三	144	28.3	17.8

降雨强度越大,降雨阶段 3 h 后边坡内部形成的暂态饱和区就越大。降雨结束后,这些存储在暂态饱和区内的水分被释放出来,在重力的作用下向其他区域扩散,试验结束时边坡砂土的极限含水率与降雨强度呈正相关关系,其中降雨强度为 144 mm/h 的极限含水率为 17.8%,比降雨强度为 72 mm/h 的 12.8% 高。

3.2.4.4　雾化降雨入渗影响规律

(1)各个监测点位置含水率的变化趋势基本相同,呈现一种先快速上升而后较平缓下降至平稳的过程。但在开始变化的时间点上略有不同,边坡上部的含水率先升高。

(2)水分从上而下入渗,浸润线从上而下移动,率先在边坡上部形成暂态饱和区,随着降雨进行,暂态饱和区会逐渐扩大。

(3)降雨停止后,边坡内部的水分继续在水平向和垂向上扩展,上部的土体含水率开始降低,并逐渐趋于稳定,稳定后的土体含水率大于初始含水率。

(4)降雨强度越大,水分向边坡内部入渗的速率越快。降雨强度不同,边坡的最大含水率也不同,降雨强度和试验结束时边坡的最大含水率存在着正相关的关系。

(5)降雨强度不同,水分入渗深度和范围是不同的,降雨雨强越大,水分扩散的范围越广,暂态饱和区越大。

3.3　泄洪雾化区岸坡稳定

3.3.1　降雨边坡失稳机制

降雨型滑坡产生的物质基础往往是岩石上覆的残积土斜坡或者崩积土斜坡、填土斜坡、含有软弱岩层或破碎岩层的斜坡、工程切坡以及堤岸。降雨诱发的滑坡以浅层土质滑坡(小于 3~5 m,普遍规模较小)居多,诱发这类滑坡的主要是短时强雨,降雨型土质滑坡通常滑裂面深度和长度相比很小,且滑裂面可认为与坡面平行。降雨诱发的深层滑坡多为基岩型滑坡和堆积体滑坡。深层滑坡的失稳机制较浅层滑坡更为复杂,深层滑坡基本由强降雨引起,滑面往往位于岩土体软弱层面或岩层风化破碎处。滑坡体的深度范围为几米到数十米乃至上百米,且普遍具有体积大、高速度和高能量等特点[106-165]。

按滑坡的组成特点可分为均质土体滑坡(下伏基岩)和基岩型滑坡(见图 3-19)。对于均质土体边坡来说,Collins 和 Znidarcic 总结提出两种失稳模式[166]:一种是斜坡的岩土体入渗速率较高,孔隙水压力发展较快,湿润锋向前推进快,岩土体较易达到饱和的状态,在降雨作用下这类斜坡出现失稳的深度较浅,此时渗透力往往起到主导作用,Johnson 和 Sitar[167]研究降雨诱发的崩积滑坡时发现了这种孔隙水压力发展导致的失稳机制。另一种是斜坡的岩土体入渗速率较低,孔隙水压力发展较慢,湿润锋向前推进较慢,岩土体不易达到饱和状态,在非饱和状态下这类斜坡发生失稳的主要原因,是基质力吸力的降低引起滑面抗剪强度的降低,因此在降雨作用下这类斜坡出现失稳的深度较深,Tohari 等[168]通过室内试验证实了这一点,在降雨入渗过程中斜坡体失稳区域逐步扩散,岩土体无须饱和就能诱发失稳。

降雨型岩质滑坡的产生条件通常是坡体内具备降雨入渗的通道,使得潜在的滑带能

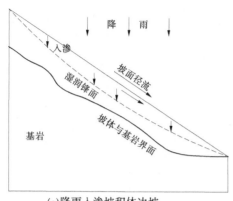
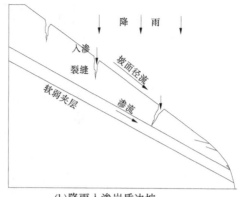

(a)降雨入渗坡积体边坡　　　　　　　　(b)降雨入渗岩质边坡

图 3-19　降雨诱发不同类型边坡滑坡示意图

接受降雨补给并发生相应的物理化学反应,经过复杂的地质力学过程,坡体持续变形或骤然失稳。岩质滑坡的滑面位于斜坡的软弱夹层或风化破碎岩体中,当这些软弱岩土体受到裂隙水渗入或出露坡面接受降雨作用时,可能会产生软化,导致力学参数减小。和土体不同,岩体往往存在节理和裂隙,加之其赋存地质环境的多样性,这使得岩质斜坡在降雨作用下的渗流特征比土质斜坡更为复杂[169-170]。

　　非饱和岩体的抗剪强度可用三个独立应力状态变量中的两个来表达。已经证明应力状态变量$(\sigma - u_a)$和$(u_a - u_w)$是实际应用中最有利的组合,利用这两个应力状态变量写成的抗剪强度公式如下:

$$\tau_f = c' + (\sigma - u_a)\tan\varphi' + (u_a - u_w)\tan\varphi^b \tag{3-36}$$

式中:c'为摩尔-库仑破坏包线的延伸与剪应力轴的截距(在剪应力轴处的净法向应力和基质吸力均为零),它也叫作有效黏聚力;$(\sigma - u_a)$为破坏时在破坏面上的净法向应力;σ为破坏时在破坏面上的法向总应力;u_a为破坏时在破坏面上的孔隙气压力(一般认为孔隙气压力为大气压);φ'为与净法向应力状态变量$(\sigma - u_a)$有关的内摩擦角;$(u_a - u_w)$为破坏时破坏面上的基质吸力;u_w为破坏时在破坏面上的孔隙水压力(当其值小于 0 时,称之为基质吸力或毛细压力);在非饱和区,φ^b为与基质吸力$(u_a - u_w)$有关的内摩擦角,在饱和区,φ^b应改为φ'。

　　若不考虑基质吸力对抗剪强度的贡献,φ^b应改为φ',式(3-36)退化为摩尔-库仑破坏准则。

　　设孔隙气压力为大气压,即$u_a = 0$,则非饱和岩体的抗剪强度公式可写为

$$\tau_f = c' + \sigma\tan\varphi' - u_w\tan\varphi^b \tag{3-37}$$

　　由式(3-37)可知,非饱和带基质吸力所产生的抗剪强度包括在岩体的黏聚力里(即总黏聚力$c = c' - u_w\tan\varphi^b$)。由于基质吸力的存在增大了岩体的凝聚力,从而会提高岩坡的稳定性。可以理解,由于地表入渗会导致岩坡内基质吸力的降低,因而岩体的黏聚力减小了,岩坡的稳定安全系数可能显著下降。此外,地表入渗还会形成暂态的饱和区,即产生对岩坡稳定不利的暂态附加水荷载。

　　综上所述,地表入渗引发岩坡失稳的物理机制可归纳如下:地表入渗前,岩坡内非饱

和带的基质吸力较大,岩体的实际凝聚力 $c = c' - u_w \tan\varphi^b$ 也较大,使得岩体的抗剪强度较高,故而岩坡具有较大的稳定安全系数,岩坡是稳定的。随着地表入渗的不断进行,岩坡内非饱和带的基质吸力将逐渐减小,甚至在原先的非饱和带中会形成一些暂态饱和区,同时地下水位也将抬高。这不仅增加了促使岩坡滑动的力,即暂态附加水荷载和岩体自身重力沿滑动方向的分力,同时也使岩体的实际凝聚力逐渐减小,即岩体的抗剪强度将不断降低,此外水还会软化岩体,降低岩体的有效凝聚力 c' 和内摩擦角 φ'。上述三方面的不利因素均将导致岩坡稳定安全系数的不断减小。当岩坡沿某一滑裂面的稳定安全系数随着降雨的进行降至某一值时,岩坡就将沿该滑裂面剪切破坏,或整体深层滑动破坏或局部浅层滑动破坏。

3.3.2　边坡稳定性分析理论

不平衡推力传递法是我国工民建和铁道部门在核算边坡稳定时广泛采用的一种极限平衡法。这里所提出的改进的不平衡推力传递法与以往的不平衡推力传递法相比,主要有以下几点改进[171-173]:①该法考虑了非饱和带基质吸力对岩体抗剪强度的贡献,同时还考虑了暂态附加水荷载的作用,使得分析结果更加符合实际;②针对不平衡推力传递法在很多情况下不易收敛以及分块极限平衡法假设过多的不足,改进的不平衡推力传递法先用不平衡推力传递法计算岩坡的稳定安全系数,若不收敛,改用收敛性较好的分块极限平衡法来计算岩坡的稳定安全系数;③由于不平衡推力传递法在计算岩坡的稳定安全系数时没有考虑条分法的公理,故改进的不平衡推力传递法先用不平衡推力传递法计算出岩坡的稳定安全系数,再验正条分法公理,若不满足,改用考虑条分法公理的分块极限平衡法来计算岩坡的稳定安全系数;④对改进的不平衡推力传递法而言,滑裂面可以是任意形状的,并提出了一套搜索最危险滑裂面位置的方法。

考虑非饱和带基质吸力和暂态附加水荷载等作用的不平衡推力传递法和分块极限平衡法分述如下。值得指出的是,在以下分析中,饱和区部分 $\varphi^b = \varphi'$;u_w 在非饱和区为基质吸力,用负值表示,在饱和区为压力水头,用正值表示。分析中,非饱和区部分,滑动力计算考虑含水率增加岩体容重的变化,饱和区(包括暂态饱和区)滑动力计算时采用饱和容重。条块间的作用力以及条块底面上的总法向反力均包含了表面水压力。若要考虑水对岩体的软化,可通过试验得出有效凝聚力和内摩擦角的降低值来考虑水对岩体的软化作用。

3.3.2.1　不平衡推力传递法

用不平衡推力传递法验算边坡稳定时,首先需将滑裂面以上的岩体分成若干竖直条块。作用于滑动岩体内第 i 条块上的力(力的大小是按条块的单位厚度计算的)如图 3-20 所示。图 3-20 中各力的意义如下:W_i 为第 i 条块的重力;Q_i 为第 i 条块的水平向地震惯性力;N_i 为第 i 条块底面上的总法向反力;T_i 为第 i 条块底面上的切向抗剪力;P_i 为第 i 条块的不平衡推力,力的方向与第 i 条块底面平行;P_{i-1} 为第 $i-1$ 条块的不平衡推力,力的方向与第 $i-1$ 条块底面平行。

其中,第 i 条块水平向地震惯性力为

$$Q_i = K_H C_z \theta W_i \tag{3-38}$$

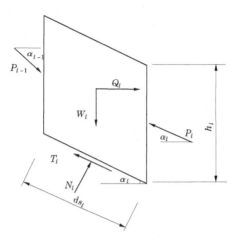

图 3-20　作用于条块上的力 (不平衡推力传递法)

式中: K_H 为水平向地震系数; C_Z 为综合影响系数; θ 为地震加速度分布系数; W_i 为第 i 条块的重力。

设沿滑裂面的抗滑稳定安全系数为 F_s, 并令 $N_i = \sigma_i \mathrm{d}s_i$, 则有

$$T_i = (c_i' \mathrm{d}s_i + N_i \tan\varphi_i' - u_{wi} \tan\varphi_i^b \mathrm{d}s_i)/F_s \qquad (3\text{-}39)$$

则第 i 条块的抗滑力与滑动力分别为

$$抗滑力 = T_i + P_i = (c_i' \mathrm{d}s_i + N_i \tan\varphi_i' - u_{wi} \tan\varphi_i^b \mathrm{d}s_i)/F_s + P_i \qquad (3\text{-}40)$$

其中:

$$N_i = W_i \cos\alpha_i + Q_i \sin\alpha_i + P_{i-1} \sin(\alpha_{i-1} - \alpha_i)$$

$$滑动力 = P_{i-1} \cos(\alpha_{i-1} - \alpha_i) + Q_i \cos\alpha_i + W_i \sin\alpha_i \qquad (3\text{-}41)$$

由于处于极限平衡状态, 即抗滑力等于滑动力, 故由式(3-39)~式(3-41)可得

$$P_i = P_{i-1} \cos(\alpha_{i-1} - \alpha_i) + W_i \sin\alpha_i + Q_i \cos\alpha_i - \{c_i' \mathrm{d}s_i +$$

$$[W_i \cos\alpha_i + P_{i-1} \sin(\alpha_{i-1} - \alpha_i) + Q_i \sin\alpha_i] \tan\varphi_i' - u_{wi} \tan\varphi_i^b \mathrm{d}s_i\}/F_s \qquad (3\text{-}42)$$

对给定的滑裂面, 在求解稳定安全系数 F_s 时, 需利用式(3-42)进行试算。即先假定一个 F_s 值, 从岩坡顶部第一条块算起, 求出它的不平衡推力 P_1 (求 P_1 时, 条块左侧推力为 0), 作为第二条块的左侧推力, 再求出 P_2, 如此计算出最后一个条块的不平衡推力 P_n (若在上述计算过程中遇到某一条块的不平衡推力小于 0, 则应令其为 0)。若 P_n 与 P_{n-1} 的差值小于或等于允许值, 则所设的 F_s 即为要求的稳定安全系数, 若 P_n 与 P_{n-1} 的差值大于允许值, 则重设 F_s 值, 重新计算, 直至满足要求。

解得稳定安全系数 F_s 后, 根据条分法的公理, 还要验算条块间有无竖向破坏的可能, 即应满足:

$$F_{Vi} = \frac{c_{Ai}' h_i + P_i \cos\alpha_i \tan\varphi_{Ai}' - \sum_j u_{wi}^j \tan\varphi_i^{bj} h_i^j}{P_i \sin\alpha_i} \geqslant F_s \qquad (3\text{-}43)$$

式中: c_{Ai}' 和 φ_{Ai}' 为第 i 条块与第 $i+1$ 条块公共面上各岩层有效凝聚力和内摩擦角的厚度加权平均值; φ_i^{bj} 为公共面上第 j 层岩体的抗剪强度随基质吸力($u_a - u_w$)而增加的速率; u_{wi}^j

为第 j 岩层的孔隙水压力; h_i^j 为第 j 岩层的厚度; h_i 为公共面上各岩层的总厚度。

对任一条块,若式(3-43)不能满足,就采用下述的分块极限平衡法来求 F_s。

3.3.2.2　分块极限平衡法

用分块极限平衡法验算岩坡稳定时,首先需将滑裂面以上的岩体分成若干竖直条块。作用于滑动岩体内第 i 条块上的力(力的大小是按条块的单位厚度计算的)。如图 3-21 所示。图 3-21 中各力的意义如下: W_i 为第 i 条块的重力; Q_i 为第 i 条块的水平向地震惯性力,其计算公式为式(3-38); N_i 为第 i 条块底面上的总法向反力; T_i 为第 i 条块底面上的切向抗剪力; P_i 和 X_i 为第 i 条块的水平向推力和竖向力; P_{i-1} 和 X_{i-1} 为第 $i-1$ 条块的水平向推力和竖向力。

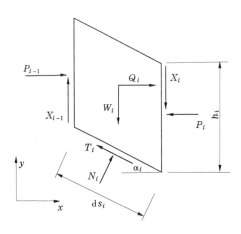

图 3-21　作用于条块上的力(分块极限平衡法)

列出 x 方向(水平方向)上的力平衡方程有

$$P_{i-1} - P_i + N_i\sin\alpha - T_i\cos\alpha + Q_i = 0 \tag{3-44}$$

列出 y 方向(铅直方向)上的力平衡方程有

$$N_i\cos\alpha + T_i\sin\alpha + X_i - X_{i-1} - W_i = 0 \tag{3-45}$$

为寻求递推关系,在此先不妨将 X_{i-1}、P_{i-1} 视为已知量,这样式(3-44)、式(3-45)中的未知量分别为 N_i、T_i、X_i、P_i。

这就是说,上述三个方程中仍包含 4 个未知量,尚属静不定问题,仍无法解出所有变量。为此,尚需补充一关系式,才能唯一确定上述诸变量。

先由式(3-44)和式(3-45)解出 P_i、X_i 得

$$P_i = P_{i-1} + N_i\sin\alpha_i - T_i\cos\alpha_i + Q_i \tag{3-46}$$

$$X_i = X_{i-1} + W_i - N_i\cos\alpha_i - T_i\sin\alpha_i \tag{3-47}$$

假设相邻滑块公共面上的稳定安全系数为 F_{Vi}(竖直向),则根据条分法的公理有

$$F_{Vi} = \frac{c'_{Ai}h_i + P_i\cos\alpha_i\tan\varphi'_{Ai} - \sum_j u_{wi}^j\tan\varphi_i^{bj}h_i^j}{P_i\sin\alpha_i} \geq F_s \tag{3-48}$$

式中: c'_{Ai} 和 φ'_{Ai} 为第 i 条块与第 $i+1$ 条块公共面上各岩层有效凝聚力和内摩擦角的厚度加权平均值; φ_i^{bj} 为公共面上第 j 层岩体的抗剪强度随基质吸力($u_a - u_w$)而增加的速率;

u_{wi}^{j} 为第 j 岩层的孔隙水压力；h_{i}^{j} 为第 j 岩层的厚度；h_{i} 为公共面上各岩层的总厚度。

为研究方便起见，假设 $F_{Vi} = F_{s}$，这样便获得了补充条件，即

$$c'_{Ai}h_{i} + P_{i}\tan\varphi'_{Ai} - FJC_{i} = F_{s}X_{i} \tag{3-49}$$

式中：$FJC_{i} = \sum\limits_{j} u_{wi}^{j}\tan\varphi_{i}^{bj}h_{i}^{j}$。

联立式(3-46)~式(3-49)可解得滑动面上的正压力 N_{i} 为

$$N_{i} = \frac{F_{s}^{2}(X_{i-1} + W_{i}) - (c'_{i} - u_{wi}\tan\varphi_{i}^{b})(F_{s}\sin\alpha_{i} - \cos\alpha_{i}\tan\varphi'_{Ai})\mathrm{d}s_{i} - F_{s}[c'_{Ai}h_{i} + FJC_{i} - (Q_{i} + P_{i-1})\tan\varphi'_{Ai}]}{F_{s}^{2}\cos\alpha_{i} + F_{s}\sin\alpha_{i}(\tan\varphi'_{Ai} + \tan\varphi'_{i}) - \cos\alpha_{i}\tan\varphi'_{i}\tan\varphi'_{Ai}}$$

$$\tag{3-50}$$

对给定的滑裂面，在求解稳定安全系数时，先假定一个 F_{s} 值，利用式(3-49)、式(3-44)和式(3-45)由第一条块依次计算到第 n 条块，依次求出 $N_{1}、N_{2}\cdots N_{n}，X_{1}、X_{2}\cdots X_{n}，P_{1}、P_{2}\cdots P_{n}$(若在上述计算过程中遇到某一条块的水平向推力小于 0，则应令其为 0)。若 P_{n} 与 P_{n-1} 的差值小于或等于允许值，则所设的 F_{s} 即为要求的稳定安全系数，若 P_{n} 与 P_{n-1} 的差值大于允许值，则重设 F_{s} 值，重新计算，直至满足要求。

3.3.2.3　数值分析程序分析步骤

根据前述理论分析和计算公式，编制地表入渗影响下的岩坡稳定性验算程序，分析地表入渗影响下的非饱和岩坡稳定性时，主要有以下几个步骤。

(1)根据地形、地质资料和地表入渗下岩坡的饱和非饱和渗流场，对岩坡进行分层(不管原先的非饱和带是否同一种地质材料，均需根据基质吸力的大小分为几层，此外饱和带也应根据孔隙水压力的大小分为几层)。

(2)从上到下输入上述各层面的位置信息和各层的物理力学参数及孔隙水压力(非饱和区为基质吸力)，其中各层的孔隙水压力值取该层孔隙水压力的平均值。

(3)输入其他信息，如初始滑裂面上的物理力学参数、条块数、水平向地震系数及地震加速度分布系数等。

(4)根据岩坡内结构面的发育情况，决定是否需要搜索最危险滑裂面，同时选取合理的初始滑裂面位置。

(5)若不需搜索最危险滑裂面，则还需选取其他可能的滑裂面并输入滑裂面上的物理力学参数同上进行稳定分析，最终确定出最危险滑裂面位置及相应的稳定安全系数。

3.3.3　边坡稳定性影响因素分析

3.3.3.1　含水率对边坡稳定性影响

雾化雨或强降雨入渗边坡，对边坡稳定的作用主要表现在：第一，雾化雨或降雨作用下，在边坡表面容易发生降雨入渗，岩土体的含水率上升，导致岩土体基质吸力较小，实际凝聚力因此减小，抗剪强度下降；第二，形成暂态饱和区，非饱和区的水压力因为大量雨水入渗边坡的原因会升高，形成额外的暂态附加水荷载，影响边坡稳定。虽然暂态水荷载以及暂态饱和区都是暂态，但它们的影响却不能忽视，因为相对于稳态水荷载，暂态水荷载增加值比较大，往往是造成边坡发生滑移破坏的控制条件。除产生力学作用外，雾化雨入渗对边坡的作用还有物理作用和化学作用。

三轴剪切试验配制 6 组不同含水率的土样，每一种含水率的土样分别在 50 kPa、100

kPa、200 kPa、400 kPa 的围压下进行等应变剪切试验,得到了不同含水率及不同围压条件下的非饱和砂土的应力应变曲线关系及抗剪强度值,通过数据拟合得到有效黏聚力及有效内摩擦角。试验仪器是南京土壤仪器厂生产的 SLB-1 型应力应变控制式三轴剪切渗透试验仪,试验步骤如下:

(1)准备试验土样:提前配制 6 组不同含水率的砂土试样。将配制好的试样搅拌均匀密封保存 1 d,使水分平均分布。用烘干法测定每一组试样的含水率。

(2)制样与装样:试样的直径 3.91 cm,高 8 cm,应根据预定的干密度和含水率,计算出制样所需的质量。按照《土工试验规程》的方法进行制样并把土样安装到压力室内。将系统上的围压和应变进行归零。

(3)施加围压:根据 50 kPa、100 kPa、200 kPa、400 kPa 的大小施加围压,待围压达到指定数值后,开始进行等应变剪切试验。

(4)剪切:控制剪切速率为 1 mm/min,进行等应变剪切试验,当测力计读数出现峰值时,让砂土剪切继续进行,直到超过 5% 的轴向应变为止。若测力计读数未出现峰值时,剪切进行到轴向应变为 15%~20%。取峰值点作为破坏点。

(5)重复(2)~(4)步骤,进行下一级围压的剪切试验。

通过剪切试验,得到每一组土样分别在 50 kPa、100 kPa、200 kPa、400 kPa 围压条件下的应力应变曲线,并根据应力应变曲线得到每一组土样在不同围压下破坏时的主应力差,利用表中数据绘成应力莫尔圆,并利用规划求解方法,进行数据拟合,得到 6 组不同含水率砂土试样的强度包络线。根据强度包络线,就可得到每组土样的有效黏聚力 c' 和有效内摩擦角 φ'(见表 3-5)。

表 3-5　不同含水率砂土的 c'、φ' 值

砂土编号	含水率(%)	c' (kPa)	φ'(°)
1	6.2	25.977	31.978
2	9.1	20.513	32.526
3	13	15.203	32.699
4	14.8	13.151	33.981
5	17.1	10.740	33.785
6	19.1	11.982	34.995

将 6 组试验数据进行拟合,得到砂土的有效黏聚力 c' 和有效内摩擦角 φ' 的经验公式:

$$c'(W) = -1.1567W + 31.549, R^2 = 0.9209 \tag{3-51}$$

$$\varphi'(W) = 0.0113W^2 - 0.07W + 34.047, R^2 = 0.9099 \tag{3-52}$$

绘成曲线图如图 3-22、图 3-23、图 3-24 所示。从图中可以看出,砂土的有效黏聚力与含水率呈负相关关系,有效黏聚力随着含水率的升高而降低。当含水率从 6.2% 上升至 19.1% 时,试验砂土的有效黏聚力从 25.977 kPa 下降到了 11.982 kPa,可见砂土内的水分对砂土有效黏聚力的降低作用非常明显。砂土的有效内摩擦角与含水率呈正相关关

系,有效内摩擦角随着含水率的升高而升高。当含水率从 6.2% 上升至 19.1% 时,试验砂土的有效内摩擦角从 31.978° 下降到了 34.995°,有效内摩擦角的变化幅度为 3.017°。

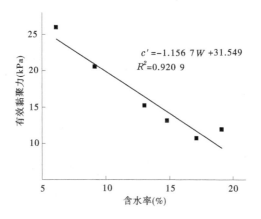

图 3-22　有效黏聚力与含水率的关系

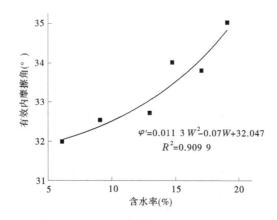

图 3-23　有效内摩擦角与含水率的关系

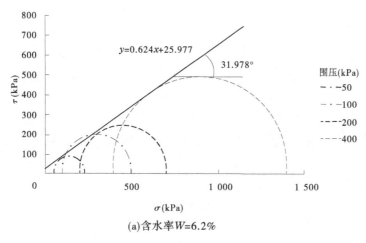

(a)含水率 $W=6.2\%$

图 3-24　砂土试样强度包络线

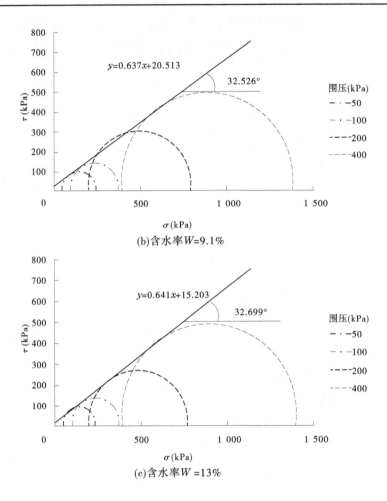

(b)含水率W=9.1%

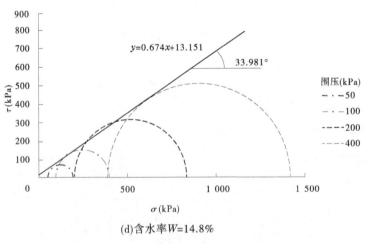

(c)含水率W=13%

(d)含水率W=14.8%

续图 3-24

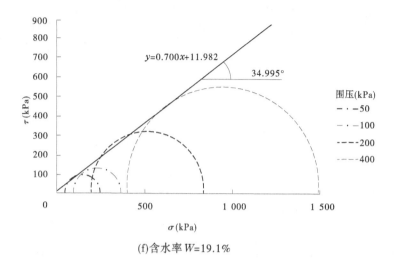

(f)含水率 W=19.1%

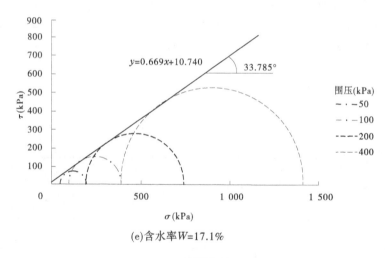

(e)含水率 W=17.1%

续图 3-24

3.3.3.2　容重和抗剪强度对边坡稳定性影响

　　为了比较同时考虑容重变化和抗剪强度指标变化对边坡稳定的影响分别与单一考虑两者之一的区别,以 3.2.2.2 部分工况二(降雨强度 108 mm/h)的试验结果作为计算边坡各个时刻稳定安全系数的载体。同时考虑了含水率变化引起土体容重变化和抗剪强度指标变化计算边坡稳定安全系数时,根据试验数据得到工况二各个时刻的含水率等值线图,根据含水率的范围划分不同的区域,对每个区域按照式(3-51)和式(3-52)采用相应的砂土有效黏聚力和有效内摩擦角代替初始的黏聚力和内摩擦角,并根据含水率用实际容重代替初始容重。只考虑抗剪强度指标变化计算时,只采用含水率对应的有效黏聚力和有效内摩擦角代替初始的黏聚力和内摩擦角,计算时保持容重不变化,容重采用初始容重;只考虑容重变化计算时用实际容重代替初始容重,不考虑含水率对砂土有效黏聚力和有效内摩擦角的影响。考虑含水率变化引起土体容重变化和抗剪强度指标变化计算边坡稳定安全系数的计算参数如表 3-6 所示。

表 3-6　考虑土体容重和抗剪强度指标变化的计算参数

含水率 (%)	密度 (g/cm³)	容重 (kN/m³)	φ' (°)	c' (kPa)
0~6	1.596 5	15.965	28.079	31.939
6~12	1.689 5	16.895	21.139	32.332
12~18	1.782 5	17.825	14.199	33.540
18~24	1.875 5	18.755	7.258	35.560
24~30	1.968 5	19.685	0.318	38.395

计算边坡稳定安全系数的结果见表 3-7,降雨入渗会使边坡的稳定安全系数降低,由于每个时刻的含水率等值线图分布不同,计算得到的安全系数也不同。这里将同时考虑容重和抗剪强度的计算结果视为准确值,则相对误差为单一考虑某一因素(容重或抗剪强度参数)的计算结果相对于该准确值的误差百分比。

表 3-7　边坡稳定安全系数计算结果(工况二)

时间 (h)	容重和抗剪强度 指标变化	抗剪强度 指标变化	相对误差 (%)	容重变化	相对误差 (%)
0	1.935	1.935	0	1.935	0
1	1.784	1.909	7.0	1.855	4.0
2	1.556	1.729	11.1	1.758	12.9
3	1.453	1.628	12.1	1.719	18.3
6	1.211	1.369	13.0	1.750	44.5
9	1.299	1.446	11.3	1.731	3.2
12	1.301	1.448	11.3	1.683	29.3
15	1.307	1.451	11.0	1.707	30.6
18	1.306	1.447	10.8	1.710	30.9
21	1.357	1.495	10.1	1.738	28.1
24	1.445	1.582	9.5	1.803	24.8
27	1.452	1.579	8.8	1.816	25.1

考虑土体容重变化和抗剪强度指标变化计算得到的安全系数变化趋势与仅考虑抗剪强度指标变化计算得到的结果基本相同,两条曲线近似平行,如图 3-25 所示。

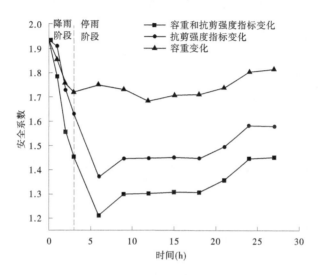

图 3-25　边坡稳定安全系数变化曲线(工况二)

对于同一个边坡,考虑土体容重变化和抗剪强度指标变化的计算结果显示,边坡稳定安全系数从 0 时刻的 1.935 降低到了 6 h 时刻的最低值 1.211,仅考虑抗剪强度指标变化计算得到边坡稳定安全系数在 6 h 时刻降低到了 1.369,比考虑土体容重变化和抗剪强度指标变化的计算结果要稍高一些,因为前者没有考虑到在降雨过程中边坡砂土容重变化对边坡稳定性的影响。在本次计算过程中,仅考虑抗剪强度指标变化计算结果的相对误差最大值为 13.0%。

仅考虑容重变化计算得到的安全系数变化趋势同样有一个开始时下降后又上升的趋势。仅考虑容重变化计算的结果明显要安全得多,稳定安全系数最低值为 1.683,因为计算过程中没有考虑含水率的变化对边坡砂土抗剪强度指标的影响,通过对比可见,砂土的抗剪强度在维持边坡稳定性的作用中起到相当重要的作用。在本次计算过程中,仅考虑容重变化计算得到的安全系数的相对误差较大,相对误差最大值达到 44.5%。

天然降雨和泄洪雾化雨入渗对边坡稳定的影响主要有两方面,一方面入渗的雨水会充实原来土体内部的空隙,使边坡内部土体含水率升高,土体容重增加,导致下滑力增加;另一方面土体含水率升高,土的抗剪强度指标降低,阻滑力降低。考虑含水率变化引起的土体容重变化和抗剪强度指标变化计算边坡稳定安全系数,更符合工程实际情况,同时也更合理,计算出来的结果比单一考虑其中一种因素更加合理,为降雨入渗条件下边坡稳定性分析提供一种新的思路。

3.3.3.3　降雨强度对边坡稳定性影响

不同降雨强度条件下边坡抗滑稳定安全系数随时间变化过程曲线见图 3-26。在试验中 3 h 的降雨阶段中,边坡的稳定安全系数在降雨入渗的影响下持续降低,降雨强度为 72 mm/h、108 mm/h、144 mm/h 条件下,边坡的稳定安全系数分别从初始的 1.935 降到了 1.496、1.453、1.413。3 h 的降雨阶段结束后,边坡的稳定安全系数会继续降低一段时间,表明降雨停止后,降雨入渗对边坡稳定性的危害还在持续。到了试验中后期,边坡的稳定安全系数才开始缓慢提升,但是安全系数的值仍然小于初始的边坡稳定安全系数。

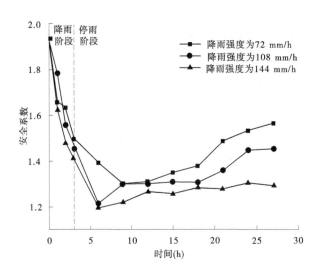

图 3-26　边坡稳定安全系数变化曲线

降雨入渗作用下,边坡内部会形成暂态饱和区,降雨强度越大,形成的暂态饱和区越大。土体的含水率会影响砂土的抗剪强度指标,砂土的有效黏聚力与含水率呈负相关关系,有效黏聚力随着含水率的升高而降低,有效内摩擦角与含水率呈正相关关系,有效内摩擦角随着含水率的升高而升高。对于本试验边坡,降雨过程中,边坡内部砂土的含水率是变化的,而且不同区域含水率的分布是不均匀的,降雨对边坡稳定性造成的影响分为降雨阶段的影响和降雨结束后的影响。

在试验 3 h 的降雨阶段中,不同降雨强度的边坡稳定安全系数降低的幅度是不一样的。从表 3-8 可以看出,降雨强度为 72 mm/h 时,边坡稳定安全系数降低幅度为 22.7%,从 1.935 降到 1.496;降雨强度为 108 mm/h 时,边坡稳定安全系数降低幅度为 24.9%,从 1.935 降到 1.453;降雨强度为 144 mm/h 时,边坡稳定安全系数降低幅度为 27.0%,从 1.935 降到 1.413。可见降雨阶段边坡稳定安全系数降低幅度与降雨强度呈正相关关系,降雨强度越大,降雨入渗会形成越大的暂态饱和区,对边坡危害性越大。

降雨结束后,边坡的稳定安全系数会继续下降,会在降雨结束一段时间后的某一个时间点达到最低值,降雨强度最小的工况(降雨强度 72 mm/h)的边坡稳定安全系数在 9 h 时刻达到最低值,降低幅度为 32.8%;降雨强度最大的工况(降雨强度 144 mm/h)在边坡稳定安全系数 6 h 时刻达到最低值,降低幅度为 38.2%。边坡稳定安全系数下降的最大值与降雨强度的关系是降雨强度越大,边坡稳定安全系数下降越大,对边坡稳定性危害越大。而降雨结束后,降雨入渗对边坡持续危害的时间尚不确定。由于本试验以整点时间点计算稳定安全系数,可以认为本试验中降雨入渗对边坡的持续性危害时间在 12 h 以内,即降雨结束后 9 h 以内。

表 3-8　不同雨强工况关键时刻边坡稳定安全系数及其降低幅度

工况	降雨强度（mm/h）	初始安全系数	3 h 时刻安全系数	3 h 时刻降幅（%）	最小安全系数	最大降幅（%）	最小安全系数时刻	27 h 时刻安全系数
一	72	1.935	1.496	22.7	1.299	32.8	9 h	1.564
二	108	1.935	1.453	24.9	1.211	37.4	6 h	1.452
三	144	1.935	1.413	27.0	1.196	38.2	6 h	1.291

3.3.3.4　雾化降雨对边坡稳定影响规律

通过以上分析,泄洪雾化对坝区边坡稳定影响的一般规律可总结为以下几点:

(1)泄洪雾化条件下,边坡破坏概率随雾化雨持时的增加而增加,且存在一个临界雾化雨持时区间使边坡失稳概率骤然上升;同时,在雾化雨初期,饱和渗透系数变异性较小的边坡表现为较小的破坏概率;随着雾化雨的持续,饱和渗透系数变异性较小的边坡开始表现为较大的破坏概率。变异系数的大小并不影响滑坡最可能的发生时间,但滑坡最可能发生时间所对应的最大概率却随变异系数的增加而逐渐减小。

(2)在给定雾化雨强度下,雨水重分布阶段的边坡破坏概率及其相应的滞后时长取决于前期雾化雨持时,并受变异系数大小的影响;随着雾化雨强度的增加,边坡的破坏概率呈上升趋势,且滑坡最可能发生时间逐渐减小,但减速变缓,表明雾化雨强度直接决定滑坡的最可能发生时间;当雾化雨强度较低时,滑坡发生时间概率分布的有效区间相对较广,表明边坡在低雨强、长历时的情况下更有可能发生滑坡破坏。

(3)雾化雨诱发浅层风化滑坡的最危险滑裂面并非总位于湿润锋处,而是有可能发生坡底基岩处。随着雾化雨持续时间的增加,边坡最危险滑裂面发生在坡底基岩处的概率逐渐降低。但当雾化雨持续时间足够大时,此时最危险滑裂面又必然发生在坡底。当湿润锋未达到滑面处时,边坡稳定性系数与雾化雨历时和雾化雨强度呈线性关系。在任意雾化雨强度下,当雾化雨历时小于该时间时,边坡均不会失稳。可用于指导雾化雨情况下层状边坡的稳定性评价。

(4)入渗短时段内,随着边坡坡度的增加,累积入渗量增值由小变大,敏感度逐渐明显,而安全系数下降变缓。同时,雾化雨强度与饱和导水率比值也会对累积入渗量和安全系数产生影响,比值越大,上述现象越不明显,但之后对入渗影响甚小。分析不同坡度边坡的雨水入渗情况,将有助于进一步了解边坡入渗特性和准确判断边坡滑坡失稳,从而适时采取有效的措施进行治理。

(5)雾化雨模式分别为前峰型、中峰型和后峰型,前锋型雾化雨下的边坡稳定性随雾化雨时间的增加其降幅较快,其次是中峰型雾化雨和后峰型雾化雨,即雾化雨模式是边坡稳定性下降的控制性因素;各向异性参数比是影响雾化雨入渗能力的主导因素,也是影响边坡稳定性的重要因素,各向异性参数比越大,其稳定性指标骤降过程所持续的时间则越长;随着土体渗透性质的降低,其稳定性受雾化雨的影响程度逐渐降低。

(6)雾化雨强度是控制滑坡失稳的重要参数,它的增强会加快湿润锋的运移速度和边坡表面入渗能力的衰减,雾化雨会造成湿润锋的不断下移,湿润锋处的安全系数随之降低,一旦安全系数达到临界状态,边坡将发生失稳破坏。边坡的稳定性会随着雾化雨强度增大而受到不同程度的影响;当雾化雨强度比边坡的入渗率大时,大部分雨水会形成地表径流而流走,较少部分雨水会渗入边坡内部,导致稳定性受到不同程度的影响;渗透系数可作为求取边坡失稳情况下临界雨强的推估条件。

(7)雾化雨强度分区影响水位线、基质吸力、渗流梯度在边坡空间上的分布;雾化雨过程中水位线逐渐由坡脚抬升并向边坡内部扩展,泄洪停止后坡脚处水位线下降较快且中心水位线高于初始状态水位线高度;水位线抬升过程中基质吸力逐渐消散,泄洪停止后基质吸力恢复较缓慢;泄洪初期坡脚处 x 方向渗流梯度逐渐由正值转为负值且负值分布的区域逐渐扩大;随泄洪历时增加边坡塑性区由坡脚不断向边坡内部逐渐延伸,泄洪停止后边坡塑性区主要发生在坡脚处;雾化雨 0~24 h 内边坡稳定安全系数呈逐渐增大的趋势,泄洪 24~72 h 内安全系数下降较快并达到最小值,泄洪停止后安全系数逐渐恢复,但安全系数恢复过程具有一定滞后性并且恢复后的数值小于初始值。

(8)在雾化雨积水入渗条件下,浅层土体中湿润锋运移速度较快,随着深度增大,湿润锋运移速度逐渐减缓;当湿润锋到达时,不同深度土体含水率均呈现先陡升再趋于平缓上升的变化规律,土体的饱和度可达到80%。雾化雨入渗使土体的抗剪强度显著降低,随着雾化雨历时的增加,边坡土体中的饱和区域增大,土体局部的剪切变形增大,进而局部发生塑性变形逐步扩展形成剪切带,从而导致滑坡。因此,土边坡应设置排水措施,避免雾化雨入渗引发滑坡等自然灾害。

(9)在强雾化雨入渗条件下,浅层边坡土体中的气体可能被封闭,孔隙气压力在封闭条件下随着雨水的入渗不断增加。封闭气压显著降低了边坡体内雨水的入渗率,对安全系数的降低具有明显的延时性,这进一步揭示了部分地区雨后滑坡频繁发生的重要原因。因此,考虑封闭气压对大面积边坡雾化雨安全预报具有重要意义。

3.4　泄洪雨雾入渗岸坡稳定性控制

为了降低泄洪雾化雨对下游边坡稳定性的影响,在工程建设中应考虑对边坡进行加固处理或者进行防排水措施建设。通常来说,修筑排水沟或者拦水工程能够治理掉一些残存在地表的雨水,阻止雨水渗入边坡,利用地形和自然的沟谷,在边坡表面布设一定的排水系统,可以使地表水通过系统流出,一方面可以使边坡的滑动力降低,另一方面可以使停留在地表的水以更短的时间排出。把附近岩土内的水分控制在一定的合理范围,可以增大抗滑力,同时提高边坡的稳定性,保证边坡的安全。地下水的深度不同,采取的措施不同,地下水位比较浅时,可以增加截水沟或盲沟;若地下水位较深,排水措施应选择集水井或排水廊道。引导地下水流出,使边坡岩体地下水位尽可能降低,减小边坡的渗水压力,提高边坡稳定性。

物理模型试验采用PVC硬细管模拟排水管,PVC硬细管长 1 m,外径为 10 mm,内径为 8 mm。在PVC硬细管末端的一侧开孔,每隔 5 cm 开一个孔,孔径为 6 mm,略小于PVC硬细管的内径,开孔 14 个,铺设排水管时使孔口向上,排水管倾角为5°,末端用软管连接通向边坡平面外。边坡模型宽度为 1 m,在宽度方向上每间隔 5 cm 铺设一根排水管,共铺设 19 根。根据工况二的试验结果,得到暂态饱和区的扩展位置变化过程,根据暂态饱和区的范围,确定排水管的铺设位置为:高度离边坡底部 75 mm,插入边坡内部的深度为 90 cm。排水管布置示意图如图 3-27 所示。为了说明排水管对降雨入渗的排水作用,以工况二和工况五作为对比。工况二中,不铺设排水管,降雨强度为 108 mm/h,降雨阶段 3 h,监测时长为 27 h;工况五的试验条件增设排水管,其他初始条件与工况二相同。

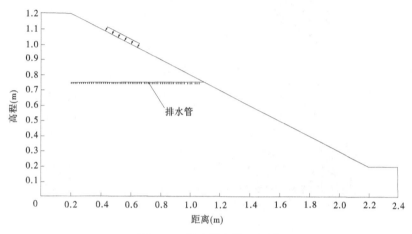

图 3-27　排水管布置示意图

　　另外,采用数值模拟方法研究排水管布设位置对边坡入渗与稳定的影响,设置表 3-9 中四种工况。除了排水管埋深,其他初始条件均一致。降雨强度与上节排水试验使用的降雨强度相同,为 108 mm/h。排水管埋深为排水管尾端到坡面的垂直距离。

表 3-9　排水管优化数值模拟模拟工况

项目	工况一	工况二	工况三	工况四
降雨强度(mm/h)	108	108	108	108
排水管高程(cm)	无	75	85	95
排水管埋深(cm)	无	40.2	31.3	22.4
排水管尾端距坡背垂直距离(cm)	20	20	20	20

3.4.1　排水管对边坡入渗的影响

　　图 3-28 为有、无排水管试验工况边坡含水率等值线对比情况,对于布设排水条件下,降雨试验开始时,降雨入渗首先发生在表面,在入渗窗口附近的边坡表面土层形成湿润层。随后水分进入边坡,在边坡内部形成一块砂土含水率较大的区域。排水管的位置高程为 90 cm,距离坡顶降雨入渗的窗口有 28 cm 的高度差,在降雨阶段前期,降雨入渗在边坡上部集中,使该区域的砂土含水率迅速提高,形成暂态饱和区。从边坡含水率等值线图可以看出,水分在 2 h 时刻左右入渗到排水管的位置。3 h 的降雨阶段结束时,排水试验中

水分入渗深度为 54.9 cm,相对应的是未铺设排水管试验中 3 h 的水分入渗深度为 58.8 cm。

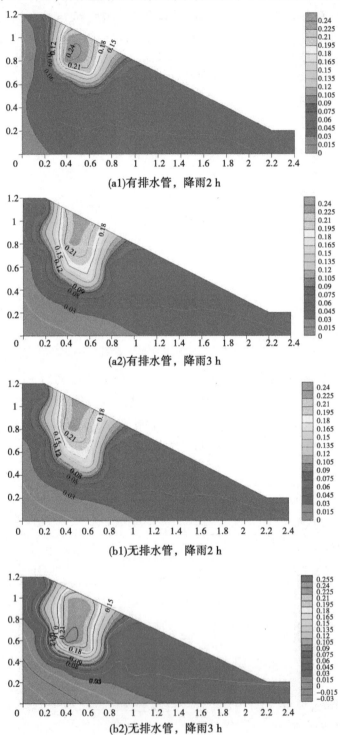

(a1)有排水管，降雨2 h

(a2)有排水管，降雨3 h

(b1)无排水管，降雨2 h

(b2)无排水管，降雨3 h

图 3-28　有、无排水管条件试验工况边坡含水率等值线对比情况

　　图 3-29 为监测点含水率变化曲线,其中 4-1 号监测点埋置深度为 10 cm,位于排水管的上方,该位置的砂土含水率前期迅速升高,含水率在 0.75 h 时刻达到最大值 28.8%,并且变化趋势与未铺设排水管试验的变化趋势基本一致。位于排水管下方的 3 个监测点,铺设排水管的工况下,监测点含水率升高的响应时间明显滞后。从含水率变化曲线可以得出,排水试验结束时,这三个监测点的含水率比未铺设排水管的低。

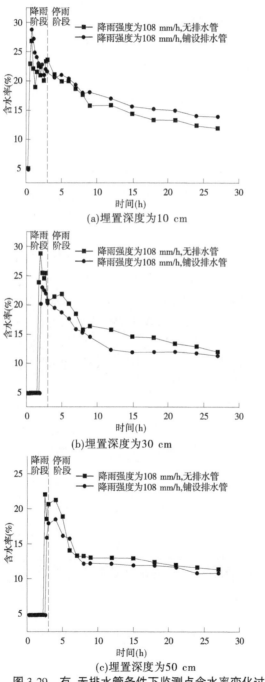

(a)埋置深度为10 cm

(b)埋置深度为30 cm

(c)埋置深度为50 cm

图 3-29　有、无排水管条件下监测点含水率变化过程对比

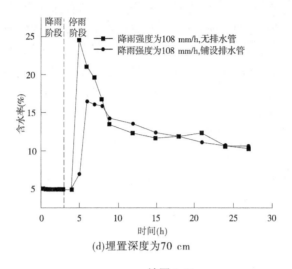

(d)埋置深度为70 cm

续图 3-29

　　数值模拟四种工况的浸润线分布对比情况见图 3-30。对于无排水管(工况一)条件下,降雨开始时,入渗部位的边坡土体含水率迅速升高,孔隙水压力逐渐升高,并在表面区域形成了暂态饱和区,随着降雨的进行,暂态饱和区向下部扩展。边坡浸润线随着时间逐步向下移动,这种趋势与物理试验的结果基本一致。从三个布置排水管的边坡浸润线迁移过程来看,图 3-30(b)、(c)的 1 h 浸润线与图 3-30(a)的 1 h 浸润线基本重合,图 3-30(b)的 2 h 浸润线与图 3-30(a)的 2 h 浸润线基本重合。说明在雨水入渗到排水管位置之前的时间内,雨水入渗的过程基本相同,而当雨水入渗到排水管位置时,由于排水管成为水分出渗的通道,使得水分往排水管内移动,排出边坡,阻止了降雨入渗往边坡内部扩展。通过比较不同位置排水管的模拟结果可知,水分到达排水管的位置会排出边坡,排水管布置得离边坡表面越近,排水管越早发挥作用。

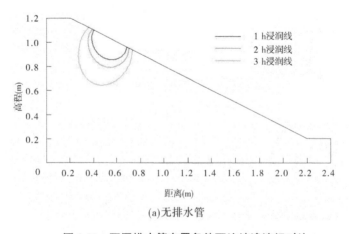

(a)无排水管

图 3-30　不同排水管布置条件下边坡渗流场对比

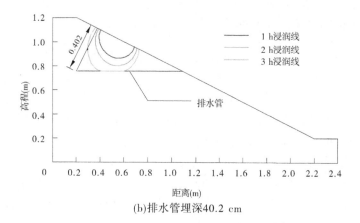

(b)排水管埋深40.2 cm

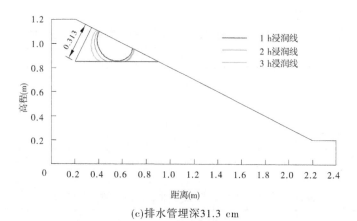

(c)排水管埋深31.3 cm

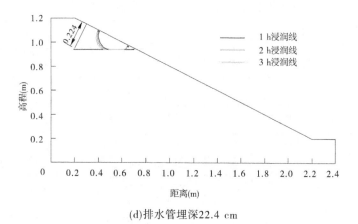

(d)排水管埋深22.4 cm

续图 3-30

3.4.2　排水管对边坡稳定的作用

采用考虑含水率变化引起的土体容重变化和抗剪强度指标变化的计算思路来计算排水试验边坡的稳定安全系数,并与未设置排水管试验的计算结果做对比。两种工况边坡稳定安全系数计算结果如表3-10、表3-11所示,并绘成变化过程曲线见图3-31(a)。从曲线图可以看出,铺设排水管条件下边坡的稳定安全系数曲线的变化趋势与未铺设排水管条件下的相同,铺设排水管条件下边坡的稳定安全系数曲线始终在未铺设排水管工况下的曲线的上方,说明铺设排水管条件下,边坡稳定安全系数较大。在降雨阶段前2 h,降雨入渗的水分在排水管上方聚集,两种工况的曲线基本重合,排水管的作用尚未体现。2 h后,水分往排水管以下的区域渗透及进入排水管排出边坡外,3 h降雨阶段结束时,铺设排水管条件下的边坡稳定安全系数降低至1.546,降低幅度为20.1%,未铺设排水管的边坡稳定安全系数的降低幅度为24.9%。整个试验过程中,排水管可以提高边坡的稳定安全系数,最多提高了15.6%。

表 3-10　不同排水工况关键时刻边坡稳定安全系数及其降低幅度

工况	降雨强度(mm/h)	铺设排水管	初始安全系数	3 h时刻安全系数	3 h时刻降幅(%)	最小安全系数	最大降幅(%)	27 h时刻安全系数
二	108	无	1.935	1.453	24.9	1.211	37.4	1.452
五	108	有	1.935	1.546	20.1	1.374	29.0	1.458

表 3-11　有、无排水管试验边坡稳定安全系数计算结果

时间(h)	降雨强度为 108 mm/h		相对提高幅度(%)
	工况二 未铺设排水管	工况五 铺设排水管	
0	1.935	1.935	0
1	1.784	1.744	−2.2
2	1.556	1.618	4.0
3	1.453	1.546	6.4
6	1.211	1.400	15.6
9	1.299	1.366	5.1
12	1.301	1.374	5.6
15	1.307	1.384	5.9
18	1.306	1.420	8.7

续表 3-11

时间 (h)	降雨强度为 108 mm/h		相对提高幅度 (%)
	工况二 未铺设排水管	工况五 铺设排水管	
21	1.357	1.439	6.0
24	1.445	1.449	0.3
27	1.452	1.458	0.4

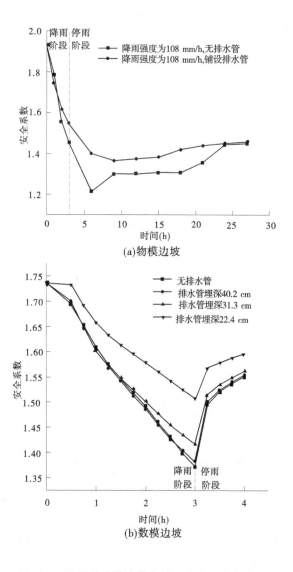

(a)物模边坡

(b)数模边坡

图 3-31　不同排水管布置条件下边坡稳定安全系数变化对比

不同埋深排水管工况边坡的稳定安全系数见表3-12,绘成边坡稳定安全系数变化曲线如图3-31(b)所示。由图3-31(b)可见,不管是否布设排水管,稳定安全系数的变化趋势是一致的,仅在数值上有所差别。在未铺设排水管,自由入渗的条件下,边坡的稳定安全系数经过3 h从初始的1.736降低到了最小值1.372,降低幅度为20.9%;铺设排水管条件下,边坡稳定安全系数也会降低,降低的程度与排水管的埋深有关,排水管的埋深越大,边坡稳定安全系数降低得越多。排水管埋深为40.2 cm的工况下,3 h的边坡稳定安全系数降低了20.3%。排水管埋置深度较小的工况下,排水管距坡面较近,水分在比较短的时间内就到达了排水管位置,降雨3 h时间,有比较多的水分通过排水管排出边坡外,排水管下部的砂土的含水率升高的较少,抗剪强度得以保持,所以埋深为31.3 cm、22.4 cm的工况下边坡稳定安全系数降低得少,降低幅度分别为18.4%和13.2%。

表3-12　不同埋深排水管条件下边坡稳定安全系数

时间 (h)	无排水管	排水管埋深(cm)		
		40.2	31.3	22.4
0	1.736	1.736	1.736	1.736
0.5	1.696	1.699	1.699	1.732
0.75	1.652	1.647	1.647	1.693
1	1.608	1.603	1.603	1.658
1.25	1.574	1.57	1.572	1.633
1.5	1.545	1.542	1.547	1.613
1.75	1.518	1.514	1.524	1.596
2	1.490	1.487	1.500	1.579
2.25	1.459	1.456	1.477	1.561
2.5	1.429	1.427	1.454	1.543
2.75	1.399	1.403	1.435	1.525
3	1.372	1.382	1.417	1.507
3.25	1.497	1.500	1.515	1.567
3.5	1.522	1.524	1.535	1.579
3.75	1.538	1.540	1.550	1.588
4	1.552	1.554	1.562	1.596

通过以上分析可见,边坡布设排水管有效地减少了降雨入渗往边坡内部扩展的水分,降低了水分往深层扩散的速率。排水管的存在可有效地降低降雨入渗对边坡稳定性的影响,对维持边坡稳定有明显的作用。排水管的布设不会改变降雨入渗对排水管上方的砂土的影响,仍会使该部分的砂土含水率升高,孔隙水压力升高,基底吸力降低,砂土的抗剪强度降低;排水管下方的砂土因为排水管的关系受影响较小,排水管提供了水分离开边坡

的途径,使往排水管下方入渗的水分变少。下方的砂土的基底吸力和抗剪强度变化较小,从而提高了边坡的整体稳定性,排水管埋深越小,即铺设得离坡面越近,提升效果越明显。

3.5　典型工程案例分析

3.5.1　RM 水电站

3.5.1.1　泄洪雾化对消能区岸坡稳定影响及控制措施

RM 水电站为澜沧江干流水电规划一库七级开发方案的第五个梯级。最大坝高 315 m,正常蓄水位 2 895.00 m,装机容量 2 600 MW。坝址区出露的地层都为三叠系中统竹卡组(T_2z)灰白、浅灰色稍有肉红色、深灰稍有墨绿色的英安岩和流纹岩,而且夹有多条陡倾的灰黑色玄武质的安山岩岩脉和一条煌斑岩岩脉。消能区边坡包括泄洪系统出口边坡和水垫塘左岸边坡,消能区边坡地质剖面及开挖线见图 3-32。水垫塘底板高程为 2 590.00 m,右岸泄洪系统出口边坡最大高度 360 m(2 590.00~2 950.00 m)。高程 2 660.00 m 以下岩体为弱卸荷—弱风化下带,该高程以下均为垂直开挖,高程 2 660.00 m 以上至溢洪道出口以下开挖坡比 1:0.3,溢洪道隧洞段出口以上开挖坡比为 1:0.5,为保证边坡在泄洪消能工况的稳定性,碎裂岩体及近地表开挖坡比适当放缓。水垫塘左岸边坡位于泄洪系统出口对岸,边坡最大高度 210 m(2 590.00~2 800.00 m),高程 2 660.00 m 以下岩体为弱卸荷—弱风化下带,该高程以下均为垂直开挖,高程 2 660.00 m 以上开挖坡比 1:0.3,为保证边坡在泄洪消能工况的稳定性,清除消力池上游左岸堆积体,开挖坡比 1:0.75~1:0.5。

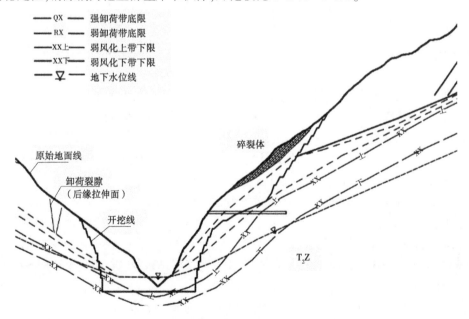

图 3-32　消能区边坡地质剖面及边坡开挖

泄洪建筑物主要由右岸洞室溢洪道、右岸有压泄洪洞、右岸有压放空洞组成。溢洪道由引渠段、控制段、无压洞身段、风落尾段、反弧段、消能工段组成。泄洪洞由引渠段、进水塔、渐变段、无压洞身段、凤落尾段、反弧段和出口消能工段组成,洞室溢洪道与泄洪洞共用一个水垫塘,泄洪建筑物平面布置见图 3-33。校核工况下泄水建筑物最大下泄流量 13 214 m³/s,泄洪最大水头 250 m,溢洪道单体泄量 3 470 m³/s,泄洪洞单体泄量 2 805 m³/s,洞室溢洪道和泄洪洞的出口流速分别为 49.07 m/s 和 40.59 m/s,消能工出口距下游水面 115 m 高差。泄洪消能区河谷狭窄,岸坡高陡,碎裂岩体广布,岩体卸荷裂隙发育,泄洪雾化对消能区边坡稳定影响较大,工程边坡防治问题突出[174]。

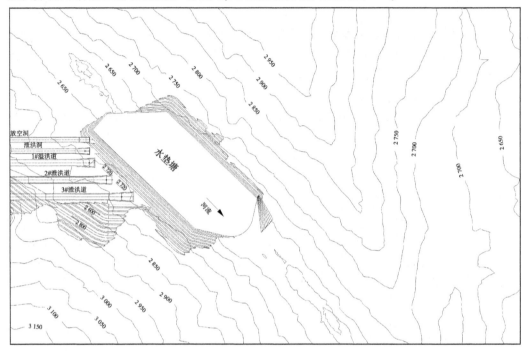

图 3-33　泄洪建筑物布置平面图

根据雾化数值模拟结果(雾化范围见图 3-34),开口线 2 900.00 m 及以上不在雾化范围以内,但考虑人工开挖边坡最高为 2 950.00 m,自然边坡依然很高,遭遇暴雨时危险性较大,对高程 2 822.00 m 以上边坡考虑加固支护措施。泄洪雾化区内暴雨对边坡的破坏主要为深层入渗,一方面,雾雨从坡面入渗,增加了坡体的下滑力,降低岩体的强度。另一方面,雾雨渗入到节理裂隙中,抬高地下水位,增加岩体的渗透力,降低了坡体稳定性,所以对高程 2 590.00~2 822.00 m 的边坡重点考虑排水措施。

排水设施平面布置见图 3-34,具体布置为:①边坡浅层排水:边坡顶部开口线以外 5 m 布置截水沟,截水沟断面为倒梯形,内侧边坡系数 1:0.5。开挖边坡每级马道均布置 φ80 mm 排水孔,与锚杆间隔布设,仰角 5°。②边坡深层排水:在雾雨区内布置排水洞,左岸影响范围到 2 788.00 m 高程,右岸影响范围到 2 763.00 m 高程。泄洪系统出口右岸边坡布置 4 层,其中 1 号排水洞高程从 2 863.70 m 延伸到 2 860.00 m,2 号排水洞高程从 2 805.45 m 延伸到 2 800.00 m,3 号排水洞高程从 2 754.05 m 延伸到 2 750.00 m,4 号排水洞高程从 2 687.40 m 延伸到 2 680.00 m。泄洪系统出口左岸边坡布置 2 层,5 号排水洞高程从 2 658.00 m 延伸到 2 650.00 m,6 号排水洞高程从 2 718.05 m 延伸到 2 710.00 m。

考虑排走表层边坡渗水,每层排水洞布置在弱卸荷表层线附近,遇开挖边坡保持一定的安全距离。洞内两侧设排水沟,在顶部迎水面布置3条辐射状$\phi110$ mm排水孔,孔深50 m,间距2 m,与锚杆间隔布设,排水洞出口接排水沟,水流通过排水沟进入河道。如排水孔遇开挖面、地面、断层时,排水孔深度适当调整。

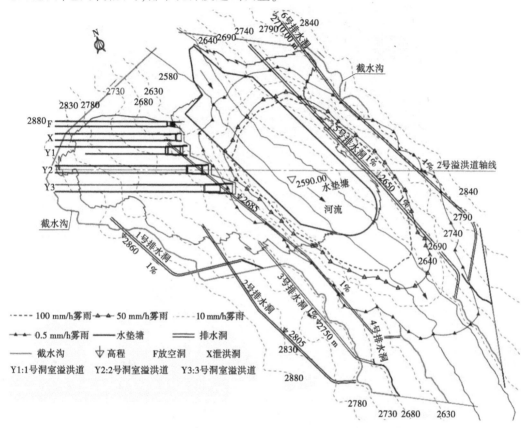

图 3-34　泄洪雾化雨雾区分布及排水设施平面布置

3.5.1.2　泄洪雾化对下游堆积体岸坡稳定影响分析

RM水电站库区浅表层卸荷风化等破碎岩体发生过一次大规模崩塌,堆积于岸坡和河床(见图3-35),近坝段堆积体规模巨大,达4 700万 m³。堆积体为非均质各向异性介质,其稳定性与堆积体基覆界面、边界条件等因素有关,下游岸坡堆积体稳定受泄洪雾化影响较大。DJ4堆积体位于尾水出口下游600 m左右,临河分布,堆积体上未见明显的开裂等变形迹象,说明天然状态下堆积体整体处于基本稳定—稳定状态,但堆积体局部临河一带覆盖层地形较陡,且砂层分布,不利于堆积体的局部稳定,目前堆积体中部可见小规模的垮塌痕迹也说明了堆积体局部稳定性差,此外堆积体表层块石常产生局部滚石现象。

选取位于尾水出口下游600 m左右的堆积体边坡,建立非稳定渗流计算模型,计算断面见图3-36。通过拟定不同的工况进行数值模拟,研究降雨入渗形成暂态饱和区对实例高边坡稳定性的影响,并验证排水管实例边坡上的应用效果。计算范围为横向约400 m(从河床中心线向右岸坡内取400 m),垂直向上取约320 m(自高程2 580 m起始)。下游水位为2 615.90 m。计算参数见表3-13。

图 3-35　坝区典型岸坡堆积体

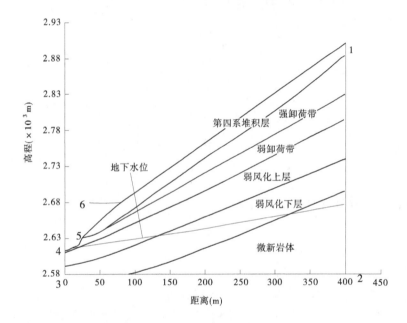

图 3-36　堆积体边坡稳定计算断面模型

表 3-13　边坡各区岩土体材料饱和渗透系数

材料	渗透系数（cm/s）
第四系覆盖层	$5.00×10^{-4}$
强卸荷带	$3.33×10^{-4}$
弱卸荷带	$2.64×10^{-4}$
弱风化上层	$2.47×10^{-4}$

续表 3-13

材料	渗透系数(cm/s)
弱风化下层	6.39×10^{-5}
微新岩体	9.17×10^{-6}

由于 RM 水电站无雾化雨强度分布数据,根据该工程的坝型、坝高、河谷地质条件等基本资料,参照溪洛渡水电站在 2015 年的泄洪资料,研究该水电站泄洪雾化区的雾化雨强随高程的分布规律,并制定了相应的数值模拟工况[175]。本模拟参照溪洛渡水电站以 5 000 m³/s、3 000 m³/s、1 500 m³/s 三个下泄流量泄洪时的雾化雨强度和影响范围,根据 RM 水电站的下游 DJ4 堆积体的位置和高程,制定了相应的模拟工况见表 3-14。

表 3-14　泄洪雾化边坡稳定计算模拟工况

高程分布 (m)	降雨强度(mm/h)			计算时间
	工况一	工况二	工况三	
2 643.00~2 679.10	2 000	870	360	
2 679.10~2 729.50	1 000	400	200	
2 729.50~2 754.80	100	50	30	降雨 8 d+
2 754.80~2 780.10	10	8	6	降雨后 3 d
2 780.10~2 812.00	5	4	3	
2 812.00~2 901.60	2	1	0	

1. 雾化雨坡面径流对边坡稳定影响

采用一维运动波方程研究雾化雨的边坡坡面径流,利用 Manning-Strickler 公式,边坡内地下水渗流方程采用饱和—非饱和渗流方程,雾化雨边坡径流与渗流耦合数学模型,对土质边坡雾化雨条件下入渗机制进行分析,考虑雾化雨径流过程,应用 Galerkin 有限元法实现数值求解模拟降雨时的边坡渗流和坡面径流过程。

雾化雨径流和渗流耦合模拟结果表明:坡面径流对坡体饱和度影响较显著,径流与渗流耦合作用下,雨水入渗程度更深,影响范围更大。泄洪初期影响不明显,随着泄洪持续,坡体表面逐步饱和后雨水以径流形式排泄,径流对入渗的影响逐步显著。坡面径流出流的时间早于入渗出流的时间,泄洪初期阶段径流出流和入渗出流具有一定关联性。雾化雨初始阶段侵蚀比较明显,随后逐渐减弱,径流侵蚀的程度大于渗流侵蚀。渗流侵蚀达到平稳状态的时间早于坡面径流侵蚀,坡体在侵蚀达到某一稳定状态时,增加雾化雨强对坡体渗流侵蚀的加剧没有明显的影响。

同时,分析了不同连续雨强分布下边坡径流与渗流情况(见图 3-37),结果表明:①不同雾化雨强形成径流对边坡入渗的影响程度不同,雾化雨强度越大,径流越深,入渗在边坡内扩展速度越快,相应暂态饱和区范围越大。②较大雾化雨强作用下径流出现较早,更多的雾化雨以径流的形式沿坡面排出;反之较小雾化雨强作用下坡面径流出现的时间较晚,雾化雨入渗量较多,孔隙水压力分布深度较深。径流产生时间影响因素有雨强、土体类型、初始体积含水率、坡度与坡面糙率等,主要因素是雨强和土体渗透率。③当坡面径流出现时,此时边坡上的雾化雨主要以径流的形式排出,持续的雾化雨主要引起坡体表面孔隙水压力的变化,坡体较深处的孔隙水压力在较小的范围内浮动;在坡面径流、雾化雨以及坡体内部湿润锋推进的共同作用下,近坡脚部位较之坡体上部有更为明显的力学响应。坡脚水深的主要影响因素是雨强和坡面糙率。

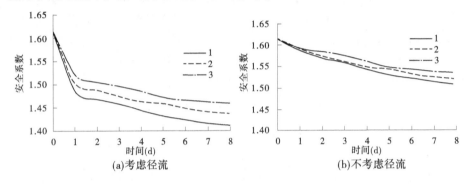

图 3-37　径流对边坡稳定安全系数影响

2. 雾化雨入渗对堆积体稳定影响

图 3-38 为工况一降雨第 8 天堆积体边坡孔隙水压力和含水率分布情况。由模拟结果可见,随着降雨入渗的进行,边坡表面土层孔隙水压力暂时升高,但在降雨前两天边坡仍未出现明显的暂态饱和区或者饱和带;由于降雨入渗的影响,边坡表面土层含水率逐渐上升。降雨入渗的影响范围在边坡表面 27 m 以内,是边坡表面土层第四系覆盖层的厚度,降雨入渗很难往更内部扩展。

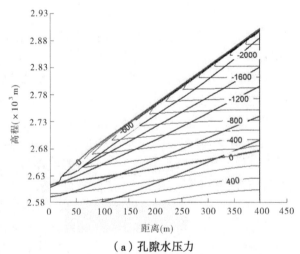

（a）孔隙水压力

图 3-38　工况一降雨第 8 天边坡入渗模拟结果

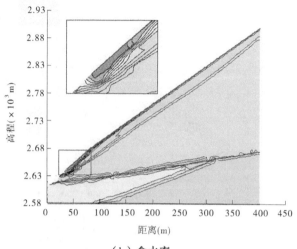

（b）含水率

续图 3-38

图 3-39 为各工况在降雨入渗过程中边坡稳定安全系数变化曲线。三种工况下的稳定安全系数变化趋势相同。降雨开始前,边坡稳定安全系数为 1.614,随着降雨入渗的进行,边坡表面土层的含水率上升,土体的抗剪强度降低,整体使边坡的稳定性下降,在第 8 天边坡安全系数达到了最低值,三种工况的边坡稳定安全系数分别降低到了 1.508、1.520 和 1.536,降幅分别为 6.57%、5.82% 和 4.83%;工况一,每个降雨区域的降雨强度都比另外两个工况的对应降雨区域的降雨强度大,稳定安全系数下降的最多,工况二为其次,工况三最小。降雨结束后,稳定安全系数会缓慢上升。降雨在高程 2 643.0 m~2 679.1 m 区域入渗得多,该区域的土体抗剪强度受影响较大,发生滑移的可能性最大,危险滑移面位置见图 3-40。

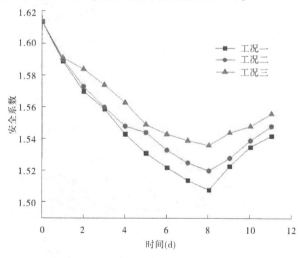

图 3-39　边坡稳定安全系数变化曲线

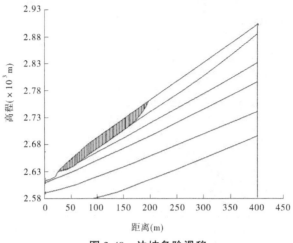

图 3-40　边坡危险滑移

含水率的上升会使基底吸力下降,降低土体的黏聚力,从而降低砂土的抗剪强度。在本节的数值模拟中,降雨入渗使边坡表层土体的含水率上升,主要作用在降雨强度比较大的低高程的边坡区域,该区域的土体因为含水率的升高而使抗剪强度降低,降雨对边坡上部的土体影响较小,降雨入渗降低了边坡的整体稳定性。泄洪量越大,各区域的降雨强度越大,边坡的稳定性下降得越多。

3. 排水管对边坡失稳的缓释作用

以工况一作为对照组,根据工况一的计算结果铺设排水管,这里记铺设排水管的工况为工况四。工况四除铺设排水管这一个条件外,其他条件与工况一相同。由于降雨入渗出现饱和区的区域主要在高程 2 643.00~2 679.10 m 范围的边坡表层土体,因此铺设排水管应铺设在区域。排水管的铺设情况如下:从高程 2 643.00 m 的位置开始,往上每隔 3 m 铺设一根排水管,一共有 13 根排水管,插入深度为 5 m。排水管布置示意图如图 3-41 所示。

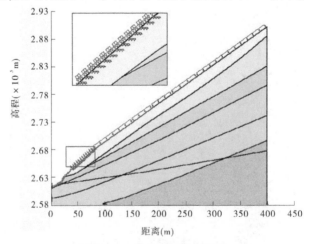

图 3-41　排水管布置示意图

图 3-42 和图 3-43 分别为边坡布设排水管降雨第 8 天孔隙水压力和含水率分布情况。由模拟结果可见,与未铺设排水管的工况一相比较,降雨入渗同样发生在表层土层,坡面

附近的孔隙水压力由于降雨入渗而暂时升高。由于排水管的存在,水分难以往下渗透,第 8 天浸润线的入渗深度为 4.68 m,比未铺设排水管条件下的深度 5.09 m 减少了 8.06%。

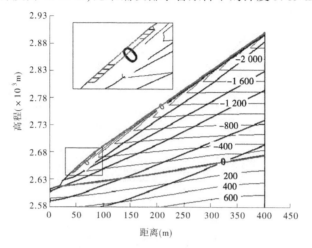

图 3-42　第 8 天孔隙水压力分布

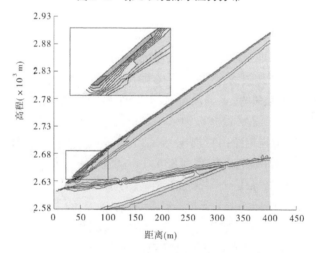

图 3-43　第 8 天含水率分布

　　图 3-44 为有、无排水管条件下边坡稳定安全系数的变化过程比较。在降雨前 3 d,边坡的稳定安全系数变化曲线基本重合,是否铺设排水管对边坡稳定性影响不大。3 d 以后,铺设排水管的边坡稳定安全系数明显下降得比未铺设排水管的少,停雨后前者的安全系数也比后者的大。在第 8 天,铺设排水管的稳定安全系数降低到了 1.528,降低幅度为 5.33%,相比于未铺设排水管,少降低了 1.24%。

　　排水管的存在会在降雨过后一段时间发挥作用,排水管提供了水分额外的渗流通道,阻止了水分往排水管以下的边坡入渗,降雨入渗的影响区域减小,使由于含水率的提高而降低了抗剪强度的土体变少了,从而提高了边坡的整体稳定性。排水管对维持边坡稳定性有利,能有效地减少由于降雨入渗带来的边坡滑移的风险。在实际工程设计中,应对实际边坡进行评估,确定危险入渗区域的位置,根据土层情况合理布置排水管。

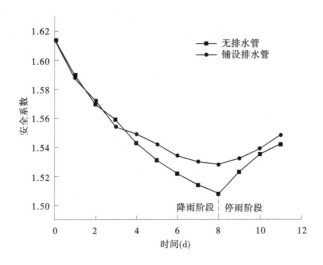

图 3-44　排水管对边坡稳定安全系数的影响

3.5.2　白鹤滩水电站

白鹤滩水电站是我国继三峡、溪洛渡之后的又一座千万千瓦级以上的水电站,电站位于金沙江下游攀枝花至宜宾河段,坝址左岸为四川省宁南县,右岸为云南省巧家县,距巧家县城 45 km,上接乌东德梯级,下邻溪洛渡梯级,距离溪洛渡水电站 195 km,控制流域面积 43.03 万 km^2,占金沙江流域面积的 91.0%。白鹤滩水电站水库总库容 206.27 亿 m^3,正常蓄水位 825.0 m。工程枢纽由拦河坝、泄洪消能设施、引水发电系统等主要建筑物组成。拦河坝为混凝土双曲拱坝,坝顶高程 834.0 m,坝顶弧长 709.0 m,最大坝高 289.0 m。泄洪消能以坝身为主(6 个表孔、7 个深孔),岸边为辅(3 条泄洪洞),坝身泄洪消能设施由坝身 6 个表孔(14.0 m×15.0 m)、7 个深孔(5.5 m×8.0 m)及坝体下游长约 400 m 水垫塘、二道坝组成;坝外泄洪消能设施由左岸 3 条无压泄洪直洞(15.0 m×9.5 m)组成。坝身最大泄量约 30 000 m^3/s,泄洪洞单洞泄洪规模约 4 000 m^3/s。

白鹤滩水电站工程规模巨大,具有"窄河谷、高拱坝、巨泄量、多机组"的特点。枢纽区属中山峡谷地貌,地势北高南低,向东侧倾斜,见图 3-45。谷坡左岸相对较缓,右岸陡峻,河谷呈不对称的 V 形。坝址两岸边坡主要出露二叠系上统峨眉山组玄武岩($P_2\beta$),地层与峨眉山组玄武岩呈假整合接触,见图 3-46。第四系松散堆积物主要分布于两岸河床及缓坡台地上。雾化区边坡稳定性控制边界条件主要有层间错动带、断层及卸荷裂隙,其中层间错动带是关键性的底滑面。左岸山体主要由 $P_2\beta_3$ 和 $P_2\beta_4$ 岩流层构成,层间错动带主要为 C_3、C_{3-1},发育于谷肩以下第 1 个陡壁的坡脚,在地表形成斜坡地形,上覆其上部边坡的崩坡积物。层内错动带走向以 N30°~50°E 占多数,倾角以 10°~20°最具优势,仅少数层内错动带倾角为 20°~30°,宽度一般不大,以小于 5 cm 为主,其次是 5~10 cm。对比左右岸,左岸层内错动带的宽度总体上大于右岸。左岸 $P_2\beta_{32}$~$P_2\beta_{33}$ 层内错动带间距 5~0 m,其他层位为 10~17 m,地表延伸长度 100~500 m,以 LS_{336}、LS_{337}、RS_{336} 为代表。坝区内断层按规模可分为两大类:控制性断层(F)和一般性断层(f),在雾化区研究范围内,控制性断层不仅有一定的延伸长度,而且具有一定厚度的断层破碎带,破碎带内工程性状相对较差,因此工程地质意义表现尤为突出,对雾化区边坡稳定起着关键性的控制性作用[176-177]。

图 3-45　左岸下游边坡面貌

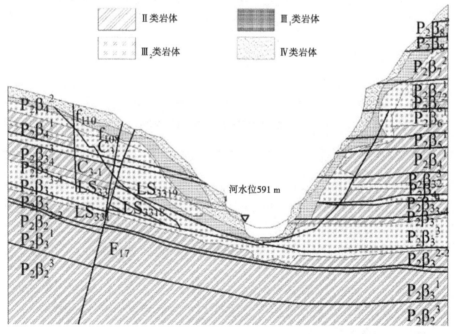

图 3-46　工程典型地质剖面

3.5.2.1　计算条件

选择左岸典型Ⅸ、Ⅰ、Ⅹ断面进行雾化入渗与稳定计算,模型考虑断层、层间错动带等地层及地质构造,未考虑岩体内的排水廊道的影响。依据地勘划定的风化界线资料,同时考虑边坡的卸荷规律及卸荷裂隙、构造节理等发育规律,进行渗透系数的反演确定渗透材料参数见表 3-15、表 3-16。

表 3-15　岩土分层渗透系数　　　　　　（单位:cm/s）

材料分区	k_x	k_y	k_z
岩层Ⅱ	3.00×10^{-5}	3.00×10^{-5}	6.00×10^{-5}
岩层Ⅲ$_1$	4.00×10^{-5}	4.00×10^{-5}	8.00×10^{-5}
岩层Ⅲ$_2$	4.00×10^{-4}	4.00×10^{-4}	8.00×10^{-4}
岩层Ⅳ	1.00×10^{-3}	1.00×10^{-3}	2.00×10^{-3}
层间错动带 C	3.00×10^{-4}	3.00×10^{-4}	1.00×10^{-4}
层内错动 LS、RS	5.00×10^{-4}	5.00×10^{-4}	2.00×10^{-4}
断层 F、f	3.00×10^{-3}	3.00×10^{-3}	6.00×10^{-3}

表 3-16　结构面计算参数

编号	类型	f	c(MPa)	φ_b(°)
C$_3$	岩块岩屑 A 型	0.50	0.115	20
LS$_{331}$	岩块岩屑 B 型	0.45	0.05	20
F$_{16}$	岩块夹泥 A 型	0.35	0.04	20
f$_{108}$	岩块岩屑 B 型	0.04	0.10	20

　　饱和区的压力水头根据上面的条件计算得出,非饱和区的水头参考有关工程经验,自由面之上节点的负水头按至自由面的距离乘以折减系数确定,然后按此条件确定的边坡压力水头场为降雨入渗分析的初始条件。

　　由于水库泄洪一般在雨季进行,因此在雾化降雨基础上同时考虑自然降雨入渗的影响。计算模拟的自然降雨为等强型,降雨强度按 10 mm/h 考虑。整个降雨模拟过程为:前 3 d 自然强降雨,4~13 d 为泄洪雾化雨(不包含天然降雨),14~23 d 为停雨期。整个降雨入渗模拟过程未考虑坡面护坡结构及排水结构的挡、排水效应。

3.5.2.2　降雨入渗结果及分析

　　边坡初始渗流场自由面之下为根据模型两侧水头按稳定渗流计算得出,自由面之上非饱和区节点负水头按至自由面的距离乘以经验折减系数确定。根据渗流计算分析,可得出如下基本规律:

　　(1)雾化雨和降雨入渗将显著抬高边坡坡面浅部的压力水头。降雨持续期,压力水头逐渐升高;降雨结束后的一段时间内,坡体局部区域压力水头无明显降低,受上部入渗影响,其压力水头可继续升高;停雨持续一段时间后,压力水头逐渐降低。

　　(2)雾化雨和降雨入渗造成坡脚局部饱和区最大水位抬升幅度近 110 m。雾化区下部暂态饱和区的水平深度影响范围为 20~80 m,边坡深部的渗流场受降雨入渗影响较小。经过 3 d 强降雨,渗流场中高程 600.00~750.00 m 间的坡面部分均已接近饱和;经过 10 d 强泄洪,680.00 m 高程以下坡面几乎完全饱和,最大水位抬升幅度近 80 m,与第 3 天饱和区域相比明显增大,暂态饱和区也进一步扩大。随着雾化降雨停止,边坡下部的暂态饱和区高程降至 595.00 m。

3.5.2.3　边坡稳定计算结果及分析

底滑面在位置较高时,考虑边坡岩体地下水自由面的变化及非饱和区压力水头变化,只有降雨影响有效凝聚力,泄洪雾化雨对其几乎不产生影响。而底滑面在位置较低处时,考虑边坡岩体地下水自由面的变化及非饱和区压力水头变化,降雨和泄洪雾化雨对有效凝聚力均产生影响。各断面滑动模式安全系数计算结果见表 3-17。

以剖面 IX 分析为例,模式 1 初始时刻安全系数为 3.058,前 3 d 为天然降雨期,随着降雨的持续,稳定系数继续下降,第 3 天安全系数降为 2.790。第 4~13 天泄洪雾化雨期间,安全系数逐渐回升,第 13 天升至 2.804。第 14~23 天泄洪雾化雨结束,安全系数继续回升。此条件下受降雨影响安全系数最大降幅为 8.41%。模式 2 初始时刻稳定安全系数为 1.883,天然降雨期内,安全系数逐步下降,第 3 天降为 1.753。泄洪雾化雨期间,安全系数继续下降,第 13 天降至 1.604。停雨期,安全系数缓慢回升。此条件下受降雨影响安全系数最大降幅为 14.82%。

底滑面在位置较高处时,滑动模式考虑边坡岩体地下水自由面的变化及非饱和区压力水头变化,只有降雨期影响有效凝聚力,使安全系数不断降低,而泄洪雾化雨的影响极小,故安全系数缓慢回升。底滑面在位置较低处时,滑动模式考虑边坡岩体地下水自由面的变化及非饱和区压力水头变化,降雨期和泄洪雾化雨期对有效凝聚力均有影响,故安全系数不断下降。因此,位置较高处的滑动模式比较低处的滑动模式受降雨的影响小。对比不同剖面可知,越靠近上游,边坡安全系数受雾化雨的影响越大。

白鹤滩水电站雾化区边坡稳定性受雾化雨的影响较大,因此应做好排水加固措施,应在强雾化区设置主排水洞、支洞和洞内排水孔等坡内排水设施,施加系统锚索锚杆等支护措施来保证工程边坡运行期的稳定性[178]。

3.5.3　溪洛渡水电站

溪洛渡水电站枢纽由拦河坝、泄水建筑物和引水发电建筑物组成,坝顶高程 610 m,最大坝高 278 m,正常蓄水位 600 m,死水位 540 m,水库总库容 126.7 亿 m³。泄水建筑物坝身设置 7 个表孔和 8 个深孔,采用挑流和空中碰撞消能方式,坝后设水垫塘和二道坝。

溪洛渡水电站坝址河道顺直,岸坡陡峻,河谷宽高比为 2,呈对称窄 U 形。两岸山体雄厚,地形完整,坝基岩体为多期喷溢的玄武岩,强度高,整体块状结构,风化卸荷影响深度不大,岩体风化卸荷界限大体与河谷形态相近。坝区无较大断层和软弱带切割,发育于玄武岩各岩流层中的层间、层内错动带是坝基岩体主要构造痕迹,与大坝基础相关的共有 10 个岩流层,层厚 25~40 m。层间、层内错动带较为发育,产状多平缓,破碎带一般厚 5~10 cm,浅表可达 20~30 cm。工程岸坡典型地质剖面见图 3-47。

表 3-17　不同时刻安全系数

时间(d)	剖面 IX 模式1 Sama法	严格Janbu法	不平衡推力法	模式2 Sama法	严格Janbu法	不平衡推力法	剖面 I 模式1 Sama法	严格Janbu法	不平衡推力法	模式2 Sama法	严格Janbu法	不平衡推力法	剖面 X 模式1 Sama法	严格Janbu法	不平衡推力法	模式2 Sama法	严格Janbu法	不平衡推力法
0	3.058	3.025	3.031	1.883	2.557	2.532	2.547	2.535	2.539	1.139	1.130	1.128	2.228	2.256	2.258	1.154	1.102	1.104
1	2.804	2.811	2.817	1.833	2.489	2.464	2.436	2.421	2.425	1.036	1.002	1.001	2.090	2.139	2.211	0.931	0.815	0.826
3	2.790	2.807	2.806	1.753	2.545	2.430	2.391	2.388	2.361	0.981	0.962	0.958	2.088	2.123	2.115	0.918	0.808	0.819
4	2.783	2.799	2.785	1.684	2.420	2.396	2.382	2.360	2.344	0.978	0.959	0.957	2.086	2.119	2.113	0.915	0.804	0.817
8	2.799	2.787	2.792	1.631	2.367	2.341	2.387	2.368	2.348	0.971	0.954	0.952	1.132	2.164	2.236	0.909	0.799	0.801
13	2.804	2.796	2.802	1.604	2.352	2.328	2.412	2.409	2.408	0.966	0.950	0.949	2.122	2.158	2.229	0.911	0.906	0.815
15	2.806	2.800	2.806	1.691	2.359	2.331	2.430	2.426	2.420	0.969	0.951	0.951	2.135	2.165	2.237	0.914	0.802	0.815
18	2.810	2.801	2.808	1.719	2.363	2.338	2.433	2.431	2.425	0.976	0.958	0.956	2.136	2.166	2.238	0.930	0.815	0.826
23	2.815	2.802	2.812	1.734	2.386	2.362	2.436	2.434	2.427	0.977	0.959	0.957	2.137	2.167	2.238	0.935	0.819	0.828

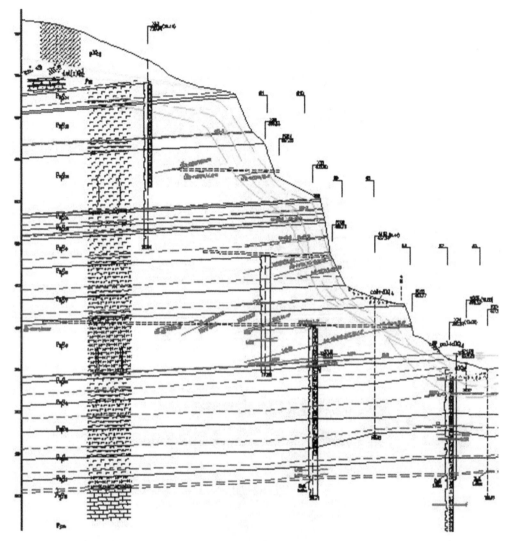

图 3-47　工程岸坡典型地质剖面

2015 年汛期溪洛渡泄洪雾化原型观测显示[175]:在采用 4 个深孔泄洪条件下,沿纵向方向,大坝上游面及以上区域受泄洪雾化影响程度较小,坝顶靠近下游面位于纵向中心线两侧区域有阵发性雾流升腾而起,超过坝顶 50~60 m,坝顶两侧降雨量较坝顶中间区域要大;整个水垫塘及二道坝后 200 m 范围雾化程度较严重,此区域在 450 m 高程以下基本属于浓雾区,可见度极低。二道坝下游约 200 m 以后区域,受气象条件影响雾流飘散至 1# 和 4# 电站尾水洞后基本消散殆尽。降雨强度分布等值线见图 3-48。

以溪洛渡水电站工程下游岸坡为研究对象,基于非稳定渗流理论,应用雾化雨在岸坡的非稳定入渗模型,分析下游岸坡在雾化雨作用下的入渗条件、入渗过程。在此基础上研究了雾化雨分区、雨强等因素的敏感性,雾化雨与天然降雨组合工况、边坡坡面护坡措施等因素变化情况下的入渗过程。

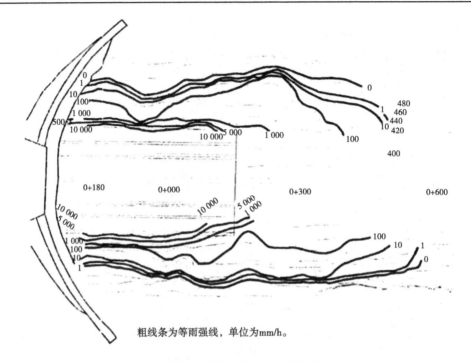

粗线条为等雨强线,单位为mm/h。

(a)表、深孔联合泄洪 1:60 模型试验

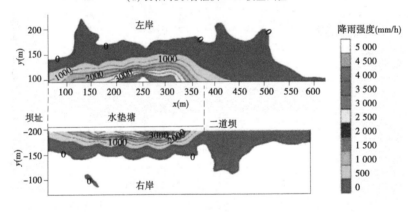

(b)深孔 4 孔泄洪原型观测[175]

图 3-48　溪洛渡泄洪雾化影响范围

3.5.3.1　泄洪雾化雨和降雨过程线

1. 雾化雨分区及其雨强的确定

根据雾化雨模型试验结果[179],假设雾化雨的雨强不随时间而变化,即假设雾化雨为等强型。雾化雨雨强分区根据按高程分为下述 3 个雾化雨区:高程 440 m 以下区域、高程 440~500 m 范围内区域和高程 500~560 m 范围内区域。此外,高程 560 m 以上区域,即自然降雨入渗区定为第④区。设计工况下的雾化雨分区及其雨强汇总于表 3-18。

表 3-18　设计工况下的雾化雨分区及其雨强

工况	雨区号	高程	雨强(mm/h)
设计工况	①	440 m 以下	1 000
	②	440~500 m	150
	③	500~560 m	10

2. 雾化雨和降雨组合概化过程线的拟定

泄洪一般在雨季进行,因此雾化雨入渗分析时也考虑自然降雨入渗。

溪洛渡坝区的自然降雨主要集中在 5~8 月,日降雨量最大为 130 mm,相当于 5.4 mm/h。由于没有典型暴雨过程线,假设降雨为等强型,其强度取为 5.4 mm/h。

根据实际可能发生的泄洪与降雨的组合情况,拟定了 6 种雾化雨和降雨的组合概化过程线,如表 3-19 所示,其中包括一种仅考虑雾化雨和一种仅考虑自然降雨的概化过程线。雾化雨的实际强度取各分区雾化雨强度与自然降雨强度之和。

表 3-19　雾化雨和降雨的组合情况

组合情况编号	前期降雨天数(d)	雾化雨历时天数(d)	后期降雨天数(d)
1	0	3	2
2	1	3	1
3	2	3	0
4	0	3	0
5	3	3	3
6	3	0	3

3. 雾化雨入渗分析工况

根据雾化雨与降雨的组合情况和泄洪保护区雾化雨强度的折减系数,拟定的 20 种雾化雨入渗分析工况汇总于表 3-20。

表 3-20　雾化雨入渗分析工况

工况编号	雾化雨与降雨的组合情况编号	雾化雨强度的折减系数(%)	工况编号	雾化雨与降雨的组合情况编号	雾化雨强度的折减系数(%)
1	1	0	11	3	25
2	1	10	12	3	50
3	1	25	13	4	0
4	1	50	14	4	10
5	2	0	15	4	25
6	2	10	16	4	50
7	2	25	17	5	25
8	2	50	18	5	50
9	3	0	19	6	25
10	3	10	20	6	50

注:仅对泄洪保护区(第①、②雾化雨区)的雾化雨强度进行折减。

3.5.3.2　雾化雨岸坡入渗计算

1. 计算域选取

基于雾化雨入渗的裂隙岩体饱和非饱和渗流数学模型,以溪洛渡水电站水垫塘区岸坡为例分析雾化雨入渗。根据泄洪雨强分布图,取雾化雨强较大的 100 m 长水垫塘岸坡段(沿河流向)作为计算域。由于横剖面位于该段内,因此计算域的地形和地质分区情况以横剖面为参考地质剖面,位于水垫塘区的其他横剖面作为复核。计算域在枢纽布置图中的位置如图 3-49 所示。

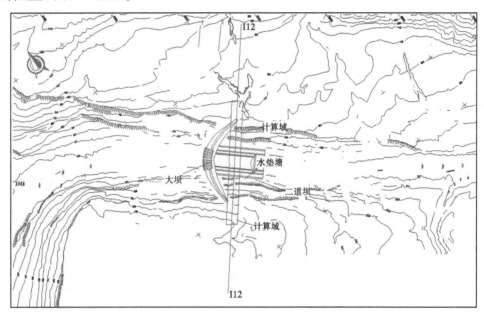

图 3-49　计算域在枢纽布置图中的位置

以溢流中心线为分界线把计算域分成左岸和右岸两部分。根据I12 横剖面图和地形平面图,计算域侧向边界,右岸延伸至 860 m 高程处,左岸延伸至 760 m 高程处,计算域底部取至 250 m 高程处。左岸、右岸计算域典型剖面如图 3-50 所示,计算域有限元网格剖分见图 3-51。

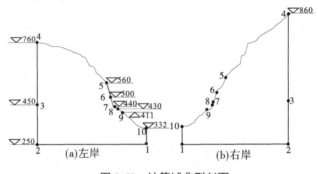

图 3-50　计算域典型剖面

为使计算分析结果更贴近实际,在计算域中需考虑两岸谷肩第四系松散堆积物、古风化层、峨眉山玄武岩、层间错动带等渗透介质。根据玄武岩岩流层、不同的层间错动带及风化情况,左岸、右岸计算域均细分为 31 个渗透分区。

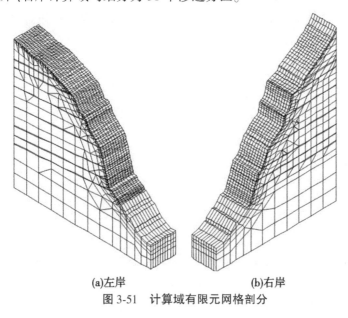

(a)左岸　　　　　　　　　(b)右岸

图 3-51　计算域有限元网格剖分

2. 计算参数

1) 压力水头

计算域饱和区的初始压力水头场根据建坝蓄水后三维稳定饱和渗流模型的计算结果插值而得。由于缺乏实测资料,计算域非饱和区的初始压力水头先依据结点高程值假定,再用上述饱和非饱和渗流程序迭代计算无地表入渗情况下的饱和非饱和渗流场,直至 24 h 内渗流场无明显变化(表明已达相对稳定状态),该时刻的饱和非饱和渗流场作为雾化雨入渗分析的初始压力水头场。左岸、右岸计算域的初始压力水头场如图 3-52 所示。

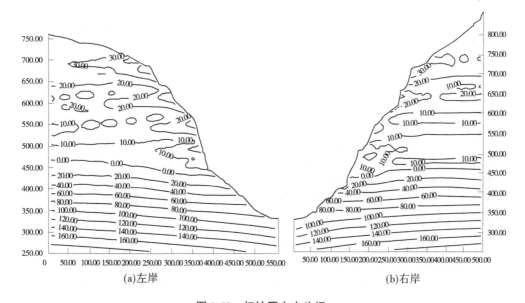

(a)左岸　　　　　　　　　(b)右岸

图 3-52　初始压力水头场

2）非饱和水力参数

岩体的单位贮存量小于 10^{-6} m^{-1}，岩块的毛细压力—含水率和相对渗透率—含水率关系参照类似岩石材料拟定，弱上岩体、弱下岩体及微新岩体采用同一个关系，如图 3-53、图 3-54 所示。

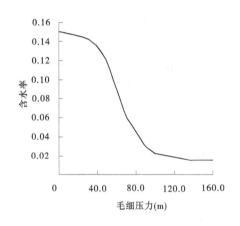 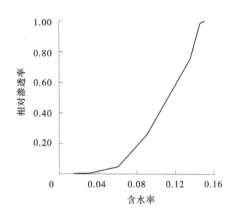

图 3-53　岩块的毛细压力—含水率关系曲线　　图 3-54　岩块的相对渗透率—含水率关系曲线

溪洛渡坝区裂隙开度服从单参数的负指数分布。拟合隙宽概率统计图得分布参数 $\lambda = 0.019$。运用上述方法求得裂隙的毛细压力—饱和度和相对渗透率—饱和度的关系如图 3-55、图 3-56 所示。

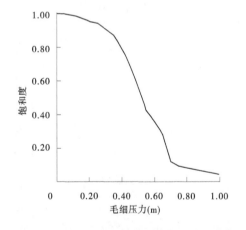 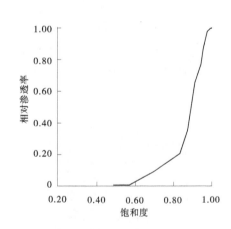

图 3-55　裂隙的毛细压力—饱和度关系曲线　　图 3-56　裂隙的相对渗透率—饱和度关系曲线

根据各自的裂隙率确定出的弱上岩体、弱下岩体及微新岩体的毛细压力—含水率和相对渗透率—含水率的关系如图 3-57、图 3-58 所示。上述三类岩体的毛细压力—含水率关系曲线重合，故上述三类岩体的毛细压力—含水率关系采用同一个关系。

层间错动带的单位贮存量 $S_s = 1.0 \times 10^{-4}$ m^{-1}，其毛细压力—含水率和相对渗透率—含水率的关系如图 3-59、图 3-60 所示；两岸谷肩第四系松散堆积物的单位贮存量 $S_s = 1.0 \times 10^{-4}$ m^{-1}，其毛细压力—含水率和相对渗透率—含水率的关系如图 3-61、图 3-62 所示；古风化层的单位贮存量 $S_s = 1.0 \times 10^{-3}$ m^{-1}（参照黏土选取），其毛细压力—含水率和相对渗透率—含水率的关系如图 3-63、图 3-64 所示。

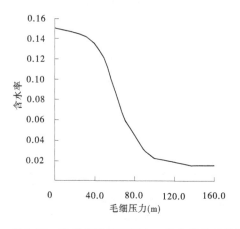

图 3-57　玄武岩的毛细压力—含水率关系曲线

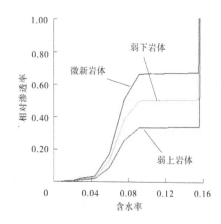

图 3-58　玄武岩的相对渗透率—含水率关系曲线

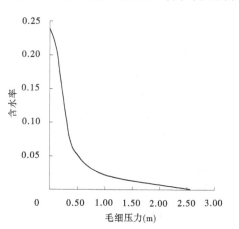

图 3-59　错动带的毛细压力—含水率关系曲线

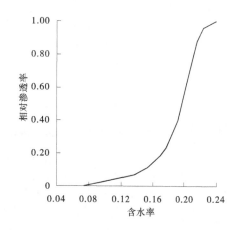

图 3-60　错动带的相对渗透率—含水率关系曲线

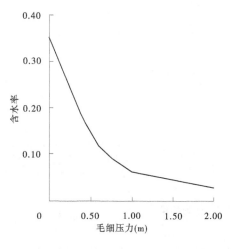

图 3-61　堆积物的毛细压力—含水率关系曲线

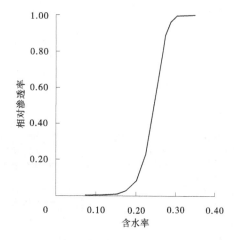

图 3-62　堆积物的相对渗透率—含水率关系曲线

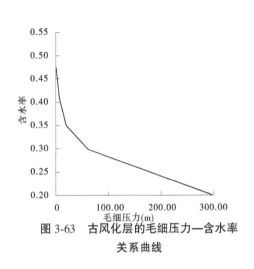

图 3-63　古风化层的毛细压力—含水率
关系曲线

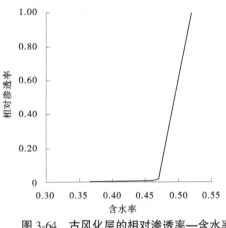

图 3-64　古风化层的相对渗透率—含水率
关系曲线

3.计算结果分析

运用考虑地表入渗的饱和非饱和渗流理论和相应的计算程序对前述 20 种工况下的水垫塘区左、右岸坡进行了雾化雨入渗分析。计算所得的不同时刻的零压力线位置,为了清晰地表示出地下水位以上区域压力水头随雾化雨入渗历时的变化情况,特在左、右岸各布置了一典型剖面(剖面位置见零压力线位置图中的 1—1 剖面),跟踪 1—1 剖面给出了不同时刻压力水头与埋深的关系曲线。典型工况下不同时刻的零压力线位置及 1—1 剖面不同时刻压力水头与埋深的关系曲线如图 3-65~图 3-76 所示。

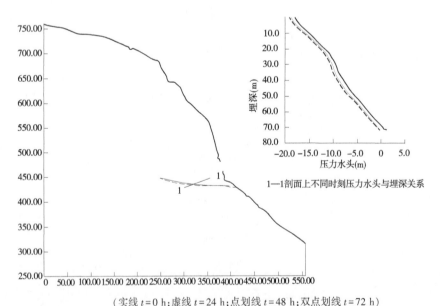

1—1剖面上不同时刻压力水头与埋深关系

(实线 $t=0$ h;虚线 $t=24$ h;点划线 $t=48$ h;双点划线 $t=72$ h)

图 3-65 左岸工况 1 不同时刻零压力线位置

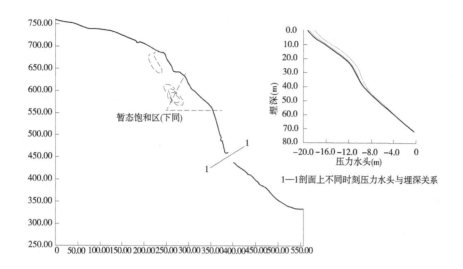

（实线 $t=96$ h；虚线 $t=120$ h；点划线 $t=144$ h；双点划线 $t=192$ h）

图 3-66 左岸工况 1 不同时刻零压力线位置

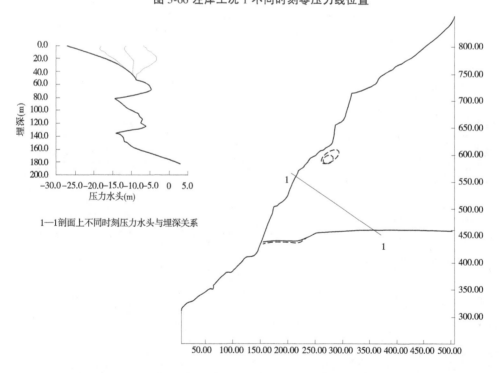

（实线 $t=0$ h；虚线 $t=24$ h；点划线 $t=48$ h；双点划线 $t=72$ h）

图 3-67 右岸工况 1 不同时刻零压力线位置

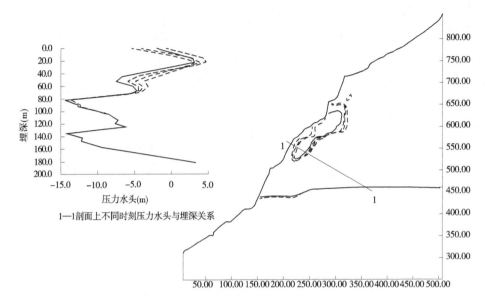

（实线 $t=96$ h;虚线 $t=120$ h;点划线 $t=144$ h;双点划线 $t=192$ h）

图 3-68 右岸工况 1 不同时刻零压力线位置

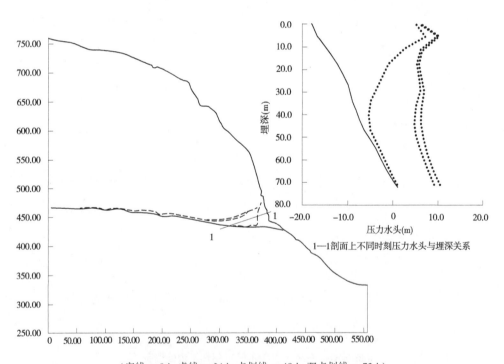

（实线 $t=0$ h;虚线 $t=24$ h;点划线 $t=48$ h;双点划线 $t=72$ h）

图 3-69 左岸工况 3 不同时刻零压力线位置

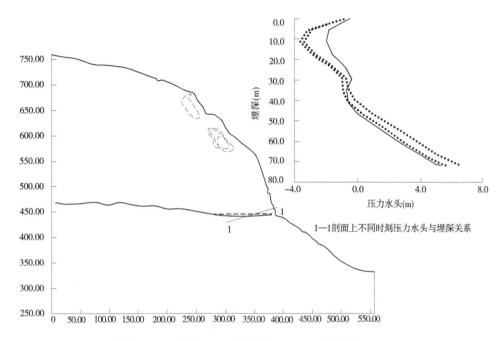

（实线 $t=96$ h；虚线 $t=120$ h；点划线 $t=144$ h；双点划线 $t=192$ h）

图 3-70　左岸工况 3 不同时刻零压力线位置

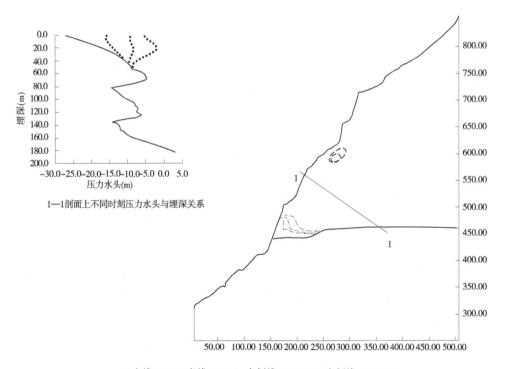

（实线 $t=0$ h；虚线 $t=24$ h；点划线 $t=48$ h；双点划线 $t=72$ h）

图 3-71　右岸工况 3 不同时刻零压力线位置

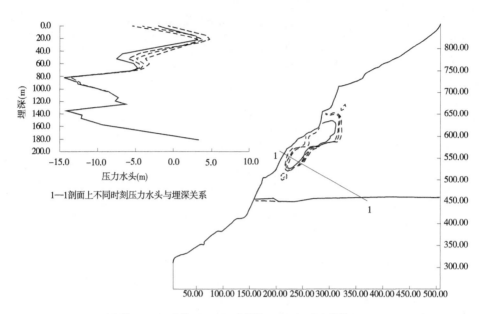

（实线 $t=96$ h；虚线 $t=120$ h；点划线 $t=144$ h；双点划线 $t=192$ h）

图 3-72　右岸工况 3 不同时刻零压力线位置

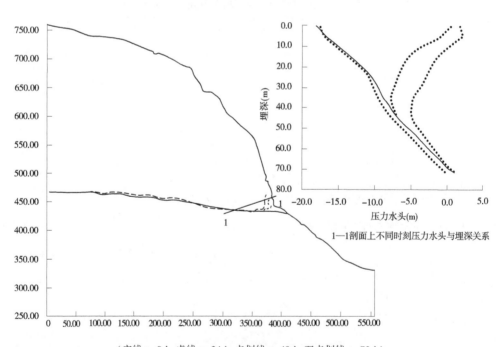

（实线 $t=0$ h；虚线 $t=24$ h；点划线 $t=48$ h；双点划线 $t=72$ h）

图 3-73　左岸工况 7 不同时刻零压力线位置

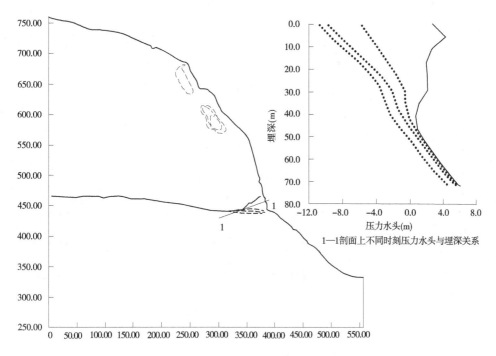

（实线 $t=96$ h；虚线 $t=120$ h；点划线 $t=144$ h；双点划线 $t=192$ h）

图 3-74　左岸工况 7 不同时刻零压力线位置

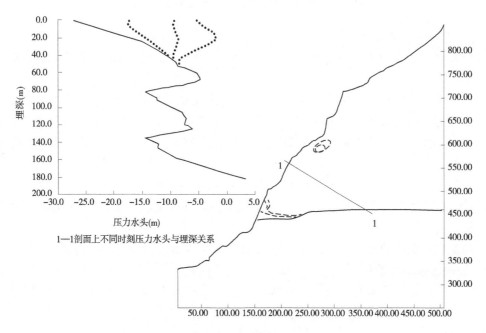

（实线 $t=0$ h；虚线 $t=24$ h；点划线 $t=48$ h；双点划线 $t=72$ h）

图 3-75　右岸工况 7 不同时刻零压力线位置

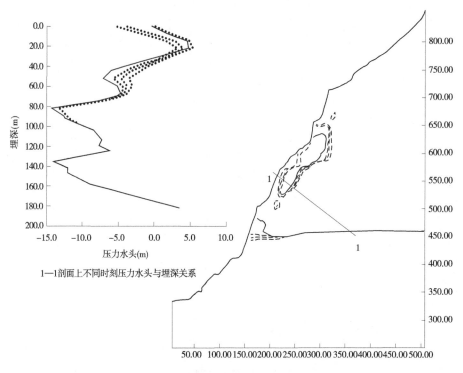

1—1 剖面上不同时刻压力水头与埋深关系

(实线 $t=96$ h;虚线 $t=120$ h;点划线 $t=144$ h;双点划线 $t=192$ h)

图 3-76　右岸工况 7 不同时刻零压力线位置

通过对计算结果的分析可知：

（1）雾化雨和降雨入渗都会形成对边坡稳定不利的暂态饱和区，前述计算参数的分析结果表明，在右岸暂态饱和区最大深度接近 50 m。

（2）当雾化雨区护面措施的防渗作用不大时，雾化雨和降雨入渗会显著抬高岸坡浅层部位的地下水位，如护面措施仅能将入渗强度折减为 50% 时，左岸出逸点位置的最大升高值接近 50 m，右岸出逸点位置的最大升高值接近 55 m。当降雨历时较长时（工况 17 和工况 8），地下水位将与暂态饱和区连通。

（3）地下水位的增幅主要取决于雾化雨区护面措施的防渗作用，因此应设法加强岸坡表面保护，以减少入渗，同时做好岸坡表面积水的疏导排泄网状明沟，当然还要注意减少冲刷。

（4）雾化雨和降雨入渗引起的暂态饱和区和地下水位升高区主要位于弱上岩体内，这对岸坡浅层稳定性不利。

（5）自然降雨入渗对暂态饱和区的形成有重要贡献，当雾化雨区以上边坡较缓（如右岸）时，应加强对自然降雨入渗的控制，建议将右岸的护面措施延伸至缓坡以上，即延伸至 610 m 高程。

（6）入渗形成的暂态饱和区主要处于岸坡浅层部位（离地表的最大深度接近 50 m），为了有效地控制入渗形成的饱和非饱和渗透水流，在水垫塘区岸坡中应多布置浅层分布式排水孔洞,尤其是在雾化雨区和缓坡部位。

3.5.3.3　雾化雨入渗下岩石边坡稳定性分析

根据前述雾化雨入渗下的水垫塘岸坡饱和非饱和渗流场,采用刚体极限平衡法进行岸坡稳定分析。以溪洛渡水垫塘区岸坡为例,分析雾化雨入渗对岩石边坡稳定性的影响。由于溪洛渡水垫塘区岸坡的优势结构面都是陡倾角的,故在稳定分析时,采用垂直条分。

1. 计算模型

选取雾化雨强度最大处的剖面I12横剖面作为计算断面,计算断面的地质分区和层间、层内错动带位置具体见横I12线工程地质剖面图。同雾化雨入渗分析,岸坡稳定验算时,左、右岸分开进行,计算工况同雾化雨入渗分析时所采用的工况。岸坡稳定验算分整体深层滑动和雾化雨区局部浅层滑动两种情况进行。

根据横I12线工程地质剖面图和饱和非饱和渗流场,把计算断面细分为10层,如图 3-77 所示。每一层均为同一种地质材料,每一层的基质吸力(或孔隙水压力)取各层的平均值。

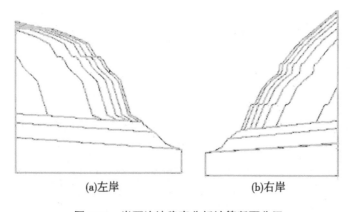

|(a)左岸|(b)右岸|

图 3-77　岩石边坡稳定分析计算断面分层

由于层间、层内错动带和陡倾角裂隙的抗剪强度指标均远小于岩体的抗剪强度指标,故岸坡最可能沿层间、层内错动带和陡倾角裂隙滑动。底滑面由层间、层内错动带组成,层间、层内错动带定位按横Ⅰ12剖面上的位置。层间、层内错动带根据风化卸荷情况分为弱上、弱下和微新三段。侧向滑裂面由陡倾角裂隙组成,其中右岸中高高程为第①组陡倾角裂隙,其产状为 EW/S(N) ∠70°～85°,右岸低高程为第④组陡倾角裂隙,其产状为 N60°～80°E/SE(NW) ∠65°～85°;左岸为第③组陡倾角裂隙,其产状为 N20°～30°W/SW(NE) ∠70°～85°。

综上所述,滑裂面由层间、层内错动带和陡倾角裂隙组成,可由若干段折线来描述,其中右岸滑裂面(一陡一缓或二陡一缓)最多分为9段折线(底滑面根据风化卸荷情况分为3段,侧滑面根据高程和风化卸荷情况分为6段),左岸滑裂面(一陡一缓)最多分为6段折线(底滑面根据风化卸荷情况分为3段,侧滑面根据风化卸荷情况分为3段)。搜索最危险滑裂面位置的基本思路叙述如下:先固定底滑面位置(取一层间或层内错动带),再搜索最危险侧滑面并记录下位置及相应的稳定安全系数(侧滑面按陡倾角裂隙的倾角和裂隙间距平行搜索,其中陡倾角裂隙的倾角取倾角范围的上限值和下限值做比较);改变底滑面位置,即取另一组错动带,同上搜索并记录下最危险侧滑面位置及相应的稳定安全系数,直至验算完所有的错动带位置;最后通过比较确定出最危险滑裂面位置和相应的最小稳定安全系数。此外,由于弱上岩体内裂隙较发育,岩体破碎呈镶嵌至碎裂结构,当侧滑面位于弱上岩体内时,按任意倾角搜索最危险侧滑面。溪洛渡水垫塘区岸坡最危险滑裂面如图 3-78 所示。

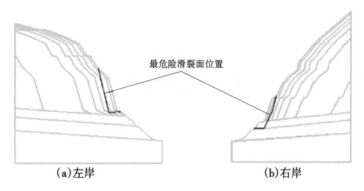

图 3-78　溪洛渡水垫塘区雾化雨区浅层滑动的最危险滑裂面

2. 计算参数

内摩擦角由正切值 f 换算为角度 φ'。反映抗剪强度随基质吸力而增加的速率 φ^b 角取内摩擦角 φ' 的 50%。各类材料的计算参数汇总于表 3-21。

表 3-21　各类材料所需的计算参数值

材料类型		c'（kPa）	φ'（°）	φ^b（°）	容重（kN/m³）
岩体	弱上	800	45.00	22.5	27.5
	弱下	1 700	49.72	24.86	28.0
	微新	2 500	53.47	26.74	28.5
层间、层内错动带	弱上	100	21.8	10.9	—
	弱下	150	26.57	13.28	—
	微新	250	28.81	14.4	—
陡倾角裂隙	弱上	100	28.81	14.4	—
	弱下	300	40.36	20.18	—
	微新	500	45	22.5	—

底滑面为层间、层内错动带,而层间、层内错动带的连通率为100%,故底滑面的抗剪强度参数取层间、层内错动带的抗剪强度参数。由于陡倾角裂隙分布有一定的连通率,而做稳定分析时,假设侧滑面是完全连通的,因此侧滑面的抗剪强度参数应选取岩体参数和陡倾角裂隙参数的加权平均值。侧滑面抗剪强度指标的计算公式如下:

$$\varphi' = \varphi'_r(1-\psi) + \varphi'_f \cdot \psi, \quad c' = c'_r(1-\psi) + c'_f \cdot \psi, \quad \varphi^b = \varphi^b_r(1-\psi) + \varphi^b_f \cdot \psi$$

$$(3\text{-}53)$$

式中：φ'_r、φ'_f 和 φ' 分别为岩体、陡倾角裂隙和侧滑面的内摩擦角；c'_r、c'_f 和 c' 分别为岩体、陡倾角裂隙和侧滑面的有效凝聚力；φ^b_r、φ^b_f 和 φ^b 分别为岩体、陡倾角裂隙和侧滑面的表示抗剪强度随基质吸力而增加的速率；ψ 为陡倾角裂隙的连通率。

据式(3-53)求得的侧滑面抗剪强度指标如表 3-22 所示，进行岸坡稳定分析时，水平向地震系数 $K_H = 0.321$，地震加速度分布系数 $\theta = 1.0$。

表 3-22　侧滑面的抗剪强度指标

风化卸荷	岩体抗剪强度指标			陡倾角裂隙抗剪强度指标			连通率 ψ (%)	侧滑面抗剪强度指标		
	c'_r (kPa)	φ'_r (°)	φ^b_r (°)	c'_f (kPa)	φ'_f (°)	φ^b_f (°)		c' (kPa)	φ' (°)	φ^b (°)
弱上	800	45	22.5	100	28.81	14.4	35	555	39.33	19.67
弱下	1 700	49.72	24.86	300	40.36	20.18	30	1 280	46.91	23.46
微新	2 500	53.47	26.74	500	45	22.5	25	2 000	51.35	25.68

3. 计算结果及分析

根据前述 20 种工况下不同时刻的饱和非饱和渗流场计算结果以及所选定的抗滑稳定计算参数，对水垫塘区岸坡的整体深层滑动和雾化雨区局部浅层滑动进行了验算。

从验算结果看，整体深层滑动的稳定安全系数随雾化雨入渗的进行降低不大，这里仅给出 20 种工况下稳定安全系数的最大降幅(雨停 24 h 左右稳定安全系数达到最低)，如表 3-23 所示。水垫塘区岸坡整体深层滑动的稳定安全系数随雾化雨入渗的进行降低不大，其中左岸稳定安全系数的最大降幅为 0.86%(工况 18)，右岸稳定安全系数的最大降幅为 0.93%(工况 18)。整体深层滑动的稳定安全系数对雾化雨入渗影响不太敏感可由以下两方面的原因来解释：一是由于岸坡较陡，且岩体渗透性由表及里减小明显，雾化雨入渗很难深入到岩体内部，而最危险滑裂面位置又较深，故滑裂面的抗剪强度指标没有降低(处于浅层的滑裂面除外)；二是由于所形成的暂态饱和区与滑动岩体体积相比不大，因此由暂态饱和区所增加的滑动岩体重量和附加暂态水荷载也不大。

各种工况下，雾化雨区局部浅层滑动的稳定安全系数随雨水的下渗而逐渐降低，入渗结束后 24 h 降至最低，之后又有所回升。导致稳定安全系数降低有以下两个方面的原因：一是由于雨水的入渗引起滑裂面处孔隙水压力的增加，使滑裂面的抗剪强度降低；二是由于暂态饱和区的形成，增加了滑动力。由于入渗停止后，水分还将继续往下渗，滑裂面处的孔隙水压力还将继续升高，因此入渗停止后稳定安全系数将进一步降至最低值。之后随着暂态饱和区的消失，稳定安全系数又会有所回升。

工况 1~工况 12 的稳定安全系数降幅大于工况 13~工况 16 的稳定安全系数降幅。当雾化雨区护面措施完全不透水时，稳定安全系数仍有降低，尤其是右岸。此外，对只有降雨入渗的情况(工况 19 和工况 20)，左岸、右岸的稳定安全系数均有所降低。上述现象表明，自然降雨入渗对岸坡稳定性的影响不容忽视，特别是当雾化雨区以上边坡较缓时(如右岸)，更是值得重视。

表 3-23　考虑雾雨入渗的溪洛渡水垫塘岸坡整体深层滑动稳定安全系数

工况	左岸整体深层滑动			右岸整体深层滑动		
	初始安全系数	最低安全系数	最大降幅	初始安全系数	最低安全系数	最大降幅
1	2.221	2.218	0.14%	1.937	1.934	0.16%
2	2.221	2.213	0.36%	1.937	1.928	0.46%
3	2.221	2.210	0.50%	1.937	1.924	0.67%
4	2.221	2.206	0.68%	1.937	1.921	0.83%
5	2.221	2.218	0.14%	1.937	1.934	0.16%
6	2.221	2.214	0.32%	1.937	1.929	0.41%
7	2.221	2.211	0.45%	1.937	1.925	0.62%
8	2.221	2.207	0.63%	1.937	1.922	0.77%
9	2.221	2.218	0.14%	1.937	1.934	0.16%
10	2.221	2.214	0.32%	1.937	1.928	0.46%
11	2.221	2.211	0.45%	1.937	1.925	0.62%
12	2.221	2.207	0.63%	1.937	1.922	0.77%
13	2.221	2.219	0.09%	1.937	1.935	0.1%
14	2.221	2.215	0.27%	1.937	1.931	0.31%
15	2.221	2.212	0.41%	1.937	1.928	0.46%
16	2.221	2.210	0.50%	1.937	1.926	0.57%
17	2.221	2.205	0.72%	1.937	1.922	0.77%
18	2.221	2.202	0.86%	1.937	1.919	0.93%
19	2.221	2.216	0.23%	1.937	1.932	0.26%
20	2.221	2.214	0.31%	1.937	1.930	0.36%

　　上述计算考虑了泄洪雾化雨的入渗过程,若不考虑雾化雨入渗,溪洛渡水垫塘区岸坡稳定性验算仍需按整体深层滑动和雾化雨区局部浅层滑动两种情况进行,计算结果见表 3-24。

表 3-24　未考虑雾化雨入渗的溪洛渡水垫塘区岸坡抗滑稳定安全系数

左岸		右岸	
整体深层滑动	局部浅层滑动	整体深层滑动	局部浅层滑动
2.202	2.767	1.921	1.932

　　与考虑基质吸力对抗剪强度贡献的情况(即前述考虑地表入渗情况下,初始时刻的稳定安全系数)相比,这里所求得的稳定安全系数均较小,这说明不考虑非饱和带基质吸

力的作用是偏保守的。但比考虑雾化雨入渗的稳定安全系数大,再次说明雾化雨入渗确会为对岸坡稳定产生不利影响,应加强雾化雨入渗的控制。

通过以上对于溪洛渡水垫塘区典型岸坡稳定计算分析,得到的主要结论如下:

(1)水垫塘区岸坡整体深层滑动的稳定安全系数随雾化雨入渗的进行降低不大,其中左岸稳定安全系数的最大降幅为 0.86%(工况 18),右岸稳定安全系数的最大降幅为 0.93%(工况 18)。

(2)各种工况下,雾化雨区局部浅层滑动的稳定安全系数随连续入渗时间的延长将逐渐降低,入渗结束后 24 h 降至最低,之后又有所回升。

(3)雾化雨区护面措施的控渗作用对雾化雨区局部浅层滑动的稳定安全系数影响很大。对 3 d 雾化雨 5 d 降雨的组合情况(工况 1 ~ 工况 12),当护面措施能将入渗强度折减为 0 时,左岸雾化雨区局部浅层滑动稳定安全系数最大仅从初始的 2.794 降为 2.777(工况 1),右岸最大仅从初始的 1.954 降为 1.924(工况 1);当护面措施仅能将入渗强度折减为 50% 时,左岸雾化雨区局部浅层滑动稳定安全系数最大从初始的 2.794 降为 2.515(工况 4),降幅达 10%,右岸最大从初始的 1.954 降为 1.601(工况 4),降幅达 18%。对 3 d 雾化雨 9 d 降雨组合情况(工况 17 ~ 工况 18),当护面措施仅能将入渗强度折减为 50% 时,左岸雾化雨区局部浅层滑动稳定安全系数最大从初始的 2.794 降为 2.479(工况 18),降幅达 11%,右岸最大从初始的 1.954 降为 1.562(工况 18),降幅达 20%。因此应设法加强坡面保护,尽量减少入渗。

(4)由于右岸雾化雨区边坡较左岸缓,雨水的入渗量更大,故右岸雾化雨区局部浅层滑动稳定安全系数的降幅比左岸的大。

(5)含降雨入渗的工况 1 ~ 工况 12 的稳定安全系数降幅大于仅有雾化雨入渗的工况 13 ~ 工况 16 的稳定安全系数降幅。当雾化雨区护面措施完全不透水时,稳定安全系数仍有降低,尤其是右岸。此外,对只有降雨入渗的情况(工况 19 和工况 20),左岸、右岸的稳定安全系数均有所降低。这说明自然降雨入渗对岸坡稳定性的影响不容忽视,特别是当雾化雨区以上边坡较缓时(如右岸),更需要值得重视。

第4章　泄洪雾化对坝区电力、交通的影响及综合防护

4.1　泄洪雾化对电站输变电系统的影响

高坝泄洪产生的降雨、雾气、水舌风会对电站输变电系统造成一定的影响,主要包括以下几个方面:暴雨区内形成径流导致厂房进水或淹没;降雨或浓雾区空气含水量大,易使输变电线路放电、闪络、跳闸;雾化雨冬季形成冰冻,导致绝缘子发生冻雾闪络,并影响输电线路安全。

4.1.1　雨雾对输变电系统的影响

4.1.1.1　输电线路电晕

输变电设备在运行过程中,其空气间隙与外绝缘会受到气压、湿度、温度、雨雾、覆冰(雪)等复杂大气环境的影响。电极间距离很大时,由于电场极不均匀,在电极表面及其附近的电场强度超过空气的击穿强度时,在电极表面就出现局部击穿的放电现象,即为电晕[180-181]。气压和温度通常可用相对空气密度来表征,绝对湿度仍作为一个单独的参数。国际电工委员会推荐用相对空气密度和绝对湿度两个参数来表征大气条件对电气外绝缘放电电压的影响,空气密度和湿度增大会提高电晕起始电场强度。雨、雪、霜、雾等降落时,这些小质点经过导线时引起局部电场畸变,由于感应作用,质点两端呈现偶极子电荷分布,这种电荷使电场强度增加而引起放电。输电线路电晕不仅造成电晕损耗、影响输电效率、增加线路运行费用,而且会产生可听噪声和无线电干扰,影响附近居民的正常生活和工作[182-184]。直流线路的电晕放电还会使极导线之间、极导线与大地之间充满空间电荷,使线路附近对地绝缘较好的物体上积累电荷,从而产生数千伏或更高的对地电压,对人身和设备的安全造成威胁。电晕产生的电风可使档距内的导线持续大幅度低频舞动,影响电能正常输送。

输电导线处于水滴、大雾、冰冻等恶劣环境中会产生尖端放电现象,尖端放电会造成电场发生畸变,即使在较低电压情况下就可能出现较多的局部电晕点,电压持续升高则将出现全面电晕情况。电力系统中大量的电能损失是由于电晕放电所造成的,据不完全统计,全国每年因电晕而损耗的电能达到 20.5 亿 kW·h,造成巨大的经济损失[185-186]。另外,电晕放电还会使空气中的气体发生电化学反应,产生一些腐蚀性的气体,造成线路的腐蚀。电晕发出的可闻噪声如果超过环境规定的值,就会成为噪声污染。电晕放电过程中不断进行的流注和电子崩会产生高频电场脉冲,形成电磁污染,影响无线电和电视广播。输电线路的电压等级越高,发生电晕时带来的危害就会越大。

国内外相关单位对输电线路电晕特性影响开展了一些研究。华北电力大学和中国电

力科学研究院开展了水滴对直流导线电晕放电影响研究,将导线表面水滴划分为五个等级,观测到水滴在电场力作用下会被拉伸变尖并逐渐破裂掉落、导线起晕在有水滴时会发生舞动的现象。重庆大学吴执等[186]开展了水滴形态对输电线路电晕放电特性的影响研究,研究表明导线表面水滴的电晕过程分为三个阶段:无电晕、瞬时水滴电晕和稳定电晕。董冰冰等[187]研究了雾电导率对输电线路交流和直流线路电晕的影响,研究表明雾会在导线上形成小雾滴,小雾滴将会严重畸变导线周围电场,导线周围空气的电离程度随雾电导率的增大而增大。在相对湿度没有达到饱和时,导线直流起晕电压会由于相对湿度的增大而缓慢增大。伍炜卫等[188]通过在人工气候室中搭建电晕笼,测定不同降雨雨强(暴雨雨强 23.3 mm/h、大雨雨强 14.6 mm/h、中雨雨强 5.1 mm/h、小雨雨强 1.15 mm/h)条件下导线的放电、噪声值及损耗值,如图 4-1 所示,降雨雨强对导线电晕特征有明显影响,随着降雨程度增大,电晕变得严重,当雨强增大到一定程度时,噪声值、损耗值和起晕电压的增加幅度均逐渐减小。

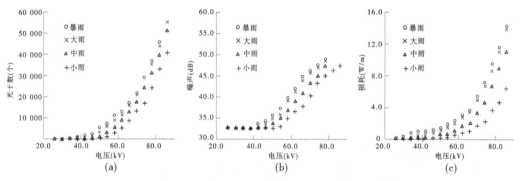

图 4-1　不同降雨雨强下导线放电、噪声、损耗变化[188]

4.1.1.2　绝缘子污闪及雾闪

　　线路绝缘子会受到自然界飞尘、盐碱或工业污秽等的污染,在其表面上形成一定的污秽层。在干燥的情况下,污秽层的电阻很大,对运行没有危害,但当遇到潮湿气候条件时,污秽层被湿润,就会发生污秽闪络(即污闪)[189-190]。潮湿气候条件是引起绝缘污闪的必要条件,一般当空气相对湿度小于 50%~60% 时,污秽绝缘子的沿面闪络电压降低很少,随着湿度增加,闪络电压迅速下降。雾、露、雪、降雨等气象条件,是引起污闪的主要因素。绝缘子表面污秽导致放电的关键是污秽物中水溶性物质(如盐)溶于水造成的导电性,而不溶于水的成分(如硅藻土、黏土等)的作用是在潮湿气候条件下吸收水分,保持污秽层潮湿。绝缘子表面污秽程度通常用两种方法表示:①用污秽质量及污秽导电性表示,即用绝缘子表面单位面积上的污秽质量(也称污秽密度)及一定浓度污液的导电率;②用等值附盐密度(简称盐密)及附灰密度表示,等值附盐密度是指和污秽物导电性相当的、单位面积上的等值含盐量,附灰密度是指绝缘子表面积上不溶于水的污秽物质量。《水利水电高压配电装置设计规范》(SL 311—2004)中给出了线路、发电厂及变电所的污秽等级,少雾、多雾和重雾地区污秽等级依次为Ⅰ级、Ⅱ级和Ⅲ级[191],见表 4-1。
　　输电线路绝缘子冬季雾闪在我国电网普遍发生,但国内尚未提出专门的冻雾试验方法。图 4-2 为重庆大学在雪峰山试验站开展的自然雾环境中复合绝缘子交流冻雾闪络特性试验过程,试验时间为冬季 12 月末,环境温度达-8~-0 ℃。冻雾时绝缘子伞群表面粗糙度发生改变,电弧将融化表面冻结的雾滴延长闪络时间,使电弧形状极不规则呈现弯曲或摇摆的剧烈燃烧现象。

通过室内人工雾室绝缘子闪络试验[187],研究表明,绝缘子交流闪络电压与污秽盐密呈负幂指数函数关系,随着雨雾电导率增大,对应污秽影响特征指数值减小;随着盐密的增加,不同电导率工况的闪络电压差异不断减小,如图 4-3 所示。

表 4-1　线路和发电厂、变电所污秽等级[190]

污秽等级	污秽特征	盐密(mg/cm²)	
		线路	发电厂、变电所
0	大气清洁地区及离海岸盐场 50 km 以上无明显污秽地区	≤0.03	—
I	大气轻度污秽地区,工业区和人口低密集区,离海岸盐场 10~50 km 地区,在污闪季节中干燥少雾(含毛毛雨)或雨量较多时	>0.03~0.06	≤0.06
II	大气中等污秽地区,轻盐碱和炉烟污秽地区,离海岸盐场 3~10 km 地区,在污闪季节中潮湿多雾(含毛毛雨)但雨量较少时	>0.06~0.10	>0.06~0.10
III	大气污染较严重地区,重雾和重盐碱地区,近海岸盐场 1~3 km 地区,工业与人口密度较大地区,离化学污染源和炉烟污秽 300~1 500 m 的较严重污秽地区	>0.10~0.25	>0.10~0.25
IV	大气特别严重污染地区,离海岸盐场 1 km 以内,离化学污染源和炉烟污秽 300 m 以内的地区	>0.25~0.35	>0.25~0.35

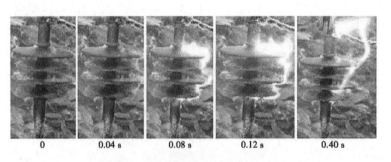

図 4-2　复合绝缘子冻雾闪络过程[187]

雨雾天气导致输变电设备的电气绝缘性能下降,一方面,大雾环境相对湿度较大甚至达到 100%,绝缘子表面凝雾湿润将形成一层水膜,导致其污秽表面的泄漏电流增大;另一方面,浓雾引发的湿沉降使输变电设备表面沉积污染雾质及其外绝缘周围充满了高导

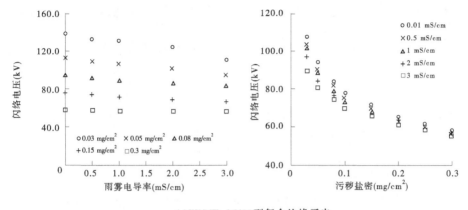

(a)FXBW–35/70型复合绝缘子串

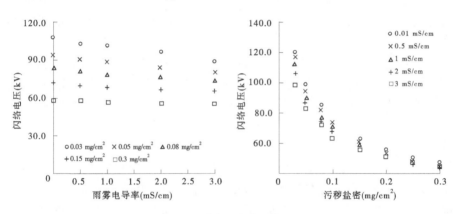

(b)7片串悬式瓷绝缘子

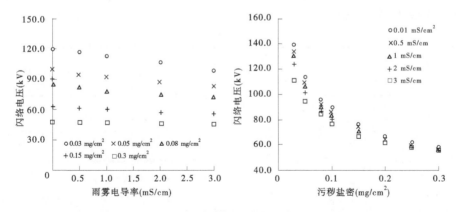

(c)7片串悬式玻璃缘绝子

图 4-3　雨雾电导率、污秽盐密与绝缘子闪络电压的关系[187]

电性雾状介质,降低了空气的电气绝缘强度,导致输变电设备发生放电甚至闪络。蒋兴良等[192]对棒—板空气间隙直流雨闪特性进行了大量的试验研究,结果表明,短时零星小雨增大了空气中的绝对湿度,略微提高了间隙的放电电压,强降雨条件下的棒—板空气间隙正极性直流放电电压与降雨强度、雨水电导率存在显著关系,即随着降雨强度或雨水电导率的增大而减小。

泄洪暴雨强度及历时均远远超过气象部门规定,泄洪形成雨雾对工程输变电系统的影响远比天然雨雾大。如新安江水电站 1983 年泄洪时,因雾化降雨,使距坝下 150 m 左右处 220 kV 变压器 7 跨中有 2 跨跳闸,机组被迫停电。白山水电站 1986 年泄洪时,挑射水流的水雾飘向空中,笼罩着河床和整个地面开关站,气流卷着雨点扑向开关设备,此时各开关支持瓷套有放电现象,晚间可见成片放电火花。

4.1.2　冰冻对输变电系统的影响

绝缘子上、下表面不均匀覆冰导致的电压畸变是绝缘子(串)冰闪电压降低的主要原因之一。大部分电网输电线路都暴露在自然环境中,影响到输电线路的因素也相对较多。我国幅员辽阔、气象多变,除岭南等少数地区无冰外,多数地区都有不同程度的导线覆冰,导致覆冰事故频繁发生[193-194]。

导线覆冰的成因机制相当复杂,它与多种因素有关,如温度、湿度、风速及地形条件和海拔等[195-196]。其中,温度和空气湿度是导致覆冰的必要条件,风有助于覆冰的形成,但若风过大则覆冰易被吹掉。因此,只有具备气温(0 ℃以下)、相对空气湿度(90%以上)和风速(0~10 m/s)的有利条件,电线才可能覆冰,三者缺一不可。

导线的覆冰按其结冰的性质分为雨凇、雾凇、雨雾混合凇和覆雪四种[180]。雨凇是寒冷的气温下(0 ℃以下)由过冷却水滴接触到很冷的物体时冻结成的浑然一体的透明状冰壳,密度大,附着力强;雾凇是由过冷却雾滴冻结或由水汽直接凝华而成的,形呈针状或羽毛状结晶,密度小;雨雾混合凇是由雨凇、雾凇或覆雪选凝而成的冻结物,直径大,存留时间长;覆雪是雨夹雪沾在电线上形成的。雨凇和雨雾混合凇对通信线和电力线的影响较大。各分类特点及性状见表 4-2。

表 4-2　覆冰分类[180]

项目	雨凇	雾凇		雨雾凇混合冻结	覆雪
		粒状	晶状		
气温(℃)	0~-3.0	低于-3.0	低于-3.0	-1.0~-9.0	-1.0~-3.0
降水类型	小雨、毛毛雨或雾	雾或毛毛雨	雾	有雾、毛毛雨或小雪	雪或雨夹雪
视感	透明或半透明、密实、无孔隙	粗颗粒、不透明	细粒、不透明	成层或不成层,似毛玻璃,较密实,基本无孔隙	白色不透明
手感	坚硬、光滑、湿润	脆、较湿润	松、脆、干燥	较坚硬、较湿润	较松散、较湿润
形状色泽	椭圆形、光滑似玻璃	椭圆形、白色	针状、纯白色	椭圆形、不光滑	圆形、白色
附着力	牢固	较牢固	轻微振动就容易脱落	较牢固	易被风吹掉

影响导线覆冰大小的地形因素主要有山脉走向、山体部位、海拔及江湖水体等。地形对覆冰的影响分为几个不同的层次,各层次具有不同的机制和规律[196]。大地势的影响形成覆冰的气候带分布特征。受海陆分布和山脉走势影响,形成一个成冰气候带,在成冰气候带内因地形的影响,使得一些地方覆冰多发,另一些地方覆冰较少,从而形成多冰区和少冰区。一般来讲,海拔相对较高的山址口、迎风坡、分水岭及山间洼地出现覆冰的机会较多。受风条件比较好的突出地形或者空气水分较充足的地区,如山顶、迎风坡、湖泊、云雾环绕的山腰等处,其覆冰程度也比较严重。线路路径在翻越山区时,常存在垭口、分水岭、迎风坡、小盆地、突出的坡地等一些微地形。这种地形造成风速和水汽通量增大,导线能捕获更多的水汽。因而形成较其他地形处大的电线积冰,山顶、迎风坡、垭口的覆冰厚度是窄河谷和高地的 2~4 倍。海拔对导线覆冰的影响也很大,对一个地区来说,在同一地形及天气形势下,一般海拔愈高愈易覆冰,冰厚也随之增大,导线覆冰厚度随电线悬挂高度增高而增加。

近几年来,受恶劣气候等因素的影响,输电线路破坏事故发生概率逐渐提高,尤其是在一些较为寒冷的地区,覆冰现象非常常见。根据过往记录的数据显示,海拔越高,产生导线覆冰的概率越大,所造成的危害也相对较高。其中,雪淞常见于北方地区,雨淞常见于南方地区,如果出现了气温骤降情况,那么出现导线覆冰现象的概率就相对较高。尤其是高压输电线路,一旦遭到破坏,不仅会出现大面积停电,维修工作也较为困难。

一旦输电线路出现导线覆冰现象,冰的重量会导致杆塔和金具的竖直方向出现较强的荷载强度,导线载荷变大的过程中,输电线路下沉。此时,如果两个塔杆之间距离较远,那么导线需要承担的负载就会随之增加,最终出现破坏、破裂的问题[196-197]。负载过大,就会出现杆塔转角以及基础扭矩增加的情况,非常容易出现倒塌问题。不仅如此,在出现导线覆冰现象后,如果无法及时清理,那么在自然脱冰过程中,就会出现脱冰不均匀情况,线路上就会产生较大的张力差异,导致导线出现滑动或者输电线路表层出现破损或者断裂。同时,输电线路上会出现较大张力差,进而改变绝缘子串的位置,最终对拉线造成破坏,也会引发短路和塔杆倒塌现象。在一定条件下,导线覆冰会受到稳定横向风力的作用,出现大幅度低频振动情况,如果天气恶劣风力较大,就会威胁到输电线路安全。一旦导线舞动过于严重,就有可能出现导线线夹松动,绝缘子、塔杆等也会受到不平衡力冲击出现相间短路和直接对地短路。

覆冰对电气设备的危害形式有多种,其中影响最大的就是降低了绝缘子的绝缘水平。在冬季室外高压设备的绝缘子串已经完全被覆冰所覆盖,其后果就是,造成泄漏距离缩短、绝缘强度降低;或在融冰的过程中,冰体表面的水膜溶解灰尘等,增加了导电率、降低了覆冰绝缘子串的闪络电压,持续闪络的电弧会烧伤绝缘子,引起绝缘子串的绝缘强度下降从而增加了跳闸事故发生的概率。

研究表明,绝缘子覆冰电气强度随着覆冰重量和融冰水电导率的增加而降低,中度覆冰(6~10 mm 冻雨)条件下,环境温度在冻结点以下,即使绝缘子的泄漏距离和干弧距离相同,覆冰对绝缘子运行也没有影响,其闪络出现在融冰过程,冰凌和融冰水缩短泄漏路径,改变电位分布,此时闪络的危害性最大[180]。

刘家峡水电站在春季泄洪时,由于地处寒冷地区,输电铁塔出现由雾化水流引起的冰冻、冰挂,迫使线路停电。想要从根本上解决输电线路导线覆冰造成的危害,需要从预防、除冰两个方面展开[198-199]。

加强导线覆冰的预防处理:

(1)合理设计输电线路。

科学合理布置输电线路以及相应的配件,可以最大程度地提高输电线路的抗"病"能力,从而有效地减少导线覆冰情况的发生。在这个过程中,可以通过适当添加杆塔、缩减塔杆距离、加固塔杆等方式,来提高导线的承载能力。以220 kV线路为例,一般的塔杆间距为500 m,但是受到地域的限制,必须要增加塔杆间距,此时可以采用耐张端的方式进行处理,针对地形进行设计。例如,在高海拔地区,可以采用双线夹、双串联绝缘子的方法,避免出现掉线、断串的情况,从而预防导线出现故障,还可以通过绝缘子串的形状来进行预防。例如,将绝缘子串串成V形,水平方向、倾斜方向等进行悬挂,以此有效地隔绝融冰水帘,预防覆冰问题。

(2)加强实时监控手段。

采用先进的监测系统,对导线覆冰进行监控,也能够有效预防这一问题的出现。例如,DX-BFIT型输电线路覆冰在线监测系统是目前应用最为广泛的一种,在实际应用过程中,借助小型气象站和应力监测装置完成数据监测,并且将数据实时发送给控制中心,展开全面的数据分析处理。尤其在一些气候多变的地区,加强对数据的分析,可以及时判断是否出现覆冰情况,并且在第一时间展开处理。在实际发展过程中,还要加强对监测系统的研究工作,切实提高监测的准确性和实时性,为电力系统更好地进行服务。

加强导线覆冰的除冰处理:

(1)热力除冰法。

热力除冰法主要借助外力加热源和导线自身热量提高导线温度,以达到覆冰融化点,实现除冰。目前最为主要的是除冰融冰方法(就是电流融冰法)、短路电流融冰法、直接电流融冰法。例如,利用自耦变压器可以更好地完成热力融冰,除此之外,还可以通过改造重冰区的线路的方式来完成融冰工作。

(2)机械除冰法。

机械除冰法就是借助机械力量,去除导线表面覆冰,在这个过程中,最为常见的是强力震动法和滑轮铲刮法。这两种方法的成本较低、能耗较小,非常适合实际应用。但是这种除冰方法并不具备预防作用。例如,强力震动法常见于雪凇、雾凇等破冰现场,但是在雨凇覆冰中效果极为有限。

(3)自然被冻法。

除上述几种方法之外,自然被冻法也是目前最为常见的一种方式,主要是借助风能和其他自然力量,让导线覆冰自然脱落,这种方法较为简单,而且成本较低。只需要在导线上安装平衡锤或者阻雪环即可。但是这种方式的缺陷也非常明显,最为直接的就是自然被冻法会导致导线出现不同时期的脱冰,引发导线事故。

4.1.3　水舌风对输电线路的影响

架空输电电线受风的作用会发生振动、舞动、振荡等危害。当空气湿度较大(90%~

95%)时,在一定的环境温度(一般为-5~0 ℃)及风速(一般大于1 m/s)作用下,空气中的过冷水滴极易在电线上形成覆冰,迎风侧较厚,背风侧较薄,这种翼状覆冰在风力作用下致使电线发生椭圆轨迹舞动[200]。输电线的电线振动,由风力输入给振动体的能量和振动体系内消耗达到平衡状态时,就确定了导线稳定振动的振幅。所谓振动强度是指振动幅值及其振动延续时间的多少,是衡量线股承受的动弯应力及振动次数是否能使电线在寿命期内不产生振动疲劳断股的重要判据。风振种类、产生原因、危害及防护见表4-3。

表 4-3　电线风振种类、危害及防护[180]

项目		微风振动	舞动	复导线次档距振动
振动状态	频率(Hz)	3~150	0.1~1.0(1~4个波腹/每次档距)	1~5(1至数个波腹/每次档距)
	振幅(单峰)	一般小于电线直径	12 m以下	电线直径至500 mm
	持续时间	数小时至数天	数小时	数小时
	风速(m/s)	0.5~10	5~15	5~15
	主要振动方向	垂直	垂直或椭圆	水平或椭圆
产生振动的原因	主因	均匀微风作用下,在电线下风侧发生周期性的卡门涡流激起电线上下振动	电线外形不对称,风对电线产生上扬力和曳力所致	两根子导线较近且构成的平面与风向接近时,上风侧导线的尾流招致下风侧导线失去平衡,又引起上风侧导线同时产生振荡
	从因	电线运行应力大(消耗振动功率小),电线自阻尼性能差,风受到扰乱少的地形,档距长	覆冰不对称,绞线表面线股凹凸大,导线截面大	分裂间距与电线直径的比值太小,风很少受干扰的地形,次档距太大
危害		电线疲劳断股,损坏防振装置、绝缘子和金具,振松紧固螺栓、磨损电线	相间短路烧伤或烧断电线,引起电线、护线条断股,间隔棒、防振装置、绝缘子、金具及杆塔等损坏	子导线鞭击磨损间隔棒、金具
防护措施		安装防振装置,降低运行应力,改善线夹性能,加强悬点抗弯刚度,使用自阻尼好的电线和分裂导线,采用组合线线夹	增大线间距离和上下线的水平位移,缩小档距,加装相间间隔棒及舞动阻尼器,采用不易覆冰的光滑导线,避开易舞动地区,减小弧垂	增大子导线间距,变更下风侧子导线位置使不受上风侧子导线的屏蔽,采用阻尼间隔棒等

风速是输给电线能量使之振动之源,维持导线振动的下限风速一般取0.5 m/s,风速增大仍能引起导线振动的最大风速称上限值,受地形、地物及悬点高度等影响,风速越大

不均匀气流距地面高度增高,若超过悬点高度就不会引起振动。

4.1.4　水电站电气设备防潮对策

从电气设备自身角度来说,如果其所处的空间湿度比较大,将会导致电气设备绝缘性逐渐减少,进而引发漏电等状况,给人们的生命安全带来隐患。再加上湿度相对较高,使得电气设备内部的元器件遭受腐蚀,出现生锈现象,造成设备运行效率偏低,出现运行事故,给企业带来经济损失。由此可见,做好电气设备防潮工作是非常必要的[201-203]。

针对电气设备来说,其金属损失的产生主要划分为四种类型:第一种是腐蚀;第二种是疲劳;第三种是摩擦;第四种是磨损。这些对电气设备运行期限将会产生直接影响。其中,潮湿导致电气设备受损的占比相对较高。目前,在常规电气设备等探究及设计上均已经达到相关标准,生产及应用等方面也积累了大量的工作经验,已经满足常规环境中电气设备的运用。然而,对电气设备在特殊环境中的运用研究相对较少。

结合物质腐蚀原理,把控制环境水分含量当作依据,当环境中相对湿度把控在50%范畴内,可以确保电气设备存放安全。通常状况下,电气设备一般会建立在配电柜中,这时就要做好柜体防腐工作。由于电气配电柜柜体直接和潮湿环境进行接触,发生腐蚀的概率相对较高,柜体需要采用对应的防湿对策进行处理。当配电柜内部实现密封处理之后,还要在其中放置一定的干燥剂,便于对柜内潮气的吸收,给配电柜内部电气设备营造干燥的运行环境。如果存在间歇工作状况,需要在配电柜内部安装对应的内外压差保护对策。当电气配电柜由之前停止运营更改成工作运行,或者在潮湿环境中,由于昼夜温差相对较高,密封的配电柜内部和外部产生一定的压差时,如果没有加以科学处理,配电柜密封件将会出现老化现象。而通过设定压差保护对策,可以将该现象进行规避,具体方案包括:

(1)隔离法:将电气设备封闭隔离,使湿气不能进入电气设备所在空间,如设隔离屏障、设独立房间、密封配电箱等。

(2)排出法:将湿气从设备所在空间排出去,如加引风机、打排湿通风孔等。

(3)封堵法:堵住湿气进入设备所在空间的所有通道,使湿气不能进入设备。如用塑料布封堵孔洞,用胶板封堵孔洞,或用其他密封材料封堵。

(4)吸收法:用各种吸湿材料将湿气吸收。如在电气设备中放置吸潮剂,或在电气设备所在空间放置其他吸湿材料。

(5)加热干燥法:用加热的办法驱走湿气,如用灯泡加热驱走配电柜中的湿气等。

其中,针对不同的使用环境和气候条件,利用密封配电柜外壳对内部电气设备进行防潮,阻止潮湿空气对侵害电气设备来实现电气设备的防潮是目前常规电气设备防潮防腐最经济可行的方式,由于它不依赖任何其他能源,因此也是最可靠的防潮方式。

4.1.5　雨雾对厂房、开关站的影响

如果水电站厂房位于泄洪雾化暴雨区范围内,泄洪时将会形成暴雨径流,若厂房排水不畅,极易造成厂房进水,影响发电。表4-4列举部分水电站在泄洪时出现的一些输变电危害情况[113,204-206]。

如果输变电线路被布置在泄洪雾化影响范围内,泄洪雾化对机电设备的影响不可避免。为保障输变电线路正常运行,需要采取相应的雾化防护对策:①优化调度方式,对于春季洪峰,采用提前降低库水位泄洪方式减小泄洪雾化影响;②对于主汛期泄洪,雾化影响难以避免,为了保障输电线路正常运行,在雾化影响范围外修建备用输电线路,专供枢纽泄洪时使用。

表 4-4　典型工程泄洪雾化对输变电系统危害情况

工程名称	工程简况	泄流情况	输变电系统危害情况
新安江水电站	宽顶溢流坝,装机 25 万 kW,坝高 105 m,设计库水位 111.00 m,泄量 9 500 m³/s;校核库水位 114.00 m,泄量 13 200 m³/s。溢流坝 9 孔	1963 年 7 月 5 日 16:00 至 7 月 15 日 16:00,库水位 107.42 m,历时 236.0 h	220 kVA 变压器站 2 跨跳闸,4 台机组被迫停机
黄龙滩水电站	重力坝,坝高 170 m,电站设于左岸,装机 15 万 kW,泄水建筑物有:①胸墙式溢流坝,6 孔梯形差动式鼻坎。②1 个深孔位于溢流坝左边,平滑式鼻坎。③1 个非常溢洪道	1980 年 6 月 24 日 6 个胸墙溢流孔和深孔共泄放 11 500 m³/s,洪水水量为设计洪水的 84%。历时 33 h	厂区被强大水雾笼罩,倾盆大雨(强降水区)水淹厂房,高压线短路停电。厂内电机室水深达 3.9 m,停止发电 49 d
刘家峡水电站	重力坝,坝后式厂房,装机 122.5 万 kW,最大坝高 147 m,坝顶高程 1 739 m。泄水建筑物有:①泄水道;②左岸泄洪洞设斜坎,流速 40 m/s;③溢洪道 3 孔;④排沙洞		右岸 22 万 V 出线洞洞口降水量 600 mm/h,输电跳闸 13 次。雾化结冰,迫使停电
白山水电站	重力坝,最大坝高 149.5 m,高程 423.5 m,地下厂房装机 90 万 kW(一期)。泄水建筑物:4 个溢流表孔,3 个深式泄水洞相间布置,校核洪水位 420.0 m,泄量 10 470 m³/s	1983 年 7 月 27 日 至 8 月 1 日,水位 367.8 m 时 3 个深孔泄洪	地下厂房进水,22 万 V 电缆头磁表面及磁套有放电火花。右岸开关站电器设备被砸破
青铜峡水电站	重力坝,全长 697 m,最大坝高 42.7 m,电站为闸墩式,装机 72.2 万 kW。泄水建筑物:溢流坝 6 孔,鼻坎挑流角 22°,设计流量 7 300 m³/s,最大泄量 8 920 m³/s		闸墩上变电器跳闸,机组出线发生短路

4.2　泄洪雾化对坝区道路交通的影响

枢纽泄洪时,坝区局地雨、雾、温度等环境量发生了变化,从而影响了坝区附近道路交通,泄洪雾化雨雾对交通的影响主要体现在三个方面:①由于雨雾对光的散射及吸收的作用,能见度下降;②降低车辆与路面之间的摩擦系数;③造成路面塌陷、泛浆、决堤等毁坏交通设施。刘家峡、东江、新安江、漫湾等水电站均出现由于泄洪雾化影响,造成进厂公路交通中断的问题。

4.2.1　雨雾对交通的影响

4.2.1.1　能见度

　　能见度是反映大气透明程度的一个指标,与当时的天气情况密切相关。当出现降雨、雾、霾、沙尘暴等天气过程时,大气透明度较低,能见度较差。根据国际通用定义,当大气中悬浮的水汽凝结,能见度低于1 km时,气象学称这种天气现象为雾,超过1 km的称为轻雾霭。当水汽充足、微风及大气层稳定,气温达到露点温度(或接近露点),相对湿度达到100%时,空气中的水汽便会凝结成细微水滴悬浮于空中,使地面水平能见度下降。根据凝结条件不同,雾可分为辐射雾、平流雾、混合雾、蒸发雾、烟雾。气象部门规定,依据当时能见度雾的预报等级见表4-5。

表 4-5　雾的预报等级[207]

等级	能见度
轻雾	1 000 m ≤ V < 10 000 m
大雾	500 m ≤ V < 1 000 m
浓雾	200 m ≤ V < 500 m
强浓雾	50 m ≤ V < 200 m
特强浓度	V < 50 m

　　枢纽泄洪时,由于雨雾对光的散射及吸收的作用,目标物轮廓的清晰度下降,模糊了目标与背景的差异和亮度对比,降低了能见度,令目标物的识别难度增大,对交通出行产生影响,如表4-6所示。

表 4-6　不良能见度对交通的影响

能见度距离(m)	对交通的影响
1 000~2 000	对交通有一定的影响,不利于车辆高速行驶
500~1 000	对交通影响显著,车辆需减速行驶,司机要注意观察前方路况
200~500	对交通影响显著,各种车辆需限速行驶
50~200	对交通有严重影响,尽量减少车辆出行
<50	难以分辨路况,车辆行驶困难,交通严重阻塞甚至瘫痪

　　大雾天气对道路交通安全有着极大的影响,大雾、强降雨、风雪等气候原因导致能见度降低,视距不足,人无法对前方道路物理特征和车辆运行做出正确的判断,大大增加了道路交通事故发生的风险[208-210]。

　　1. 影响驾驶员对目标物识别

　　交通出行时要使驾驶员能够辨识前方目标物,目标物就必须足够醒目,但由于泄洪雾化雨雾对光的散射及吸收的作用,目标物轮廓的清晰度下降,模糊了目标与背景的差异和亮度对比,能见度降低,对驾驶员视觉产生影响。雨雾条件下驾驶员视觉下降比例(即在低能见度下识别视标方向的距离与正常天气下识别距离的比值)与能见度的关系如图 4-4 所示。随着能见度的减小,驾驶员视觉下降比例逐渐减小,且能见度越小视觉下降比例与能见度之间的斜率越大[208-211]。

2. 影响驾驶员对前后车距判断

泄洪时的雨雾天气降低了能见度,驾驶员对前方和周围情况的识别产生困难,易错误估计驾驶车辆与前后方物体之间的间距,车距估计放大系数与能见度的关系如图 4-5 所示。随着能见度的降低,驾驶员对车距的预估值增大,且能见度越小,判断误差值越大[208]。

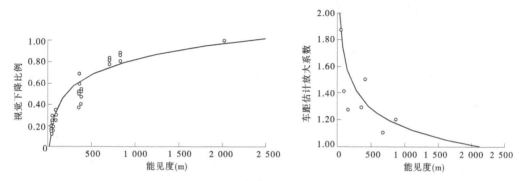

图 4-4　视觉下降比例与能见度的关系[208]　　图 4-5　车距估计放大系数与能见度的关系[208]

4.2.1.2　车辆与路面之间的摩擦系数

车辆与路面间的摩擦力是汽车驱动、制动及转向的动力能起到作用的基础,车辆与路面之间良好的摩擦才能够保证车辆行驶安全。枢纽泄洪时,局部区域出现的降雨及水雾弥漫现象,会使得路面出现一定量的积水,形成一层水膜,轮胎从路面压过时轮胎缝隙中的水来不及排出,使轮胎的摩擦系数减小,如图 4-6 所示。水的浮力作用下,轮胎对地面的压力减小,使得车辆附着能力下降,易引起水膜滑溜现象,车辆安全性能下降。此外,雾流易与积灰、尘土混合,也会导致轮胎与路面的附着系数减小[212-213]。

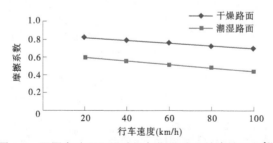

图 4-6　不同车速下干燥路面与潮湿路面的摩擦系数[213]

4.2.1.3　对交通设施的影响

雾化雨引起的山区道路环境地质灾害具有整体性、关联性和群发性的特点。泄洪雾化降雨强度远远超过自然界中特大暴雨值,在雾化雨作用下,地表的入渗使路基非饱和区上部的含水量逐渐增大,形成暂态饱和区,基质吸力逐渐降低,岩体的实际凝聚力减小,导致岩体抗剪强度降低,引发滑坡、塌陷、路面泛浆及泥石流等一系列地质灾害。雾化雨引发的地质灾害,毁坏公路交通设施,造成交通中断。

此外,泄洪雾化高速公路雾区交通安全是一个世界性问题,每年由雾引发的交通事故所导致的经济损失是十分巨大的。交通行业对雾天交通安全进行了较多的研究,并制订了雾天交通控制等级与相应的控制措施(见表4-7),但泄洪雾化坝区交通条件与公路交通有很大区别,需要针对坝区交通条件进一步研究泄洪雾化交通预警分级。

表 4-7 雾天高速公路控制等级与措施[214]

交通控制等级/能见度	道路封闭条件	雾天高速公路控制措施
四级/100 m≤能见度<200 m	发生重特大交通事故	1. 限速 60 km/h; 2. 视情况,可采取入口限流措施; 3. 采取交通诱导措施; 4. 如果有,启用雾天交通安全引导设施; 5. 提示通行车辆开启雾灯、近光灯、示廓灯和前后位灯,保持车间距不小于 100 m
三级/50 m≤能见度<100 m	发生重特大交通事故,根据雾天影响范围及其上下游关联管控区域确定封闭路段和分流节点	1. 限速 40 km/h; 2. 视情况,可采取入口限流措施; 3. 采取交通诱导措施; 4. 如果有,启用雾天交通安全引导设施; 5. 采取车辆限制措施; 6. 视情况,采用带道通行措施; 7. 提示通行车辆开启雾灯、近光灯、示廓灯、前后位灯和危险报警闪光灯,保持车间距不小于 50 m
二级/30 m≤能见度<50 m	路段上雾天交通安全引导设施不完善,根据雾天影响范围及其上下游关联管控区域确定封闭路段和分流节点	1. 限速 20 km/h; 2. 采取入口限流措施; 3. 采取交通诱导措施; 4. 如果有,启用雾天交通安全引导设施; 5. 采取车辆限制措施; 6. 视情况,采用带道通行措施; 7. 视情况,采取分流疏导措施; 8. 提示通行车辆开启雾灯、近光灯、示廓灯、前后位灯和危险报警闪光灯,并从最近的出口尽快驶离高速公路
一级/能见度<30 m	根据雾天影响范围及其上下游关联管控区域确定封闭路段和分流节点	1. 采取交通诱导措施; 2. 如果有,启用雾天交通安全引导设施; 3. 采取分流疏导措施; 4. 提示通行车辆以不超过 20 km/h 的速度就近驶离公路或进入服务区休息; 5. 提示已驶入高速公路的车辆开启雾灯、近光灯、示廓灯、前后位灯和危险报警闪光灯; 6. 除特别紧急公务、紧急抢险救护等车辆在警车或路政车带道下通行外,管制路段禁止其他各类车辆驶入高速公路

注:若路段上突发团雾,可适当提高雾天高速公路交通控制等级。

4.2.2　水舌风对坝区交通的影响

水舌风也是与泄洪相伴随的一种物理现象,水舌入水时,高速溅起的水团或水滴在一定范围内产生强烈的"水舌风",水舌风又促进水团或水滴向更远处扩散。水舌风与雾化雨雾的运动有密切的关系,其本身的速度和风量也会影响枢纽下游的人身和交通安全。表 4-8 给出了风级表,其中清楚地标明了各级风的速度。

表 4-8　风级表[215]

等级	风级	风速(m/s)
0	无风	0~0.2
1	轻风	0.3~1.5
2	轻风	1.6~3.3
3	微风	3.4~5.4
4	和风	5.5~7.9
5	清风	8.0~10.7
6	强风	10.8~13.8
7	疾风	13.9~17.1
8	大风	17.2~20.7
9	烈风	20.8~24.4
10	狂风	24.5~28.4
11	暴风	28.5~32.5
12	台风	32.6~36.9
13	台风	37.0~41.6
14	台风	42.1~46.3
15	台风	46.8~51.5
16	台风	51.9~56.2
17	台风	56.7~61.4

坝后风速场越接近水舌风速越大,越远离水舌风速就越小,风向以水舌为中心向四周放射。风速会影响雾化雨抛洒方向,影响雾流飘散。泄洪时,若自然风较小,雨雾扩散受水舌风控制;自然风较大时,雨雾扩散受水舌风和自然风的联合控制。高坝工程挑流泄洪时,在水舌入水点附近空间风级已达 9~11 级,所以该区域内人员无法进入,设备也需要特殊加固。

4.2.3　典型工程案例分析

4.2.3.1　珊溪水利枢纽[216]

珊溪拦河坝为钢筋混凝土面板堆石坝,最大坝高 130.8 m,坝顶长度 448 m。溢洪道由进水渠、控制段、泄槽、挑流鼻坎及预挖冲坑等组成,总长约为 800 m,在各频率运用水位下,其泄量占总泄量的 84%~97%,最大流量为 12 860 m³/s,相应上下游水位差为 96 m,最大单宽流量为 179 m³/s,最大流速为 35 m/s,溢流流程约 200 m,且运用机会多,时间长。

模型试验测试雨强、雨区、雾区分布见图 4-7,风速分布见图 4-8。资料表明:水位越高,泄量越大,雨区范围越大。左岸雨区可到左岸进厂公路,小雨可飘离至溢洪道左边墙约 40 m 处,靠近左岸边的公路上雨强大者可达 100 mm/h,近鼻坎的岸边处,最大还可接近 10 000 mm/h。这种雨强下,泄洪期人畜不可以入内,交通也应停止。而且,鼻坎到预挖坑的左岸应加强护坡保护,防止山体滑坡而导致该段公路破坏。右岸进厂公路和珊溪镇西北面的靠近溢洪道的一段有雨,但因离水舌稍远,因而雨强也略小,在堆石坝坝脚的公路上越近雨强就越大,因此亦不能交通。

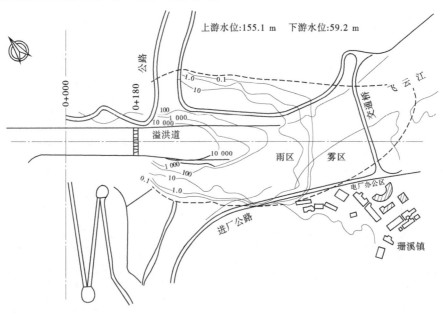

图 4-7　珊溪溢洪道工程泄洪雾化雨强分布图 （单位:mm/h）

溢洪道下游河床上雨强由 10 000 mm/h 逐渐向下游减弱到达交通桥雨强已很弱。水位 155.1 m 时雾区超过交通桥。泄洪时风速场是以水舌为源向下游和两岸方向扩散与递减的,临近水舌的风速应与水舌的水流速度一致,应有 37.5~34 m/s,到交通桥风速已降到约 9.3 m/s。靠近水舌风速等级可有 12~13 级,在交通桥上风速等级还有 6~7 级。因此,泄洪期间,交通桥交通及人行时均应注意安全。

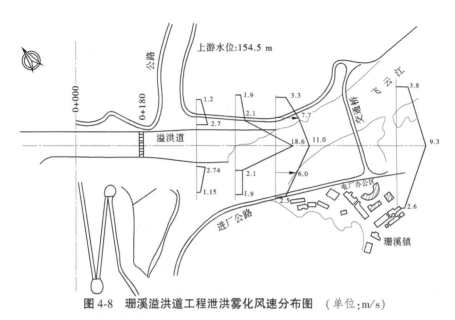

图 4-8　珊溪溢洪道工程泄洪雾化风速分布图　（单位：m/s）

4.2.3.2　溪洛渡水电站[179]

溪洛渡泄洪时,在各种运行条件下均会出现泄洪雾化,雨强及水舌风分布见图4-9、图4-10。坝体、泄洪雾化表现出雨强和雨区大的特点。泄洪洞泄洪由于鼻坎低,水舌空中流程短,跌落低,雾化区小,雨强也不大。表孔、深孔、泄洪洞联合泄洪时,第一雨区纵向长约 910 m,宽 450 m,雾区 1 200 m;第二雨区在坝下 1 300~1 800 m,宽 400 m 处,坝下贴近水舌处雾可升腾超过坝顶。

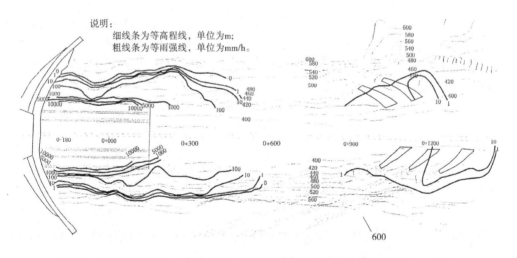

图 4-9　库水位 604.8 m 表孔、深孔、泄洪洞联合泄洪雨强分布　（单位：mm/h）

在表孔、深孔及泄洪洞全部泄水情况下,泄洪雾化有两个源:一个是拱坝坝体泄水抛洒和水舌入水激溅形成的雾化;另一个是五条泄洪洞出口泄洪形成的雨雾。两雨区不相联,独立分布,坝下 1 000 m 以内受坝体泄洪雨雾影响,其雨区顺河方向达坝下 910 m 处,

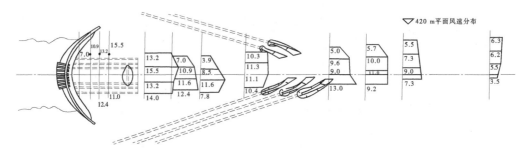

图 4-10　库水位 604.8 m 表孔、深孔、泄洪洞联合泄洪风速分布　（单位：m/s）

两岸可爬至 560.00 m 高程，坝肩处可观测到水舌笼罩区雾可升腾过坝顶，雾区顺河方向达 1 200 m。而再往下，有一段区域测不到雨雾。从坝下 1 300~1 800 m 又有雨和雾。

左岸雨区达 440.00 m 高程，右岸雨区达 450.00 m 高程，两个雨区雨强分布和所测数据可表明，拱坝坝体泄洪形成雨雾比泄洪洞形成雨区大，雨强大。初步分析成因：溪洛渡枢纽坝体泄洪孔与泄洪洞相距较远，因而形成两个不相联雨区。溪洛渡水电站坝体的表孔和深孔，鼻坎高程高，又采用表孔、深孔水舌上下左右撞击消能和水舌扩散消能，水舌表面水体出现了强烈破碎和抛洒，水舌高速下落冲击河床水面，又出现严重激溅，促成坝下雨区大、雨强也大的雾化局面。而泄洪洞鼻坎位置较低，特别是右岸泄洪洞，鼻坎高程为411.47 m，距下游水位只有 2.64~9.46 m，水舌入射角平缓，因此水舌在空中流程十分短，水舌分裂区域小，激溅也不严重，最大雨强在右岸是 53.4 mm/h，是因为左岸两条洞鼻坎高程 431.47 m（高于右岸 20 m），因而影响到右岸的雨区雨强也略大些。

伴随着泄洪产生的物理现象，除雾化外，还有水舌风。因为泄洪水舌本身离开拱坝鼻坎的流速 28 m/s，到达下游河面流速 40~50 m/s，因此拽带着周围空气形成坝后水舌风。水舌风风速越接近水舌越大，并随着与水舌距离加大不断递减。这种风速场在表孔泄洪时纵向可有 900 m 长，横向有 360 m 宽，泄洪洞泄洪时风速场范围较小，纵向 1 200 m，横向有 450 m。风速场大小与分布对雨雾扩散影响极大。风大则雨区大、雾区大，风小则雨雾区小。

根据雨级分级标准和各级雨强对环境的影响程度来分析判断雨雾对溪洛渡电站枢纽的影响。通过观测可知，坝下 0+000~0+900 m，高程 540.00 m 以下及坝下 0+1 300~0+1 800 m，高程 460.00 m 以下范围属于泄洪雾化雨区。分别分级如下：①坝下 0+000~0+600 m，高程 420.00 m 以下范围，风大雨大，可见度极低，空气稀薄，人员无法进入，交通中断；②坝下 0+000~0+800 m，高程 420.00~480.00 m 范围内由于可见度低，人员也无法入内；③坝下 0+000~0+900 m，高程 480.00 m 以上 0+1 300~0+1 800 m，高程 460.00 m 以下及泄洪洞出口周围范围，雨级不大，可以按照自然雨的防护标准来采取保护措施。

4.2.3.3　水布垭水利枢纽[217]

溢洪道泄洪时，挑射水流入水喷溅影响区（溅水区）内的降雨强度很大，如表 4-9、表 4-10 所示。试验观测到雾化雨强大部分处在 1 000~4 000 mm/h 量级，溅水影响区集中在水舌入水点前后且高程较低的范围内。河道两岸受挑流水舌入水喷溅和水舌裂散抛洒的区域存在差别，河道左岸：桩号 0+300.0~0+850.0、280.00 m 高程以下的范围，河道右岸:桩号 0+500.0~0+950.0、310.00 m 高程以下的范围。

表 4-9　各级雾化降雨最大影响区域(左岸)

洪水频率 P (%)	降雨强度>600 mm/h		降雨强度>200 mm/h		降雨强度>10 mm/h	
	纵向范围(起点—终点)桩号	最大高程 (m)	纵向范围(起点—终点)桩号	最大高程 (m)	纵向范围(起点—终点)桩号	最大高程 (m)
0.01	0+300.0~0+505.0	276.0	0+290.0~0+550.0	296.0	0+280.0~1+200.0	316.0
0.1	0+300.0~0+483.0	283.0	0+290.0~0+567.0	294.0	0+280.0~1+100.0	317.0
0.2	0+300.0~0+789.0	267.0	0+290.0~0+818.0	276.0	0+280.0~1+200.0	313.0
1.0	0+350.0~0+803.0	266.0	0+310.0~0+825.0	272.0	0+290.0~1+142.0	291.0
5.0	0-346.0~0+780.0	259.0	0+311.0~0+826.0	269.0	0+300.0~1+100.0	290.0
20	0+511.0~0+571.0	242.0	0+466.0~0+709.0	251.0	0+330.0~0+932.0	290.0
常遇洪水 3 孔控泄					0+375.0~0+920.0	273.0

表 4-10　各级雾化降雨最大影响区域(右岸)

洪水频率 P(%)	降雨强度>600 mm/h		降雨强度>200 mm/h		降雨强度>10 mm/h	
	纵向范围(起点—终点)桩号	最大高程 (m)	纵向范围(起点—终点)桩号	最大高程 (m)	纵向范围(起点—终点)桩号	最大高程 (m)
0.01	0+487.0~0-804.0	326.0	0+428.0~0+983.0	337.0	0+250.0~1+246.0	419.0
0.1	0+473.0~0+816.0	317.0	0+381.0~0+902.0	334.0	0+330.0~1+240.0	413.0
0.2	0+489.0~0+793.0	297.0	0+426.0~0+836.0	325.0	0+350.0~1+179.0	417.0
1.0	0+485.0~0+604.0	297.0	0+454.0~0+764.0	321.0	0+348.0~1+050.0	396.0
5.0	0+475.0~0+407.0	294.0	0+453.0~0+736.0	321.0	0+350.0~1+016.0	362.0
20	0+491.0~0+594.0	278.0	0+476.0~0+713.0	282.0	0+350.0~1+025.0	324.0
常遇洪水 3 孔控泄			0+484.0~0+650.0	263.0	0+453.0~0+889.0	310.0

　　在挑流水舌入水喷溅影响区域内,雾化降雨强度远超过了自然降雨的特大暴雨强度,雾化雨强能够达到 2 000~6 000 mm/h。水布垭工程溢洪道泄洪时,在挑流水舌裂散抛洒和水舌入水喷溅影响区内,河道左岸观测到最大雨强达 5 652.4 mm/h(桩号 0+400.0,高

程 250.00 m),河道右岸观测到最大雨强达 6 170.8 mm/h(桩号 0+650.0 m,高程 250.00 m)。

1#和 3#交通洞的洞口:位于桩号 0+950.0~1+000.0,高程为 230.00 m,横向距溢洪道中心线的水平距离约 120.0 m。在 100 年一遇的泄洪工况条件下,试验观测到洞口附近一点(桩号 0+950.0,高程为 250.00 m)的雾化雨强为 25.1 mm/h,超过了自然降雨的特大暴雨。在常遇洪水(3 孔均匀开启)的泄洪工况条件下,试验观测到同一点(桩号 0+950.0,高程为 250.00 m)的雾化雨强为 3.2 mm/h,达到自然降雨的暴雨量级。

1#和 3#交通洞下游公路:在 100 年一遇的泄洪工况条件下,桩号 0+950.0~1+300.0 的交通公路受到泄洪雾化的影响。其中,桩号 0+950.0~1+150.0 的公路处在雾化降雨影响区内;桩号 0+950.0~1+050.0 的公路处在Ⅲ级雾化降雨区内。

2#交通洞的洞口:位于桩号 0+850.0~0+900.0,高程为 313.0 m,横向距溢洪道中心线的水平距离约 200.0 m,在 100 年一遇的泄洪工况条件下,试验观测到洞口附近一点(桩号 0+850.0,高程为 310.0 m)的雾化雨强为 19.1 mm/h,超过了自然降雨的特大暴雨。在常遇洪水(3 孔均匀开启)的泄洪工况条件下,试验观测到同一点(桩号 0+850.0,高程为 310.0 m)的雾化雨强约 1.9 mm/h,小于自然降雨的暴雨量级。

2#交通洞下游公路:在 100 年一遇的泄洪工况条件下,桩号 0+850.0~1+300.0 的交通公路受到泄洪雾化的影响。其中,桩号 0+850.0~1+110.0 的公路处在雾化降雨影响区内;桩号 0+850.0~0+980.0 的公路处在Ⅲ级雾化降雨区内。

在 100 年一遇的泄洪工况条件下,模型试验测得 1#和 3#交通洞洞口附近区域内的泄洪风速约 73 m/s,1#和 3#交通洞下游公路上的泄洪风速为 0.9~10.1 m/s;2#交通洞洞口附近区域内的泄洪风速为 4.7~5.2 m/s,2#交通洞下游公路上的泄洪风速为 1.9~9.9 m/s。

4.2.3.4 东风水电站[218]

东风水电站大坝采用双曲拱坝,最大坝高 162 m,泄洪系统采用坝身与左岸岸边泄洪形式,以岸边为主。泄水建筑物由左岸泄洪洞、溢洪道、坝身 3 个中孔和 3 个表孔组成,最大下泄流量 12 369 m³/s。泄水建筑物水流均从较高鼻坎或孔口挑射跌入河床,水流在空中流程较长,又因鼻坎消能工体形特殊,中孔出口采用收缩窄缝坎,泄洪洞采用扭曲坎,溢洪道采用曲面贴角坎,水舌挑离鼻坎后又纵向拉开撕裂,加剧了泄洪雾化和扩大了雨区范围,对交通出行影响较大。

东风水电站溢洪道泄洪时,进厂公路处雾化原型观测测点布置如图 4-11 所示。溢洪道泄洪雾化随着水舌挑离鼻坎跌入河床升腾扩散,雾区向上游扩散到坝肩山包,下游飘到了索桥处,右岸因河岸较缓雾很严重,右岸进厂公路处狂风暴雨,山石滚动,被浓雾笼罩,能见度低,将汽车开进厂公路下游不远处后,因雨水冲打和能见度极低,汽车进退两难。上游水位 969.69 m,下游水位 847.75 m,泄量 2 566 m³/s,溢洪道全开泄洪时,进厂公路各测点雾化雨强如表 4-11 所示。

溢洪道泄洪时,进厂公路处雾化原型观测点的雨区值大部分处于Ⅲ、Ⅳ级雾化暴雨及浓雾笼罩区,尤其是进厂公路的交通洞口雨强约 1 851 mm/h,处于Ⅳ级雾化暴雨区,雨区内空气稀薄,刹时间天昏地暗,能见度极低,对坝区交通造成了严重危害。

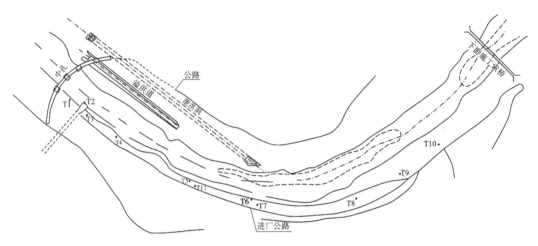

图 4-11　雾化原型观测测点布置

表 4-11　溢洪道泄洪时进厂公路处各测点降雨强度

测点序号	降雨强度（mm/h）	测点序号	降雨强度（mm/h）	测点序号	降雨强度（mm/h）
T1	520.0	T5	1 680	T9	39.4
T2	492.8	T6	1 122.4	T10	5.1
T3	75.0	T7	807.6	T11	1 851.0
T4	355.9	T8	95.8	—	—

注:T11 位于交通公路进厂口门卫处。

1. 能见度

东风水电站溢洪道泄洪时,进厂公路处降雨强度大,大部分区域处于Ⅲ、Ⅳ级雾化暴雨及浓雾弥漫区,由于雾化雨雾对光的散射及吸收的作用,降低了环境的能见度,影响了驾驶员对目标物的识别和对前后车距的估计。根据气象方面研究成果,降雨强度、能见度、视觉下降比例、车距估计放大系数间关系满足关系式[208]:

$$V_m = 252.1R^{-0.873\,1} \tag{4-1}$$

$$\beta = -0.629\,3 + 0.210\,08\ln V_m \tag{4-2}$$

$$\alpha = 3.723V_m^{-0.127\,0} - 0.412 \tag{4-3}$$

式中:V_m 为能见度,m;R 为降雨强度,mm/min;β 为视觉下降比例;α 为车距估计放大系数。

溢洪道泄洪时,根据厂公路处各测点雾化雨强原型观测值,由式(4-1)~式(4-3)计算各测点能见度、视觉下降比例、车距估计放大系数,结果如表 4-12 所示。随着泄洪降雨强度的增大,能见度、视觉下降比例逐渐减小,车距估计放大系数逐渐增大。T1~T7 测点范围内雨强值较大,能见度<50 m,大多数测点处视觉下降比例<0.2,车距估计放大系数接近于 2.0,此路段能见度极低,车辆行驶困难,驾驶员视觉受雨雾影响极大,难以分辨路况

及预判前后车距,极易发生交通事故;T8 能见度介于 50~200 m,视觉下降比例 0.45,车距估计放大系数接近于 1.5,雾化雨雾对交通的影响仍然显著;T9 能见度介于 200~500 m,视觉下降比例 0.61,车距估计放大系数 1.35,驾驶员的视觉及对前后车距的判估仍在一定程度受泄洪雨雾的影响,应尽量减少车辆出行;T10 能见度>2 000 m,视觉下降比例和车距估计放大系数均接近于 1,此时驾驶员的视觉及对前后车距的判估基本不受泄洪雨雾的影响,对交通影响不大。

表 4-12　溢洪道泄洪时厂公路处各测点特征参数计算结果

测点序号	降雨强度 R（mm/min）	能见度 V_m（m）	视觉下降比例 β	车距估计放大系数 α
T1	8.67	38	0.14	1.93
T2	8.21	40	0.15	1.92
T3	1.25	207	0.49	1.48
T4	5.93	53	0.21	1.84
T5	28.00	14	0	2.26
T6	18.71	20	0	2.14
T7	13.46	26	0.06	2.05
T8	1.60	168	0.45	1.53
T9	0.66	364	0.61	1.35
T10	0.09	2 166	0.98	0.99
T11	30.85	13	0	2.29

2. 泄洪雾化对车辆与路面间摩擦系数的影响

溢洪道泄洪引起的降雨远远超过了自然界的强降雨值,使得路面出现一定量的积水,形成一层水膜。水膜具有一定的润滑作用,减小了车辆与地面间的摩擦系数,使得车辆附着能力下降,影响车辆的制动系统,危害交通安全。根据气象方面研究,降雨引起的水膜厚度满足[213]:

$$D = 0.125\,8 \times L^{0.671} \times i^{-0.314\,7} \times q^{0.778\,6} \times TD^{0.726\,1} \quad (4\text{-}4)$$

式中:D 为水膜厚度,mm;L 为排水长度,m;i 为坡度;q 为降雨强度,mm/min;TD 为道路表面的构造深度,mm。

由于缺乏东风水电站进厂公路相关资料,因此根据《公路路线设计规范》(JTG D20—2017)和路况,选定相关参数计算溢洪道泄洪引起的路面水膜厚度,如表 4-13 所示。

T1~T7 大部分测点附近水膜厚度>10 mm,甚至接近 50 mm,当水膜厚度>10 mm 时,主动轮随时有失去控制的可能,车辆发生侧滑与滑水,但水膜厚度的继续增加对车辆滑水的影响比较轻微。T8 测点附近水膜厚度介于 3~10 mm,此时路面已经接触到摆的边缘,随着水膜厚度的增加,摩擦系数出现一定反弹,但仍远小于干燥路面的摩擦系数。T9 测点附近水膜厚度1~3 mm,此时水膜厚度越大,摩擦系数越小,车辆与地面的摩擦力也越小,轮胎滑水速度越低,车辆制动距离变长,车辆安全性降低。T10 测点附近水膜厚度<1 mm,路面潮湿,摩擦系数有所减小。

表 4-13　溢洪道泄洪引起的路面水膜厚度计算结果

测点序号	降雨强度 R (mm/min)	排水长度 L (m)	坡度 i	构造深度 TD (mm)	水膜厚度 D (mm)
T1	8.67	30	0.03	1.00	20.0
T2	8.21	30	0.03	1.00	19.1
T3	1.25	30	0.03	1.00	4.4
T4	5.93	30	0.03	1.00	14.9
T5	28.00	30	0.03	1.00	49.8
T6	18.71	30	0.03	1.00	36.4
T7	13.46	30	0.03	1.00	28.1
T8	1.60	30	0.03	1.00	5.4
T9	0.66	30	0.03	1.00	2.7
T10	0.09	30	0.03	1.00	0.6

3. 泄洪雾化道路分级分区

东风水电站溢洪道泄洪时,泄洪雨雾对能见度、车辆与路面之间的摩擦产生了重大影响,严重影响了道路交通的运营安全,为保证进厂交通安全,将东风水电站进厂公路划分成了四个区,进行分区分级管控,如图4-12、表4-14所示。

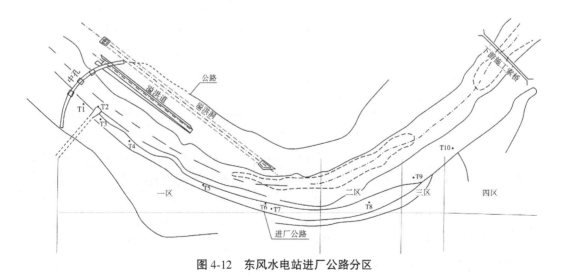

图 4-12　东风水电站进厂公路分区

表 4-14　电站泄洪进厂公路分级分区

区域	雾化雨强值（mm/h）	能见度（m）	水膜厚度（mm）	对交通影响	交通监控策略
一区	>300	<50	>10	能见度极低,驾驶员无法分辨路况及预判车距,车辆易发生侧滑与滑水,行驶困难	关闭或车辆限速 20 km/h,保持车距 50 m,设置活动护栏,放行车辆 2 辆/min
二区	50~100	50~200	3~10	驾驶员视觉受雨雾影响仍然很大,路面已经接触到摆的边缘,交通受阻严重	车辆限速 60 km/h,保持车距 100 m 以上,提示交通分流
三区	11.7~50	200~500	1~3	车辆制动距离变长,车辆安全性降低	提示减速,车辆限速 80 km/h,保持车距 150 m 以上
四区	<5.8	>2 000	<1	路面潮湿,但驾驶员的视觉及对前后车距的判估基本不受影响,对交通影响不大	正常通行

4.3　泄洪雾化环境危害评估与防护措施

4.3.1　泄洪雾化环境影响评估指标

高坝泄洪雾化环境影响综合评价,需要先对工程本身产生的雾化程度进行评价。因此,指标集分为泄洪雾化程度预测指标集和泄洪雾化环境影响评估指标集两部分。

4.3.1.1　泄洪雾化程度预测指标集

泄洪雾化程度预测指标集选取的关键因素集需要接近真实地反映雾化源头的产生和发展的趋势,因素的选取可以采用专家评判的方法来确定。高坝挑流泄洪雾化过程中,水头、流量、入水角度、综合消能方式和下游水垫深度等水力学因素反映雾化源头的产生,而风速、风向、河谷形状和岸坡坡度等因素反映了雾化区域发展的难易程度。

图 4-13 为部分工程泄洪落差、泄流量与雾化范围的关系,上下游水位差与泄洪雾化程度呈正相关,主要影响水舌在挑坎位置的初速与入水速度,随着差值的增加,雾化现象会加剧。如白山水电站,上下游落差从 72 m 增至 123 m,雾化的降雨量便从 3.2 mm/h 上升至 502 mm/h。泄洪流量越大,泄洪水体能量越大,雾化现象越严重。陈端等[16]通过对江垭大坝雾化原型观测得出了:雾化降雨的强度和范围随大坝泄量增加而明显增大。南

京水利科学研究院对湾塘水电站泄洪雾化进行原型观测,分析雨强等值线图得:泄洪流量越大,雨强越大,雾化范围也越大。乌江渡水电站在坝下 80 m 处的同一测点测得,坝上溢流泄洪道开启 4 孔的降水强度是开启单孔的 4 倍。水舌形状对泄洪雾化的程度是有影响的,例如:当水舌呈现为宽薄水舌时,则更容易破裂,形成雨雾,且水舌的散落程度不同,泄洪雾化程度也不同,一般而言,散落程度越大,则雾化现象越严重,陈端等[16]通过对江垭大坝雾化原型观测得出了:高、低坎水舌碰撞使近河岸坡的抛洒雨强明显增强,雾化范围也会增大。

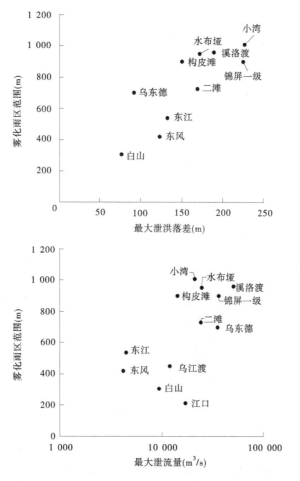

图 4-13　部分工程泄洪落差、泄流量与雾化范围的关系

泄洪雾化程度预测具体评价指标如下:

(1)水力学因素:①上下游水位差;②泄洪流量;③入水角度;④水垫塘深度;⑤综合消能方式。

(2)地形地貌因素:①下游河道河势;②河谷形态;③岸坡坡度。

(3)气象因素:①风向;②风速;③气温。

4.3.1.2　泄洪雾化环境影响评估指标集

泄洪雾化对工程安全及环境影响涉及多个层面,主要分为边坡稳定、电站运行、交通及局部气候等,每个层面都包含多个因素,这些因素中有些指标变量可以量化,有些指标变量难以量化,这给泄洪雾化环境影响评估带来复杂性和不确定性。具体指标如下。

(1)边坡稳定:①水垫塘底板磨损程度;②卸荷裂隙破坏程度;③岩体覆盖层破坏程度;④排水设施破坏程度;⑤冲沟发育程度。

(2)电站运行:①开关站与溅水区距离;②开关站周围雨雾浓度;③厂房与溅水区距离;④厂房防雨能力;⑤溅水与涌浪高度。

(3)交通、局部气候等:①水舌风风速;②下游道路能见度;③涌浪产生飞石程度;④下游生活区湿度;⑤下游生活区温度。

4.3.2　高坝工程泄洪雾化环境影响对策

4.3.2.1　泄洪雾化危害预防策略[112、204]

1.处理空中消能与雾化的关系

设计者一般都希望挑射水舌能在空中消除大量的能量,从而减轻下游河床冲刷。但空中消能率的增大,意味着水股裂散、掺气严重,雾化危害的可能性增大。所以,设计者必须充分估计雾化可能造成的危害。有时,因雾化问题,而不得不改变消能方式或泄水建筑物体形设计。例如,苏联的萨扬舒申斯克水电站高孔与下游的衔接方式不采用挑流方案的一个原因,就是考虑到当气温在 0 ℃以下时,挑流可能会使水电站的露天设备遭到冰冻。我国的柘林水电站泄空洞消力池趾墩减免空蚀工程措施的设计中,就考虑了周围设施不允许水雾过大,从而达到附近电气设备所难以容许的程度。因此,通过方案比较,选用正常运用条件下水雾相对较小的掺气墩结构。

2.妥善地进行枢纽布置设计

(1)要充分考虑出射水股的平面扩散,尽量使入流水股向河心集中,以免裂散散落水体对两岸峡谷山坡的冲刷。

(2)厂房、开关站等重要建筑物与设施,应与水舌、水舌落点有一定的距离。尤其要避免布置在水舌的下风方向。

(3)露天设备、输电线路高程不宜太低。抬高位置高程,可以有效地减免水雾危害。如刘家峡水电站,正对着泄水道的 220 kV 出线塔原设置高程较低,因水雾造成多次跳闸停电,为保证安全送电,增建了备用线路一条,并将出线塔高程抬高,上移 80 余 m。

3.采取必要的保护措施

加强水雾区的防雨和排水设施,综合降雨强度和汇流面积考虑排水设施的能力。同时,要注意观测下游岸坡、山体的稳定,防止滑坡、坍塌时发生。必要时,需采取工程措施、保护交通线路和重要的机电设备。如麦卡坝、刘家峡水电站等,都修建了廊道、隧洞,以保证泄流时交通线路的通畅。再如,苏联的普利亚文水电站的溢洪道工作时,水雾和飞溅起来的水珠降落到露天机电设备上,夏天把设备弄脏,冬天使设备遭到冰冻,水雾还会落到位于溢洪道下面的变压器平台上。因而,在运行期间设置了保护变压设备的防护墙。

　　4.安排合理的运行方式

对已建工程,当水雾危害十分严重时,应考虑改变运行方式。如限制泄量、限制运行水头,以减轻水雾危害。青铜峡工程为避免水雾引起变压器等输电设备跳闸,在泄洪时常限制闸门开度,一般控制在 4 m 开度以下,稍遇刮风则往往要控制在 2 m 开度以内。刘家峡泄水道两孔同时开放,雾化严重,除采取工程保护措施外,还采取了限制泄水道泄量的孔开启措施。有的工程还采取了避免近厂房或近岸坡几孔开启的措施。

4.3.2.2　泄洪雾化分区防护措施

通过分析已有工程泄洪雾化原型观测资料,基于 1.4 节泄洪雾化降雨分级分区情况,总结得出泄洪雾化各级防护的一般性原则和要求如下[219]:

(1)Ⅰ级降雨雾化区:降雨强度大于 600 mm/h,雾化降雨强度高,危害性很大、破坏力很强,雨区内空气稀薄,能见度很低。两岸边坡应采用混凝土护坡,并根据雾化雨强度空间分布情况,设计和修建边坡排水设施。此范围内不可布置电站厂房、开关站等建筑物和附属设施,并在泄洪时禁止人员和车辆通行。

(2)Ⅱ级降雨雾化区:降雨强度在 200~600 mm/h,破坏力较强,两岸边坡可采用喷混凝土和锚杆等保护,并根据雾化雨强度空间分布情况,设计和修建边坡排水设施。该范围内不可布置电站厂房、开关站等建筑物和附属设施,并在泄洪时禁止人员和车辆通行。

(3)Ⅲ级降雨雾化区:降雨强度在 10~200 mm/h,该级主要雨强范围超过自然特大暴雨强度下限(11.7 mm/h),降雨区域内边坡可采用喷混凝土或砌石等措施进行防护,并根据雾化雨强度空间分布情况,设计和修建边坡排水设施。该范围内不可布置电站厂房、开关站等建筑物和附属设施,在泄洪时须限制人员和车辆通行。

(4)Ⅳ级和Ⅴ级降雨雾化区:降雨强度小于 10 mm/h,该级雨强范围内一般不需特殊的雾化防护措施,防护方法可采用自然降雨类似防护方法,必要时可设置边坡排水设施。

除上述针对各级降雨雾化区的主要措施外,还应结合不同水利枢纽工程特有的工程地质、地貌及布置形式等情况进行具体处理。如对于地形条件差、施工条件恶劣的大面积危岩体可采用主动防护网进行防护;坝区公路可修筑混凝土防雾廊道,增设公路排水设施等,减轻泄洪雾化危害。

4.3.3　已建高坝工程泄洪雾化评估与防护

4.3.3.1　滩坑水电站[220]

(1)滩坑水电站枢纽泄洪时,在挑流水舌裂散抛洒和水舌入水喷溅影响区内,溢洪道开挖边坡左岸观测到最大雨强达 2 883.4 mm/h,右岸观测到最大雨强达 1 938.7 mm/h。在挑流水舌入水喷溅影响区域内,雾化降雨强度远超过了自然降雨的特大暴雨强度,雾化雨强能够达到 1 000~6 000 mm/h。

(2)泄洪洞出口也采用了挑流消能形式,但出口鼻坎的高程与下游水面高程接近,挑流水舌空中流程短,泄洪流量也远小于溢洪道的泄流量。因此,与溢洪道相比较,其泄洪雾化的影响范围也相对较小。在设计水位下,模型试验观测得到其雾化降雨影响区长约 160.0 m,宽约 120.0 m,雾化降雨范围基本上沿泄洪洞出口中心线对称分布。

(3)设计水位下,溢洪道和泄洪洞联合泄洪时,河道右岸公路受到雾化降雨的影响,雨区范围:围堰下游 510.0~950.0 m;其中,围堰下游 673.0~754.0 m,右岸公路上的雾化降雨强度达 47.6 mm/h。

(4)建议取 100 年一遇工况作为滩坑水电站泄洪雾化防护的设计工况,并对枢纽泄洪雾化影响分级、分区进行防护,雾化分区防护的范围见图 4-14。

(5)预挖坑两侧的开挖边坡,建议采用混凝土护坡防护。开挖边界线以上的部分,根据具体情况,可以采用喷护(或砌石防护),清除两岸边坡上的乱石并设置排水和拦石设施。围堰下游 350.00~450.00 m,右岸公路路面高程以下的岸坡,建议将砌石护坡改为混凝土护坡。

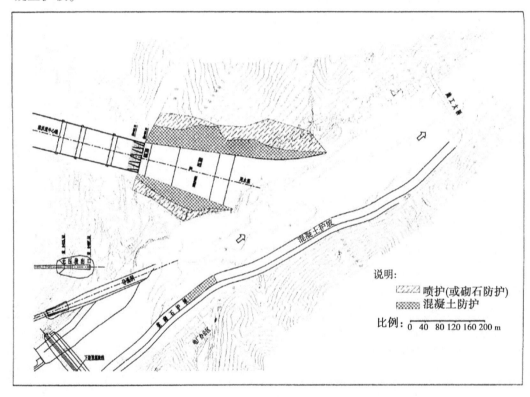

图 4-14　滩坑水电站雾化防护分区范围

4.3.3.2　锦屏一级水电站[221-222]

(1)锦屏一级水电站表孔、深孔和泄洪洞联合泄洪时,大坝下游存在两个雾化区:坝身泄洪雾化影响区和泄洪洞泄洪雾化影响区,两个雾化区之间不存在重叠现象、独立分布。

(2)上游水位 1 880.00 m,表孔单独泄洪时,4 个表孔泄洪时水舌入水纵向长 40.0 m、宽约 45.0 m。挑射水流入水喷溅影响区(溅水区)内的降雨强度大,雾化雨强为 500~700 mm/h,溅水影响区集中在坝后 160.0 m 范围内。

（3）深孔单独泄洪时,挑流水舌沿溢流中心线对称分布,5 个深孔全部泄洪时入水宽度约 40.0 m。水流入水喷溅影响区(溅水区)内的降雨强度为 400~800 mm/h,溅水影响区集中在坝后 240.0 m 范围内。

（4）表孔和深孔泄流水舌空中相互碰撞,消能效果较好。表孔、深孔水舌碰撞处高程为 1 750.00~1 775.00 m,水垫塘设计工况下,水舌入水区处在桩号 0+110.0~0+230.0,碰撞后的水流裂散、掺气强烈,水舌呈乳白色絮状,坝下能感到明显的水舌风和雨滴;水垫塘设计工况下,水舌入水区处在桩号 0+110.0~0+230.0。水流空中碰撞和入水喷溅影响区内的降雨强度大,雾化雨强为 1 000~5 000 mm/h,影响区范围:在坝后 400.0 m、高程 1 700.0 m 范围内。

（5）泄洪洞挑流水舌入水点处在桩号 1+200.0~1+320.0 位置偏左岸,水舌入水喷溅影响区内降雨强度达到 100~300 mm/h（高程 1 710.00 m 以下）,左岸泄洪雾化影响范围大于右岸雾化影响范围。

（6）坝身泄洪时,雾化降雨的最大影响高程 1 820.0 m,开关站底高程 1 896.00 m,高程超过坝顶,薄雾和淡雾沿岸坡爬升可达到开关站高程位置,该处不会出现雾化降雨现象。尽管如此,考虑到水电站泄洪时,常常伴随有自然降雨现象出现,为确保安全,建议按自然降雨的大暴雨等级对开关站处设置排水设施。

（7）主厂房进风洞口高程约 1 827.00 m,洞口不仅受到雾化降雨的影响,而且处于浓雾影响区内,需防泄洪雨雾的影响,考虑到泄洪时,常伴随有自然降雨现象出现,为确保安全,建议按自然降雨的特大暴雨等级设置排水设施。

（8）排风洞及尾调交通洞的洞口位置高程 1 680.00~1 700.00 m,距离水垫塘很近,该处附近的雾化降雨强度大,泄洪雾化形成的浓雾和强烈降雨有暂时封闭洞口的可能,需设置防雾和排水设施。

4.3.3.3　白鹤滩水电站[176]

（1）白鹤滩水电站枢纽泄洪时,在挑流水舌入水喷溅区内,雾化雨强远超过自然特大暴雨,水垫塘两侧雾化雨强能够达到 20 000~90 000 mm/h,超过自然特大暴雨(雨强大于 10 mm/h)的影响范围基本上在 830 m 高程以下,影响下游至 1 020 m 左右,如图 4-15 所示。

（2）白鹤滩水电站枢纽坝身泄洪时,雾化降雨的最大影响高程超过 834.0 m,其中雨强 50~200 mm/h 雾化雨区的最大影响高程 786.0 m,雾流沿岸坡爬升可超过坝顶高程,最高可影响到 834.0 m 高程。因此,在雾化影响范围内尽量不要布置开关站、工作用房、交通通道等。雨强大于 200 mm/h 的暴雨区,若有主、副厂房及其他建筑无法避让情况下,在降雨区能不设窗则不设,不得已必设门窗则门窗必须特制。

（3）白鹤滩水电站枢纽以下河道边坡总体较为稳定,但左岸边坡稳定稍差,断层、裂隙较发达,在泄洪雾化的作用下极易发生滑坡等事故。建议对左右岸危岩或不稳定坡体进行适当防护,清除两岸边坡上的乱石并设置排水和拦石设施。

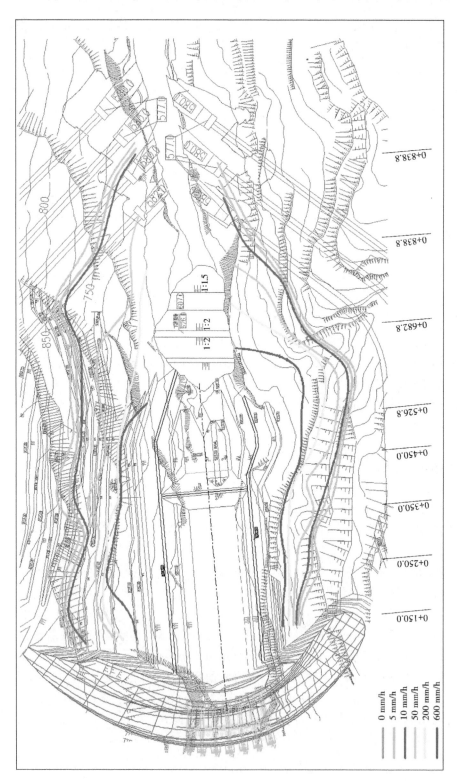

图 4-15　白鹤滩水电站雾化雨强分布图（校核水位，表中孔全开）

第 5 章　低雾化度泄洪消能技术研究

　　高坝枢纽泄洪雾化伴生着水气两相流的复杂交互作用,虽然泄洪消能雾化产生的机制尚不完全清楚,但不同的泄洪消能方式会产生不同的雾化效果是明确的。相同条件下底流消能的雾化度要远低于挑流消能的雾化度,而高拱坝挑流水舌空中碰撞与否对泄洪雾化的影响也极为显著,为此提出低雾化度泄洪消能技术的概念,并通过大量的资料对比和模型试验分析,研究不同挑坎体形、洞式溢洪道与挑流相结合的泄洪消能技术、无碰撞泄洪消能技术、不同消能方式对泄洪雾化的影响,形成低雾化度泄洪消能技术,并应用于实际工程。

5.1　挑坎体形对雾化的影响研究

　　近年来,随着坝高和泄量的不断增大,传统的挑流消能工已经不能满足枢纽安全运行的要求。因此,为了减小水舌入水时的单位能量,现在的挑流消能工多采用"纵向拉开、横向扩散、空中碰撞、分层入水"的设计原则。根据这条设计原则,许多新型的消能工相继问世:

　　(1)窄缝挑坎。消能特性是利用泄水建筑物末端过水断面的急剧收缩,使出射水舌的流线方向沿高程变化,出射角由-10°左右连续变化到45°左右,下部水股的挑距较近而上部水股的挑距较远。整个水舌在纵向充分扩散,其形状近似鸡尾,水舌落入下游水垫时呈长条形,特别适合狭窄河谷的地形条件。其挑坎示意图如图5-1(a)所示。

　　(2)分流齿坎。消能特性是利用在泄水建筑物末端的两侧设置分流齿,使出射水流在分流齿段内沿齿面急剧升高,以挑流的方式抛射向下游。齿槽内的水流则沿坝面向下跌落,水面较低。这样在泄水建筑物的出口段形成两侧高、中间低的凹形水面,使整个水舌沿纵向拉开。其挑坎示意图如图5-1(b)所示。

　　(3)扩散挑坎。消能特性是利用在泄水建筑物末端增加4°~8°的横向扩散角,使出射水舌在不发生边界分离的情况下,沿横向充分扩散,加大入水宽度。其挑坎示意图如图5-1(c)所示。

　　(4)斜切挑坎。消能特性是通过改变泄水建筑物出口端垂直于出口轴线为斜交于出口轴线。这样就形成一侧导墙短,一侧导墙长,利用长导墙的导向作用,将水舌导向主河槽并增大横向和纵向扩散。其挑坎示意图如图5-1(d)所示。

　　(5)舌形挑坎。消能特性是通过在泄水建筑物出口末端加设一段不带边墙的溢流坝面,阻碍水舌自由下落并强迫其沿横向散落,增大入水宽度。其挑坎示意图如图5-1(e)所示。

　　(6)短边墙挑坎。是在斜切挑坎或舌形挑坎的基础上,缩短一侧或两侧边墙,使水舌沿横向扩散更为充分。其挑坎示意图如图5-1(f)所示。

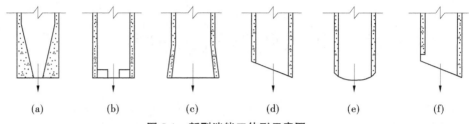

图 5-1　新型消能工体形示意图

纵、横扩散好的挑流鼻坎,可增加水舌在空中的消能率,但也会加大泄洪雾化程度,对枢纽建筑物正常运行、交通运输、周围环境及两岸边坡稳定性等产生一定危害。为探究挑坎体形对泄洪雾化的影响,采用模型试验研究了不同挑坎体形的雾化特性,以期通过合理的挑坎体形有效地缓解泄洪雾化的影响。

5.1.1　试验布置与方法

5.1.1.1　模型设计

模型由带挑坎的泄洪洞、蓄水池、水泵、管道、矩形堰及下游水池等组成,泄洪洞由有机玻璃制成,如图 5-2 所示。上游水箱尺寸为 10 m×10 m×6 m,下游水池尺寸为 10.0 m×3.0 m×0.7 m。以挑坎最低点的地面投影为坐标原点,顺水流方向为 x 轴正向,挑坎垂直高度为 90 cm,上游水位 410 cm,下游水位 38 cm,上下游水位差 372 cm,分别由管阀以及下游尾水控制,水位差±1 mm。

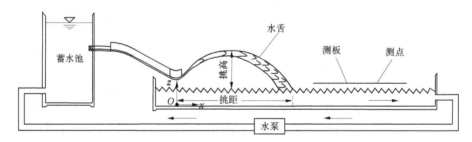

图 5-2　模型布置

5.1.1.2　试验测量

(1)风速测量:采用超声波风速风向传感器(最大量程 10 m/s,测量精度 0.01 m/s,配有采集系统,每个测点测量 400 s,采集频率 1 Hz)对水舌风进行测量。在挑坎下游在河床上方 16 cm 处布设测板用于测量水舌风沿横断面分布,测点布置见图 5-3。

(2)雾雨量测量:为了量化并对比不同体形挑坎下游的溅水量,在河床上方 16 cm(即 $z=85$ cm)处布设测板用于测量雾化雨强沿横断面分布,测板上共布设 56 个控制点,如图 5-3 所示。避免收集盒内由于水滴飞溅造成的误差,收集盒内放有吸水性较好的脱脂棉对溅水量进行收集(海绵盒尺寸为 15 cm × 10 cm×4 cm),测量前,对每个海绵盒进行编号、称重;测量时,待上下游水位稳定后,自溅水强度由弱至强逐一放置海绵盒,同时记录放置的初始时间,一定时间段后,根据溅水强度由强至弱逐一收回,同时记录收回时间,并通过电子称(最大量程 1 kg,精度 0.01 g)得到不同编号海绵盒的溅水量净重。为了避

免时间过短而造成溅水量收集的偶然误差,本研究取收集时间为 90 min,随后计算得到各
挑坎体形每分钟的溅水量,从而对比不同挑坎体形下游降雨强度分布。

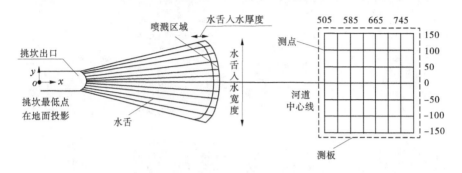

图 5-3　下游河道测板上测点布置　(单位:cm)

5.1.2　挑坎体形方案

挑流消能的挑坎体形一般分为等宽形和扩散形,常见如连续坎,其结构简单,出现空
蚀破坏概率不大,但挑流水舌集中会对下游河床造成严重的冲刷破坏[223]。为了改善下
游河床冲刷与水垫塘底板破坏问题,学者们在连续坎的基础上提出了其他挑坎体形,通过
增大水舌的纵、横向扩散来减小水舌的单宽入水能量,以减轻挑流水舌对下游河床的冲
刷。本研究设计了 3 类典型挑坎体形进行试验,即连续坎、窄缝坎、扩散坎,其具体结构尺
寸如图 5-4 所示。

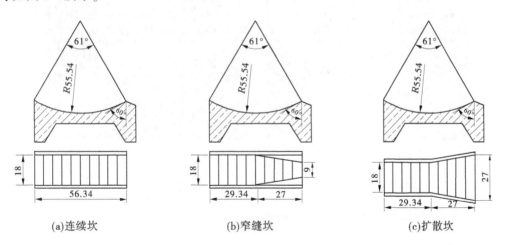

(a)连续坎　　　　　(b)窄缝坎　　　　　(c)扩散坎

图 5-4　模型试验中挑坎体形　(单位:cm)

不同挑坎体形下挑流水舌形态如图 5-5 所示。连续坎,挑射水流较为集中,挑射水流
存在比较小的水翅,水流的纵、横向扩散程度有限。窄缝坎,挑射水流很集中,水流的横向
扩散程度很小,但由于两侧墙的急剧收缩产生了冲击波,导致收缩段水面线急剧上升,水
舌在纵向空间获得充分扩散,挑射水舌在空中形成巨大的扇形状,较连续坎,窄缝坎挑流
水舌在空中的扩散面积增大很多;扩散坎,下泄水流呈横向扩散挑流流态,水舌横向分散
严重。

(a)连续坎

(b)窄缝坎

(c)扩散坎

图 5-5　不同挑坎体形下挑流水舌形态

5.1.3　挑坎体形对下游水舌风和喷溅特性的影响

5.1.3.1　不同挑坎体形下游水舌风分布

泄洪雾化水舌风主要是由于高速水流与周围气流发生动量交换、冲量作用,使得周围气流受到扰动而产生。泄洪消能时,挑坎的体形决定了挑流水舌的运动轨迹,水舌风的分布及其水力特性与挑坎的形式密切相关。

同一泄洪条件下,水舌风风速值沿横断面分布和 $z=85$ cm 平面风速等值线如图 5-6 和图 5-7 所示。连续坎的水舌风风速沿下游河道轴线两侧对称分布,呈单峰分布,其最大值出现在轴线上($y=0$ cm),随着 x 值的增加,水舌风风速峰值逐渐减小,其单峰形态逐渐

变宽,水舌风风速范围为 0.205~1.730 m/s;窄缝坎和扩散坎的水舌风风速近似呈对称的
双峰分布,窄缝坎水舌风风速范围为 0.417~1.925 m/s,连续坎水舌风风速范围为 0.956~
2.861 m/s。

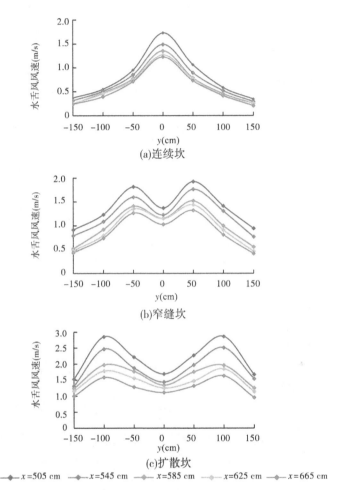

(a)连续坎

(b)窄缝坎

(c)扩散坎

$\longrightarrow x=505$ cm　$\longrightarrow x=545$ cm　$\longrightarrow x=585$ cm　$\longrightarrow x=625$ cm　$\longrightarrow x=665$ cm

图 5-6　水舌风风速值沿断面分布

　　3 类挑坎的水舌风风速均随河道中心线距离的增大而加剧减小,这是由于地面摩擦
作用和周围空气的剪切作用,水舌风往下游运动时,随着距离水舌入水点距离的增大,其
动能逐渐减小。同一泄洪条件下,窄缝坎和扩散坎的水舌风风速值均大于连续坎的水舌
风风速值。较连续坎,窄缝坎水舌由于两侧墙的急剧收缩使得水舌在纵向空间获得充分
扩散,加快了水流与周围气流发生动量交换,使得周围气流更易受到扰动,从而增大了水
舌风风速值;扩散坎水舌横向扩散充分,水舌入水处排开水体体积增大,增加了喷溅起来
的水块、水滴数量,增强了液滴对气体的瞬时冲量作用,从而增加了喷溅水舌风风速值,造
成扩散坎下游水舌风风速普遍大于连续坎和窄缝坎。

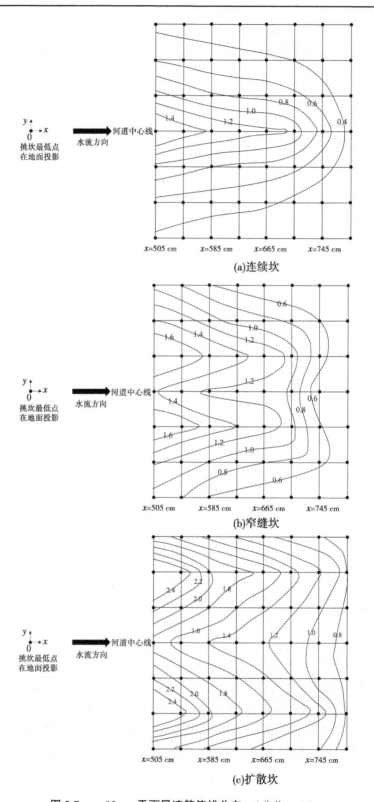

图 5-7 $z=85$ cm 平面风速等值线分布 （单位:m/s）

5.1.3.2　不同挑坎体形下水舌喷溅特性

同一泄洪工况下,在下游布设的测量雾化装置内连续坎、窄缝坎、扩散坎在 90 min 分别共收集溅水 5 373.0 g、16 254 g、9 117.0 g,较连续坎而言窄缝坎、扩散坎的溅水量大大增加。喷溅雨量沿横断面分布及 $z=85$ cm 平面降雨强度等值线分布如图 5-8、图 5-9 所示。3 种挑坎体形的溅水量均呈明显的单峰分布,但随着挑坎出口宽度的增加,单峰形态逐渐变宽。连续坎最大降雨强度为 50.56 mm/h;窄缝坎最大降雨强度为 127.22 mm/h;扩散坎最大降雨强度为 53.90 mm/h。窄缝坎最大降雨强度明显大于连续坎和扩散坎,但其主要分布在河道内,影响范围有限,扩散坎 1~10 mm/h 等降雨强度线对两岸的影响范围明显大于窄缝坎和连续坎。

对比图 5-6、图 5-8 可以发现,水舌风分布对喷溅雨强分布有较大影响,这是由于挑流水舌与空气相互作用时在一定区域内产生强烈水舌风,水舌风又带动溅水雨滴向远处扩散。

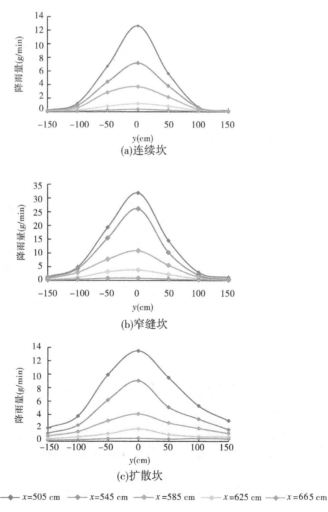

图 5-8　降雨量沿断面分布

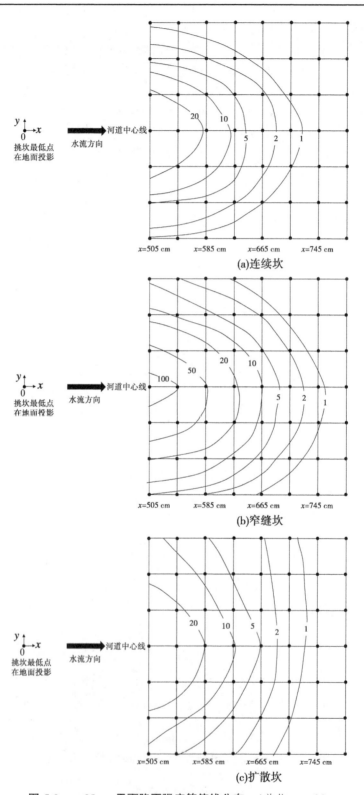

图 5-9　$z=85$ cm 平面降雨强度等值线分布　（单位：mm/h）

5.1.4　挑流水舌水力特性

泄流雾化降雨强度分布特性与挑流水舌在空中的运动轨迹及其落点密切相关。基于 CFD 数值模拟方法,建立了三维数学模型(体形参数与物理模型保持一致),研究挑流水舌的水力特性,进一步探究造成不同挑坎体形雾化降雨强度分布差异的原因。

上游水位 410 cm、下游水位 38 cm 泄洪工况下,连续坎、窄缝坎、扩散坎水舌空中运动轨迹如图 5-10 所示,水舌入水参数如表 5-1 所示,挑距取水舌落至下游水面到挑坎的水平距离。随着挑坎体形的收缩,水舌入水宽度明显减小,水舌厚度逐渐增大,挑距和挑高明显增加。挑宽和挑距在一定程度上反映了水舌的空中扩散特性,较连续坎,窄缝坎和扩

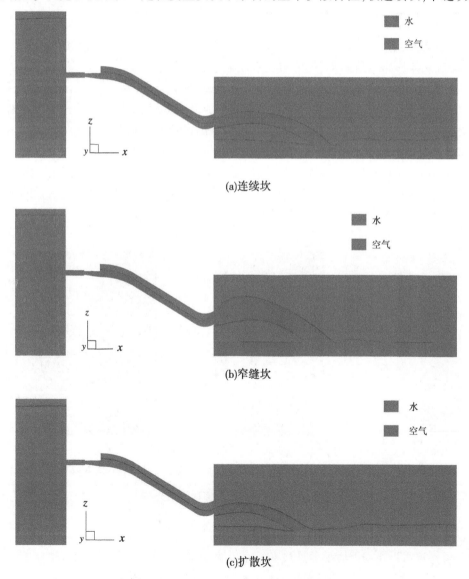

(a)连续坎

(b)窄缝坎

(c)扩散坎

图 5-10　不同挑坎体形水舌空中运动轨迹

散坎使水舌分别沿纵向和横向拉开,加大空中掺气量,从而增大了空中水舌的雾化源量和水舌的入水面积,因此窄缝坎和扩散坎雾化雨区影响范围明显大于连续坎。

表 5-1 挑流水舌入水参数

挑坎体形	挑距(cm)		挑高(cm)	水舌入水宽度 (cm)
	内	外		
窄缝坎	315	405	184	75
连续坎	325	395	148	90
扩散坎	290	350	136	210

挑流水舌在空中的运动扩散特性取决于水舌初始断面的水流条件和周围流体的运动,不同挑坎体形出口断面水、气分布及水流流速分布如图 5-11、图 5-12 所示。3 种体形的挑流水舌均由挑坎对称挑出,窄缝坎由于两侧边墙的急剧收缩,水舌沿纵向被压缩,两侧出现严重水翅,部分水翅裂散后向周围抛洒形成非天然超强降雨。窄缝坎出口断面平均流速为 5.01 m/s,出射角度为 31°~45°;连续坎出口断面平均流速为 3.97 m/s,出射角度为 22°~25°;扩散坎出口断面平均流速为 3.72 m/s,出射角度为 15°~20°。窄缝坎的出口断面平均流速值明显大于连续坎和扩散坎,且出口断面整体流速值分布较为集中,集中的高流速值加剧了水舌的紊动,促进水气交汇层上涡体的混掺和交换,使水舌的破碎和掺气更加充分,同时水舌入水时的激溅作用更加强烈,从而增大了雾化降雨量。

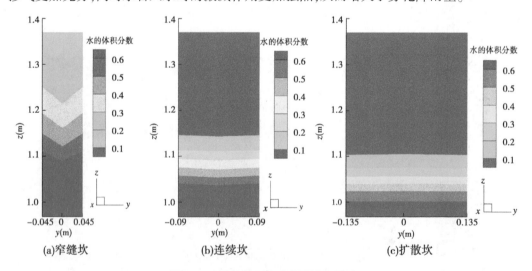

图 5-11 挑坎体形出口断面水气分布

挑流水舌入水激溅特性不仅与水舌初始运动状态有关,还与水舌的空中运动特性密切相关。挑流水舌在空中运动的速度和扩散特性值既决定了水舌与下游水垫碰撞时的惯性,也决定了水舌入水的位置和角度,挑流水舌入水时的水力特性由水舌在空中的运动决定。

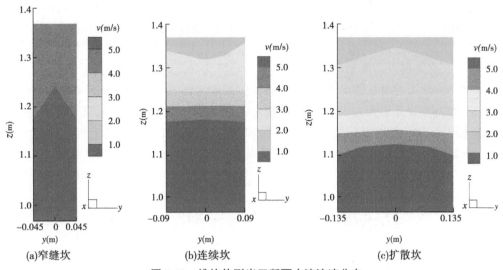

(a)窄缝坎　　　　(b)连续坎　　　　(c)扩散坎

图 5-12　挑坎体形出口断面水流流速分布

不同挑坎体形挑流水舌在空中运动水流流速场分布如图 5-13 所示,挑流水舌空中流速分布与挑流水舌的纵、横向扩散密切相关,随着挑坎出口宽度的增加, 挑流水舌入水角

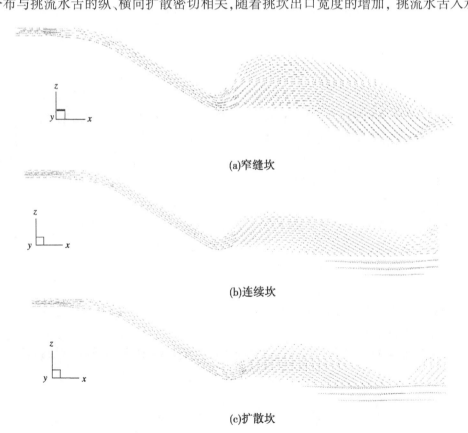

(a)窄缝坎

(b)连续坎

(c)扩散坎

图 5-13　不同挑坎体形挑流水舌 $y=0$ 平面流速场分布

度逐渐减小。窄缝坎、连续坎、扩散坎水舌入水角度分别为 41°~44°、30°~32°、28°~30°，最大入水速度分别为 5.78 m/s、5.42 m/s、4.41 m/s。通常而言，泄洪雾化纵向范围受水舌入水角度的影响，入水角度小，雾化范围大；入水角度大，雾化范围小。但由于窄缝坎流速水头高、挑距远且两侧出现严重水翅，窄缝坎雾化降雨纵向影响范围显著增大。

泄洪降雨分布与挑坎体形密切相关，挑坎体形直接影响了水舌空中运动的轨迹、挑坎出口水舌水力特性及水舌入水参数，从而影响了泄洪雾化雨强及水舌风沿空间的分布规律。纵、横向扩散特性越好的挑坎体形，其泄洪雾化降雨强度及其影响范围越大，在实际工程中可通过合理优化挑坎体形，以减轻泄洪雾化的影响，保证枢纽建筑物安全有效运行。

5.2　高拱坝表孔、深孔无碰撞泄洪消能技术

表孔、深孔水舌空中碰撞消能方式有效地增加了水舌的空中消能率，水舌入水流速显著降低，水垫塘消能负担也随之减轻。这种坝身泄洪消能方式有效地解决了峡谷地区高水头、大泄量高拱坝工程坝身泄洪消能的难题，但坝身表孔、深（中）孔水舌空中碰撞泄洪消能，直接导致了严重的雾化，大坝下游雾区产生强暴雨。为了降低高拱坝坝身表孔、深孔联合泄洪雾化强度，提出了一种旨在消除表孔、深孔水舌碰撞部分雾化源的新型泄洪消能方式，即高拱坝坝身表孔、深孔水舌空中无碰撞泄洪消能方式。通过合理布置和选择表孔、深孔的体形、出口角度、尺寸，充分利用窄河谷纵向空间，将表孔、深（中）孔水舌横向扩散调整为纵向拉伸，上层表孔水舌从相邻两个深（中）孔水舌之间的空隙穿插通过，实现表孔水舌与深（中）孔水舌空中无碰撞入水布置形式。依托锦屏一级水电站，开展坝身泄洪表孔、深孔无碰撞泄洪消能雾化研究。

5.2.1　工程概况及模型构建[224]

5.2.1.1　工程概况[224]

锦屏一级水电站位于雅砻江中下游河段，以发电为主，枢纽由混凝土双曲拱坝、泄洪建筑物和地下引水发电系统组成，坝顶高程 1 885.0 m，最大坝高 305.0 m。泄洪建筑物由坝身 4 个表孔和 5 个深孔、右岸 1 条"龙落尾"泄洪洞组成。地下引水发电系统采用地下厂房布置，在右岸布置 6 台 600 MW 的发电机组。

枢纽挡水和泄水建筑物按 1 000 年一遇洪水设计，5 000 年一遇洪水校核；消能建筑物按 100 年一遇洪水设计，500 年一遇洪水校核。水库正常蓄水位 1 880.0 m，死水位 1 800.0 m，总库容 77.7 亿 m³，属年调节水库。设计洪水位 1 880.06 m，坝身设计洪水流量 9 068.0 m³/s；校核洪水位 1 882.6 m，坝身校核洪水流量 10 577.0 m³/s。

5.2.1.2　模型构建

根据坝身泄洪水力条件，要求模型中水流表面韦伯数 $We>500$，模型中水流流速 $v>6$ m/s，满足水流掺气相似，由此确定模型比尺为 1:50。模型按重力相似准则设计，为正态模型。相关水力学参数的模型比尺如下：

流速比尺：$\lambda_v = \lambda_l^{0.5} = 50^{0.5} = 7.07$；

流量比尺：$\lambda_Q = \lambda_l^{2.5} = 50^{2.5} = 17\,677.67$；

时间比尺：$\lambda_T = \lambda_l^{0.5} = 50^{0.5} = 7.07$；

压强水头比尺：$\lambda_{P/\gamma} = \lambda_L = 50$；

糙率比尺：$\lambda_n = \lambda_l^{\frac{1}{6}} = 50^{\frac{1}{6}} = 1.92$。

模型主要由供水系统、上游水库、拱坝、泄洪消能建筑物、下游河道、量水系统及回水系统组成；模型尺度约 60.0 m×24.0 m×7.0 m（长×宽×高），模型流量近似为 1.0 m³/s。

模拟范围：拱坝上游 1 000.0 m 至坝下游 2 000.0 m 范围内的河道两岸地形，拱坝及所有水工建筑物。上游和下游河道地形采用水泥砂浆制作，表孔、深孔及水垫塘等泄洪消能建筑物的制模材料为有机玻璃，模型布置见图 5-14。

图 5-14　锦屏一级水电站物理模型布置

5.2.2　表、深孔碰撞方案布置试验

该工程最先的布置方案采用了国内外较为成熟的"分层出流、水舌空中碰撞、水垫塘消能"的消能方式。平面上 4 个表孔和 5 个深孔采用相间布置。坝身泄洪孔口布置见图 5-15。

表孔为开敞式孔口，堰顶高程 1 870.00 m，孔口尺寸 11.50 m×10.00 m（宽×高，下同），采用弧形工作闸门挡水。表孔溢流堰面曲线采用 WES 曲线，堰面曲线方程为 $y = 0.064\,8x^{1.85}$。溢流堰面末端设置大差动式跌坎，以分散水流，1#、4#孔出口俯角为 30°，2#孔出口角度为 0°，3#孔出口挑角为 15°。为克服溢流前缘采用圆弧形布置引起的水流向心集中现象，溢流表孔沿纵向采用平面扩散布置，溢流进口控制宽度 11.50 m，中间 2#、3#孔出口两侧扩散角各为 3°，出口宽度 14.23 m；1#、4#边孔出口靠内侧扩散角 3°，边孔出口宽度为 12.86 m。

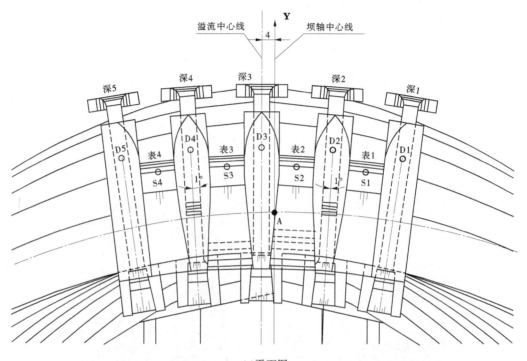

(a)平面图

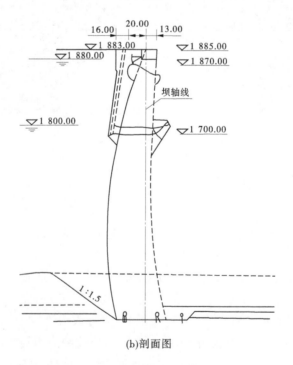

(b)剖面图

图 5-15　坝身泄洪孔口布置图

坝身表孔与深孔间隔布置,深孔布置在表孔闸墩内,从左至右布置 1#~5#深孔,1#和 5#、2#和 4#孔沿溢流中心线对称布置,溢流前缘弧长 111.00 m,孔底高程 1 790.00 m。出口孔口尺寸为 5.0 m×6.0 m(宽×高)。1#、2#、4#、5#深孔出口采用俯角,1#、5#深孔俯角 12°,2#、4#深孔俯角 5°,3#深孔出口为 5°的挑角。

试验结果表明,表孔、深孔进口水流流态平顺,无不良水力现象。4 个表孔采用了连续式大差动鼻坎形式,表孔入水水舌分层清楚,纵向拉开,横向扩散,水舌落点位于桩号 0+120.00~0+160.00,入水宽度 45~50 m,入水角 70°~73°。5 个深孔采用压力上翘形并结合下弯形,入水水舌亦表现为纵向拉开、平面分布基本合理的水流流态,水舌落点在桩号 0+190.00~0+240.00,入水水舌宽度 40 m,入水角 50°~55°。表、深孔联合泄洪时,表孔与深孔水舌在空中碰撞,消能充分,设计及校核洪水位下,水舌落点位于桩号 0+110.00~0+215.00 m,入水宽度 50~70 m,入水角 50°~72°,空中碰撞夹角为 30°~40°,碰撞高程 1 740.0~1 775.0 m。水垫塘底板上的最大动水冲击压力值为 9.6 mH₂O(1 mH₂O=9.806 65 kPa,全书同),小于设计允许的 15 mH₂O,最大压力脉动强度为 4.51 mH₂O,压力脉动属低频脉动,其主频为 0.5~2.0 Hz,表、深孔空中碰撞水流流态见图 5-16。

(a)正视图　　　　　　　　　　　　　(b)侧视图

图 5-16　表孔、深孔空中碰撞水流流态

由以上结果可知,表孔、深孔碰撞方案较易布置,并达到了较好的泄洪消能效果。但是,根据已有空中碰撞工程运行经验,坝身表孔、深孔水舌空中碰撞消能明显加剧了泄洪雾化现象。泄洪雾化不仅可能影响坝后交通、生活工作区的正常工作环境,还易诱发山体滑坡,威胁电厂及机电设备的正常运行,影响大坝抗力体及下游雾化区边坡的稳定。

5.2.3　表孔收缩体形试验

由于坝身表、深孔水舌空中碰撞消能加剧了泄洪雾化现象,因此需要研究在狭窄河谷地区和复杂地质条件下高拱坝坝身无碰撞泄洪消能方式。通过优化坝身表、深孔体形,使表、深孔水舌沿纵向拉开、分布均匀,减小下游水垫塘内动水压力,并达到完全无碰撞的泄洪消能布置方式,以降低泄洪带来的雾化强度。

实践证明,孔口出口采取收缩体形,可以实现缩窄挑流水舌宽度、水舌纵向拉开并减小下游冲击的强度。但由于深孔出流流速较高,若采取出口收缩式消能工,可能带来深孔空化、空蚀问题,影响结构安全,不宜采用。因此,表孔出口采用收缩体形,深孔采用常规体形,通过在平面上局部调整表、深孔位置来获得表、深孔水舌相互穿插的空间,实现表、深孔无碰撞泄洪消能是最为有效的途径。

据上述坝身无碰撞泄洪消能布置的基本原则和方式,拟定了锦屏一级高拱坝工程坝身无碰撞泄洪消能布置的基本方案。表孔出口采用侧收缩体形,边墙采用对称收缩的方式,出口底板为俯角;表孔出口段不设底板,采用透空形式。由于有 4 个表孔,体形略有差别,因此对表孔体形进行了单体概化试验。溢流剖面为 WES 型实用堰,曲线下游接直线段,其水平长度 $L_2 = 28.0$ m,底板透空段水平长度为 L_1,底板倾角 θ 为 35°,收缩起始端孔口宽度 $B = 11.0$ m,侧墙采用直墙形,出口断面为矩形,出口宽度 $b = 4.4$ m,并在试验中取 0、0.11、0.14、0.18、0.21、0.29 六个不同的值,其中 $\eta = 0$ 表示传统的底板不透空形式。表孔底板透空形式体形见图 5-17,具体体形参数见表 5-2。

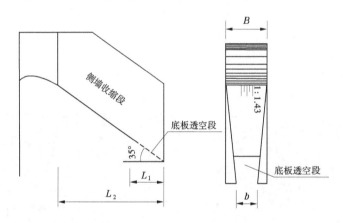

图 5-17　表孔底板透空形式体形图

表 5-2　各表孔体形参数

孔口编号	透空比 η	水平透空长度 L_1(cm)	收缩比 β	L_2(cm)	B(cm)	θ(°)
1	0	0				
2	0.11	6.0				
3	0.14	8.0	0.4	56.0	22.0	35
4	0.18	10.0				
5	0.21	12.0				
6	0.29	16.0				

5.2.3.1　不同透空比下表孔水舌特性

1. 水舌空中形态

底板不透空情况下(透空比为 0),水流刚出表孔末端时,水体通透、连续性较好;随着下落距离的增加,受空气阻力影响,水体开始散裂、晃动,且分布变得不均匀。在横向,水舌掺气扩散;在纵向,水舌内缘水流掺气散裂,水体变稀,且前后摆动,而水舌外缘水流出现集中入水现象。

　　当底板采用透空形式时,底板长度变短,贴底板水流提前从收缩段下泄,一方面使得水舌内缘边界往上游移动,加大了出口处水舌的纵向扩散程度;另一方面,由于提前下泄,内缘水流在收缩段的加速时间变短,出射流速变小,出射角变大,进一步加大了出口处水舌的纵向扩散程度。图 5-18 为 $Q=74.1$ L/s 时不同透空比下表孔出口水流流态。

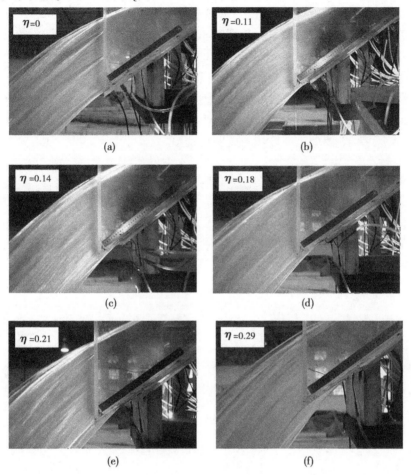

图 5-18　不同透空比下表孔出口水流流态($Q=74.1$ L/s)

　　虽然随着下落距离的增加,水体的水量分布依然呈现外缘集中而内缘分散的不均匀现象,但随着底板透空程度的增加,水舌内外缘边界之间逐渐地拉开,进而分散主体水流,有效地缓解了水舌的集中入水现象。当透空比由 0.11 增大到 0.29 时,水舌纵向入水宽度逐渐增大。

　　试验中保持表孔收缩比固定不变,不断改变透空比,出口处水舌的横向宽度并没有受透空比的影响而发生变化;随着下落距离的增加,透空形式下水舌横向水翅现象明显。

　　2. 水舌空中轮廓线

　　以透空比 $\eta=0$ 的表孔水舌轮廓图为例,见图 5-19,它由 100 张水舌轮廓线叠加而成,反映了水舌 5 s 内的轮廓叠加情况。图中水舌整体可分为两部分:蓝色和白色区域。

　　其中,蓝色区域由水舌轮廓线叠加而成。上半段由于水体稳定、连续性较好,因此识别出的水舌轮廓线较平滑且重叠范围窄;下半段由于水体掺气、散裂,表面波动大,因此边界明显不平滑且重叠范围较宽,且水舌内缘的蓝色区域要比外缘的宽,可见内缘水体波动更大、散裂程度更高,这与流态观察结果相一致。根据上述特性,定义该蓝色区域为水舌的散裂区。而白色区域表示水舌中水体比较集中的部分,称为水舌的主体区。该区域随着下落距离的增加,纵向宽度逐渐减小,出现水流集中的现象。

与不透空形式下的水舌轮廓线对比,图 5-19 中透空形式的外缘蓝色重叠区整体变化不大,上半段依旧较平滑,而下半段因为水体掺气散裂而略有变宽,可见底板透空对水舌外缘流态的影响不大;水舌内缘轮廓线上半段同样比较平滑且蓝色重叠区较窄,而其下半段则区别较大,重叠区明显变宽,说明底板透空使得水舌内缘水体的散裂范围明显扩大。水舌白色主体区域由于采用透空形式,其上半段纵向宽度明显增大,下半段因为水体掺气散裂范围向内部扩散,因此主体区域宽度明显变窄。

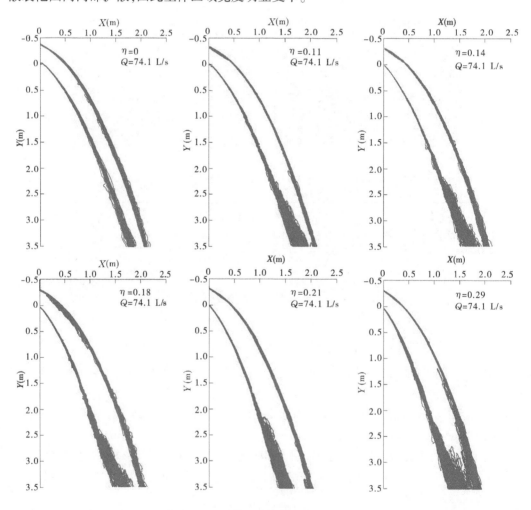

图 5-19　水舌空中轮廓图(Q=74.1 L/s)

3. 水舌内外缘挑距

由前述水舌流态和水舌轮廓图可以看出,辅以底板透空后,水舌内外缘挑距之差,即纵向入水宽度增加。而纵向入水宽度的大小,往往是衡量收缩式消能工消能效果的一个重要指标。表 5-3 统计了本次试验 4 m 落差下水舌内外缘挑距及其纵向入水宽度。

表 5-3　水舌入水内外缘挑距及入水宽度统计

流量(L/s)	透空比	内缘挑距(cm)	外缘挑距(cm)	纵向入水宽度(cm)
74.1	0	260.1	300.2	40.1
	0.11	256.8	297.8	41.0
	0.14	245.3	294.8	49.5
	0.18	242.8	299.3	56.5
	0.21	228.8	294.8	66.0
	0.29	213.8	289.8	76.0
57.4	0	256.2	299.1	42.9
	0.11	253.8	297.8	44.0
	0.14	244.3	290.8	46.5
	0.18	239.8	292.8	53.0
	0.21	234.8	291.8	57.0
	0.29	214.8	282.8	68.0
44.8	0	255.4	295.2	39.8
	0.11	248.8	290.8	42.0
	0.14	243.8	286.8	43.0
	0.18	240.8	289.3	48.5
	0.21	234.8	284.8	50.0
	0.29	214.8	273.8	59.0

由表 5-3 可以看出:随着透空比的增大,水舌内缘挑距逐渐减小,其落点往上游移动,大中小三个流量下落点最大移动距离分别为 46.3 cm、41.4 cm、40.6 cm;而外缘挑距略有减小,但总体变化幅度没有内缘的大,同样的三个流量下落点最大移动距离分别为 10.4 cm、16.3 cm、21.4 cm;水舌纵向入水宽度随透空比的增大而增大,与上述内外缘水舌挑距的变化结果相一致。由此认为,水舌入水宽度能够增大的直接原因是水舌内缘落点往上游移动的幅度大于外缘落点,内外缘落点间距变大,水舌被纵向拉开。

当透空比较小,为 0.11 时,纵向入水宽度随流量变化不大,维持在 42 cm 左右,随着透空比的增大,流量对入水宽度的影响逐渐明显;当透空比达到 0.29 时,大中小三个流量下入水宽度分别为 76 cm、68 cm、59 cm,可见当透空比较大时,流量越大其扩散效果越好。

5.2.3.2　透空形式对水垫塘底板压力影响

1. 时均压力

试验中改变多个透空比,分别测量水垫塘底板的时均冲击压力,结果见图 5-20。由图 5-20 可知,在同一流量下,随着透空比的增大,水垫塘底板冲击区范围逐渐增大,冲击区往上游移动,这与水舌内外缘挑距的变化规律相一致。时均压力峰值的位置随透空比的增大而逐渐往上游移动,压力峰值随透空比的增大而逐渐减小,最大降幅达到50.0%左右。

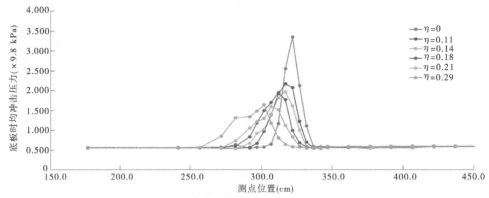

图5-20　不同透空比下水垫塘底板冲击压力沿程分布($Q=74.1$ L/s)

2.脉动压力

各透空比下脉动压力均方根值的沿程分布见图5-21,当透空比逐渐增大时,冲击区范围往下游扩大,这与时均压力冲击区变化规律相一致;在非冲击区,各透空比下脉动压力均方根值比较接近,其值均在6.00 kPa左右;在冲击区,随着透空比的增大,均方根峰值逐渐减小。随着流量的减小和透空比的增大,均方根峰值最终均下降到8.00 kPa左右,最大降幅达到50.0%左右。

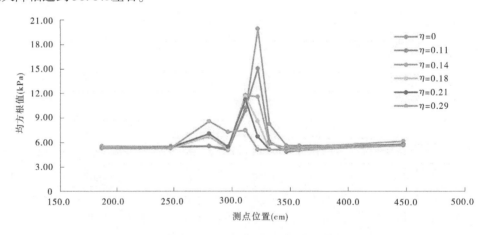

图5-21　不同透空比下脉动压力均方根值沿程分布($Q=74.1$ L/s)

5.2.4　表、深孔布置优化试验

5.2.4.1　表、深孔优化体形

针对表孔悬臂长度、透空段长度、底板俯角、出口透空段底部形式及表深孔布置等进行了不同组合的优化方案试验,最终确定表、深孔体形布置方案:4个表孔出口采用收缩体形,对称收缩,侧收缩起始点桩号0+007.98,结束点桩号0+035.98,收缩段长度28.0 m,收缩角度6.72°,出口俯角33.0°,出口宽度4.4 m,底部均采用非完全透空形式,透空段水平长5.0 m,其余参数见表5-4。在平面布置上,1#表孔轴线向左岸偏转0.5°、4#表孔

轴线向右岸偏转 0.5°,2#、3#表孔轴线不偏转,表孔优化平面布置见图 5-22;深孔出口不收缩,出口侧墙内侧不设置扩散角,4#深孔往下游延伸 1.0 m、5#深孔往下游延伸 2.5 m,5个深孔轴线均为直线布置,其中,2#、3#、4#孔轴线不偏转,1#深孔轴线向左岸偏转 1.0°,5#深孔轴线向右岸偏转 1.0°。

表 5-4　表孔孔口体形参数

表孔	闸墩末端桩号（m）	非完全透空段长度（m）	悬臂长度（m）	房顶至水舌内缘最短距离（m）	
				上游水位 1 880.00 m	下游水位 1 882.60 m
1#	0+036.48		8.78	2.55	2.65
2#	0+035.48	5.0	7.78	2.60	2.70
3#	0+036.48		8.78	2.70	2.75
4#	0+037.98		10.28	2.50	2.50

5.2.4.2　泄洪消能水力特性

1. 水流流态

优化方案试验结果表明,4 个表孔开启泄洪时水舌分层清晰,沿纵向充分拉开,分布均匀,各孔水流互不搭接,近似平行下落,各股水舌间存在较大的间隙。表孔水舌入水角较大,挑距较小,水舌入水区在桩号 0+101.20~0+130.80,水舌入水宽度 5.2~5.5 m,入水角 73.0°~76.4°。

5 个深孔全开泄洪时,各深孔水舌入水角较小,各孔水舌分层清晰,不发生碰撞。入水水舌亦表现为纵向拉开、分层入水,水舌入水区在桩号 0+183.40~0+242.60,水舌入水宽度 13.8~21.6 m,入水角 51.0°~57.2°。

表、深孔联合泄洪时,表孔水舌主体能够从相邻深孔中间穿过,穿插位置在高程 1 780.0 m 附近。1#表孔水舌从 1#、2#深孔水舌中间穿插下落;2#表孔水舌从 2#、3#深孔水舌中间穿插下落;3#表孔水舌从 3#、4#深孔水舌中间穿插下落;4#表孔水舌从 4#、5#深孔水舌中间穿插下落。表、深孔水舌在空中未发生碰撞,水舌在空中裂散程度轻,水舌入水区在桩号 0+101.20~0+242.60,入水角 51.0°~76.4°。表、深孔联合泄洪时水流流态见图 5-23,水舌入水区域见图 5-24。

2. 水垫塘底板压力

不同工况下,水垫塘底板最大时均冲击压力见表 5-5。水垫塘底板上的最大动水冲击压力值为 12.65 mH₂O,小于设计允许的 15 mH₂O,最大压力脉动强度为 5.62 mH₂O,压力脉动属低频脉动,其主频为 0~0.2 Hz。

5.2.5　表、深孔无碰撞对雾化的影响

采用坝身表、深孔水舌空中无碰撞泄洪消能方式,4 个表孔+5 个深孔全开联合泄洪时(上游水位 1 880.37 m,下游水位 1 656.29 m),表孔水舌与深孔水舌空中不碰撞,表、深孔水舌入水区相互独立,表孔水舌入水区纵向范围:坝 0+103.0~坝 0+131.9,深孔水舌

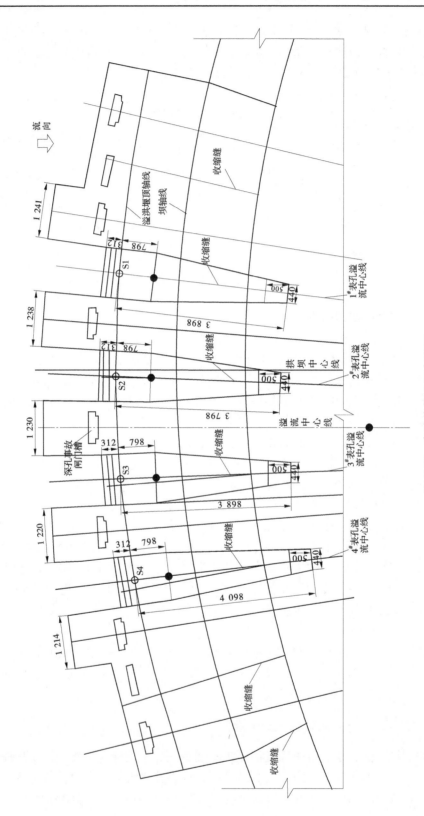

图 5-22 表孔优化平面布置图

入水区纵向范围:坝 0+184.9~坝 0+242.6,试验观测到最大雾化降雨强度 3 882.6 mm/h,出现在左岸坝 0+220.0 附近。下游河道两岸边坡雾化降雨强度分布见图 5-25。

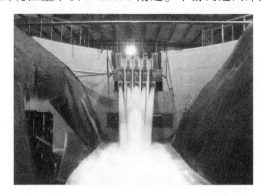

图 5-23　表、深孔联合泄洪时水流流态

表 5-5　水垫塘底板最大时均冲击压力

工况	孔口开启情况	水位(m)		位置		最大时均冲击动压(×9.8 kPa)
		上游	下游	桩号 X(m)	横距 Y(m)	
工况 1	4 表+5 深	1 882.6	1 660.92	146.5	7.5	12.65
工况 2	4 表+5 深	1 880.06	1 660.13	363.8	7.5	6.30
工况 3	4 表+5 深	1 880.00	1 656.89	141.5	7.5	7.60
工况 4	2 表+5 深	1 880.00	1 656.89	136.5	7.5	6.92
工况 5	4 表	1 880.00	1 650.01	136.5	7.5	7.05
工况 6	5 深	1 880.00	1 650.01	293.0	2.5	6.80

采用坝身表、深孔水舌空中碰撞泄洪消能方式,4 个表孔+5 个深孔全开联合泄洪时(上游水位 1 880.37 m 下游水位 1 656.29 m),表孔和深孔泄流水舌空中相互碰撞,碰撞后的水流裂散、掺气强烈,水舌呈乳白色絮状,坝下能感到明显的水舌风和雨滴。表、深孔水舌碰撞处高程 1 750.0~1 765.0 m,水舌入水区纵向范围:坝 0+110.0~坝 0+230.0,水流空中碰撞和入水喷溅影响区内的降雨强度大,试验观测到雾化雨强约 5 521.0 mm/h,出现在右岸坝 0+120.0 m 附近。下游河道两岸边坡上雾化降雨强度分布见图 5-25、图 5-26。

不同泄洪消能方式下坝身 4 个表孔+5 个深孔联合泄洪时雾化降雨强度及影响范围对比见表 5-6 和图 5-27~图 5-29。与"表、深孔水舌空中碰撞泄洪消能方式"相比较,采用"表、深孔水舌空中无碰撞联合泄洪消能方式"达到了减小泄洪雾化强度及其影响范围的目标。在设计工况下,坝身表、深孔联合泄洪时,10 mm/h 雾化雨强影响范围纵向长度减少 200~300 m、高程降低 40~50 m;在 1 690.00 m 高程上最大雾化降雨强度由 5 521.0 mm/h 降低到 3 882.6 mm/h。

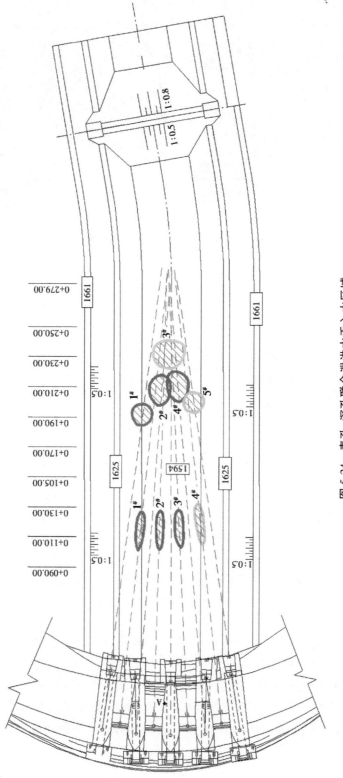

图 5-24 表孔、深孔联合泄洪水舌入水区域

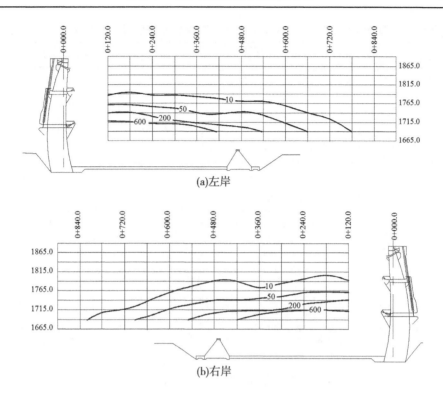

图 5-25　表孔、深孔水舌空中碰撞泄洪消能时下游河道两岸边坡上雾化降雨强度分布

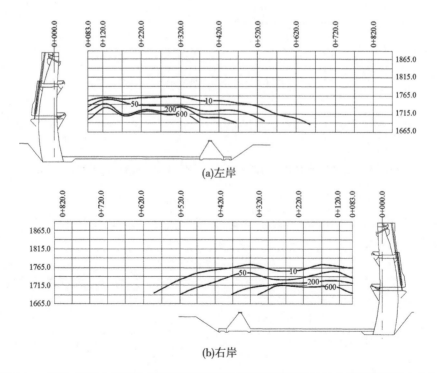

图 5-26　表孔、深孔水舌空中无碰撞泄洪消能时下游河道两岸边坡上雾化降雨强度分布

表 5-6　不同泄洪消能方式下 4 个表孔+5 个深孔联合泄洪雾化降雨强度及影响范围对比

消能方式	上游水位（m）	最大降雨强度（mm/h）	雾化降雨影响区域		
			最大纵向长度(m)	最大高程(m)	
				左岸	右岸
表、深孔水舌空中碰撞	1 880.37	5 521.0	900	1 820	1 815
表、深孔水舌空中无碰撞	1 880.37	3 882.6	680	1 770	1 773

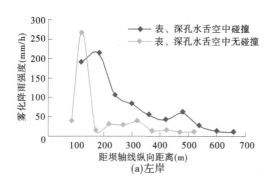
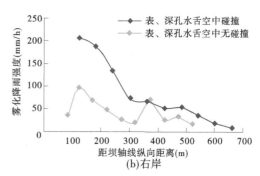

(a)左岸　　　　　　　　　　　　　(b)右岸

图 5-27　不同泄洪消能方案下游两岸边坡上雾化降雨强度对比（高程 1 740 m 处）

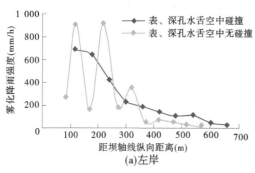
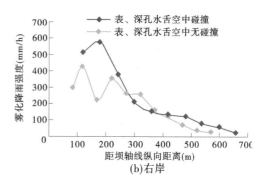

(a)左岸　　　　　　　　　　　　　(b)右岸

图 5-28　不同泄洪消能方案下游两岸边坡上雾化降雨强度对比（高程 1 715 m 处）

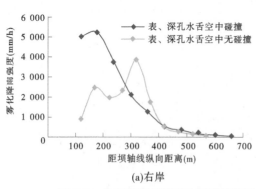
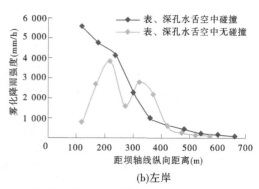

(a)右岸　　　　　　　　　　　　　(b)左岸

图 5-29　不同泄洪消能方案下游两岸边坡上雾化降雨强度对比（高程 1 690 m 处）

5.3　洞式溢洪道泄洪消能技术

高坝多处于深山峡谷地区,由于坝身泄洪会产生严重雾化,因此有必要探讨岸边泄洪消能技术。岸边泄洪主要分为溢洪道和泄洪洞,而在深山峡谷地区,溢洪道布置较为困难,泄洪洞超泄能力不足,但洞式溢洪道就比较合适。洞式溢洪道具有常规溢洪道的功能,还可以避免沿程的雾化现象。尤其是在高海拔地区,雾化机制还不明确的环境下,开展洞式溢洪道泄洪消能技术就具有更重大的意义。本节结合 RM 水电站,对洞式溢洪道泄洪消能关键技术开展研究。

5.3.1　工程概况和试验模型[225]

5.3.1.1　工程概况

RM 水电站坝址流域面积 7.94 万 km²,多年平均流量 648 m³/s,水库正常蓄水位 2 895 m,死水位 2 815 m,泄洪最大水头 250 m,最大泄洪功率 33 000 MW。枢纽具有高水头、低气压的特征,总体布置复杂、技术难度大。枢纽方案由拦河坝+右岸泄洪系统+右岸引水发电系统+深层放空系统组成,右岸泄洪系统主要包括洞式溢洪道、泄洪洞。

洞式溢洪道位于枢纽区右岸,由引渠、控制段、无压隧洞段、消能工及水垫塘组成。控制段总长 53.60 m,设置 3 个开敞式孔口,孔口尺寸为 15 m×22 m(宽×高),洞式溢洪道洞室轴线间距 45 m。洞式溢洪道引渠底板高程 2 860.00 m,溢流堰顶高程为 2 873.00 m,溢流堰采用 WES 曲线实用堰,曲线方程 $Y=0.035\ 621X^{1.85}$,WES 曲线后接半径 $R=40$ m 的反弧段,控制段末端高程 2 855.84 m。隧洞段采用 3%底坡,隧洞段末端接方程为 $Y=0.03X+X^2/320$ 的渥奇曲线,后接陡槽段和反弧段(反弧半径 $R=120$ m)。无压洞身采用城门洞形结构,净断面尺寸为 15 m×18.53 m(宽×高)。出口采用挑流消能工体形,长约 33 m,反弧半径 $R=120$ m,挑角为 15°,挑坎坎顶高程 2 735.00 m。洞式溢洪道隧洞段具体参数见表 5-7。

表 5-7　洞式溢洪道隧洞段布置参数

溢洪道编号	3%纵坡段长度(m)	竖曲线段长度(m)	陡槽段坡度	陡槽段长度(m)	反弧段长度(m)	总长(m)
1#	644.26	88.37	1:1.801	135.59	61.07	929.29
2#	721.51	120.06	1:1.385	66.13	75.38	983.08
3#	765.04	120.06	1:1.385	63.90	75.38	1 024.38

5.3.1.2　试验模型构建

建立了 LCJ RM 水电站模型,开展洞式溢洪道与挑流相结合的试验。模型设计为正态模型,模型几何比尺 1:80,采用重力相似准则相关水力参数比尺如下:

长度比尺:$L_r=80$;

时间比尺:$T_r=L_r^{0.5}=80^{0.5}=8.94$;

速度比尺:$V_r=L_r^{0.5}=80^{0.5}=8.94$;

流量比尺:$Q_r = L_r^{2.5} = 80^{2.5} = 57\ 243$。

模型由进水系统、平水整流系统、建筑物试验段、量水系统、回水系统和测量系统组成。为了充分反映出 RM 水电站的地形、地貌特征以及枢纽建筑物对该区域的影响,模型范围:上游模拟至坝轴线以上 800 m 库区,地形至坝顶高程 2 902 m;下游河道地形模拟 800 m 长,高度至坝顶高程。模拟对象主要有上游河道地形、大坝、溢洪道、泄洪洞、水垫塘、下游河道地形等。模型规模:长度 45 m、宽度 25 m、高度 5 m、供水流量 250 L。模型水库采用钢板水库,为保证模型各过流建筑物进流条件相似,上游河道、大坝、溢洪道、泄洪洞进口控制段等均设置在水库内。钢板水库高 4.0 m,为多边形,平面面积达 130 m²,相当于原型 1 200 m×960 m。为便于观测流态,溢洪道、泄洪洞进水口及出口、水垫塘均采用有机玻璃精加工,RM 水电站整体水工模型布置见图 5-30。

图 5-30　RM 水电站整体水工模型布置

5.3.2　缓底坡洞式溢洪道掺气减蚀技术

为了减少高速水流沿程区间和空化空蚀的影响,洞式溢洪道采取了类似泄洪洞的"龙落尾"体形。洞式溢洪道前半部分布置较长的缓坡(3%)段,以便于施工。但由于海拔较高,流速较大,仍需要设置掺气设施。为此,针对洞式溢洪道缓底坡特性,研究提出了掺气坎为"燕尾型挑坎+缓坡+降坡"体形,进气空腔稳定,取得了良好的掺气效果,见图 5-31。

传统方案溢洪道掺气坎部位水流流态(见图 5-32),掺气坎进水,不能形成进气空腔,是隧洞底板缓坡(3%)及跌坎高度不足所致。为此,修改溢洪道洞身掺气坎,提出采用"燕尾型挑坎+缓坡+降坡"的体形,即 1:10 挑坎(坎高 120 m)+8 m 缓坡+1:4.5 斜坡体形。挑坎后接 3% 的缓坡段,缓坡段水平长 8 m;缓坡段后接 1:4.5 的降坡,斜坡段水平长 14.00 m。设计洪水位时掺气水流流态见图 5-33。

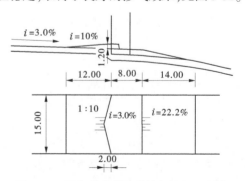

图 5-31　洞式溢洪道洞身掺气坎修改方案

图 5-32　设计洪水位 3#洞式
溢洪道常规掺气坎流态

图 5-33　设计洪水位 "燕尾型挑坎+
缓坡+降坡" 体形掺气坎流态

试验结果表明,设计洪水位时,过坎水舌落点位于斜坡上,掺气坎可以形成稳定的空腔,无积水,空腔长度约 9.6 m,掺气效果良好。

5.3.3　洞式溢洪道挑流技术

5.3.3.1　原方案挑流水力特性及存在问题

针对窄河谷大切角溢洪道挑流的特点,研究了洞式溢洪道挑流消能特性和消能技术。

原设计方案设计洪水位下,泄水建筑物挑流水舌水力参数见表 5-8,流态见图 5-34。1#洞式溢洪道单独运行时,出口流速为 48.4 m/s,挑流水舌外缘挑距约 282 m、内缘挑距约 250 m,入水时水舌宽度约 48 m;2#洞式溢洪道单独运行时,出口流速为 48.0 m/s,挑流水舌外缘挑距约 280 m、内缘挑距约 252 m,入水时水舌宽度约 44 m;3#洞式溢洪道单独运行时,出口流速为 48.6 m/s,挑流水舌左侧外缘挑距约 298 m、右侧外缘挑距约 285 m,入水时水舌宽度约 64 m;泄洪洞单独运行时,出口流速为 48.5 m/s,挑流水舌外缘挑距约 290 m、内缘挑距约 260 m,入水时水舌宽度约 16 m。设计洪水位,泄水建筑物单独运行时水舌均落入水垫塘内,但距离对岸边墙较近,水舌下潜后对水垫塘有一定冲击,水舌落水位置见图 5-35。

表 5-8　设计洪水位泄水建筑物挑流水舌水力参数

泄水建筑物	出口流速（m/s）	水舌挑距（m）		入水时水舌宽度（m）
		外缘	内缘	
1#洞式溢洪道	48.4	282	250	48
2#洞式溢洪道	48.0	280	252	44
3#洞式溢洪道	48.6	298(左侧外缘)	285(右侧外缘)	64
泄洪洞	48.5	290	260	16

设计洪水位下,由于洞式溢洪道和泄洪洞挑距较长,水舌落点离对岸边墙较近,在对岸边墙和底板角隅处形成冲击区。受对岸边墙阻挡,附壁射流沿边墙运动,消能集中于水

图 5-34 设计洪水位泄洪系统联合运行水舌形态

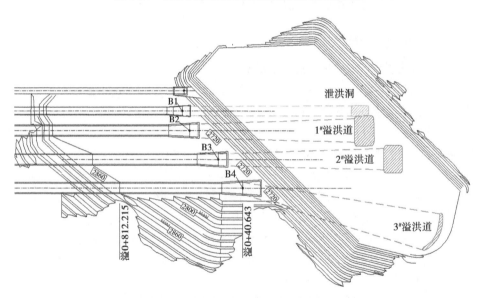

图 5-35 设计洪水位泄水建筑物水舌落点图

垫塘左侧下游末端。水面呈白色泡沫状,水流掺气充分,旋滚较为剧烈;主流在下游河道衔接处部分受阻沿本岸边墙运动,在水垫塘内形成大回流,1#洞式溢洪道单独运行、2#洞式溢洪道单独运行、泄洪洞单独运行以及泄洪系统联合运行时,水垫塘内形成顺时针回流,而3#洞式溢洪道单独运行时形成逆时针回流,如图 5-36 所示。

为获取水垫塘最大动水压力,在各溢洪道及泄洪洞泄洪水舌形成的角隅冲击区各布置 2~4 个时均压力和脉动压力测点,总计 13 个测点,如图 5-37 所示。

设计洪水位下水垫塘最大时均压力 P_{max} 和动水冲击压力值 ΔP_{max} 列于表 5-9,各测点时均压力值列于表 5-10。1#洞式溢洪道单独运行时,冲击区 P_{max} 为 36.5×9.8 kPa、边墙 ΔP_{max} 为 4.6×9.8 kPa;2#洞式溢洪道单独运行时,冲击区 P_{max} 为 35.0×9.8 kPa、边墙

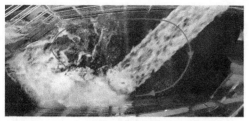

(a)1#溢洪道单独运行

(b)2#溢洪道单独运行

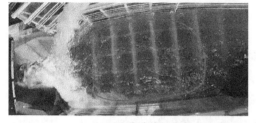

(c)3#溢洪道单独运行

(d)泄洪洞单独运行

(e)泄洪系统联合运行

图 5-36　设计洪水位水垫塘内水流流态

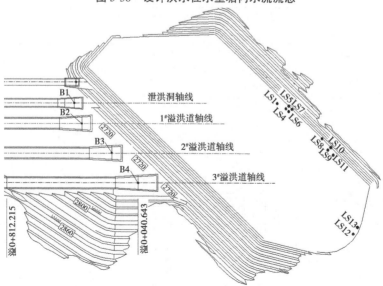

图 5-37　水垫塘角隅冲击区动水压力测点布置

$\Delta P_{\max}$ 为 3.4×9.8 kPa;3#洞式溢洪道单独运行时,冲击区 $P_{\max}$ 为 38.8×9.8 kPa、底板 $\Delta P_{\max}$ 为 7.1×9.8 kPa;泄洪洞单独运行时,冲击区 $P_{\max}$ 为 36.8×9.8 kPa、底板 $\Delta P_{\max}$ 为 6.0×9.8 kPa;泄洪系统联合运行时,冲击区 $P_{\max}$ 为 51.6×9.8 kPa、底板 $\Delta P_{\max}$ 为 7.0×9.8 kPa。

设计洪水位下各工况角隅冲击区脉动压力数字特征列于表 5-11。脉动压力分布特性与时均压力基本一致,冲击压力最大处脉动压力也相对较大。1#溢洪道单独运行冲击区最大脉动压力均方根值 $\sigma_{\max}$ 为 8.6×9.8 kPa;2#溢洪道单独运行 $\sigma_{\max}$ 为 4.4×9.8 kPa;3#溢洪道单独运行 $\sigma_{\max}$ 为 7.9×9.8 kPa;泄洪洞单独运行时,$\sigma_{\max}$ 为 10.4×9.8 kPa;泄洪系统联合运行时 $\sigma_{\max}$ 为 9.8×9.8 kPa,最大值分别出现在 1#溢洪道和泄洪洞水舌交汇处、3#溢洪道水舌冲击区。

图 5-38 为代表性测点脉动压力自功率谱密度曲线,脉动压力主频在 2~5 Hz,频带较宽,脉动压力的主要能量集中在 20 Hz 范围内;非冲击区主频则小于 1 Hz,频带较窄,脉动压力的主要能量集中在 10 Hz 范围内。

原方案挑流存在的问题主要是挑流水舌较远,水垫塘内动水冲击压力和脉动压力偏大。

表 5-9　水垫塘最大时均压力 $P_{\max}$ 和动水冲击压力 $\Delta P_{\max}$

运行工况	上游水位（m）	下游水位（m）	泄量（m³/s）	水垫深度（m）	$P_{\max}$（×9.8 kPa）	$\Delta P_{\max}$（×9.8 kPa）	出现部位
1#溢洪道	2 895.00	2 623.63	3 140	31.9	36.5	4.6	边墙
2#溢洪道			3 198	31.6	35.0	3.4	边墙
3#溢洪道			3 195	31.7	38.8	7.1	底板
泄洪洞		2 622.63	2 762	30.8	36.8	6.0	底板
泄洪系统联合运行		2 638.89	2 008	44.6	51.6	7.0	底板

表 5-10　各工况水垫塘角隅冲击区时均压力

测点	1#溢洪道单独运行	2#溢洪道单独运行	3#溢洪道单独运行	泄洪洞单独运行	泄洪系统联合运行
LS1	29.6	30.7	32.1	36.8	41.7
LS2	30.3	30.7	32.3	31.2	42.4
LS3	30.3	30.6	32.2	32.7	42.1
LS4	31.2	30.8	32.2	34.1	50.3
LS5	31.2	30.6	32.3	29.2	46.2
LS6	34.0	30.5	32.2	28.9	49.0
LS7	36.5	30.7	32.2	31.2	44.3
LS8	28.3	35.0	32.4	30.4	42.3
LS9	25.2	33.1	32.4	29.4	40.0
LS10	26.8	33.4	32.3	30.9	42.0
LS11	25.1	32.2	32.3	30.0	40.2
LS12	30.9	31.5	38.8	32.4	51.4
LS13	32.7	32.3	36.9	33.0	51.6
W1	31.6	31.7	31.8	30.8	44.8
W2	32.1	31.5	31.4	30.9	44.3

表 5-11　设计洪水位水垫塘角隅冲击区脉动压力特征值

（单位：×9.8 kPa）

工况	参数	测点												
		LS1	LS2	LS3	LS4	LS5	LS6	LS7	LS8	LS9	LS10	LS11	LS12	LS13
1#洞溢洪道单独运行	Max	12.28	18.03	7.89	28.07	16.60	26.03	17.41	2.03	3.68	2.71	3.35	1.77	1.07
	Min	-12.23	-16.91	-9.67	-36.48	-20.91	-33.47	-24.46	-2.62	-3.78	-3.20	-3.31	-2.35	-1.26
	σ	2.85	3.83	2.43	8.56	5.85	5.94	5.48	0.50	0.83	0.68	0.79	0.49	0.24
2#洞溢洪道单独运行	Max	1.54	1.29	1.46	1.74	1.41	1.70	1.62	11.51	20.07	11.18	11.96	1.37	0.45
	Min	-1.82	-1.41	-1.39	-1.48	-1.44	-1.63	-1.61	-22.71	-17.81	-15.45	-12.47	-1.95	-0.71
	σ	0.46	0.41	0.42	0.47	0.42	0.47	0.47	4.42	4.24	2.93	2.69	0.39	0.13
3#洞溢洪道单独运行	Max	0.51	0.66	1.10	0.79	0.93	0.86	1.23	0.73	0.90	1.51	0.79	31.33	29.81
	Min	-0.63	-0.81	-1.03	-0.78	-0.86	-0.79	-0.91	-0.67	-0.97	-1.17	-0.89	-33.01	-39.42
	σ	0.16	0.22	0.29	0.23	0.24	0.23	0.26	0.18	0.25	0.32	0.21	7.8	6.65
泄洪洞单独运行	Max	32.42	24.72	7.92	27.11	14.83	24.63	14.99	4.47	8.29	5.68	7.80	2.32	1.34
	Min	-41.26	-28.71	-9.92	-31.91	-19.43	-19.74	-14.95	-3.85	-7.39	-4.96	-5.96	-2.75	-1.63
	σ	10.35	8.76	2.28	7.04	4.82	5.41	4.62	0.84	1.45	1.20	1.55	0.60	0.32
泄洪系统联合运行	Max	26.38	24.08	14.75	31.37	23.07	26.79	17.76	7.27	7.05	10.90	2.81	38.12	35.95
	Min	-29.18	-35.42	-19.27	-35.58	-28.39	-32.21	-21.50	-9.37	-9.64	-15.25	-3.93	-37.19	-36.13
	σ	7.00	8.60	3.94	9.82	7.10	7.28	5.89	1.57	1.84	2.23	0.74	9.84	8.23

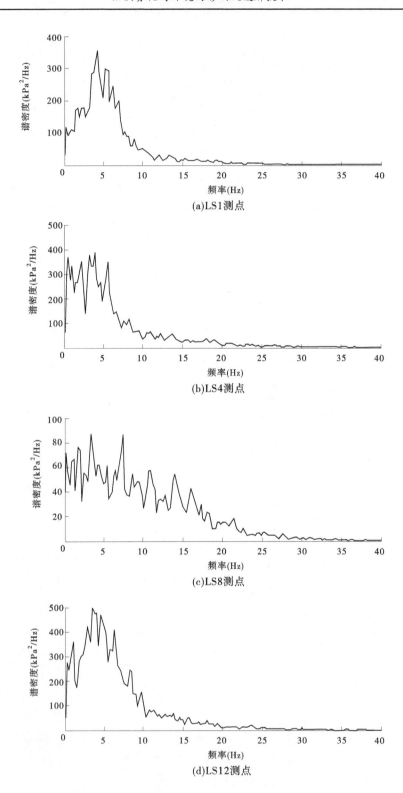

图 5-38　脉动压力功率谱密度（设计洪水位泄洪系统运行）

5.3.3.2 纵向收缩、横向分散挑流方案及水力特性

针对挑射流中心线与水垫塘消能中心线夹角达 43°的高速水流消能问题,提出了挑流水舌"纵向收缩、横向分散"的原则和优化方案。

各泄水建筑物出口段修改体形见图 5-39(红实线为修改方案、黑虚线为原方案)。修改 1#、2#洞式溢洪道挑坎长度缩减为原方案一半至 16.50 m,侧扩不变,出口改为水平出射;修改 3#洞式溢洪道出口段为与 1#、2#相似体形,挑坎长度缩至 33.00 m,平面取消扭转,侧扩按原 3°扩散角度上延至桩号 1+004.913,出口改为水平出射。

修改泄洪洞挑坎长度缩至 13.68 m,自桩号 1+004.913 增加侧扩、扩散角度 4.26°,出口改为水平出射。

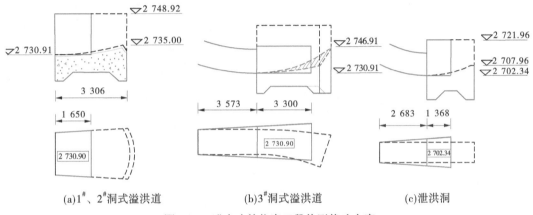

(a)1#、2#洞式溢洪道　　　　(b)3#洞式溢洪道　　　　(c)泄洪洞

图 5-39　泄水建筑物出口段体形修改方案

设计洪水位下洞式溢洪道挑流水舌形态见图 5-40,实测水力参数列于表 5-12。设计洪水位工况下,泄水建筑物修改方案较原方案挑距大幅缩短,水舌基本落入水垫塘宽度中部,联合泄洪时水舌层次分明,未跌落本岸也未冲击对岸,落点均在水垫塘宽度中部且相互分散,水垫塘内流态较好且稳定。1#洞式溢洪道挑流水舌外缘挑距约 238 m,较原方案减小 44 m;2#洞式溢洪道挑流水舌外缘挑距约 240 m,较原方案减小 40 m;3#洞式溢洪道挑流水舌外缘挑距约 230 m,较原方案减小 68 m;泄洪洞挑流水舌外缘挑距约 210 m,较原方案减小 80 m,水舌落水点见图 5-41。

(a)　　　　　　　　　　　　(b)

图 5-40　设计洪水位泄洪系统联合运行水舌形态(修改方案)

表 5-12 设计洪水位泄水建筑物挑流水舌水力参数(修改方案)

泄水建筑物	出口流速 (m/s)	水舌挑距(m)		入水时水舌宽度 (m)
		外缘	内缘	
1#洞式溢洪道	48.4	238	210	44
2#洞式溢洪道	48.0	240	213	44
3#洞式溢洪道	48.6	230	205	48
泄洪洞	48.5	210	185	59

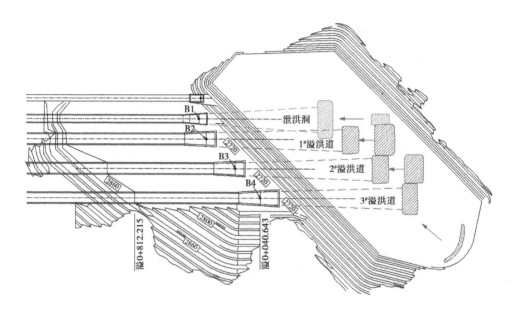

图 5-41 设计洪水位泄水建筑物原方案与修改方案水舌落点对比

因水舌落点变化,水垫塘最大动水压力位置相应改变。为便于对比,设计方案角隅冲击区时均压力和脉动压力测点均不变,另新增 9 个测点分别测量各泄水建筑物冲击区,总计 22 个测点,测点布置如图 5-42 所示。其中,LS15、LS17 测量泄洪洞修改方案水舌冲击区,LS14、LS16 测量 1#洞式溢洪道修改方案水舌冲击区,LS18、LS19 测量 2#洞式溢洪道修改方案水舌冲击区,LS20~LS22 测量 3#洞式溢洪道修改方案水舌冲击区。另外,在水垫塘本岸及对岸边墙近坝的端部各布置一个时均压力测点 W1 和 W2,作为水垫塘水垫深度的计算依据。

泄水建筑物修改方案水舌冲击区基本位于水垫塘中部,由于泄洪洞、洞式溢洪道均采用扩散体形,水垫塘底板冲击压力较原方案明显降低。1#洞式溢洪道单独运行时,冲击区 P_{max} 为 31.6×9.8 kPa、ΔP_{max} 为 2.7×9.8 kPa(较原方案减小 1.9×9.8 kPa);2#洞式溢洪道单独运行时,冲击区 P_{max} 为 30.8×9.8 kPa、ΔP_{max} 为 2.5×9.8 kPa(-0.9×9.8 kPa);3#洞式溢洪道单独运行时,冲击区 P_{max} 为 32.0×9.8 kPa、ΔP_{max} 为 2.8×9.8 kPa(-4.3×9.8

kPa);泄洪洞单独运行时,冲击区 P_{max} 为 31.2×9.8 kPa、ΔP_{max} 为 2.6×9.8 kPa(−3.4×9.8 kPa);泄洪系统联合运行时,冲击区 P_{max} 为 44.8×9.8 kPa、ΔP_{max} 为 2.8×9.8 kPa(较原方案减小 4.2×9.8 kPa)。

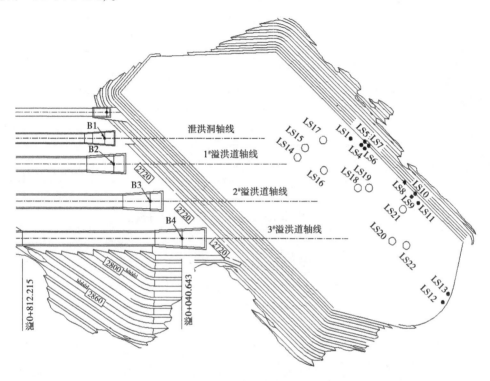

图 5-42　水垫塘动水压力测点布置

　　设计洪水位下水垫塘脉动压力数字特征列于表 5-13~表 5-15。泄水建筑物修改方案下,水垫塘脉动压力较设计方案大幅降低。$1^{\#}$洞式溢洪道单独运行时,冲击区最大脉动压力均方根值 σ_{max} 为 3.7×9.8 kPa(较原方案减小 4.9×9.8 kPa);$2^{\#}$洞式溢洪道单独运行时,σ_{max} 为 3.9×9.8 kPa(−0.5×9.8 kPa);$3^{\#}$洞式溢洪道单独运行时,σ_{max} 为 4.8×9.8 kPa(−3.1×9.8 kPa);泄洪洞单独运行时,σ_{max} 为 2.4×9.8 kPa(−8.0×9.8 kPa);泄洪系统同时运行时,σ_{max} 为 1.8×9.8 kPa(较原方案减小 8.0×9.8 kPa)。泄水建筑物出口修改方案改善了水垫塘水流流态,降低了冲击压力及脉动压力。

　　按泄洪水舌"纵向收缩、横向分散"原则,以"横扩散、平入射"为特点的推荐方案较原设计方案:泄洪水舌层次分明、横向分散无交汇,挑距缩短 40~80 m,落点基本在水垫塘半宽部、冲击区位于水垫塘底板、消能区分散于水垫塘中下游部位;水垫塘动水压力大幅降低,设计洪水位及 5%、10%、20%洪水频率常遇洪水的闸门全开工况,洞式溢洪道单独运行最大动水冲击压力 ΔP_{max} 为 2.8×9.8 kPa、最大脉动压力均方根值 σ_{max} 为 4.8×9.8 kPa,泄洪洞单独运行 ΔP_{max} 为 2.6×9.8 kPa、σ_{max} 为 2.4×9.8 kPa,泄洪系统联合运行 ΔP_{max} 为 2.8×9.8 kPa、σ_{max} 为 1.8×9.8 kPa,水力安全风险不大。

表 5-13　水垫塘冲击区最大时均压力 P_{max} 和动水冲击压力 ΔP_{max}

泄洪工况	上游水位 （m）	下游水位 （m）	泄量 （m³/s）	非冲击区 水垫深度（m）	冲击区 P_{max} （×9.8 kPa）	ΔP_{max} （×9.8 kPa）
1#溢洪道 单独运行	2 895.00	2 623.63	3 140	28.9	31.6	2.7
2#溢洪道 单独运行			3 198	28.3	30.8	2.5
3#溢洪道 单独运行			3 195	29.2	32.0	2.8
泄洪洞 单独运行		2 622.63	2 762	28.6	31.2	2.6
泄洪系统 联合运行		2 638.89	12 008	40.0	42.8	2.8

表 5-14　各工况水垫塘时均压力(修改方案)

测点	1#溢洪道 单独运行	2#溢洪道 单独运行	3#溢洪道 单独运行	泄洪洞 单独运行	泄洪系统 联合运行
LS1	32.8	29.6	31.5	28.4	42.0
LS2	34.2	29.5	31.6	29.3	42.0
LS3	36.2	29.3	31.7	31.1	41.4
LS4	32.8	29.8	31.3	28.8	42.4
LS5	34.8	30.8	31.2	29.0	42.2
LS6	32.4	29.8	31.0	28.2	42.7
LS7	34.0	29.6	30.8	28.4	42.8
LS8	30.4	27.8	29.3	28.7	44.6
LS9	29.8	29.0	29.1	29.6	45.4
LS10	26.1	30.4	30.1	30.0	45.4
LS11	27.0	30.3	31.6	30.1	45.8
LS12	34.6	33.6	32.4	33.8	48.0
LS13	34.6	33.6	33.2	34.0	47.8
LS14	30.9	30.8	30.0	30.3	38.8
LS15	31.0	30.4	30.1	31.0	39.8
LS16	31.6	29.2	30.6	28.8	36.9
LS17	28.3	29.6	30.7	31.2	40.7
LS18	27.6	30.1	29.2	26.2	38.6
LS19	27.5	30.8	29.1	26.8	40.7
LS20	28.9	27.3	32.0	30.8	41.5
LS21	30.4	26.7	29.2	29.5	42.8
LS22	28.9	28.5	30.5	29.9	40.3
W1	32.5	31.0	33.0	31.8	45.0
W2	31.8	30.8	32.3	32.0	45.1

表 5-15　设计洪水位水垫塘动压力脉动压力特征值(修改方案)

（单位：×9.8 kPa）

测点	1#洞式溢洪道单独运行			2#洞式溢洪道单独运行			3#洞式溢洪道单独运行			泄洪洞单独运行			泄洪系统联合运行		
	Max	Min	σ	Max	Min	σ	Max	Min	σ	Max	Min	σ	Max	Min	σ
LS1	9.42	-7.75	2.03	2.47	-2.29	0.62	1.73	-1.80	0.48	3.58	-3.94	1.00	4.51	-5.54	1.18
LS2	6.82	-8.27	2.08	1.88	-2.07	0.57	1.31	-1.24	0.40	3.45	-3.31	0.91	3.69	-3.60	0.92
LS3	7.23	-9.01	2.28	2.04	-2.83	0.63	1.73	-1.60	0.48	3.62	-4.40	1.05	5.70	-4.28	1.14
LS4	7.97	-6.47	1.65	2.33	-2.60	0.68	2.65	-2.34	0.64	3.99	-3.49	0.96	4.95	-4.67	1.22
LS5	7.33	-8.46	1.74	2.11	-1.89	0.60	1.88	-1.42	0.49	3.35	-4.04	0.87	4.29	-3.35	0.86
LS6	6.74	-5.23	1.41	2.72	-2.53	0.70	2.40	-2.18	0.66	3.14	-2.97	0.80	4.41	-4.59	1.02
LS7	6.31	-8.06	1.58	2.26	-1.98	0.66	3.54	-1.8	0.62	3.18	-3.50	0.83	4.45	-3.29	0.90
LS8	1.65	-1.59	0.46	3.07	-2.68	0.72	2.96	-1.90	0.59	2.20	-1.42	0.62	3.01	-2.93	0.72
LS9	2.14	-2.63	0.67	5.67	-6.21	1.51	7.12	-6.96	1.53	1.20	-1.21	0.33	4.19	-4.62	1.18
LS10	3.31	-2.75	0.88	5.54	-5.46	1.32	7.37	-6.84	1.18	3.13	-1.78	0.62	4.97	-4.70	1.18
LS11	1.88	-1.59	0.51	4.00	-2.62	1.02	12.63	-8.28	2.11	1.82	-1.78	0.41	5.20	-4.47	1.19
LS12	1.87	-2.14	0.48	3.35	-5.68	1.08	4.22	-4.01	0.82	2.22	-3.01	0.37	3.57	-4.02	0.95
LS13	1.73	-2.02	0.44	3.15	-5.34	1.09	2.95	-3.35	0.72	1.22	-1.74	0.30	5.26	-4.76	0.87
LS14	0.45	-0.86	0.21	0.15	-0.22	0.06	1.28	-1.09	0.35	8.03	-9.65	2.37	6.65	-6.41	1.74
LS15	0.08	-0.11	0.02	0.06	-0.07	0.02	1.31	-1.16	0.34	5.03	-6.09	1.49	5.44	-6.51	1.42
LS16	10.38	-13.23	3.39	2.59	-2.67	0.69	0.70	-0.71	0.27	5.89	-3.62	1.54	7.24	-6.19	1.56
LS17	12.17	-13.03	3.74	3.01	-3.03	0.77	1.50	-1.40	0.37	7.09	-6.14	1.55	7.40	-6.63	1.74
LS18	3.66	-2.71	0.89	10.81	-12.73	3.61	3.68	-2.71	0.76	4.16	-2.69	0.97	8.29	-9.45	1.76
LS19	4.01	-2.41	0.80	11.44	-13.54	3.86	4.82	-4.52	1.21	4.05	-3.20	1.16	8.36	-8.54	1.48
LS20	2.46	-1.70	0.65	8.95	-6.67	2.43	7.43	-6.33	1.70	2.89	-1.62	0.66	6.63	-4.99	1.51
LS21	2.34	-1.72	0.48	6.29	-4.55	1.70	13.50	-15.48	4.75	2.36	-1.80	0.56	4.70	-4.67	1.20
LS22	2.31	-2.37	0.71	10.18	-11.45	3.11	11.86	-12.06	3.35	1.48	-1.28	0.29	4.62	-5.98	1.13

5.3.4　洞式溢洪道挑流雾化影响及分析

　　较开敞式溢洪道,采用洞式溢洪道可以避免沿程的雾化现象,能够有效缓解泄洪雾化对枢纽建筑物及两岸边坡的影响。RM 水电站采用洞式溢洪道,泄洪消能方式为挑流入水垫塘消能方式,泄洪雾化影响主要集中在溢洪道、泄洪洞出口及水垫塘两侧有限范围内。预测泄洪雾化的影响范围是 RM 水电站工程中十分关心的问题之一。由于泄流雾化受水工建筑物布置、泄流条件、气象条件及下游地形条件等综合影响,物理模型试验能对某区域雾化水流运动进行定量描述,但雾化水流前后各段性质差异较大及两相运动的复杂性,在模型比尺选择等方面仍存在问题。现阶段主要采用挑流随机喷溅数学模型预测。

　　在 RM 水电站泄洪雾化预测计算中,选取上游 300 m 至下游 1 200 m(以 2# 溢洪道溢流出口中点为坐标原点,沿 2# 溢洪道轴线向下游为 x 轴正向),宽 900 m,高 300 m 的范围作为泄洪雾化的预测计算域,地形边界条件见图 5-43,雾化计算工况如表 5-16 所示。

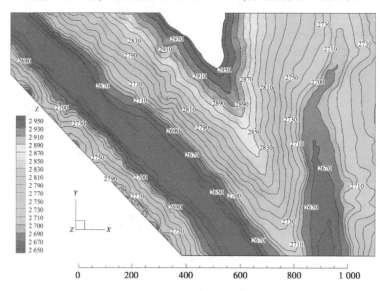

图 5-43　RM 水电站下游地形

表 5-16　RM 水电站数值模拟计算工况

工况	总泄量（m³/s）	泄洪方式	上游水位（m）	入水流速（m/s）	入水角度（°）
1	2 762	1 条泄洪洞	2 895	51.58	36.57
2	9 533	3 条溢洪道	2 895	52.20	41.64
3	12 008	泄洪洞和溢洪道联合泄洪	2 895	50.95~51.91	36.06~46.71

　　RM 水电站各个工况下泄洪雾化下游水舌风及雨区分布如图 5-44、图 5-45 所示。

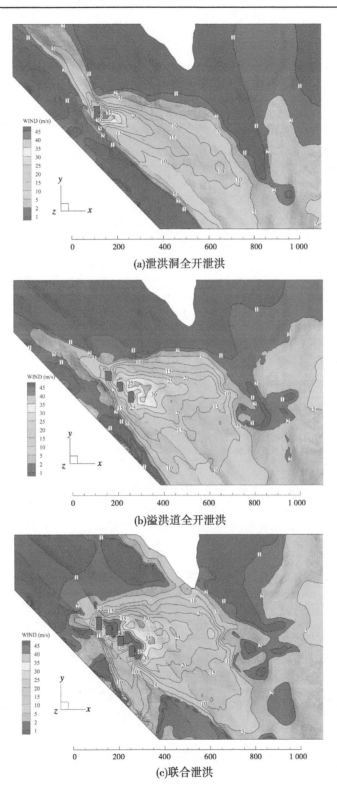

(a)泄洪洞全开泄洪

(b)溢洪道全开泄洪

(c)联合泄洪

图 5-44　RM 水电站泄洪时下游水舌风场分布

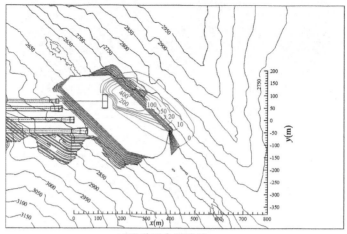

(a)泄洪洞全开泄洪

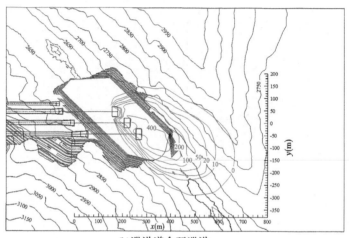

(b)泄洪道全开泄洪

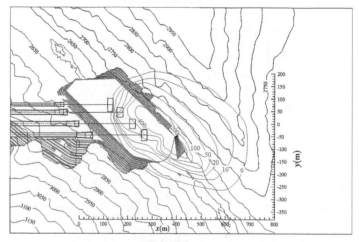

(c)联合泄洪

图 5-45　RM 水电站泄洪时雾化降雨强度分布

工况 1 泄洪洞全开泄洪时,泄量 2 762 m³/s,泄洪产生的最大雾化降雨强度为 541.65 mm/h,最大水舌风为 43.39 m/s。等降雨强度线 0 mm/h、10 mm/h、50 mm/h、200 mm/h 纵向分布范围依次为(起点—终点,距坐标原点):110~495 m、120~445 m、135~380 m、155~295 m;两岸最大影响范围分别可至高程:2 800 m、2 765 m、2 730 m、2 700 m。

工况 2 溢洪道全开泄洪时,1#、2#、3#溢洪道泄量分别为:3 140 m³/s、3 198 m³/s、3 195 m³/s,总泄量 9 553 m³/s,泄洪产生的最大雾化降雨强度为 820.65 mm/h,最大水舌风为 47.35 m/s。等降雨强度线 0 mm/h、10 mm/h、50 mm/h、200 mm/h 纵向分布范围为(起点—终点,距坐标原点):145~665 m、155~585 m、165~525 m、185~440 m;两岸最大影响范围分别可至高程:2 870 m、2 815 m、2 740 m、2 700 m。

工况 3 泄洪洞和溢洪道联合开启泄洪时,总泄量 12 008 m³/s,泄洪产生的最大雾化降雨强度为 1 348.75 mm/h,最大水舌风为 54.39 m/s。等降雨强度线 0 mm/h、10 mm/h、50 mm/h、200 mm/h 纵向分布范围为(起点—终点,距坐标原点):130~685 m、145~630 m、145~535 m、195~465 m;两岸最大影响范围分别可至高程:2 910 m、2 820 m、2 750 m、2 720 m。

溢洪道、泄洪洞出口采用挑流消能工,受溢洪道、泄洪洞出口挑流影响,左岸边坡泄洪雾化强度比右岸大,泄洪雾化影响集中在水舌落入点的下游,靠近水垫塘边墙降雨较大,远离逐渐减小。

5.4　消能方式对雾化的影响

挑流消能就是在泄水建筑物的下游端修建一挑流鼻坎,利用下泄水流的巨大动能,将水流挑入空中,然后降落在远离建筑物的下游消能。挑入空中的水舌,由于失去固体边界的约束,在紊动及空气阻力的作用下,发生掺气、碎裂,失去一部分动能。其余大部分动能则在水舌落入下游后被消除。因为水舌落入下游时,与下游水体发生碰撞,水舌继续扩散,流速逐渐减小,并在入水点附近形成两个巨大的旋滚,主流与旋滚之间发生强烈的动量交换和剪切作用,消散大量的能量。潜入河底的主流则冲刷河床而形成冲刷坑。挑流消能的优点是构造简单,便于维修,节省投资,适应性强,是目前水利水电工程中应用广泛的一种消能方式。

底流消能是利用在消力池内产生水跃进行消能的一种传统的消能方式,通过水跃将泄水建筑物下泄的急流转变为缓流,依靠水跃产生的表面旋滚与底部主流间的强烈紊动、剪切和掺混作用,以消除下泄水流携带的能量,具有流态稳定、消能效果好、对地质条件和尾水变幅适应性强以及水流雾化小等优点。但多用于中、低水头水电站,在大型高坝水电工程中所占的份额较低。

与挑流消能工相比,底流消能工引起的泄洪雾化很小,对周边环境影响较小。目前人们对高坝泄洪雾化等环境问题日益重视,在这方面,底流消能与挑流消能方式相比,有其明显的优势。向家坝水电站因受环境制约,放弃挑流消能转而采用底流消能,就是一个非常典型的工程实例。因此,以向家坝水电站为例,研究不同消能方式下泄洪雾化特性,通过对比向家坝水电站分别采用底流消能、挑流消能时雾化雨强、雨区分布,探讨通过采用合理消能方式以缓解泄洪雾化对周围环境的影响。

5.4.1　底流消能方式下雾化特性

对于向家坝水电站这样的高水头、大流量泄洪消能问题,无论是从工程安全角度还是经济角度考虑,采用挑流消能方式都是一个比较理想的选择,但挑流消能会在大坝下游一定范围内出现较强的泄洪雾化降雨,而位于向家坝水电站大坝下游约 1 km、距右岸岸边 300~400 m 处是云南天然气化工厂厂区,对泄洪产生的雾化降雨及空气湿度有严格要求,因此不宜采用挑流消能方式。另外,向家坝水电站下游水位变幅大,有通航要求,因此只能采用以底流消能为主的消能方式。

向家坝水电站采用底流消能时,其泄洪雾化源主要分为两类:一是溢流坝面自掺气而产生雾源;二是水跃区强迫掺气而产生雾源。理论分析和原型观测都表明,后者为主要雾源。如图 5-46 所示,高速水流流经水跃区发生强迫掺气,其中跃首处旋涡最强,可以认为掺气点发生在此处,从而形成水气两相流。被旋涡挟持进水中的空气形成气泡,气泡在水中随着旋涡运动,有的气泡脱离自由面的束缚以水雾的形式跃出水面,从而

图 5-46　底流消能示意图

形成雾源。为开展向家坝水电站底流消能泄洪雾化降雨研究,建立了向家坝水电站 1:60 大比尺物理模型,研究不同工况条件下的雾源含量(雾流量)源区滴谱组成,预测泄洪雾化水雾对空气湿度的影响。

5.4.1.1　测点布置及试验工况[226]

根据向家坝采用底流消能的雾化特点,雨区主要集中在消力池及下游有限部位。以溢流鼻坎末端(桩号 0+120 m)作为 1# 测量断面,断面间距 1 m(相对于原体 60 m),测量坐标如图 5-47 所示,在高度方向上测量了 300 m 和 312 m 两个平面。开展了 6 组试验,如表 5-17 所示。

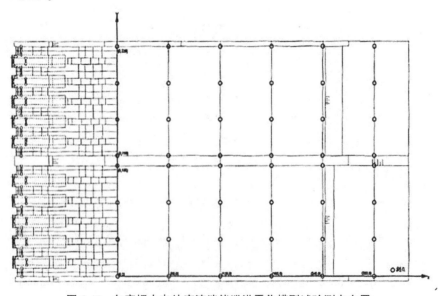

图 5-47　向家坝水电站底流消能泄洪雾化模型试验测点布置

表 5-17   向家坝底流消能方式下泄洪雾化物理模型试验工况

工况	洪水频率	上游水位（m）	下游水位（m）	运行情况	
				表孔	中孔
1	常遇	370.00	278.29	—	5
2	5%	370.00	287.60	12	10
3	20%	370.00	284.18	—	10
4	50%	370.00	281.10	—	8
5	1%	370.00	290.65	12	10
6	常遇	380.00	278.08	—	5

5.4.1.2   泄洪雾化雨强、雨区分布

向家坝水电站采用底流消能时,各试验工况下雨区范围和雨强等值线见图 5-48。向家坝水电站泄洪雾化雨区范围纵向为桩号 0+100~0+460,横向可到达消力池导墙 10~20 m。当左边溢流坝过流时,雨区主要集中在左边消力池及左导墙外 10~20 m 范围;若右溢流坝过流,雨区集中在右消力池及右导墙外 10~20 m;当左、右溢流坝同时过流时,雨区则分布在两个消力池和左右导墙外 10~20 m 范围。在高度方向,雨区最高点不超过 310 m 高程。最大雨强均位于消力池内,其雨强最大值约 1 194 mm/h。由于消力池末端设二道坝,随消力池水面高程与下游水位关系不同,会出现不同的二次衔接流态,当二道坝后出现淹没面流或淹没混合流时,二道坝下雨强略比其他纯面流及波流流态大。因而从雨强分布图看,消力池内有一个雨强较大峰值,而二道坝后则有一个雨强较小峰值。但不管雨强的峰值如何变化,雨区影响范围均不会波及到岸边,更不会达到云天化厂区及生活区。

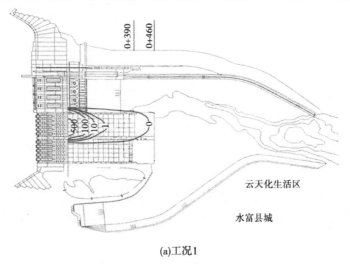

(a)工况1

图 5-48   向家坝水电站底流消能时泄洪雾化雨强等值线分布(300 m 高程)   (单位:mm/h)

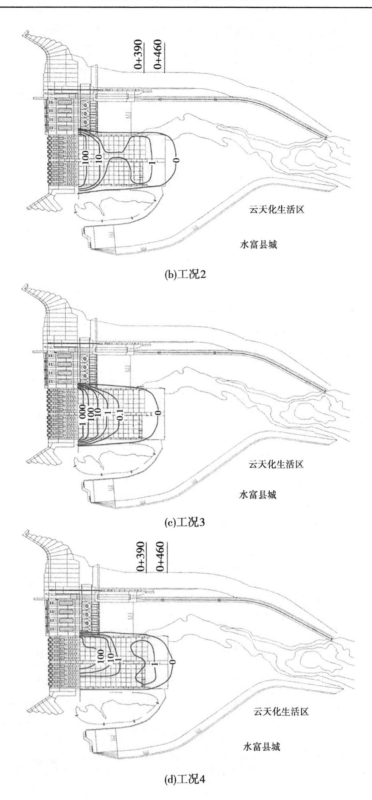

(b)工况2

(c)工况3

(d)工况4

续图 5-48

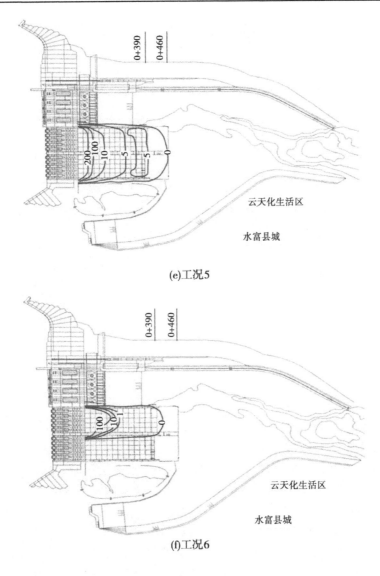

(e)工况5

(f)工况6

续图 5-48

　　雨区因消力池边墙约束,分布范围在各水位时变化不大,而雨强在表孔参与泄洪时较大。实测雨强表明同样工况情况下,若水跃被淹没的状态不同,掺气紊动强度不同,雨强有所不同,在消力池水位增高时泄洪雾化雨强变小。

5.4.1.3　泄洪雾化降雨雨滴谱特性

　　实测雾化降雨区雨滴谱特性如图 5-49 所示。在雨区内越接近消力池水跃紊动区雨量越大,雨滴直径也就较大。远离水跃部位雨强降低,小滴径雨滴的成分增多。雨区是雾流扩散的源,因而在雨区内雨量越大,雨滴越多,含水量就越大,也就是风场扩散的雾源浓度越大。

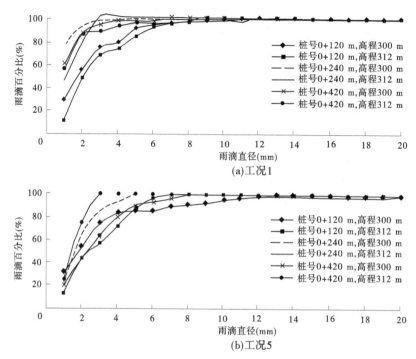

图 5-49　向家坝水电站底流消能时雾化降雨雨滴谱特性

5.4.1.4　泄洪雾区含水量

按气象学中的概念,表示大气中水汽量多少的物理量称之为大气湿度。大气湿度常用水汽压和饱和水汽压相对湿度、饱和差、比湿、水汽混合比及露点等物理量表示。此外,空气中水汽含量多少可用绝对湿度即单位体积所含的水汽量,也就是空气中水汽密度,单位为 g/m³ 或 g/cm³。在泄洪雾化研究场宜用绝对湿度和相对湿度表示大气湿度。

5.4.1.5　绝对湿度

泄洪雾化区空间含水量(绝对湿度)与雨强密切相关。试验测得最大含水量在雨区中雨强最大位置,即坝下 0+120~0+150,含水量最大约 78 g/m³。消力池下游发生水跃时含水量最大仅为 44 g/m³。雾化区平均含水量(绝对湿度)为 39 g/m³,雾源的含水量对枢纽环境而言可视为泄洪雾化附加含水量。

由泄洪雾化雾流扩散数学模型计算结果如图 5-50 所示,雾流由雾源扩散到云天化工厂生活区(0+700 m 处)仅剩 5%~0,假设含水量峰值 39 g/m³ 为 100%,也就是说云天化工厂生活区含水量为 0.19~0 g/m³。实际最大处仅是一小块区域,而且泄洪所产生的雨滴不可能 100% 变为雾滴,所以泄洪雾化到云天化工厂生活区及厂区含水量远远低于 0.19 g/m³。

5.4.1.6　相对湿度

泄洪时水舌或消力池面所含动量远大于自然天气水面与空气间蒸发能量,泄洪时水体抛洒及入水激溅,造成雾源区含的水体很多,可视为水汽是饱和状态,故相对湿度应为 1。到云天化工厂区水汽相对附加湿度也扩散减为 5%~0,实际相对湿度也应为本地相对湿度+(5%~0),即环境相对湿度=泄洪雾化附加相对湿度+环境本地湿度。

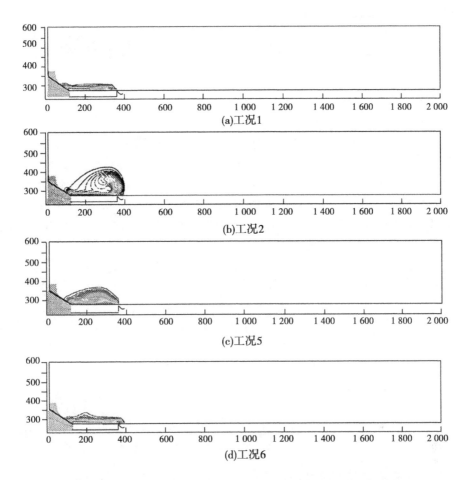

(a)工况1

(b)工况2

(c)工况5

(d)工况6

图 5-50 向家坝水电站底流消能时不同工况无风时雾流浓度分布

向家坝水电站采用底流消能时,泄洪雾化雨区主要位于消力池的水跃紊动区,范围为桩号 0+120～0+240,是雨强峰值区,横向最远抛向导墙外 10～20 m,垂向最高可达高程 312～315 m 处。通过雨区雨强测量、含水量计算、雾流扩散计算,向家坝水电站采用底流消能时泄洪雾化降雨不会到达云天化工厂。

5.4.2 挑流消能方式下雾化雨区分布

挑流泄洪雾化降雨计算需已知枢纽布置、泄水建筑物体形参数、挑坎体形、出流及入流水力学参数等。由于缺乏向家坝水电站采用挑流消能时相关布置参数,因此对向家坝水电站采用挑流泄洪消能时雾化雨区计算采用经验公式进行。

刘宣烈[10]将雾化区分成浓雾暴雨区、薄雾降雨区和淡雾水汽飘散区,并在收集大量挑流消能方式下泄洪雾化原型观测资料的基础上,经统计分析后,对拟建工程的雾化范围提出了如下估算公式。

对于浓雾暴雨区:

纵向范围:$L_1 = (2.2 \sim 3.4) H$;

横向范围：$B_1 = (1.5 \sim 2.0)H$；

高　　度：$T_1 = (0.8 \sim 1.4)H$。

对于薄雾降雨区和淡雾水汽飘散区：

纵向范围：$L_2 = (5.0 \sim 7.5)H$；

横向范围：$B_2 = (2.5 \sim 4.0)H$；

高　　度：$T_2 = (0.8 \sim 1.4)H$。

式中：H 为最大坝高，m；L_1 和 L_2 皆为距坝脚或厂房后的纵向距离，m。

　　向家坝水电站最大坝高为 161 m，由刘宣烈提出的估算公式计算向家坝水电站采用挑流消能方式时雾化雨区范围见表 5-18 及图 5-51。向家坝水电站若采用挑流消能，浓雾暴雨区纵向范围为 354.2 ~ 547.4 m，横向范围为 241.5 ~ 322.0 m，高度范围为 128.8 ~ 225.4 m；薄雾降雨区和淡雾水汽飘散区纵向范围为 805.0 ~ 1 207.5 m，横向范围为 402.5 ~ 644.0 m，高度范围为 241.5 ~ 402.5 m。

表 5-18　向家坝采用挑流消能时泄洪雾化雨区范围

分区	纵向范围(m)	横向范围(m)	高度(m)
浓雾暴雨区	354.2 ~ 547.4	241.5 ~ 322.0	128.8 ~ 225.4
薄雾降雨区和淡雾水汽飘散区	805.0 ~ 1 207.5	402.5 ~ 644.0	241.5 ~ 402.5

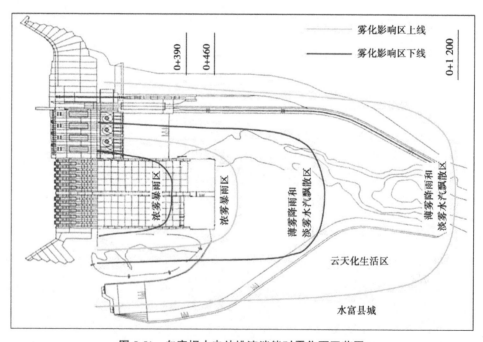

图 5-51　向家坝水电站挑流消能时雾化雨区范围

　　向家坝水电站采用挑流消能时，雾化降雨影响范围最远可至下游桩号 0+805 ~ 0+1 200 处，横向最远可抛向导墙外 100 ~ 220 m 范围内，垂向最高可达高程 360 ~ 457 m 处，此时云天化工厂生活区处于薄雾降雨和淡雾水汽飘散区内或距其较近。

5.4.3　不同消能方式下雨区范围对比

采用物理模型试验法和经验公式计算法分别获取了向家坝水电站采用底流消能、挑流消能时雾化雨区影响范围,如表 5-19 所示,向家坝水电站采用底流消能时雾化雨区影响范围明显小于挑流消能。向家坝水电站采用底流消能方式与下游河道水流相衔接,泄洪时水流沿坝面或从中孔流出进入消力池,在池内形成旋流。在泄洪过程中坝面的水流掺气不多,破碎不严重,水滴抛洒也不多。而在消力池内有旋滚存在,水流紊动掺气,有水滴、水块脱离池面被抛往空中和池外,但与挑流消能相比,消力池内缺少水体反弹和激溅现象,由池内抛向池外的水滴和水块的数量远不及挑流消能,因此其泄洪雾化的雨区、雨强比挑流消能方式小得多。向家坝水电站采用底流消能方式有效地缓解了泄洪雾化降雨对云天化工厂的影响。

表 5-19　向家坝水电站不同消能方式下雾化雨区影响范围对比

消能方式	最远纵向范围 (m)	最远横向范围 (导墙外)(m)	最大爬升高程 (m)	是否对云天化 工厂有影响
底流消能	0+460~0+490	10~20	312~315	否
挑流消能	0+805~0+1 200	100~220	360~457	是

第6章　泄洪消能雾化环境影响缓解技术研究

　　泄洪建筑物布置与调度方式,主要影响泄洪水舌扩散与运动过程,从而改变雾化源喷射条件。高拱坝多建于峡谷地区,其突出特点是高水头、大泄量、窄河谷,大多采用多孔口、多层次的泄洪消能方式,即"坝身表孔+深孔双层泄水孔口布置、下游设水垫塘与二道坝、辅以岸边泄洪洞"的"二滩模式"泄洪消能,较好地解决枢纽的泄洪消能问题,减弱下泄水流对下游河道或水垫塘的冲刷,获得良好的消能效果,但泄洪雾化现象较为严重。泄水建筑物科学的运行调控是减轻泄洪雾化危害的重要和有效手段,目前这方面的研究还较少涉及。本章基于高拱坝工程这一泄洪消能特性,开展调度方式对泄洪雾化降雨影响的研究,探讨通过泄水建筑物调度方式减轻高拱坝工程泄洪雾化降雨所带来危害的途径,旨在提出低雾化降雨影响的泄水建筑物运行调度方法,为缓解高拱坝工程泄洪雾化降雨危害提供新思路,降低或者规避泄洪雾化潜在危害。

6.1　枢纽调度方式对雾化降雨影响的初步探讨

　　室内物理模型试验能直观反映掺气水舌的空中运动形态和水舌入水喷溅过程,是研究泄洪雾化问题的重要方法之一。本章针对具备多孔口、多层次出流泄洪消能方式的高拱坝工程,基于水工模型试验,研究不同调度方式下泄洪雾化降雨特性,初步探讨枢纽运行调度方式对雾化降雨的影响。

6.1.1　依托工程概况

　　白鹤滩水电站工程规模巨大,具有"窄河谷、高拱坝、巨泄量、多机组"的特点。拦河坝为混凝土双曲拱坝,最大坝高 289.0 m。泄洪消能设施采用"分散泄洪、分区消能、加强防护"的布置原则,以坝身泄洪为主,岸边泄洪为辅。坝身泄洪消能设施由 6 个表孔、7 个深孔及坝下水垫塘组成;坝外泄洪消能设施由左岸 3 条无压泄洪直洞组成。坝身最大泄量约 30 000 m^3/s,泄洪洞单洞泄洪规模约 4 000 m^3/s。

　　白鹤滩水电站模型几何比尺为 $\lambda_L=50$,整体模型范围包括拱坝上游 1 250 m 及拱坝下游 3 900 m 的河道及该河道范围内的所有水工建筑物,包括拱坝、表孔、深孔、水垫塘、二道坝、导流洞出口、泄洪洞、水电站引水发电系统等,如图 6-1 所示。

　　白鹤滩水电站坝身孔口泄洪消能采用了挑(跌)流水舌空中碰撞及水垫塘消能形式,充分消能的同时也带来严重的泄洪雾化问题,基于白鹤滩水电站 1:50 大比尺整体模型,开展不同调度方式下泄洪雾化降雨特性研究,探究低雾化降雨影响的枢纽运行调度方法,以减轻泄洪雾化降雨对枢纽运行及周围环境的影响。

6.1.2　物理模型试验

6.1.2.1　试验方案

　　基于白鹤滩水电站大比尺整体模型,主要开展大泄量条件下不同调度方式对雾化降

图 6-1　白鹤滩水电站大比尺水工模型

雨的影响研究,试验工况如表 6-1 所示。

表 6-1　白鹤滩水电站不同调度方式下泄洪雾化物理模型试验工况

工况	调度方式	上游水位(m)	下游水位(m)	泄量(m³/s)
1	6 个表孔全开	825	607.52	9 446
2	7 个深孔全开	825	610.00	11 657

6.1.2.2　测试方法

模型试验主要采用滴谱法观测雾化降雨强度和雾流影响范围(个别大雨量测点采用雨量筒辅助测量)。

由式(6-1)~式(6-3)求得各点原型降雨强度。

$$V = \sum_1^m \frac{4}{3}\pi\left(\frac{d_i}{2}\right)^3 = \sum_1^m \frac{\pi}{6}(d_i)^3 \qquad (6\text{-}1)$$

$$h_m = \frac{V}{S_1 T} \qquad (6\text{-}2)$$

$$p = h_m \times \lambda_h \qquad (6\text{-}3)$$

式中:V 为降雨量,mm³;d_i 为模型雨滴直径,mm;h_m 为模型降雨强度,mm/s;S_1 为降雨面积,mm²;T 为降雨时间,s;p 为原型降雨量,mm/h;λ_h 为雨强比尺,结合具体工程选取,根据南京水利科学研究院研究结果,白鹤滩水电站取 $\lambda_h = \lambda_l^{1.530}$,$\lambda_l$ 为模型几何比尺。

雨滴落到带有试剂的滤纸后将形成一个个不规则的圆形色斑,当圆形色斑直径大于 1 mm 时,色斑的直径用刻度尺进行测量;当圆形色斑直径小于 1 mm 时,用 5 cm×5 cm 方尺进行测量,通过数取方尺范围内雨滴数目,认为该区域内雨滴平均直径均为 1 mm。

6.1.2.3　测点布置

白鹤滩水电站坝身泄洪雾化测点布置见图 6-2。雾化雨强的观测断面垂直于溢流中心线布置,与溢流中心线的交点为参照零点,在桩号 0+150.0 m 处布置 1# 观测断面,观测断面间距 50 m;高程方向测点间距为 40 m,从高程 640.0~834.0 m 等间距布置。

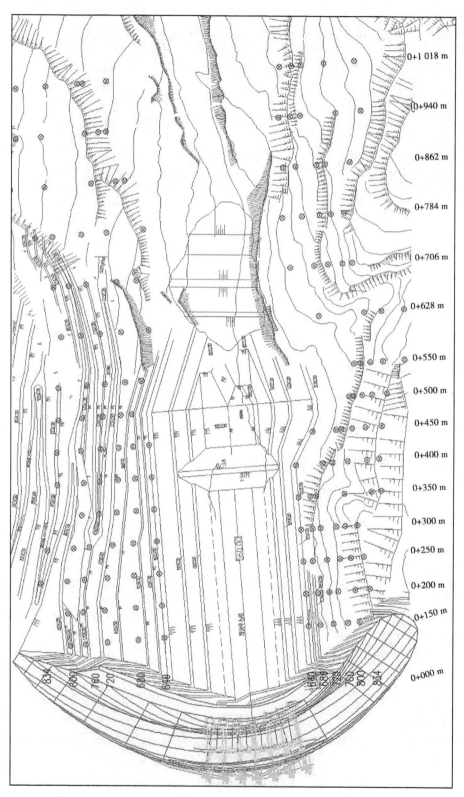

图 6-2　坝身泄洪雾化测点布置

6.1.3　表孔泄洪雾化

白鹤滩水电站表孔单独开启泄洪时,水流流态如图 6-3、图 6-4 所示。表孔单独开启时,水流自表孔下泄,水舌表面在空中不断地掺气、扩散、破碎,呈现乳白色絮状,进入下游水垫塘时与下游水体产生激烈碰撞,水舌入水区域内掺气充分,水面呈白色泡沫状,水面波动较大,水舌下游水垫塘水面壅高。表孔单独泄洪时,泄洪雾化的形成过程和降雨来源如下:

图 6-3　表孔开启泄洪时空中水流流态

图 6-4　表孔开启泄洪时水垫塘水流流态

表孔挑流水舌下泄时水舌在空中不断地掺气、扩散、破碎,掺气水舌喷涌而下,部分水体在重力、空气阻力等作用下失稳而脱离水流主体,破碎成水滴以降雨落到地面。

表孔下泄水流在重力、空气阻力等作用下水舌表面部分水体失稳,但内部水体仍处于密实或半密实状态,落入下游河道时,与下游河道内的水体剧烈碰撞,产生激溅作用,飞溅出大量破碎、散裂的水体,形成降雨。同时,高速下泄的水舌进入下游水面后继续运动,加大了水垫区域内水流的紊动尺度,引起水体膨胀,使得水垫区域内部分水滴溢出形成降雨。

白鹤滩水电站 6 个表孔单独泄洪时,雾化降雨影响范围及强度分布如表 6-2 及图 6-5 所示。50 mm/h、100 mm/h、200 mm/h、500 mm/h、1 000 mm/h 雾化雨强纵向左岸影响范围依次为 0+180.0~0+520.0、0+180.0~0+480.0、0+180.0~0+275.0、0+180.0~0+230.0、
0+185.0~0+210.0,纵向右岸影响范围依次为 0+150.0~0+545.0、0+150.0~0+500.0、
0+150.0~0+310.0、0+150.0~0+200.0、0+175.0~0+210.0,左岸分别可爬至高程 675 m、645
m、635 m、630 m、615 m 处,右岸分别可爬至高程 750 m、725 m、654 m、645 m、600 m 处。

表 6-2　表孔泄洪时雾化降雨影响范围

工况	泄洪调度方式	泄量（m³/s）	雨强等值线（mm/h）	位置（左、右岸）	纵向范围（起点—终点）(m)	最大高程（m）
1	表孔泄洪	9 446	50	左岸	0+180.0~0+520.0	675
				右岸	0+150.0~0+545.0	750
			100	左岸	0+180.0~0+480.0	645
				右岸	0+150.0~0+500.0	725
			200	左岸	0+180.0~0+275.0	635
				右岸	0+150.0~0+310.0	654
			500	左岸	0+180.0~0+230.0	630
				右岸	0+150.0~0+200.0	645
			1 000	左岸	0+185.0~0+210.0	615
				右岸	0+175.0~0+210.0	600

6.1.4　深孔泄洪雾化

白鹤滩水电站 7 个深孔单独开启泄洪时,水流流态如图 6-6、图 6-7 所示。深孔单独开启时,水舌表面在空中掺气、扩散得更加充分,水舌表面呈现乳白色絮状。水舌进入下游水垫塘时与下游水体产生碰撞,下游水垫塘内水流掺气充分,水体水面呈白色泡沫状,水面波动大,在坝下能感到非常明显的水舌风和雨滴。深孔单独泄洪时泄洪雾化的形成过程和降雨来源与表孔单独泄洪时类似,其雾化源也主要包括:①水舌在空中掺气、扩散、破碎形成雾化降雨雨滴;②水舌入水时与下游水垫塘内水体发生强烈碰撞,使得部分水体破碎成小水滴脱离主体,形成雾化降雨雨滴。

白鹤滩水电站 7 个深孔单独泄洪时,雾化降雨影响范围及强度分布如表 6-3 及图 6-8 所示。深孔单独泄洪时,50 mm/h、100 mm/h、200 mm/h、500 mm/h、1 000 mm/h 雾化雨强纵向左岸影响范围依次为 0+225.0~0+675.0、0+260.0~0+555.0、0+280.0~0+545.0、0+290.0~0+515.0、0+295.0~0+540.0、0+295.0~0+490.0,纵向右岸影响范围依次为0+148.0~0+740.0、0+150.0~0+660.0、0+185.0~0+585.0、0+206.0~0+545.0、0+250.0~0+535.0、0+265.0~0+375.0,左岸分别可爬至高程 794 m、760 m、740 m、730 m、680 m、654 m 处,右岸分别可爬至高程 800 m、765 m、730 m、675 m、650 m、604 m 处。

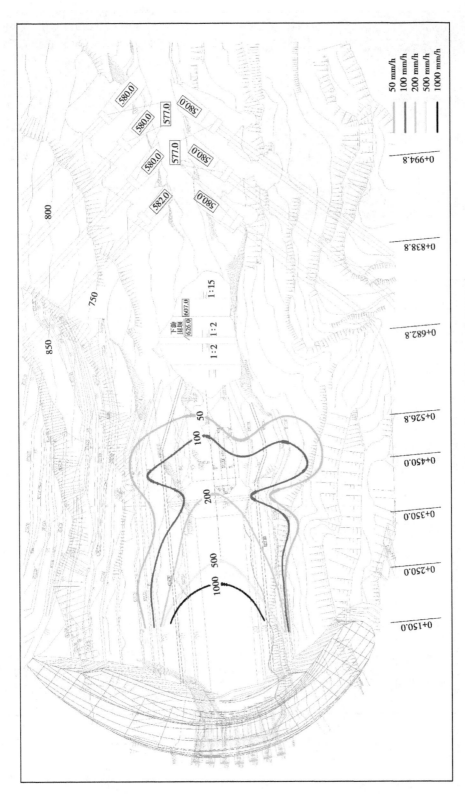

图 6-5　表孔单独开启泄洪时雾化降雨等值线分布

图 6-6　深孔开启泄洪时空中水流流态

图 6-7　深孔开启泄洪时水垫塘水流流态

表 6-3　深孔泄洪时雾化降雨影响范围

工况	泄洪调度方式	泄量（m³/s）	雨强等值线（mm/h）	位置（左、右岸）	纵向范围（起点—终点）（m）	最大高程（m）
2	深孔泄洪	11 657	10	左岸	0+225.0~0+675.0	794
				右岸	0+148.0~0+740.0	800
			50	左岸	0+260.0~0+555.0	760
				右岸	0+150.0~0+660.0	765
			100	左岸	0+280.0~0+545.0	740
				右岸	0+185.0~0+585.0	730
			200	左岸	0+290.0~0+515.0	730
				右岸	0+206.0~0+545.0	675
			500	左岸	0+295.0~0+540.0	680
				右岸	0+250.0~0+535.0	650
			1 000	左岸	0+295.0~0+490.0	654
				右岸	0+265.0~0+375.0	604

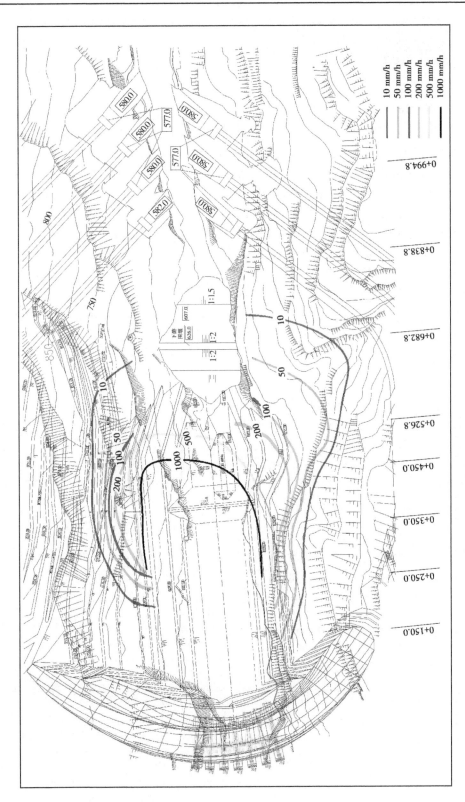

图 6-8　深孔单独开启泄洪时雾化降雨等值线分布

6.1.5　调度方式对雾化降雨的影响

白鹤滩水电站不同泄洪调度方式下,雾化降雨强度分布及其影响范围如表 6-4 及图 6-9 所示。上游水位、泄量(相对差值<15%)一定时,泄洪调度方式对雾化雨区分布影响显著,表孔单独泄洪时雾雨区影响范围明显小于深孔单独泄洪工况。较深孔单独泄洪,采用表孔单独泄洪时,50 mm/h、100 mm/h、200 mm/h、500 mm/h、1 000 mm/h 雾化雨强左岸纵向影响范围(纵向影响范围为各等值线纵向终点与起点差值)相对减小值[相对减小值 = (深孔值 - 表孔值)/深孔值×100%]依次约为 - 15. 25%、- 13. 21%、57. 78%、79. 59%、87. 18%,右岸纵向影响范围依次减少约 22. 55%、12. 50%、52. 80%、82. 46%、68. 18%,左岸爬高(以坝底高程为参照)依次降低约 42. 50%、52. 78%、55. 88%、41. 67%、41. 49%,右岸高程依次降约 7. 32%、2. 94%、18. 26%、5. 56%、9. 09%。

表 6-4　不同调度方式下泄洪雾化雨区影响范围对比

泄量 (m³/s)	雨强等值线 (mm/h)	调度方式	纵向范围(m)		爬高(m)	
			左岸	右岸	左岸	右岸
9 446~11 657	50	表孔	340	395	115	190
		深孔	295	510	200	205
		相对减小值(%)	-15. 25	22. 55	42. 50	7. 32
	100	表孔	300	350	85	165
		深孔	265	400	180	170
		相对减小值(%)	-13. 21	12. 50	52. 78	2. 94
	200	表孔	95	160	75	94
		深孔	225	339	170	115
		相对减小值(%)	57. 78	52. 80	55. 88	18. 26
	500	表孔	50	50	70	85
		深孔	245	285	120	90
		相对减小值(%)	79. 59	82. 46	41. 67	5. 56
	1 000	表孔	25	35	55	40
		深孔	195	110	94	44
		相对减小值(%)	87. 18	68. 18	41. 49	9. 09

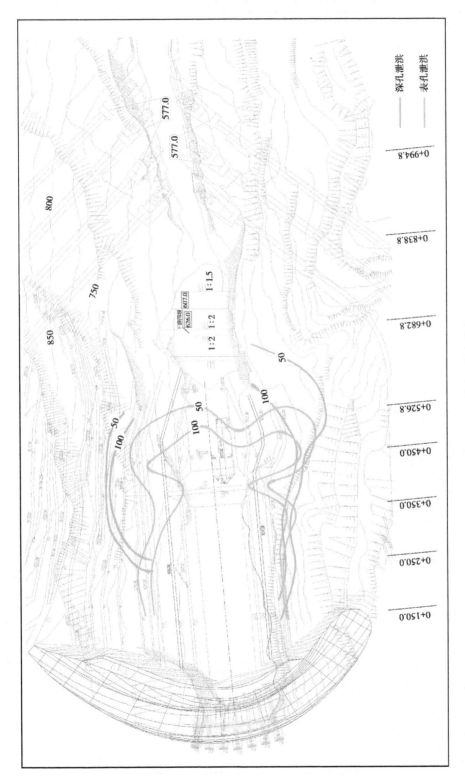

(a)50~100 mm/h等降雨强度分布

图 6-9　不同泄洪调度方式下降雨强度分布

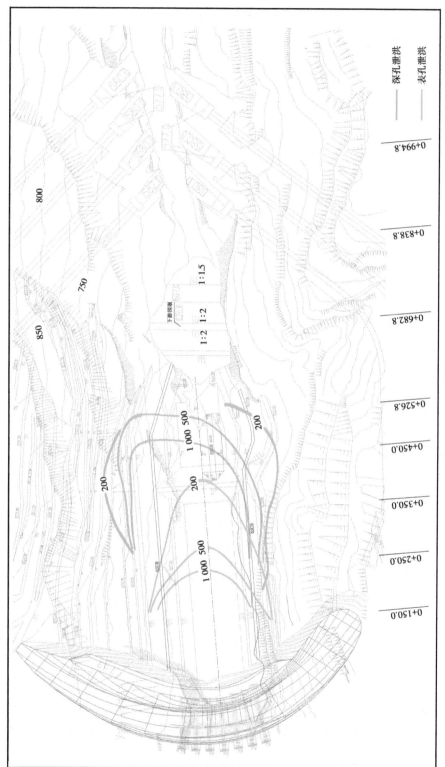

(b)200～1 000 mm/h等降雨强度线

续图 6-9

6.2　枢纽调度方式对雾化降雨的影响

为进一步开展调度方式对泄洪雾化降雨影响研究,建立了概化随机喷溅数学模型,以统一溅水区,分析不同调度方式下雾化降雨及下游水舌风分布特性。

6.2.1　概化模型设计

泄洪雾化降雨分布受水舌出射条件、鼻坎体形、鼻坎挑角、消能方式、枢纽调度方式等多因素共同制约,为探究泄洪调度方式对雾化降雨影响,建立概化随机喷溅数学模型,保持出射条件、鼻坎体形等参数基本一致,使得入水点在同一断面,统一溅水区,以消除其他因素影响。

6.2.1.1　模型概况

概化模型坝身泄洪消能设施由坝身 6 个表孔(14.0 m×15.0 m)、5 个深孔(8.0 m×8.0 m)组成,坝身孔口泄洪建筑物采用的是分层出流、空中碰撞、坝下水垫塘联合消能方式。坝身孔口平面布置见图 6-10。

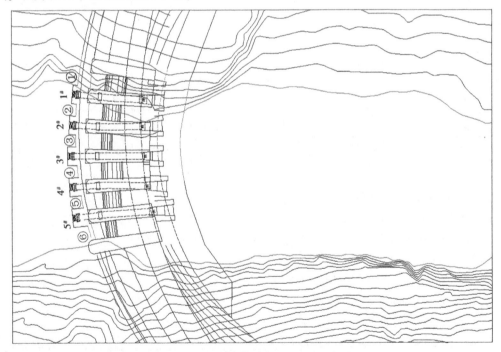

图 6-10　概化模型坝身孔口平面布置

平面上 6 个表孔与 5 个深孔相间布置,为适应下游河道形态,使坝身泄洪水流顺利归槽,溢流中心线与拱坝中心线呈 5°交角。表孔为开敞式溢洪道,自由堰流,6 个表孔堰顶高程 810.00 m,溢流堰面末端设置连续挑坎,以分散表孔水流。深孔布置在表孔闸墩内,5 个深孔溢流前缘在平面上近似呈弧线左右对称布置,深孔控制点(平面偏转点)轨迹线与表孔堰顶轨迹线重合。表、深孔体形参数分别见表 6-5、表 6-6。

表 6-5　概化模型表孔体形参数　　　　　（单位：m）

编号	堰顶高程（m）	出口高程（m）	出口挑角（°）	堰顶宽度（m）	出坎宽度（m）	鼻坎体形
1	810.00	788.38	20	14.0	18.34	连续坎
2	810.00	799.63	20	14.0	18.34	连续坎
3	810.00	800.62	20	14.0	18.34	连续坎
4	810.00	788.38	20	14.0	18.34	连续坎
5	810.00	799.63	20	14.0	18.34	连续坎
6	810.00	799.01	20	14.0	18.34	连续坎

表 6-6　概化模型深孔体形参数

编号	进口高程（m）	出口底高程（m）	平面转角（°）	出口挑角（°）	进口断面尺寸（m）	出口断面尺寸(m)	鼻坎体形
1	722.662	724.00	+3	−5	4.8×12.0	8.0×8.0	连续坎
2	719.750	724.00	+4	−5	4.8×12.0	8.0×8.0	连续坎
3	714.179	724.00	0	−5	4.8×12.0	8.0×8.0	连续坎
4	719.750	724.00	−4	−5	4.8×12.0	8.0×8.0	连续坎
5	722.662	724.00	−2	−5	4.8×12.0	8.0×8.0	连续坎

6.2.1.2　随机喷溅数学模型建立

选取上游 300 m 至下游 1 500 m，宽 1 600 m，高 280 m 的范围作为泄洪雾化的预测计算域。以 3# 深孔溢流出口中点为坐标原点，沿 3# 深孔溢流轴线向下游为 x 轴正向，以宽度方向为 y 方向，向上游为 y 轴正方向（河道在宽度方向介于 $y=-80\sim50$ m），以高程方向为 z 方向。提取计算域内三维地形点数据，建立某水电站坝下游河谷地形，如图 6-11 所示。

采用经验公式计算的方法确定水舌入水参数，上游水位 825 m，下游水位 620 m，泄量为 1 500 m³/s，各孔口分别开启泄洪时水舌出射条件及入射条件计算结果如表 6-7 所示。

6.2.1.3　数值模拟计算工况

为探究枢纽调度方式对雾化的影响，基于挑流随机喷溅数学模型，开展了不同表孔、不同深孔及不同层次孔口开启泄洪时雾化雨强分布特性研究。上游水位为 825 m，下游水位为 620 m，各孔口泄量均为 1 500 m³/s 时，数值模拟工况如表 6-8 所示。

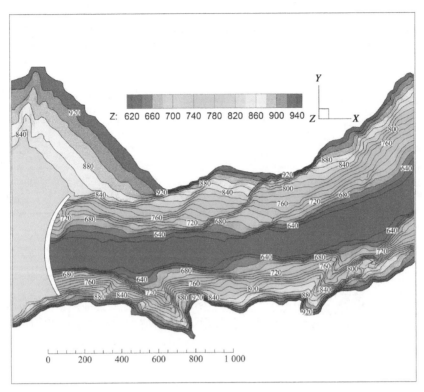

图 6-11 概化模型下游河谷地形

表 6-7 概化模型各孔口水舌出、入射参数

孔口形式	孔口编号	u_0 (m/s)	L_b (m)	b (m)	h (m)	v (m/s)	a (°)
表孔	1#	22.58	144	31	16	53.20	70.22
	2#	21.85	142	31	16	54.10	71.13
	3#	21.42	139	31	16	54.36	71.52
	4#	22.58	144	31	16	53.20	70.22
	5#	21.85	142	31	16	54.10	71.13
	6#	21.44	138	31	16	54.20	71.43
深孔	1#	42.05	180	28	46	51.72	47.54
	2#	41.60	178	29	46	51.70	47.85
	3#	40.93	176	30	45	51.68	48.31
	4#	41.60	178	29	46	51.70	47.85
	5#	42.05	180	28	46	51.72	47.54

表 6-8　枢纽调度方式对雾化影响数值模拟计算工况

工况	上游水位(m)	下游水位(m)	总泄量(m³/s)	调度方式
1				bk1#+6#
2				bk2#+5#
3	825	620	3 000	bk3#+4#
4				dk1#+5#
5				dk2#+4#

注:表中 bk 代表表孔,dk 代表深孔,下同。

6.2.2　表孔调度方式对雾化降雨的影响

高拱坝工程的表孔主要通过增加水舌的纵、横向扩散,以解决表孔泄洪消能问题,但增加水舌扩散的同时使得水舌空中的掺气更充分,从而增大了水舌空中紊动扩散尺度,进一步增加了雾化源量。工程实践及物理模型试验结果表明表孔泄洪时雾化降雨强度分布与孔口的开启方式有关。为探究表孔开启方式对雾化降雨的影响,开展工况 1~3 数值模拟计算,工况 1 中表孔 1#、6# 靠近两岸边坡,工况 3 中表孔 3#、4# 靠近主河道。

6.2.2.1　下游水舌风分布

水舌风是电站在泄洪时,由于高速水流与周围气流发生动量交换、冲量作用,使得周围气流受到扰动而产生的,伴随着整个泄流过程。

泄量一定时,表孔不同调度方式下,各断面(各断面垂直于 3# 深孔溢流轴线)水舌风风速分布如图 6-12 所示。表孔 1#+6# 联合开启泄洪时,水舌风风速范围为 2.16~24.63 m/s,水舌风风速呈明显的双峰分布,两侧峰值相近,且随 x 的增加,峰值效应逐渐减弱,峰值形态逐渐坦化;表孔 2#+5# 联合开启泄洪时,水舌风风速范围为 1.70~24.88 m/s,水舌风也呈双峰分布,但随 x 的增加,右侧峰值逐渐减小,两侧峰值差值逐渐增大,水舌风风速分布由近似对称的双峰分布逐渐变为近似单峰分布;表孔 3#+4# 联合开启泄洪时,水舌风风速范围为 0.59~29.37 m/s,两孔口水舌入水点更靠近,水舌风风速更为集中,呈单峰分布,其最大值的位置随 x 的增加逐渐由 $y=0$ m 向 $y=30$ m 移动,且随 x 的增加,单峰形态逐渐变宽,峰值效应逐渐减弱。

表孔开启泄洪时,水舌风风速沿断面分布与表孔的调度方式有关。孔口越靠近岸边,两岸边坡水舌风风速值越大。表孔 1#+6# 联合开启泄洪时,两岸边坡水舌风风速值明显大于表孔 3#+4# 联合泄洪工况,但河道内水舌风最大风速值明显小于表孔 3#+4# 联合泄洪工况;表孔 2#+5# 联合泄洪时,水舌风风速值介于表孔 1#+6# 和 3#+4# 泄洪工况之间。对于工程实践而言,更加关注泄洪雾化产生的水舌风对两岸岸坡的影响,因此较开启边表孔泄洪,开启中间表孔泄洪可有效地缓解水舌风对两岸边坡的影响。

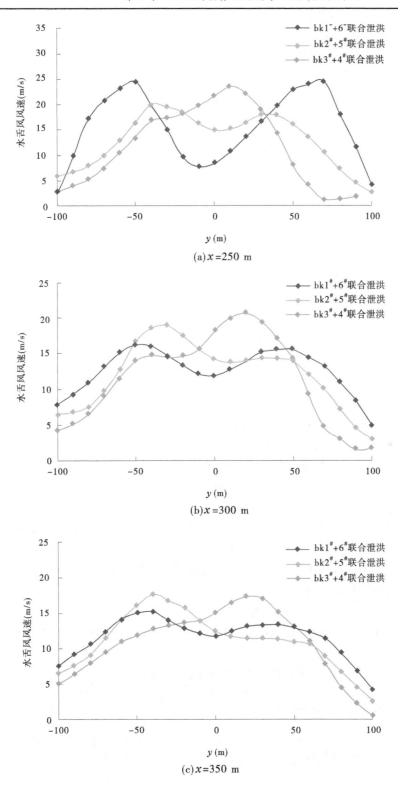

(a) $x = 250$ m

(b) $x = 300$ m

(c) $x = 350$ m

图 6-12　表孔不同调度方式下各断面水舌风风速分布

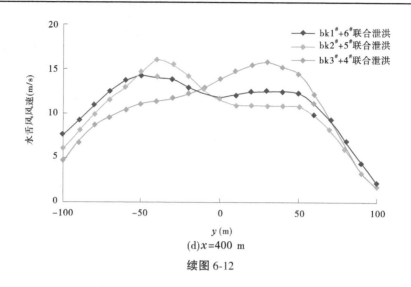

(d)$x=400$ m

续图 6-12

6.2.2.2　降雨强度分布

泄量一定时,表孔不同调度方式下,雾化降雨等值线分布如图 6-13 所示,雾化降雨强度分布具有明显的随机性,但在河道内均出现最大降雨强度值(河道在 y 方向上 $y=-80\sim50$ m)。表孔 1#+6#联合开启泄洪时,最大雾化降雨强度为 591.44 mm/h,位于 $x=250$ m,$y=-10$ m 处,纵向边界可达坝下游 530 m,左、右岸最大爬高分别可至高程 680 m、675 m 处;表孔 2#+5#联合开启泄洪时,最大雾化降雨强度为 630.96 mm/h,位于 $x=250$ m,$y=5$ m 处,纵向边界可达坝下游 540 m,左、右岸最大爬高分别可至高程 680 m、670 m 处;表孔 3#+4#联合开启泄洪时,最大雾化降雨强度为 658.00 mm/h,位于 $x=250$ m,$y=30$ m 处,纵向边界可达坝下游 548 m,左、右岸最大爬高分别可至高程 670 m、665 m。

各断面雾化降雨强度分布如图 6-14 所示,表孔开启泄洪时,雾化降雨强度沿断面分布与表孔的调度方式有关。孔口越靠近岸边,河道内的雾化雨强值越小,两岸边坡雾化雨强值越大,即较开启中间孔口泄洪,开启边孔泄洪时河道内雾化雨强值较小,两岸边坡雾化雨强值较大。表孔 1#+6#联合开启泄洪时,两岸边坡雾化雨强值明显大于表孔 3#+4#联合泄洪工况,但河道内雾化雨强值明显小于表孔 3#+4#联合泄洪工况;表孔 2#+5#联合泄洪时,雾化雨强值介于表孔 1#+6#和 3#+4#泄洪工况之间。泄洪雾化降雨危害主要体现在雾化降雨对重点建筑物布置、两岸边坡稳定性和交通安全影响,因此相比于河道内雨强分布,实际工程中更加关注泄洪雾化雨强沿两岸边坡的分布,较开启边表孔泄洪,开启中间表孔泄洪可有效地缓解泄洪雾化降雨对两岸边坡的影响,保证两岸边坡的稳定性。

6.2.3　深孔调度方式对雾化降雨的影响

深孔下泄的水流为有压流,水流在水压力作用紊动更剧烈、破碎更彻底,泄洪雾化现象更加明显。为探索减轻深孔泄洪雾化影响的有效途径,研究深孔调度方式对雾化降雨影响,开展工况 4、5 数值模拟计算,工况 4 中深孔 1#、5#靠近两岸边坡,工况 5 中深孔 2#、4#靠近主河道。

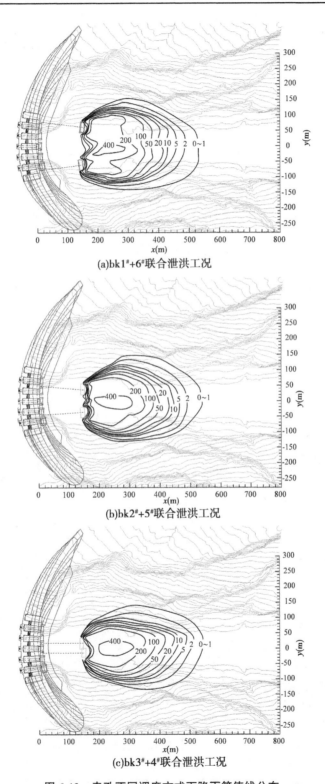

(a)bk1#+6#联合泄洪工况

(b)bk2#+5#联合泄洪工况

(c)bk3#+4#联合泄洪工况

图 6-13　表孔不同调度方式下降雨等值线分布

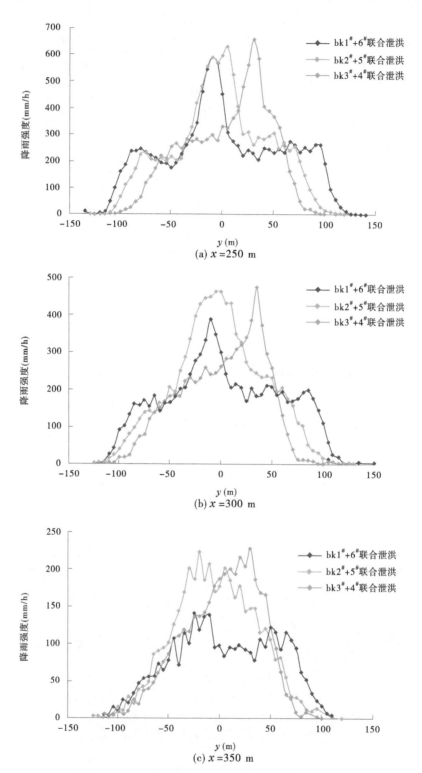

图 6-14　表孔不同调度方式下各断面雾化降雨强度分布

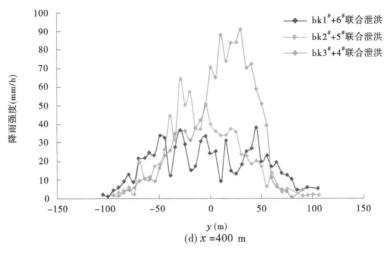

(d) $x = 400$ m

续图 6-14

6.2.3.1　下游水舌风分布

泄量一定时,深孔不同调度方式下,各断面水舌风风速分布如图 6-15 所示。深孔 1#+ 5#联合开启泄洪时,水舌风风速范围为 1.14~36.46 m/s,水舌风初始为多峰分布,但随 x 的增加,逐渐近似双峰分布,且左侧峰值明显大于右侧峰值,最大值的位置逐渐由 $y = -10$ m 到 $y = -30$ m 移动;深孔 2#+4#联合开启泄洪时,水舌风风速范围为 1.38~40.04 m/s,水 舌风初始时近似于非对称双峰分布,但随 x 的增加,右侧峰值逐渐减小,两侧峰值差值逐 渐增大,逐渐近似单峰分布,单峰形态逐渐变宽,最大值的位置均出现在 $y = 10$ m 上。

深孔开启泄洪时,水舌风风速沿断面分布也与深孔的调度方式有关。孔口越靠近岸 边,两岸边坡水舌风风速值越大。深孔 1#+5#联合开启泄洪时,总体而言,两岸边坡水舌 风风速值明显大于深孔 2#+4#联合泄洪工况,但河道内水舌风风速最大值明显小于深孔 2#+4#联合泄洪工况。因此,较开启边深孔泄洪,开启中间深孔泄洪可有效缓解泄洪雾化 带来的水舌风对两岸边坡的影响。

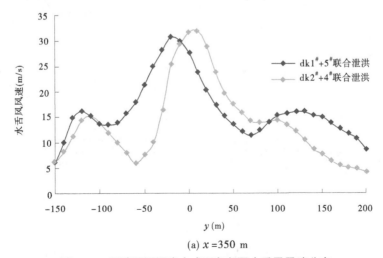

(a) $x = 350$ m

图 6-15　深孔不同调度方式下各断面水舌风风速分布

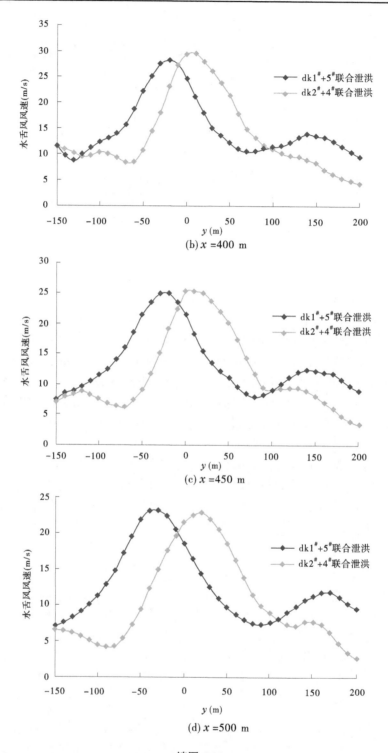

(b) $x = 400$ m

(c) $x = 450$ m

(d) $x = 500$ m

续图 6-15

6.2.3.2　降雨强度分布

泄量一定时,深孔不同调度方式下,雾化降雨等值线分布如图 6-16 所示。深孔 $1^{\#} + 5^{\#}$

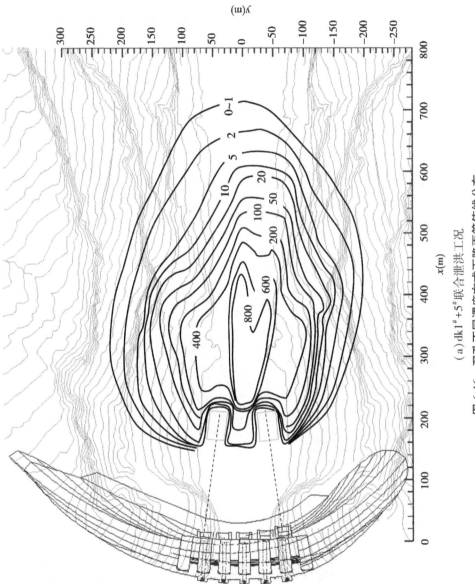

（a）dk1#+5#联合泄洪工况

图 6-16　深孔不同调度方式下降雨等值线分布

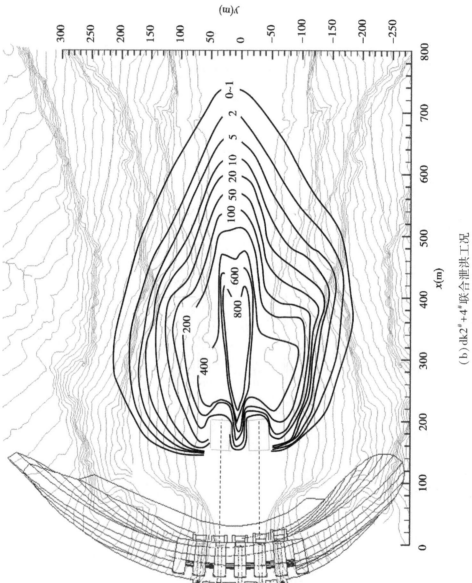

(b) dk2#+4#联合泄洪工况

续图 6-16

联合开启泄洪时,最大雾化降雨强度为 1 421.40 mm/h,位于 $x=300$ m,$y=-15$ m 处,纵向边界可达坝下游 710 m,左、右岸最大爬高分别可至高程 780 m、775 m 处;深孔 2#+4#联合开启泄洪时,最大雾化降雨强度为 2 206.39 mm/h,位于 $x=250$ m,$y=5$ m 处,纵向边界可达坝下游 735 m,左、右岸最大爬高分别可至高程 770 m、765 m 处。深孔 2#+4#联合泄洪时最大雾化降雨强度及最大纵向影响范围明显大于深孔 1#+5#联合泄洪工况,但最大雾化雨强点及增加的纵向影响范围内的雨滴主要位于河道内(河道在 y 方向上 $y=-80\sim50$ m)。

各断面雾化降雨强度分布如图 6-17 所示,深孔 1#+5#联合开启泄洪时,两岸边坡雾化雨强值明显大于深孔 2#+4#联合泄洪工况,但河道内雾化雨强值明显小于深孔 2#+4#联合泄洪工况。因此,深孔开启泄洪时,雾化降雨强度沿断面分布也与深孔的调度方式有关。孔口越靠近岸边,河道内的雾化雨强值越小,两岸边坡雾化雨强值越大,即较开启边深孔泄洪,开启中间深孔泄洪可有效地缓解泄洪雾化降雨对两岸边坡的影响,保证两岸边坡的稳定性。

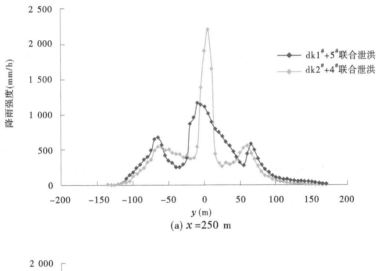

(a) $x=250$ m

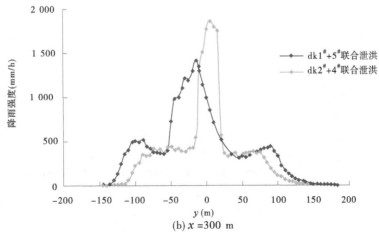

(b) $x=300$ m

图 6-17   深孔不同调度方式下各断面雾化降雨强度分布

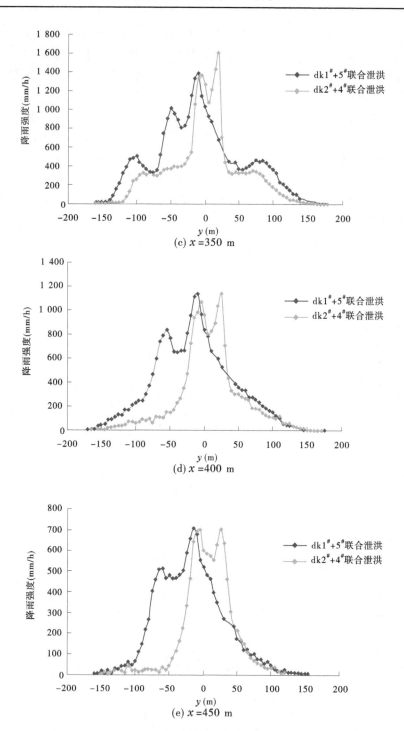

(c) $x = 350$ m

(d) $x = 400$ m

(e) $x = 450$ m

续图 6-17

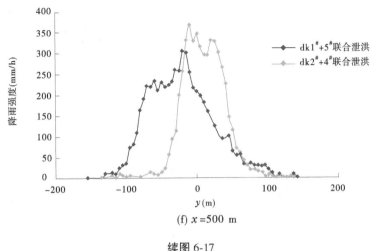

(f) $x = 500$ m

续图 6-17

6.2.4　不同层次孔口调度方式对雾化降雨的影响

　　窄河谷地区的高拱坝工程,大多采用多孔口、多层次出流的泄洪消能方式,因此开展不同层次孔口运行调度方式对雾化影响研究,探索不同层次孔口运行调度方式下雾化降雨及下游水舌风分布特性,可为如何减轻泄洪雾化的危害提供新思路。概化模型中共布置 2 层孔口,即表孔和深孔,通过对比表孔、深孔分别开启泄洪时雾化雨强分布,研究不同层次孔口调度方式对雾化的影响,即分别对比工况 1 和工况 4、工况 2 和工况 5。工况 1 和工况 4 均为开启边孔泄洪,工况 2 和工况 5 均为开启中间孔口泄洪。

6.2.4.1　下游水舌风分布

　　泄量一定,不同层次孔口开启泄洪时,下游水舌风风速分布如图 6-18、图 6-19 所示,无论表孔还是深孔开启泄洪,最大水舌风风速值均位于河道内。深孔开启边孔泄洪时,河道内及两岸边坡上水舌风风速值均大于表孔边孔开启泄洪工况。深孔中间孔口开启泄洪时,两岸边坡上水舌风风速值也均大于表孔中间孔口开启泄洪工况,但河道内存在部分小

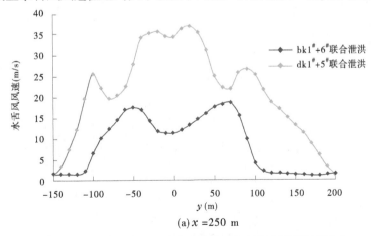

(a) $x = 250$ m

图 6-18　不同层次孔口均开边孔泄洪时各断面水舌风风速分布

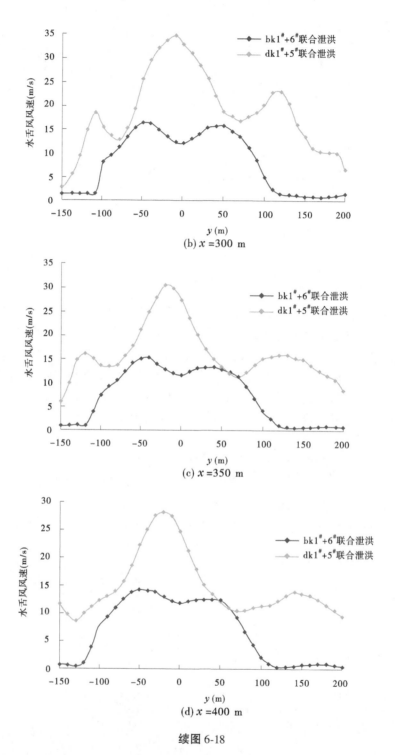

续图 6-18

区域水舌风风速小于表孔中间孔口开启泄洪工况。因此,对具备多层次孔口泄洪的水利枢纽工程可优先选择开启表孔泄洪,以减轻泄洪雾化水舌风的影响。

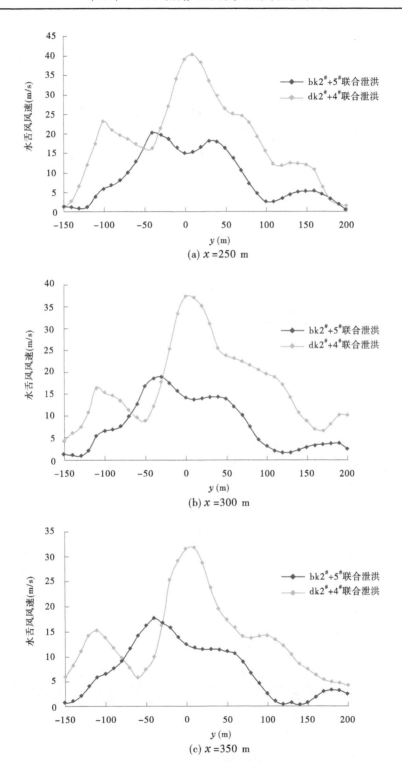

图 6-19 不同层次孔口均开中间孔口泄洪时各断面水舌风风速分布

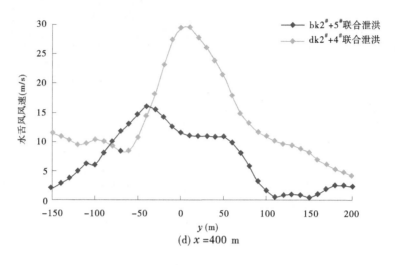

(d) x =400 m

续图 6-19

6.2.4.2 降雨强度分布

泄量一定,不同层次孔口开启泄洪时,各断面雾化降雨强度分布如图 6-20、图 6-21 所示。

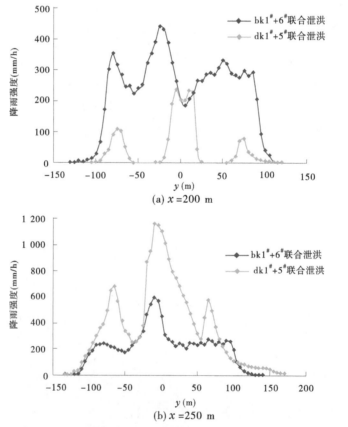

(a) x =200 m

(b) x =250 m

图 6-20 不同层次孔口均开边孔泄洪时各断面雾化降雨强度分布

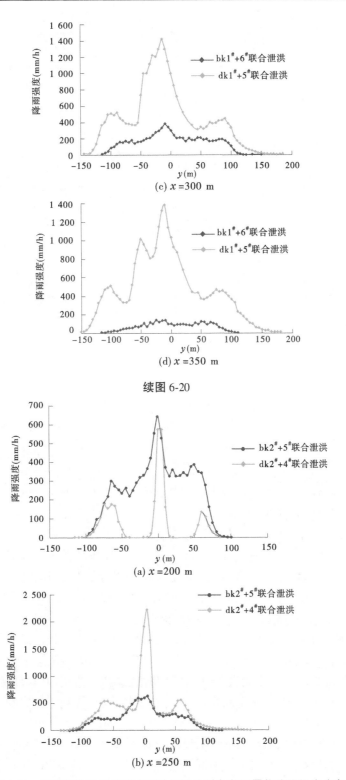

(c) $x = 300$ m

(d) $x = 350$ m

续图 6-20

(a) $x = 200$ m

(b) $x = 250$ m

图 6-21　不同层次孔口均开中间孔口泄洪时各断面雾化降雨强度分布

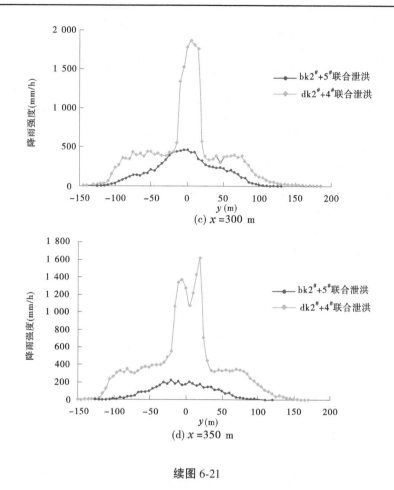

续图 6-21

深孔 1#+5#联合开启泄洪时,最大雾化降雨强度为 1 421.40 mm/h,位于 $x=300$ m,$y=$ −15 m 处;表孔 1#+6#联合开启泄洪时,最大雾化降雨强度为 591.44 mm/h,位于 $x=250$ m,$y=-10$ m 处。较边深孔泄洪,边表孔开启泄洪时最大雾化降雨强度减少了约 58.39%。此外,无论河道内还是两岸边坡,当 $x=200$ m 时,边表孔泄洪雾化降雨强度值明显大于边深孔泄洪工况;当 $x>200$ m 时,边表孔泄洪雾化降雨强度值明显小于边深孔泄洪工况。

深孔 2#+4#联合开启泄洪时,最大雾化降雨强度为 2 206.39 mm/h,位于 $x=250$ m,$y=5$ m 处;表孔 2#+5#联合开启泄洪时,最大雾化降雨强度为 630.96 mm/h,位于 $x=250$ m,$y=5$ m 处。较中间深孔开启泄洪,中间表孔开启泄洪时最大雾化降雨强度减少了约 71.40%,且无论河道内还是两岸边坡,当 $x=200$ m 时,中间表孔泄洪雾化降雨强度值明显大于中间深孔泄洪工况;当 $x>200$ m 时,中间表孔泄洪雾化降雨强度值明显小于中间深孔泄洪工况。

泄量一定,无论是边孔还是中间孔口泄洪,当 x 较小时,表孔泄洪雾化降雨强度值均大于深孔泄洪工况,但随着 x 的增大,表孔泄洪雾化降雨强度值明显小于深孔泄洪工况。因此,对具备多层次孔口泄洪的水利枢纽工程,出于对坝体枢纽安全考虑可优先选择开启深孔泄洪;出于对下游两岸边坡的安全考虑可优先选择开启表孔,以缓解泄洪雾化降雨的影响。

6.3　低雾化影响的枢纽运行调度方法应用

概化随机喷溅数值模拟计算结果表明枢纽运行调度方式对雾化的影响显著,可通过合理有效地运行调度以缓解泄洪雾化降雨的危害。实际工程中,不同高拱坝工程在枢纽布置、体形参数、消能方式、地形地貌、气象条件等方面往往存在各自特性,因此低雾化降雨影响的泄洪调度方式因具体工程而异。结合白鹤滩水电站工程实际情况,基于随机喷溅数值模拟方法,将低雾化降雨影响的运行调度方法应用于实践,提出适用于白鹤滩水电站的低雾化降雨影响的运行调度方法。

6.3.1　数值模拟计算概况

6.3.1.1　随机喷溅数学模型建立

选取上游 300 m 至下游 2 000 m,宽 1 600 m,高 300 m 的范围作为泄洪雾化的预测计算域。以 4# 深孔溢流出口中点为坐标原点,沿 4# 深孔溢流轴线向下游为 x 轴正向,以宽度方向为 y 方向,向上为 y 轴正方向(河道在宽度方向介于 $y=-50\sim50$ m),以高程方向为 z 方向。提取计算域内三维地形点数据,建立白鹤滩水电站坝下游河谷地形,如图 6-22 所示。

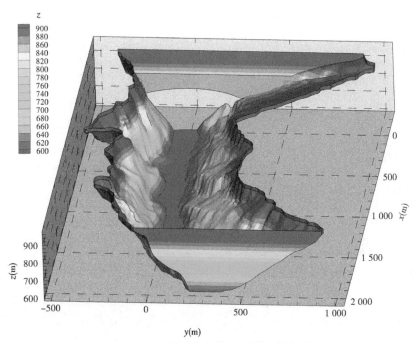

图 6-22　白鹤滩水电站坝下游河谷地形

依托物理模型试验成果,结合理论公式计算,得到白鹤滩水电站上游水位 825 m、表孔单孔泄量 1 574 m³/s、深孔单孔泄量 1 665 m³/s 时,各孔口泄洪水力学条件及水舌入水形态如图 6-23、表 6-9 所示。

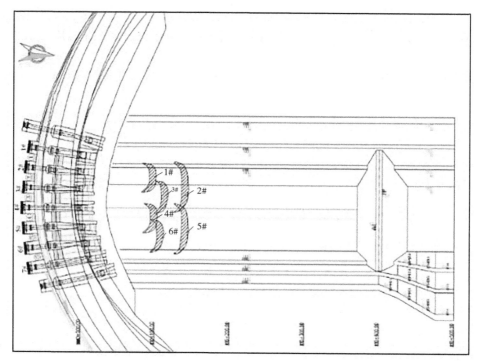

（a）表孔

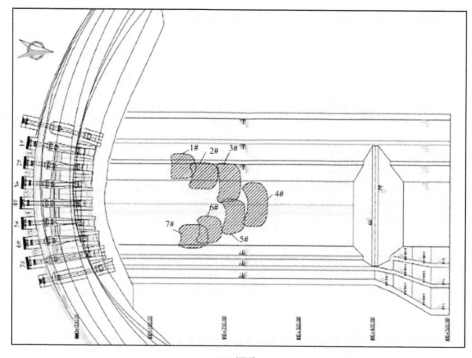

（b）深孔

图 6-23　白鹤滩水电站坝身孔口泄洪水舌入水形态

表 6-9　白鹤滩水电站各孔口水舌出、入射参数

孔口形式	孔口编号	入水速度 v(m/s)	入水角度 a(°)	含水量	线源喷射厚度(m)
表孔	1#	55.0	73	0.200	0.375
	2#	55.5	70	0.145	0.554
	3#	56.0	71	0.192	0.397
	4#	55.0	73	0.198	0.382
	5#	55.5	70	0.163	0.487
	6#	56.0	71	0.200	0.368
深孔	1#	57.2	50	0.078	1.811
	2#	56.8	51	0.078	1.831
	3#	56.8	51	0.094	1.427
	4#	56.8	54	0.074	1.960
	5#	56.8	51	0.088	1.568
	6#	56.8	51	0.088	1.553
	7#	57.2	50	0.088	1.623

6.3.1.2　白鹤滩随机喷溅数学模型验证

基于白鹤滩水电站 1:50 大比尺物理模型试验成果验证白鹤滩水电站随机喷溅数学模型的合理性,白鹤滩水电站 7 深孔全开泄量 11 657 m³/s 时,泄洪雾化物理模型试验成果与随机喷溅数学模型计算成果对比如图 6-24 所示。白鹤滩水电站泄洪雾化降雨强度物理模型试验值与随机喷溅数学模型计算结果在局部存在一定差异,受物理模型比尺效应的影响,雾化试验的雾化影响范围总体小于计算值,但试验得到的雾化降雨强度变化趋势与计算预报趋势一致。因此,建立的白鹤滩挑流随机喷溅数学模型较为合理。

6.3.1.3　数值模拟工况

基于白鹤滩水电站挑流随机喷溅数学模型开展不同调度方式对泄洪雾化影响,数值模拟试验工况如表 6-10 所示。

6.3.2　表孔不同调度方式下雾化特性

通过概化模型的随机喷溅数值模拟计算提出了低雾化影响的表孔运行调度方法,即泄量一定,较开启边表孔泄洪,开启中间表孔泄洪可有效地缓解泄洪雾化的影响。将低雾化影响的表孔运行调度方法应用于白鹤滩水电站表孔泄洪,研究低雾化影响的表孔运行调度方法在具体工程实践中的适用性,对比分析边表孔 1#+6# 联合泄洪、中间表孔 2#+5# 联合泄洪、最中间表孔 3#+4# 联合泄洪时下游水舌风及雾化降雨分布特性。

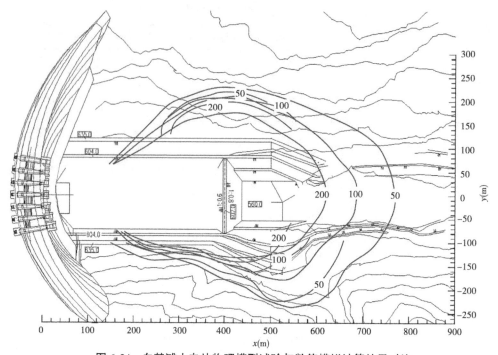

图 6-24　白鹤滩水电站物理模型试验与数值模拟计算结果对比

表 6-10　白鹤滩水电站不同调度方式下泄洪雾化数值模拟试验工况

工况	总泄量（m³/s）	上游水位（m）	入水流速（m/s）	入水角度（°）	运行情况
1	3 150	825	55~56	71~73	bk1#+6#
2	3 150	825	55.5	70	bk2#+5#
3	3 150	825	55~56	71~73	bk3#+4#
4	3 330	825	57.2	50	dk1#+7#
5	3 330	825	56.8	51	dk2#+6#
6	3 330	825	56.8	51	dk3#+5#

6.3.2.1　下游水舌风分布

泄量一定时，表孔不同调度方式下，各断面（各断面垂直于 4# 深孔溢流轴线）水舌风风速分布如图 6-25 所示。表孔 1#+6# 联合开启泄洪时，最大水舌风风速值出现在 $x=150$ m、$y=-10$ m 处，值为 24.94 m/s；表孔 2#+5# 联合开启泄洪时，最大水舌风风速值出现在 $x=200$ m、$y=0$ m 处，值为 28.06 m/s；表孔 3#+4# 联合开启泄洪时，最大水舌风风速值出现在 $x=150$ m、$y=-30$ m 处，值为 29.45 m/s。表孔开启泄洪时最大水舌风风速值点均位于河道内，出现在水舌入水点附近。

同一计算断面，表孔 2#+5# 联合泄洪时两岸边坡水舌风风速值明显大于表孔 1#+6#、表孔 3#+4# 联合泄洪工况，这一变化规律与概化模型计算结果存在差异，因此水舌风风速在具体工程中分布特性需考虑多因素共同作用。

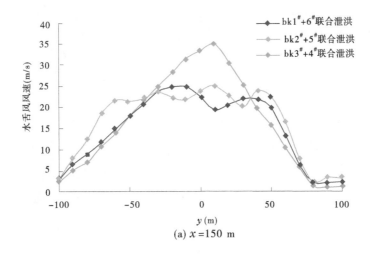

(a) $x = 150$ m

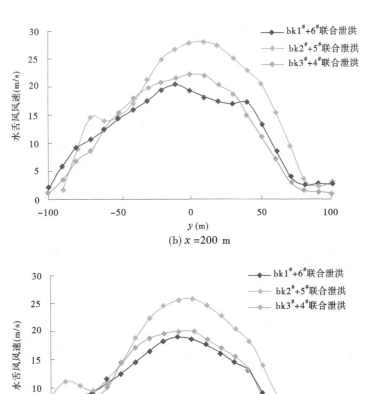

(b) $x = 200$ m

(c) $x = 250$ m

图 6-25　白鹤滩水电站表孔不同调度方式下各断面水舌风风速分布

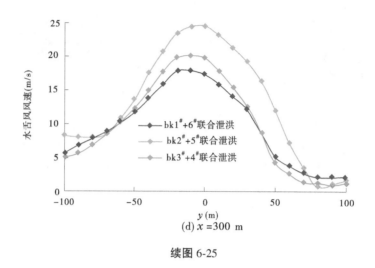

(d) $x = 300$ m

续图 6-25

　　泄洪雾化水舌风主要是在水舌扩散、喷溅产生的瞬时冲量作用下形成的,而扩散和喷溅导致的瞬时冲量作用的大小主要由作用时的液滴速度和水舌的扩散量、喷溅量决定。白鹤滩水电站表孔 1#、6#出口靠内侧扩散角为 6°,外侧不扩散;表孔 2#、5#两侧以 4°扩散,出口设 1/2 椭圆舌形坎以分散水流;表孔 3#以左侧 2°、右侧 6°扩散,表孔 4#以左侧 6°右侧2°扩散,并在出口两侧设分流齿坎以调整水舌入水形态。表孔 2#、5#采用舌形挑坎时,加大了水舌的横向扩散,使得水舌入水处排开水体体积增加,从而增加了喷溅起来的水块、水滴数量,这些增加的水块、水滴在抛射的过程中,也会形成液滴对气体的瞬时冲量作用,从而增加了喷溅的水舌风风速值。因此,表孔 2#+5#联合泄洪时两岸边坡上水舌风风速值大于表孔 1#+6#、表孔 3#+4#联合泄洪工况。

6.3.2.2　降雨强度分布

　　泄量一定时,白鹤滩水电站表孔不同调度方式下,雾化降雨等值线分布如图 6-26 所示。表孔 1#+6#联合最大雾化降雨强度为 938.10 mm/h,位于 $x = 200$ m,$y = 5$ m 处,纵向边界可达坝下游 510 m,左、右岸最大爬高分别可至高程 670 m、725 m 处;表孔 2#+5#联合开启泄洪时,最大雾化降雨强度为 1 049.10 mm/h,位于 $x = 250$ m,$y = 0$ m 处,纵向边界可达坝下游 595 m,左、右岸最大爬高分别可至高程 680 m、740 m 处;表孔 3#+4#联合开启泄洪时,最大雾化降雨强度为 974.89 mm/h,位于 $x = 220$ m,$y = -5$ m 处,纵向边界可达坝下游 520 m,左、右岸最大爬高分别可至高程 670 m、720 m 处。表孔不同调度方式下最大雾化雨强值均位于河道内。

　　各断面降雨强度分布如图 6-27 所示,在 $x = 150$ m 断面处,表孔 1#+6#联合泄洪时,两岸边坡雾化雨强值略大于表孔 2#+5#、表孔 3#+4#联合泄洪工况,即边表孔开启泄洪时两岸边坡雾化雨强值大于中间表孔泄洪工况。但随着 x 的增加,表孔 2#+5#联合泄洪时两岸边坡雾化雨强值逐渐增大,最终表孔 2#+5#联合泄洪时两岸边坡雾化雨强值最大,表孔 3#+4#联合泄洪时两岸边坡雾化雨强值最小,表孔 1#+6#联合泄洪工况时雾化雨强值介于两者之间。

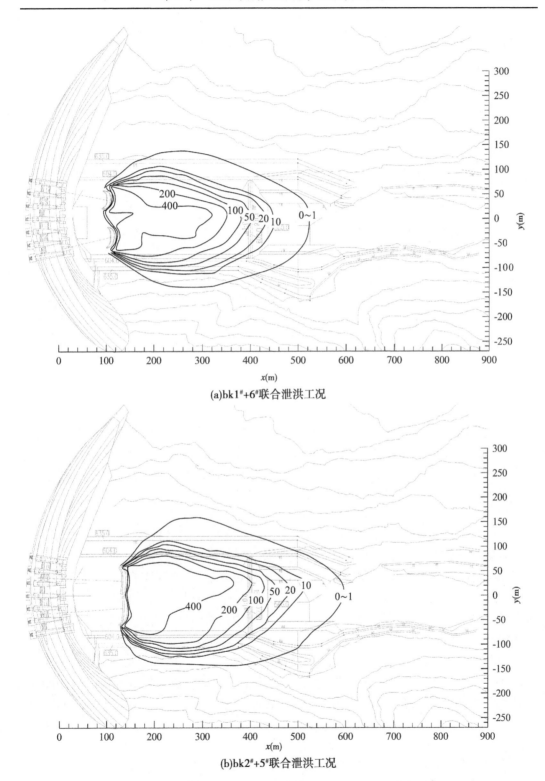

(a)bk1#+6#联合泄洪工况

(b)bk2#+5#联合泄洪工况

图 6-26　白鹤滩水电站表孔不同调度方式下降雨等值线分布

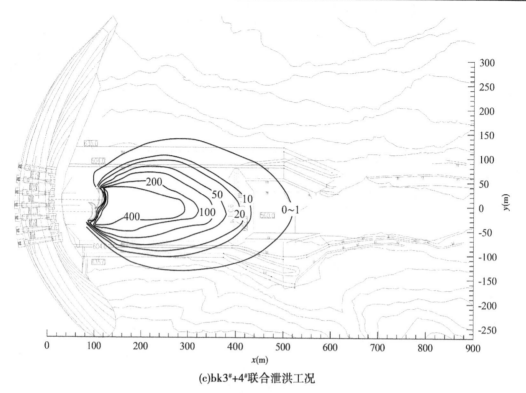

(c)bk3#+4#联合泄洪工况

续图 6-26

　　泄洪雾化雨滴沿两岸的分布与水舌空中运动轨迹长度和水舌入水前缘宽度有关。白鹤滩水电站表孔 1#、4# 出口挑角为-35°，表孔 2#、5# 出口挑角为 5°，表孔 3#、6# 出口挑角为-15°。表孔 1#、6# 出口靠内侧扩散角为 6°，外侧不扩散；表孔 2#、5# 两侧以 4°扩散，出口设 1/2 椭圆舌形坎以分散水流；表孔 3# 以左侧 2°、右侧 6°扩散，表孔 4# 以左侧 6°、右侧 2°扩散，并在出口两侧设分流齿坎以调整水舌入水形态。表孔空中水舌计算轨迹如图 6-28 所示。挑坎角度的不同直接影响到挑流水舌在空中的滞留时间，随着鼻坎挑角的增大，水舌空中运动轨迹变长，水舌在空中滞留的时间更长，横向掺气、扩散的更充分，水舌入水前缘宽度明显增加，且舌形坎横向扩散程度及增大梯度更明显。此外，表孔 2#、5# 采用舌形挑坎，舌形挑坎水舌弯曲程度较大，入水形状呈月牙形，加大了水舌的横向扩散。因此，白鹤滩水电站中间表孔 2#+5# 联合泄洪时两岸边坡雾化雨强值明显大于边表孔 1#+6#、最中间表孔 3#+4# 联合泄洪工况。

　　综上所述，白鹤滩水电站表孔低雾化影响的运行调度不仅需考虑孔口位置，还需综合考虑挑坎体形、挑角、水舌空中运动轨迹等因素影响。白鹤滩水电站表孔泄洪时，可优先选择开启最中间表孔 3#+4# 以缓解泄洪雾化影响。

6.3.3　深孔不同调度方式下雾化特性

　　通过概化模型的随机喷溅数值模拟计算提出了低雾化影响的深孔运行调度方法，泄量一定，较开启边深孔泄洪，开启中间深孔泄洪可有效地缓解泄洪雾化的影响。为研究低雾化影响的深孔运行调度方法在具体工程实践中的适用性，将低雾化影响的深孔运行调度方法应用于白鹤滩水电站深孔泄洪,通过对比分析边深孔 1#+7#联合泄洪、中间深孔 2#+6#联合泄洪、最中间深孔 3#+5#联合泄洪时下游水舌风及雾化降雨分布,探究具体工程中深孔不同调度方式下的雾化特性。

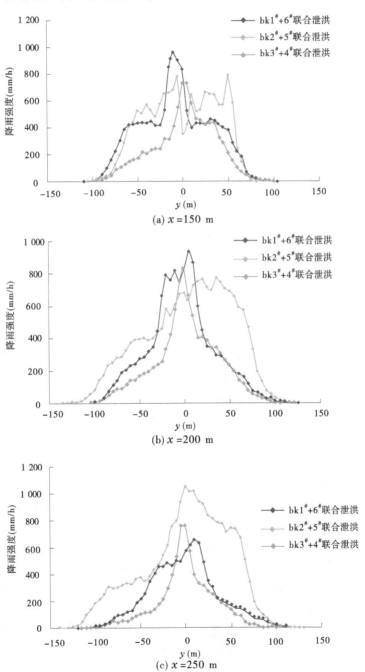

图 6-27　白鹤滩水电站表孔不同调度方式下各断面降雨强度分布

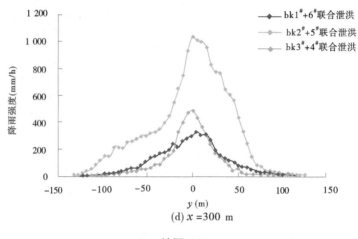

(d) $x = 300$ m

续图 6-27

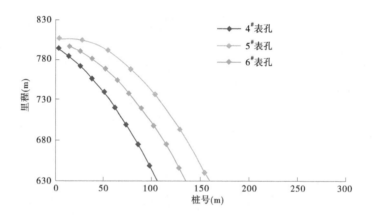

图 6-28　白鹤滩水电站表孔空中水舌计算轨迹

6.3.3.1　下游水舌风分布

泄量一定时,白鹤滩水电站深孔不同调度方式下,各断面水舌风风速分布如图 6-29 所示。深孔 1#+7# 联合开启泄洪时,最大水舌风风速值出现在 $x = 200$ m、$y = 40$ m 处,值为 52.43 m/s;深孔 2#+6# 联合开启泄洪时,最大水舌风风速值出现在 $x = 200$ m、$y = 20$ m 处,值为 52.48 m/s;深孔 3#+5# 联合开启泄洪时,最大水舌风风速值出现在 $x = 250$ m、$y = -30$ m 处,值为 52.96 m/s。无论是边深孔开启泄洪还是中间深孔泄洪,最大水舌风风速值点均位于河道内,出现在水舌入水点附近。

在 $x = 200$ m 断面处,深孔 1#+7# 联合开启泄洪时,两岸边坡上的水舌风风速值大于深孔 2#+6#、深孔 3#+5# 联合泄洪工况,河道内部分区域水舌风风速值小于深孔 2#+6# 联合泄洪工况但大于深孔 3#+5# 联合泄洪工况。但随着 x 的增加,深孔 3#+5# 联合泄洪时水舌风风速值逐渐大于深孔 1#+7#、深孔 2#+6# 联合泄洪工况。

　　白鹤滩水电站深孔不同调度方式下,在 $x = 200$ m 断面处,孔口越靠近岸边,两岸边坡水舌风风速值越大。但随着 x 的增加,中间深孔的水舌风风速值逐渐大于边深孔,这一变化规律与概化模型计算结果存在差异。

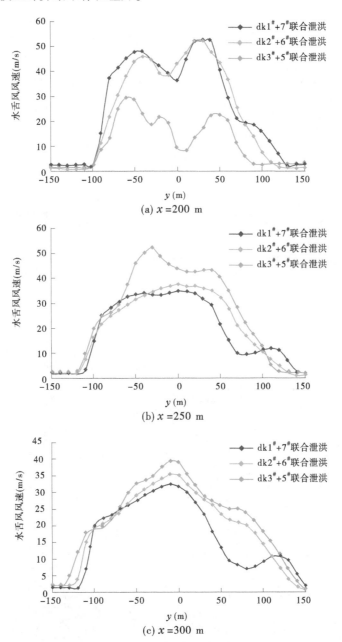

(a) $x = 200$ m

(b) $x = 250$ m

(c) $x = 300$ m

图 6-29　白鹤滩水电站深孔不同调度方式下各断面水舌风风速分布

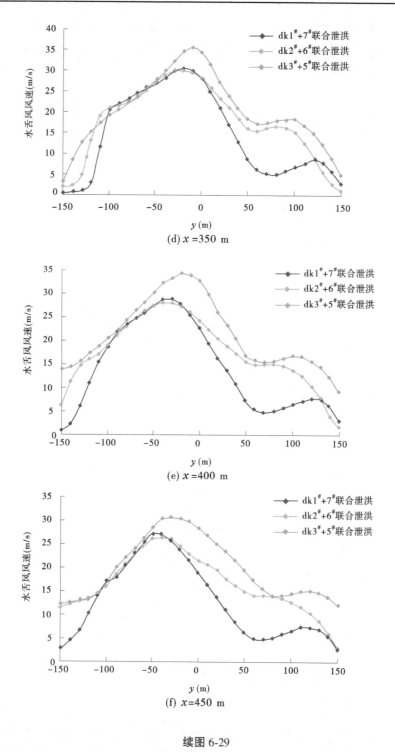

(d) $x = 350$ m

(e) $x = 400$ m

(f) $x = 450$ m

续图 6-29

　　白鹤滩水电站 $1^{\#}$、$7^{\#}$ 深孔鼻坎挑角均为 $-5°$，$2^{\#}$、$6^{\#}$ 深孔鼻坎挑角均为 $3°$，$3^{\#}$、$5^{\#}$ 深孔鼻坎挑角均为 $12°$，深孔空中水舌计算轨迹如图 6-30 所示。随着挑角的增加，挑流水舌挑距增大,水舌在空中运动的时间变长,水舌扩散、掺气更充分,使得水舌分裂破碎出更多的水块和水滴,增大了液滴对空气的瞬时冲量作用,从而增加了扩散水舌风风速值,因此随着 x 的增加,底孔 $3^{\#}+5^{\#}$ 联合泄洪时水舌风风速值逐渐大于底孔 $1^{\#}+7^{\#}$、$2^{\#}+6^{\#}$ 联合泄洪工况,即随着 x 的增加,中间深孔的水舌风风速值逐渐大于边深孔。白鹤滩水电站深孔泄洪时,下游水舌风的分布受深孔调度方式、鼻坎挑角等多因素共同制约。

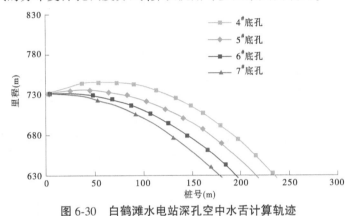

图 6-30　白鹤滩水电站深孔空中水舌计算轨迹

6.3.3.2　降雨强度分布

泄量一定时,白鹤滩水电站深孔不同调度方式下,雾化降雨等值线分布如图 6-31 所示。深孔 $1^{\#}+7^{\#}$ 联合开启泄洪时,最大雾化降雨强度为 1 409.3 mm/h,位于 $x=250$ m、$y=0$ m 处,纵向边界可达坝下游 720 m,左、右岸最大爬高分别可至高程 750 m、760 m 处;深孔 $2^{\#}+6^{\#}$ 联合开启泄洪时,最大雾化降雨强度为 1 751.79 mm/h,位于 $x=280$ m、$y=-15$ m 处,纵向边界可达坝下游 745 m,左、右岸最大爬高分别可至高程 745 m、730 m 处;深孔 $3^{\#}+5^{\#}$ 联合开启泄洪时,最大雾化降雨强度为 1 854.91 mm/h,位于 $x=320$ m、$y=0$ m 处,纵向边界可达坝下游 775 m,左、右岸最大爬高分别可至高程 745 m、730 m 处。深孔不同调度方式下最大雾化雨强值均位于河道内。

各断面降雨强度分布如图 6-32 所示,在 $x=200$ m、$x=250$ m 断面处,深孔 $1^{\#}+7^{\#}$ 联合泄洪时,两岸边坡雾化雨强值明显大于深孔 $2^{\#}+6^{\#}$、深孔 $3^{\#}+5^{\#}$ 联合泄洪工况,即边深孔开启泄洪时两岸边坡雾化雨强值大于中间深孔泄洪工况。但随着 x 的增加,深孔 $2^{\#}+6^{\#}$、深孔 $3^{\#}+5^{\#}$ 联合开启泄洪时,两岸边坡雾化雨强值逐渐大于深孔 $1^{\#}+7^{\#}$ 联合泄洪工况,最终深孔 $3^{\#}+5^{\#}$ 联合开启泄洪时两岸边坡上雾化雨强值最大,深孔 $1^{\#}+7^{\#}$ 联合开启泄洪时两岸边坡上雾化雨强值最小,深孔 $2^{\#}+6^{\#}$ 联合泄洪时雾化雨强值介于两者之间。

挑流泄洪产生的雾化源包括:水舌空中掺气扩散、水舌空中相互碰撞和水舌入水激溅,其中激溅雾源是泄洪雾化的主要影响源,分布在水舌入水区域附近。白鹤滩水电站 $1^{\#}$、$7^{\#}$ 深孔鼻坎挑角均为 $-5°$,$2^{\#}$、$6^{\#}$ 深孔鼻坎挑角均为 $3°$,$3^{\#}$、$5^{\#}$ 深孔鼻坎挑角均为 $12°$,当采用较大挑角时,水舌的横向扩散率增大,水舌扩散效应增强,使得水舌可在空中扩散、掺气更充分,水舌分裂破碎出更多的水块和水滴,增加了水舌空中掺气扩散雾化源。

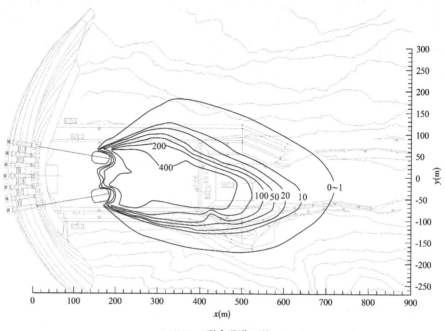

(a)dk1#+7#联合泄洪工况

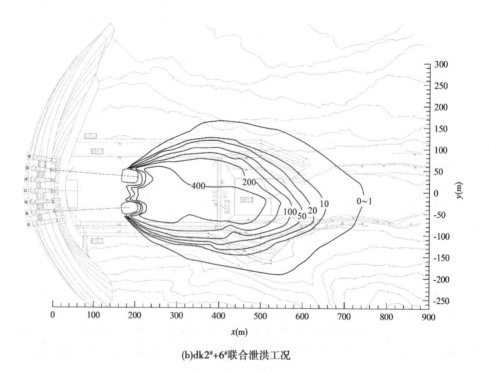

(b)dk2#+6#联合泄洪工况

图 6-31　白鹤滩水电站深孔不同调度方式下雾化降雨等值线分布

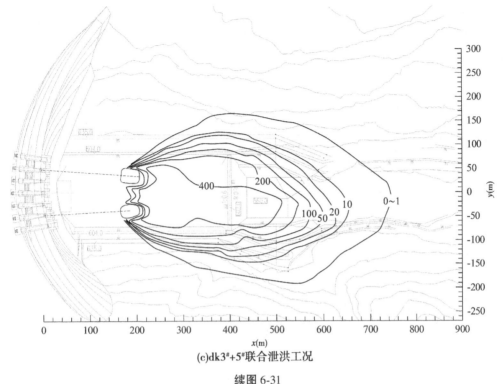

(c)dk3#+5#联合泄洪工况

续图 6-31

　　此外,随着挑角的增大,水舌挑距增大,入水区域向下游移动,使得激溅雾源产生的位置也向下游移动。深孔 1#+7#联合泄洪时水舌挑距明显小于深孔 2#+6#、深孔 3#+5#联合泄洪工况,因此深孔 1#+7#联合泄洪时雾化雨强值在 x 值较小时大于深孔 2#+6#、深孔 3#+5#联合开启泄洪时,但随着 x 的增加,深孔 2#+6#、深孔 3#+5#联合开启泄洪时,两岸边坡雾化雨强值逐渐大于深孔 1#+7#联合泄洪工况。因此,白鹤滩水电站深孔泄洪时,出于对水电站枢纽安全考虑可优先选择开启中间深孔 3#+5#联合泄洪,出于对下游两岸边坡安全考虑可优先选择开启边深孔 1#+7#泄洪,以缓解泄洪雾化降雨影响。

6.3.4　不同层次孔口调度方式下雾化特性

　　白鹤滩水电站坝身 6 个表孔、7 个深孔分层布置,具备多孔口、多层次出流的泄洪消能特性。将概化随机喷溅模型数值模拟计算提出的低雾化影响的多层次孔口运行调度方法应用于白鹤滩水电站,对比分析白鹤滩水电站不同层次孔口开启泄洪时雾化特性,提出适用于白鹤滩水电站的不同层次孔口运行调度方法,以减轻泄洪雾化影响。

6.3.4.1　下游水舌风分布

　　白鹤滩水电站泄量一定,不同层次孔口开启泄洪时,下游水舌风风速分布如图 6-33~图 6-35 所示。

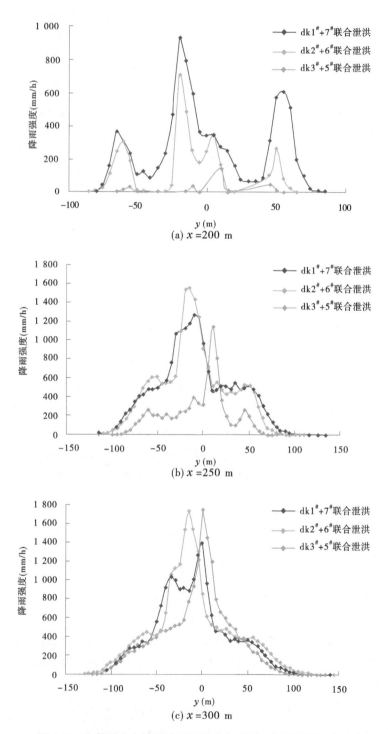

(a) $x = 200$ m

(b) $x = 250$ m

(c) $x = 300$ m

图 6-32 白鹤滩水电站深孔不同调度方式下各断面降雨强度分布

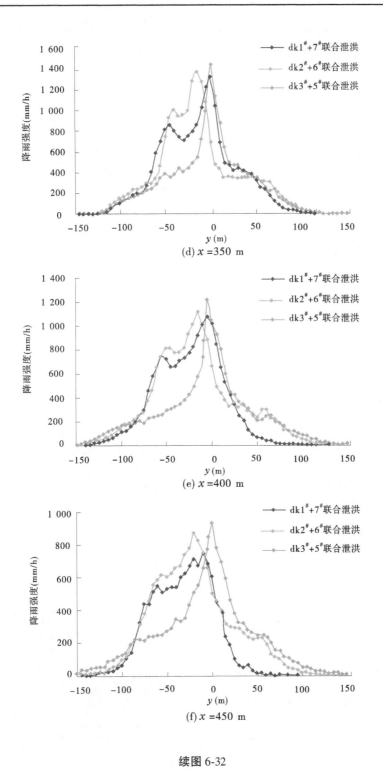

(d) $x = 350$ m

(e) $x = 400$ m

(f) $x = 450$ m

续图 6-32

无论是边深孔还是中间深孔开启泄洪,深孔泄洪雾化产生的水舌风风速值在河道内及两岸边坡上均大于表孔开启泄洪工况。因此,对具备多层次孔口泄洪的水利枢纽工程可优先选择开启表孔泄洪,以减轻泄洪雾化水舌风影响。

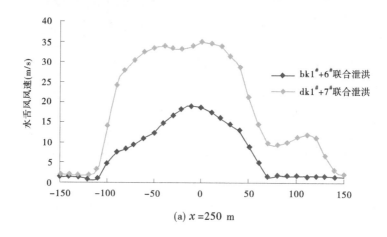

(a) $x = 250$ m

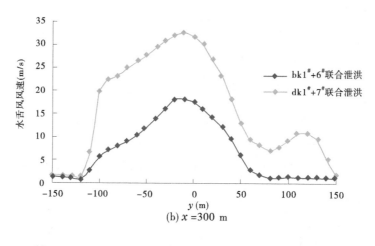

(b) $x = 300$ m

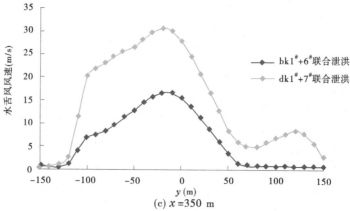

(c) $x = 350$ m

图 6-33 不同层次孔口均开边孔泄洪时各断面水舌风风速分布

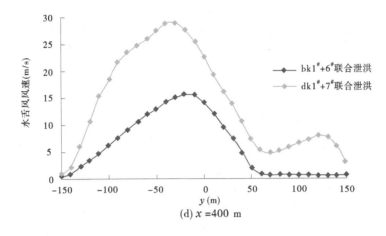

(d) $x = 400$ m

续图 6-33

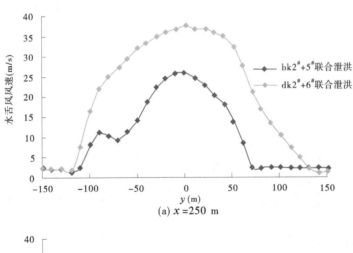

(a) $x = 250$ m

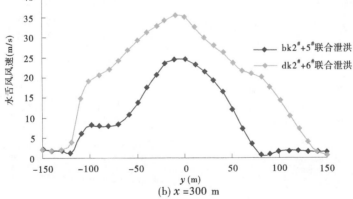

(b) $x = 300$ m

图 6-34　不同层次孔口均开中间孔口泄洪时各断面水舌风风速分布

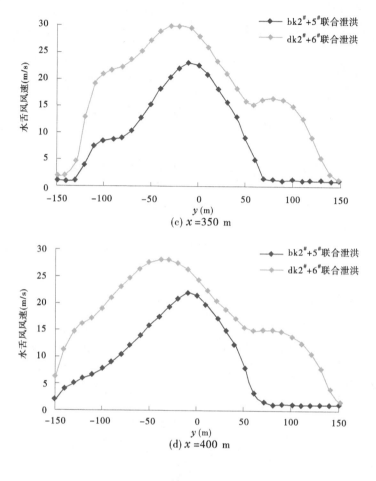

(c) $x = 350$ m

(d) $x = 400$ m

续图 6-34

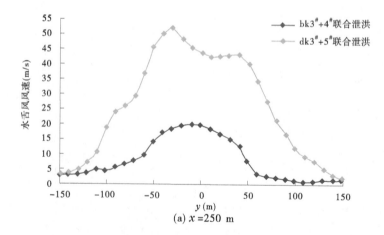

(a) $x = 250$ m

图 6-35　不同层次孔口均开最中间孔口泄洪时各断面水舌风风速分布

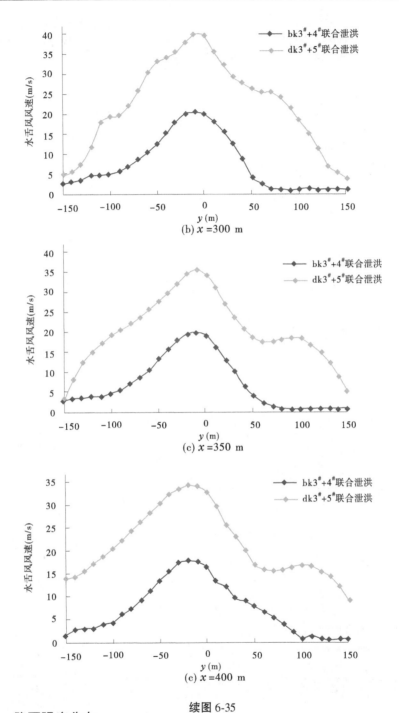

(b) $x = 300$ m

(c) $x = 350$ m

(c) $x = 400$ m

续图 6-35

6.3.4.2 降雨强度分布

　　泄量一定,白鹤滩水电站不同层次孔口开启泄洪时,各断面雾化降雨强度分布如图 6-36~图 6-38 所示。

　　表、深孔均开边孔泄洪时,深孔 $1^{\#}+7^{\#}$ 联合泄洪最大雾化降雨强度为 1 409.30 mm/h,

位于 $x=250$ m, $y=0$ m 处;表孔 $1^{\#}+6^{\#}$ 联合最大雾化降雨强度为 938. 10 mm/h,位于 $x=200$ m, $y=5$ m 处。表、深孔均开边孔泄洪时最大雾化降雨强度值点均位于河道内。较深孔边孔泄洪,表孔边孔开启泄洪时最大雾化降雨强度减少了约 33.44%。此外,由图 6-36

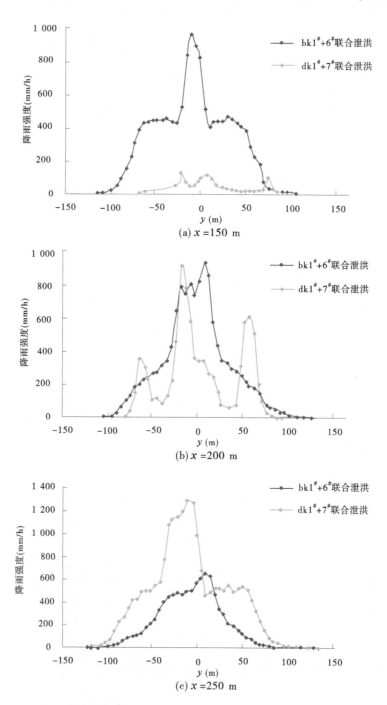

图 6-36　不同层次孔口均开边孔泄洪时各断面雾化降雨强度分布

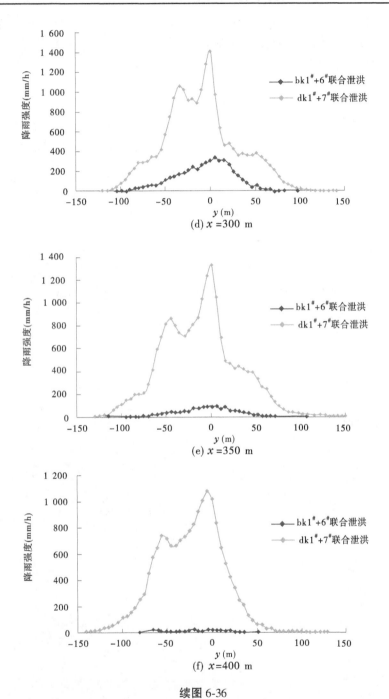

续图 6-36

可知,当 x = 200 m 时,表孔泄洪雾化降雨强度值明显大于深孔泄洪工况,但随着 x 值的增大,表孔泄洪雾化降雨强度值明显小于深孔泄洪工况。

　　表、深孔均开中间孔口泄洪时,深孔 $2^{\#}+6^{\#}$ 联合开启泄洪时,最大雾化降雨强度为 1 751.79 mm/h,位于 x = 280 m, y = −15 m 处;表孔 $2^{\#}+5^{\#}$ 联合开启泄洪时,最大雾化降雨强度为 1 049.10 mm/h,位于 x = 250 m, y = 0 m 处。较深孔中间孔口开启泄洪,表孔中间孔口开启泄洪时最大雾化降雨强度减少了约 40.11%,且由图 6-37 可知,当 x 较大时同一断面上表孔雾化降雨强度值均小于深孔泄洪工况。

表、深孔均开最中间孔口泄洪时,深孔 $3^#+5^#$ 联合开启泄洪时,最大雾化降雨强度为 1 854.91 mm/h,位于 $x=320$ m,$y=0$ m 处;表孔 $3^#+4^#$ 联合开启泄洪时,最大雾化降雨强

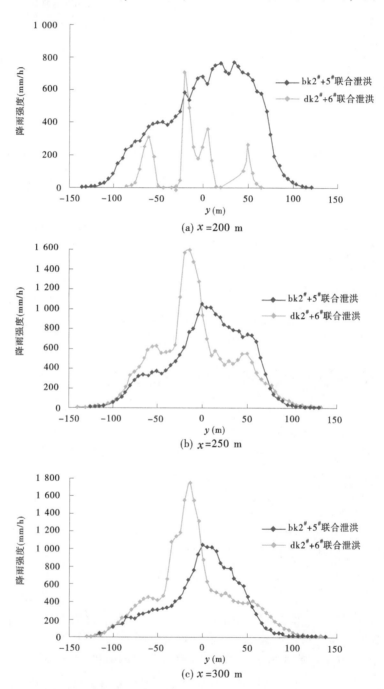

(a) $x=200$ m

(b) $x=250$ m

(c) $x=300$ m

图 6-37　不同层次孔口均开中间孔口泄洪时各断面雾化降雨强度分布

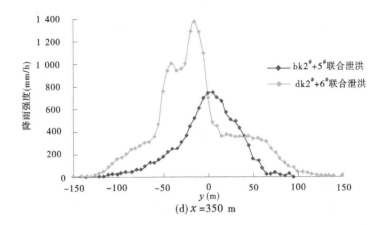

(d) $x = 350$ m

续图 6-37

度为 974. 89 mm/h,位于 $x = 220$ m,$y = -5$ m 处。较深孔中间孔口开启泄洪,表孔中间孔口开启泄洪时最大雾化降雨强度减少了约 47. 44%,且当 x 值较大时同一断面上表孔雾化降雨强度值均小于深孔泄洪工况。

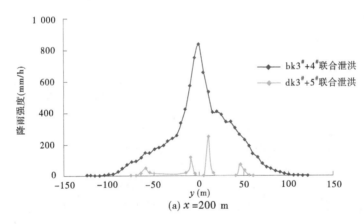

(a) $x = 200$ m

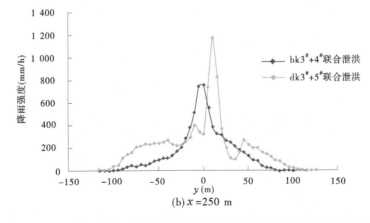

(b) $x = 250$ m

图 6-38　不同层次孔口均开最中间孔口泄洪时各断面雾化降雨强度分布

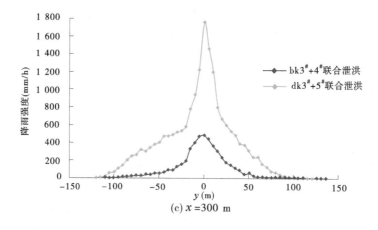

(c) $x = 300$ m

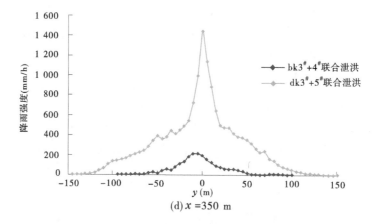

(d) $x = 350$ m

续图 6-38

　　白鹤滩水电站不同层次孔口运行调度方式与基于概化模型提出的不同层次孔口低雾化影响的运行调度方法一致,即对具备多层次孔口泄洪的水利枢纽工程出于对两岸边坡安全考虑可优先选择开启表孔泄洪,出于对水电站枢纽安全考虑可优先选择开启深孔泄洪。

参 考 文 献

[1] 练继建,刘丹,刘昉. 中国高坝枢纽泄洪雾化研究进展与前沿[J]. 水利学报,2019,50(3):283-293.

[2] 梁在潮.底流消能雾化的计算[J].水动力学研究与进展(A辑),1994(5):515-522.

[3] 孙建. 高拱坝坝身泄洪消能防冲研究[D]. 北京:清华大学,2001.

[4] 张华. 水电站泄洪雾化理论及其数学模型的研究[D]. 天津:天津大学,2003.

[5] 刘宣烈,张文周. 空中水舌运动特性研究[J].水力发电学报,1988,7(2):46-54.

[6] 刘宣烈,刘钧. 三元空中水舌掺气扩散的试验研究[J].水利学报,1989,(11):10-17.

[7] 刘沛清,冬俊瑞,李玉柱.两股射流在空中碰撞消能的水力计算[J].水利学报,1995(7):38-44.

[8] 孙建,李玉柱,余常昭.高拱坝表孔及中孔挑流水舌上下碰撞作用下基岩冲刷[J],清华大学学报,2002(4):564-568.

[9] 梁在潮. 雾化水流计算模式[J]. 水动力学研究与进展(A辑),1992(03):247-255.

[10] 刘宣烈,安刚,姚仲达. 泄洪雾化机理和影响范围的探讨[J]. 天津大学学报,1991(S1):30-36.

[11] 孙双科,刘之平.泄洪雾化降雨的纵向边界估算[J].水利学报,2003(12):53-58.

[12] 吴柏春.白山水电站泄洪雾化观测结果分析,泄水工程与高速水流 1993(1).

[13] 周辉,陈慧玲.挑流泄洪雾化降雨的模糊综合评判方法[J].水利水运科学研究,1994(Z1):165-170.

[14] 曹更新,程和森,魏明成,等.用核子方法观测大坝泄洪雾化研究总结[R].南京:南京水利科学研究院,1993.

[15] 周辉,吴时强,陈惠玲.泄洪雾化降雨模型相似性探讨[J].水科学进展,2009,20(01):58-62.

[16] 陈端. 高坝泄洪雾化雨强模型律研究[D].武汉:长江科学院,2008.

[17] 李宗恺. 空气污染气象学原理及应用[M]. 北京:气象出版社,1985.

[18] Kessler E. On the distribution and continuity of water substance natmospheric circulation,Meteor. Monog,No. 32,Amer. Metor. Soc. ,1969,84.

[19] 黄美元,徐华英.云和降水物理[M].北京:科学出版社,1999.

[20] 王澄海,胡菊,靳双龙,等. 中尺度WRF模式在西北西部地区低层风场模拟中的应用和检验[J]. 干旱气象,2011(02):32-38.

[21] Dudhia, Jimy. A history of mesoscale model development[J]. Asia-Pacific Journal of Atmospheric Sciences, 2014, 50(1):121-131.

[22] 白永清,陈正洪,王明欢,等. 关于WRF模式模拟到达地表短波辐射的统计订正[J]. 华中师范大学学报(自科版),2013,47(002):292-296.

[23] 刘宇迪,桂祁军,李昕东,等. 水平网格计算频散性的研究[J]. 应用气象学报,2001,12(2):140-140.

[24] Laprise, René. The uppercaseEuler equations of motion with hydrostatic pressure as an independent variable. Mon. Weather Rev. 1992,120. 197-207.

[25] 胡向军,陶健红,郑飞,等. WRF模式物理过程参数化方案简介[J]. 甘肃科技,2008,24(20):73-75.

[26] 刘洋,李诚志,刘志辉,等. 基于WRF模式的新疆巴音布鲁克盆地强降雨天气数值模拟效果分析

[J]. 干旱区研究, 2016(1 期):28-37.

[27] Jiménez, Pedro A, Dudhia J, González Rouco, J. Fidel, et al. A revised scheme for the WRF surface layer formulation[J]. Monthly Weather Review, 2012, 140(3):898-918.

[28] 赖锡柳, 王颖, 杨雪玲, 等. WRF 模式不同陆面过程方案模拟兰州新区低空气象场特征[J]. 兰州大学学报(自然科学版), 2017(03):49-60.

[29] 沈新勇, 马铮, 郭春燕, 等. 不同边界层参数化方案对一次梅雨锋暴雨过程湍流交换特征模拟的影响[J]. 热带气象学报, 2017, 033(006):793-811.

[30] Hong S Y, Noh Y, Dudhia J. A New Vertical Diffusion Package with an Explicit Treatment of Entrainment Processes[J]. Monthly Weather Review, 2006, 134(9):2318.

[31] 杨悦, 高山红. 黄海海雾 WRF 数值模拟中垂直分辨率的敏感性研究[J]. 气象学报, 2016, 74(6):974-988.

[32] Pleim, Jonathan E. A Combined Local and Nonlocal Closure Model for the Atmospheric Boundary Layer. Part I: Model Description and Testing[J]. Journal of Applied Meteorology & Climatology, 2007, 46(9):1383-1395.

[33] Pleim J E. A Combined Local and Nonlocal Closure Model for the Atmospheric Boundary Layer. Part II: Application and Evaluation in a Mesoscale Meteorological Model[J]. 2007, 46(9):1396-1409.

[34] 王子谦, 段安民, 吴国雄. 边界层参数化方案及海气耦合对 WRF 模拟东亚夏季风的影响[J]. 中国科学:地球科学, 2014, 000(3):548-566.

[35] Bretherton C S, Park S. A New Moist Turbulence Parameterization in the Community Atmosphere Model [J]. Journal of Climate, 2009, 22(12):3422-3448.

[36] 杨秋彦, 苗峻峰, 王语卉. 边界层参数化对海南岛海风环流结构模拟的影响[J]. 热带气象学报, 2019, 035(2):234-252.

[37] 李玉鹏, 王东海, 尹金方. 蒙西地区不同边界层参数化方案的近地层风场预报效果评估[J]. 中山大学学报(自然科学版), 2018, 057(4):16-29.

[38] Shin H H, Hong S Y. Intercomparison of Planetary Boundary-Layer Parametrizations in the WRF Model for a Single Day from CASES-99[J]. Boundary-Layer Meteorology, 2011, 139(2):261-281.

[39] D. Carvalho et al. Sensitivity of the WRF model wind simulation and wind energy production estimates to planetary boundary layer parameterizations for onshore and offshore areas in the Iberian Peninsula[J]. Applied Energy, 2014, 135:234-246.

[40] Hu X M, Nielsen-Gammon J W, Zhang F. Evaluation of Three Planetary Boundary Layer Schemes in the WRF Model[J]. Journal of Applied Meteorology and Climatology, 2010, 49(9):1831-1844.

[41] 张华, 何贵成. 河谷局地气象场的 WRF 模式边界层方案敏感性分析[J]. 水利水电技术, 2017, 48(3):1-6.

[42] Pang-NingTan, Miehael Steinbaeh, Vipin Kumar. 数据挖掘导论[M]. 范明, 范宏建, 等, 译. 人民邮电出版社, 2006.

[43] Agrawal R, Imieliński T, Swami A. Mining association rules between sets of items in large databases [C]. ACM SIGMOD Record. ACM, 1993, 22(2): 207-216.

[44] 方美玉, 郑小林, 陈德人. 基于语言值模糊关系的关联规则挖掘算法[J]. 电信科学, 2012(01):113-117.

[45] 曾水光. 基于数据挖掘的河北省高考数据分析研究[D]. 石家庄:河北师范大学, 2013.

[46] 李远菲. 数据挖掘与数据仓库分析[J]. 计算机光盘软件与应用, 2011(2):15-15.

[47] 吴兑, 吴晓京, 朱小祥, 等. 雾和霾[M]. 北京:气象出版社, 2009.

[48] 于华英,牛生杰,刘鹏.2007年12月南京大雾频发的多尺度特征研究[J].热带气象学报,2014,30 (01):167-175.

[49] 林艳.南京冬季雾过程能见度的参数化方案及数值模拟研究[D].南京:南京信息工程大学,2010.

[50] Zhou B, Du J. Fog Prediction from a Multimodel Mesoscale Ensemble Prediction System[J]. Weather & Forecasting, 2009, 25(1):303-322.

[51] 林艳,杨军,鲍艳松等.山西省冬季雾中能见度的数值模拟研究[J].南京信息工程大学学报,2010, 02(5):436-444.

[52] 吴兑.再论相对湿度对区别都市霾与雾(轻雾)的意义[J].广东气象,2006,000(1):9-13.

[53] 王晓耕.浅谈轻雾与相对湿度[J].陕西气象,1993(6):39-39.

[54] 高建蒙.轻雾与相对湿度和能见度的统计分析[J].甘肃气象,1986(2):26-26.

[55] 风力等级:GB/T 28591—2012[S].

[56] 毕雪岩,刘烽,吴兑.几种大气稳定度分类标准计算方法的比较分析[J].热带气象学报,2005(4): 402-409.

[57] 苗曼倩,王彦昌,柳洪.关于非中性层结大气边界层湍流交换系数参数化公式的探讨[J].气象科 学,1987(4):10-19.

[58] 科迪.降雨强度标准划分[J].北京水利,1995,04:49-49.

[59] Smedstad O M, O'Brien J J. Variational data assimilation and parameter estimation in an equatorial Pacific Ocean model[J] Prog Oceanog,1991,26(2):179-241.

[60] Deng A ,Stauffer D,Gaudet B , et al. 1. 9 UPDATE ON WRF-ARW END-TO-END MULTI-SCALE FDDA SYSTEM. 2009.

[61] Reen B P,D R Stauffer, 2010: Data assimilation strategies in the planetary boundary layer. Boundary-Layer Meteorology,137,237-269.

[62] 张爱忠,齐琳琳,纪飞,等. 资料同化方法研究进展[J]. 气象科技, 2005, 033(5):385-389,393.

[63] Reen, B P, R E Dumais Jr, J E Passner,Mitigating Excessive Drying Caused by Observation Nudging. 14th Annual WRF Workshop, NCAR,2013:24-28.

[64] Reen B P, Dumais R E,Passner J E. Mitigating Excessive Drying from the Use of Observations in Mesoscale Modeling. Journal of Applied Meteorology and Climatology 2016,55,365-388.

[65] 谢红琴. MM5-卫星数据变分同化方法及气象预报应用研究[D].青岛:中国海洋大学, 2003.

[66] 朱国富. 数值天气预报中分析同化基本方法的历史发展脉络和评述[J]. 气象, 2015(08):68-78.

[67] 陈恭. 将经验插值方法应用到时变问题并实现预测[D].广州:中山大学, 2019.

[68] 王跃山. 客观分析和四维同化:—站在新世纪的回望(Ⅱ)客观分析的主要方法(2)[J]. 气象科 技, 2001(3):1-11.

[69] Gaudet, B. , D. Stauffer, N. Seaman, et, al. 2009: Modeling Extremely Cold Stable Boundary Layers over Interior Alaska using a WRF FDDA System. 13th Conference on Mesoscale Processes, American Meteorological Society, 17-20.

[70] 魏蕾,雷恒池. 加密探空资料同化对一次降水预报能力改进研究[J]. 气候与环境研究, 2012, 17 (6):809-820.

[71] 苏志侠,程麟生.两种客观分析方法的比较—逐步订正和最优内插[J]. 高原气象, 1994, V13 (2):194-205.

[72] 闫长香,朱江. 集合最优插值中的样本选取[J]. 气候与环境研究, 2011, 16(4):452-458.

[73] 沈艳,潘旸,徐宾,等. 最优插值法在对中国自动站降水量空间分析中的参数优化[J]. 成都信息 工程学院学报, 2012(2):219-224.

［74］李盛强. 两类变分不等式问题的若干重要性质的研究［D］. 重庆:重庆大学, 2013.

［75］张爱军. 最优变分伴随方法及在近岸水位资料同化中的应用［D］. 青岛:中国科学院海洋研究所, 2000.

［76］Lei L, D R Stauffer, A Deng, A hybrid nudging-ensemble Kalman filter approach to data assimilation in WRF/DART. Quart. J. Roy. Meteor. Soc. ,2012,138, 2066-2078.

［77］Dee D P . Simplification of the Kalman filter for meteorological data assimilation［J］. Quarterly Journal of the Royal Meteorological Society, 2010, 117(498).

［78］Cohn S E , Parrish D F . The behavior of forecast error covariances for a Kalman filter in two dimensions ［J］. Monthly Weather Review, 1991, 119(8).

［79］吴炜. 集合卡尔曼滤波中模式偏差的线性订正及其有限区域地面观测资料同化中的应用［D］. 青岛:中国海洋大学, 2009.

［80］周桃庚, 郝群, 沙定国. U-卡尔曼滤波在状态估计中的应用［J］. 仪器仪表学报, 2003, 24(s1): 410-412.

［81］朱铮涛, 曾江翔, 王志萍. 基于卡尔曼滤波的背景估计及其算法实现［J］. 微计算机信息, 2007, 23(28):291-293.

［82］Jimy, Dudhia. A history of mesoscale model development［J］. Asia-Pacific Journal of Atmospheric Sciences, 2014, 50(1):121-131.

［83］胡向军,陶健红,郑飞,等. WRF 模式物理过程参数化方案简介［J］.甘肃科技,2008,20:73-75.

［84］Auroux D , Blum J . A nudging-based data assimilation method: The Back and Forth Nudging (BFN) algorithm［J］. Nonlinear Processes in Geophysics, 2008, 15(99).

［85］Nakayama H , Takemi T . Development of a Data Assimilation Method Using Vibration Equation for Large - Eddy Simulations of Turbulent Boundary Layer Flows［J］. Journal of Advances in Modeling Earth Systems, 2020.

［86］Gaudet B , Stauffer D , Seaman N , et al. 18. 1 Modeling Extremely Cold Stable Boundary Layers Over Interior Alaska Using a WRF FDDA System. 2009.

［87］闵涛,肖天贵,李跃清,等. 2011 年 8 月 20 日雅安暴雨过程的波能特征研究［J］.成都信息工程学院学报, 2013(4): 402-408.

［88］Mlawer E J,Taubman S J,Brown P D ,et al. Radiative transfer for inhomogeneous atmosphere:RRTM,a validated correlated-k model for long wave［J］. Journal of Geophysical Research, 1997, 102 (D14): 16663-16682.

［89］Dudhis J. Numerical study of convection observed during the winter monsoon experiment using amesoscale two- dimensional model［J］. Journal of the Atmospheric Sciences,1989,46(20):3077-3107.

［90］王继刚,汤国庆,罗永钦.大岗山水电站泄洪洞泄洪雾化观测成果分析［J］.西北水电,2019(01): 77-80.

［91］张华.水电站泄洪雾化理论及其数学模型的研究［D］.天津:天津大学, 2003.

［92］张旻.锦屏一级水电站泄洪洞泄洪雾化及防护措施研究［J］.水电站设计, 2015(2): 24-27.

［93］张华,宋佳星,何贵成,等.泄洪雾化对天气环境影响的松弛同化方法研究［J］.水利学报,2019,50 (10):1222-1230.

［94］杨弘,王继敏,刘卓.锦屏一级水电站泄洪洞的掺气减蚀及消能防冲问题［J］.水利水电技术,2018, (7):115-121.

［95］天津大学, 雅砻江流域水电开发有限公司.四川省雅砻江锦屏一级水电站水力学原型观测成果报告［R］.天津:天津大学,2016.

[96] 王继敏,杨弘.锦屏一级水电站泄洪消能关键技术研究[J].人民长江,2017(13):85-90.

[97] 龙良红,徐慧,纪道斌,等.向家坝水库水温时空特征及其成因分析[J].长江流域资源与环境, 2017,(5):738-746.

[98] 潘江洋,冯树荣,李延农,等.新型泄洪消能技术在向家坝水电站中的应用[J].水力发电,2016, (7):49-52.

[99] 王兆荣,程万正,李万明,等.向家坝库首区地脉动与水库泄洪激发的振动特征分析[J].自然灾害 学报,2014(3):257-266.

[100] 宋佳星.基于数据同化方法的挑流泄洪雾化对环境影响的数值研究[D].北京:华北电力大学, 2019.

[101] M F Ruggeri, N B Lana, J C Altamirano, et al. Spatial distribution, patterns and source contributions of POPs in the atmosphere of Great Mendoza using the WRF/CALMET/CALPUFF modelling system [J]. Elsevier B. V.,2020,6.

[102] Lu, Yi-xiong,Tang, Jian-ping,Wang, Yuan,Song, Li-li. Validation Of Near-Surface Winds Obtained By a Hybrid WRF/CALMET Modeling System Over A Coastal Island With Complex Terrain[J]. Journal of Tropical Meteorology,2012,18(3).

[103] José A. González, Anel Hernández-Garcés, Angel Rodríguez, Santiago Saavedra, Juan J. Casares. Surface and upper-air WRF-CALMET simulations assessment over a coastal and complex terrain area [J]. Int. J. of Environment and Pollution,2015,57(3/4).

[104] 李俊徽,耿焕同,谢佩妍,等.基于WRF-CALMET的精细化方法在大风预报上的应用研究[J].气象,2017,43(08):1005-1015.

[105] Shengming Tang, Sui Huang, Hui Yu, et al. Impact of horizontal resolution in CALMET on simulated near-surface wind fields over complex terrain during Super Typhoon Meranti (2016) [J]. Atmospheric Research, 2021, 247.

[106] 胡洵,蔡旭晖,宋宇,等.关中盆地近地面风场和大气输送特征分析[J].气候与环境研究,2020,25 (06):637-648.

[107] 张华,陈永访,何贵成,等.基于WRF/CALMET模型的河谷地形近地面风场的数值同化研究[J].水利水电技术, 2020, 51(11): 125-131.

[108] Ivakhnenko, A. G . Polynomial Theory of Complex Systems[J]. IEEE Transactions on Systems Man & Cybernetics, 1971, SMC-1(4):364-378.

[109] 练继建, 何军龄, 缑文娟,等. 泄洪雾化危害的治理方案研究[J]. 水力发电学报, 2019, 38 (11): 1-11.

[110] 贾金生,袁玉兰,郑璀莹,等. 中国水库大坝统计和技术进展及关注的问题简论[J]. 水力发电, 2010,36(01):6-10.

[111] 周建平, 杨泽艳, 陈观福. 我国高坝建设的现状和面临的挑战[J]. 水利学报, 2006, 37(12): 1433-1438.

[112] 杨智鸿,王愈. 泄洪雾化研究综述[J]. 中国水运(下半月), 2008,4(07):153-155.

[113] 王思莹,王才欢,陈端. 泄洪雾化研究进展综述[J]. 长江科学院院报,2013,30(07):53-58+63.

[114] 孔思丽. 工程地质学[M].重庆:重庆大学出版社, 2005.

[115] 陈利友, 李珑. 浅析风化带的定义及划分[J]. 四川水利, 2011(04):63-66.

[116] 中华人民共和国水利部.水利水电工程地质勘察规范:GB 50487—2008[S].北京:中国计划出版社,2009.

[117] 中华人民共和国建设部.岩土工程勘察规范:GB 50021—2001[S].北京:中国建筑工业出版社,

2002.

[118] 李天斌, 王兰生. 岩质工程高边坡稳定性及其控制[J]. 科学出版社, 2008.

[119] 李瓒. 龙羊峡水电站挑流水雾诱发滑坡问题[J]. 大坝与安全, 2001(03):17-20+29-56.

[120] 韩建设. 李家峡水电站坝前滑坡体的变形特征及处理措施[J]. 水力发电, 1997(06):35-36.

[121] 苏建明, 李浩然. 二滩水电站泄洪雾化对下游边坡的影响[J]. 水文地质工程地质, 2002(02):22-24.

[122] 杨银辉, 韩先宇, 闵四海, 等. 二滩水电站下游雾化区高边坡变形破坏机理浅析[J]. 大坝与安全, 2019, No.114(04):12-16.

[123] 刘青泉, 李家春, 陈力, 等. 坡面流及土壤侵蚀动力学(Ⅰ)——坡面流[J]. 力学进展, 2004, 34(3):360-372.

[124] 郑良勇, 李占斌, 李鹏. 坡面径流的水动力学特性研究进展[J]. 水土保持学报, 2002(1):76-79.

[125] 肖培青, 郑粉莉, 姚文艺. 坡沟系统坡面径流流态及水力学参数特征研究[J]. 水科学进展, 2009, 20(002):236-240.

[126] 安文涛, 宋晓敏, 蒋谦, 等. 坡面土壤侵蚀响应机制及其水动力学特征研究进展[J]. 华北水利水电大学学报:自然科学版, 2020(4):61-66.

[127] 郭忠录, 马美景, 蔡崇法, 等. 模拟降雨径流作用下红壤坡面侵蚀水动力学机制[J]. 长江流域资源与环境, 2017, 026(001):150-157.

[128] Guo T, Wang Q, Li D, et al. Sediment and solute transport on soil slope under simultaneous influence of rainfall impact and scouring flow[J]. Hydrological Processes, 2010, 24(11):1446-1454.

[129] Reichert J M, Norton L D. Rill and interrill erodibility and sediment characteristics of clayey Australian Vertosols and a Ferrosol[J]. Soil Research, 2013, 51(1):1-9.

[130] An J, Zheng F L, Han Y. Effects of Rainstorm Patterns on Runoff and Sediment Yield Processes[J]. Soilence, 2014, 179(6):293-303.

[131] 张宽地, 王光谦, 孙晓敏, 等. 模拟植被覆盖条件下坡面流水动力学特性[J]. 水科学进展, 2014(06):60-69.

[132] 吴淑芳, 吴普特, 宋维秀, 等. 黄土坡面径流剥离土壤的水动力过程研究[J]. 土壤学报, 2010(02):223-228.

[133] 蒋昌波, 隆院男, 胡世雄, 等. 坡面流阻力研究进展[J]. 水利学报, 2012(02):67-75.

[134] Peng X, D Shi, D Jiang, et al. Runoff erosion process on different underlying surfaces from disturbed soils in the Three Gorges Reservoir Area, China[J]. Catena, 2014, 123:215-224.

[135] Horton R E. Erosional development of streams and their drainage basins: hydrophysical apprach to quantitative morphology[J]. Geol. Soc. Am. Bull, 1945, 56(3):275-370.

[136] 霍利. 侵蚀与环境[M]. 北京:中国环境出版社, 1987.

[137] 吴长文, 陈法扬. 坡面土壤侵蚀及其模型研究综述[J]. 南昌水专学报, 1994(2):1-11.

[138] 雷志栋, 杨诗秀, 谢森传. 土壤水动力学[M]. 北京:清华大学出版社, 1988.

[139] Green W Hand Ampt G A. Studies on soil Physics:1. Flow of air and water through soils[J]. Agric Sci, 1911,4(1):1-24.

[140] Horton R E. An approach toward a physical interpretation of infiltration capacity[J]. Soil Sci Soc Arn Proc, 1940,3:399-417.

[141] Philip J R. The theory of infiltration:1. the infiltration equation andits solution[J]. Soil Sci, 1957,83(5):345-357.

[142] Smith R E, Parlange J Y. A Parameter-Efficient Hydrologic Infiltration Model[J]. Water Resources Research, 1978, 14(3):533-538.

[143] 林国财, 阮怀宁, 谢兴华, 等. 雾化雨入渗暂态饱和区对边坡稳定影响程度研究[J].湖南大学学报:自然科学版, 2018, 45(S1):109-114.

[144] 付宏渊, 史振宁, 曾铃.降雨条件下坡积土边坡暂态饱和区形成机理及分布规律[J]. 土木建筑与环境工程, 2017, 039(002):1-10.

[145] 蒋中明, 伍忠才, 冯树荣, 等. 考虑暂态饱和区的边坡稳定性极限平衡分析方法[J]. 水利学报, 2015, 46(07):773-782.

[146] 林国财, 阮怀宁, 谢兴华, 等. 雾化雨入渗暂态饱和区对边坡稳定影响程度研究[J].湖南大学学报:自然科学版, 2018, 45(S1):109-114.

[147] 张培文, 刘德富, 郑宏, 等. 降雨条件下坡面径流和入渗耦合的数值模拟[J]. 岩土力学, 2004, 25(001):109-113.

[148] 汤有光, 郭轶锋, 吴宏伟, 等. 考虑地表径流与地下渗流耦合的斜坡降雨入渗研究[J]. 岩土力学, 2004, 25(009):1347-1352.

[149] 毛昶熙. 渗流计算分析与控制[M]. 2 版.北京:中国水利水电出版社, 2003.

[150] Fredlund D G . Slope Stability Chapter 4 Slope Stability Analysis Incorporating the Effect of Soil Suction [C]// In Slope Stability Chapter 4 of Book. Wiley, 1987.

[151] Genuchten V, Th. M . A closed-form equation for predicting the hydraulic conductivity of unsaturated soils[J]. Soil Science Society of America Journal, 1980, 44(5):892-898.

[152] 周志芳, 王锦国. 裂隙介质水动力学原理[M].北京:中国水利水电出版社, 2004.

[153] 向文飞, 周创兵. 裂隙岩体表征单元体研究进展[J]. 岩石力学与工程学报, 2005, 24(A02):5686-5692.

[154] Kulatilake P, Panda B B . Effect of Block Size and Joint Geometry on Jointed Rock Hydraulics and REV [J]. Journal of Engineering Mechanics, 2000, 126(8):850-858.

[155] Wu Q, Kulatilake P . REV and its properties on fracture system and mechanical properties, and an orthotropic constitutive model for a jointed rock mass in a dam site in China[J]. Computers & Geotechnics, 2012, 43(Jun.):124-142.

[156] 王媛, 速宝玉. 单裂隙面渗流特性及等效水力隙宽[J]. 水科学进展, 2002, 13(1):61-68.

[157] Lomize G M. Flow in fractured rocks[J]. Gosenergoizdat, Moscow, 1951, 127-197.

[158] Louis C, Maini Y N. Determination of in-situ hydraulic parameters in jointed rock[J]. International Society of Rock Mechanics, Proceedings, 1970, 1:1-19.

[159] 田开铭, 万力. 各向异性裂隙介质渗透性的研究与评价[M].北京:学苑出版社, 1989.

[160] 速宝玉, 詹美礼. 交叉裂隙水流的模型实验研究[J]. 水利学报, 1997(5):1-6.

[161] 苏培莉, 谷拴成, 韦正范, 等. 岩体结构面网络的计算机模拟[J]. 中国矿山工程, 2006, 35(4):47-49.

[162] 汪小刚. 岩体结构面网络模拟原理及其工程应用[M].北京:中国水利水电出版社, 2010.

[163] 李新强, 杨松青, 汪小刚. 岩体随机结构面三维网络的生成和可视化技术[J]. 岩石力学与工程学报, 2007, 26(12):2564-2569.

[164] 周创兵, 李典庆. 暴雨诱发滑坡致灾机理与减灾方法研究进展[J]. 地球科学进展, 2009, 24(5):477-487.

[165] 谢守益, 徐卫亚.降雨诱发滑坡机制研究[J]. 武汉水利电力大学学报, 1999(1):21-23.

[166] Collins B D, D Znidarcic. Stability Analyses of Rainfall Induced Landslides[J]. Journal of Geotechnical

and Geoenvironmental Engineering, 2004, 130(4):362-372.

[167] Johnson K A, Sitar N. Hydrologic conditions leading to debris-flow initiation[J]. Canadian Geotechnical Journal,1990,27(6):789-801.

[168] Tohari A, Nishigaki M, Komatsu M. Laboratory experiments on initiation of rainfall-induced slope failure with moisture content measurements[C]// Unsaturated Soils for Asia Asian Conference on Unsaturated Soils. 2000.

[169] 张岩岩. 径流–渗流耦合作用下降雨型滑坡稳定性分析研究[D]. 重庆:重庆大学,2018.

[170] 张明,胡瑞林,谭儒蛟,等. 降雨型滑坡研究的发展现状与展望[J]. 工程勘察,2009(03):11-17.

[171] 胡云进,速宝玉,詹美礼. 溪洛渡水垫塘区岸坡雾化雨入渗数值分析[J]. 岩石力学与工程学报,2003,22(008):1291-1296.

[172] 胡云进,速宝玉,仲济刚. 有地表入渗的裂隙岩体渗流数值分析及工程应用[J].岩石力学与工程学报,2000,19(增):1019-1022.

[173] 胡云进. 裂隙岩体非饱和渗流分析及其工程应用[M].杭州:浙江大学出版社,2009.

[174] 慕洪友,娄威立,郑雪玉. RM水电站泄洪雾化特性及边坡防治对策[J].水电与抽水蓄能,2019,28(6):112-119+159.

[175] 杜兰,卢金龙,李利,等. 大型水利枢纽泄洪雾化原型观测研究[J]. 长江科学院院报, 2017, 34(008):59-63.

[176] 赵建均,辜晋德,等. 白鹤滩水电站1:50水工整体模型综合试验坝身泄洪消能及雾化影响研究报告[R].南京:南京水利科学研究院, 2011.

[177] 徐建荣,柳海涛,彭育,等.基于泄洪雾化影响的白鹤滩水电站坝身泄洪调度方式研究[J]. 中国水利水电科学研究院学报, 2021, 19:1-9.

[178] 尹鹏海,姚孟迪. 金沙江白鹤滩水电站左岸雾化区边坡稳定性分析[J]. 中国农村水利水电,2013(08):137-141.

[179] 陈惠玲,黄国情. 溪洛渡水电站枢纽泄洪雾化物理模型试验报告[R]. 南京:南京水利科学研究院水工研究所,2000.

[180] 中国电力工程顾问集团有限公司,中国能源建设集团规划设计有限公司. 电力工程设计手册. 架空输电线路设计[M].北京:中国电力出版社, 2019.

[181] 孙才新. 大气环境与电气外绝缘[M].北京:中国电力出版社, 2002.

[182] 赵志红. 高压输电线电晕放电特征及其对环境的影响[D].哈尔滨:哈尔滨工业大学, 2011.

[183] 张海峰,庞其昌,陈秀春. 高压电晕放电特征及其检测[J]. 电测与仪表, 2006, 43(002):6-8.

[184] 柴贤东. 特高压直流输电线下电场和电晕损耗分析[D]. 重庆:重庆大学, 2012.

[185] 蒋兴良,黄俊,董冰冰,等. 雾水电导率对输电线路交流电晕特性的影响[J]. 高电压技术,2013, 39(003):636-641.

[186] 吴执. 水滴形态对输电线路导线电晕放电特性的影响[D]. 重庆:重庆大学,2014.

[187] 董冰冰. 雾对短空气间隙与绝缘子交流放电特性影响研究[D]. 重庆:重庆大学,2014.

[188] 伍炜卫. 雨雾天气对交流输电导线电晕放电特性的影响[D].重庆:重庆大学,2017.

[189] 中国国家标准化管理委员会. 交流系统用高压绝缘子的人工污秽试验:GB/T 4585—2004[S].北京:中国标准出版社,2004.

[190] 中国国家标准化管理委员会. 高压交流系统用复合绝缘子人工污秽试验:DL/T 859—2004[S].北京:中国标准出版社.

[191] 中华人民共和国水利部. 水利水电工程高压配电装置设计规范:SL 311—2004[S]. 北京:中国水利水电出版社,2004.

[192] 蒋兴良,奚思建,刘伟,等.降雨对棒-板(棒-棒)空气间隙交流放电特性的影响[J].重庆大学学报,2012,35(1):52-58.

[193] 周舟,赵婉婉.输电线路导线覆冰现象分析[J].通讯世界,2020,27,358(3):131-132.

[194] 苑吉河,蒋兴良,易辉,等.输电线路导线覆冰的国内外研究现状[J].高电压技术,2004,30(001):6-9.

[195] 刘春城,刘佼.输电线路导线覆冰机理及雨凇覆冰模型[J].高电压技术,2011,37(1):241-248.

[196] 蒋兴良,易辉.输电线路覆冰及防护[M].北京:中国电力出版社,2002.

[197] 张欢,李炜,张亚军,等.输电线路档距组合对覆冰导线动态特性的影响分析[J].高电压技术,2013(3):249-255.

[198] 刘和云.架空导线覆冰防冰的理论与应用[M].北京:中国铁道出版社,2001.

[199] 杨百雄.架空线路的覆冰现象及其防止措施[J].华北电力技术,1987(12):46-48.

[200] 李曰兵,邢爽,周磊.高压输电线路导线覆冰舞动分析与对策[J].华中电力,2010(2):6-9.

[201] 刘晓鹏,樊双英,冯彦国.浅谈高湿环境中风电电气设备的防潮除湿措施[J].电工电气,2020,265(1):78-80.

[202] 贺红波.岩滩水电站设备防潮防结露处理措施[J].中国科技博览,2012,000(38):317-318.

[203] 施启,张杰,肖一帆,等.关于变电站高压开关柜防潮除湿分析与防范措施探讨[J].电气技术与经济,2018(6).

[204] 韩喜俊,渠立光,程子兵.高坝泄洪雾化工程防护措施研究进展[J].长江科学院院报,2013,30(8):63-63.

[205] 高亮.对黄龙滩电厂"水淹厂房"事件分析及处置的探讨[J].科技风,2014,000(16):244-244.

[206] 王颖,李志远,李池清.白山水电站泄洪溅水雾化与防护工程研究[J].水利水电技术,2008(06):113-116.

[207] 中华人民共和国国家质量监督检验检疫总局,中国国家标准化管理委员会.雾的预报等级:GB/T 27964—2011[S].北京:中国标准出版社,2011.

[208] 高建平,张续光.雾天对高速公路驾驶员视觉影响研究[J].武汉理工大学学报,2014,36(09):68-72.

[209] 李世明,汤永华,高涛,等.云南地区雨雾不良气象对行车安全的影响及处置对策[J].公路交通科技(应用技术版),2017,00(08):285-287.

[210] 陈方,戢晓峰,吉选,等.降雨对城市交通系统的影响与预警对策[J].武汉理工大学学报(社会科学版),2013,26(004):506-509.

[211] 李利,刘唐志,王凤.雨天能见度对高速公路行车安全影响研究[J].公路,2013(05):136-140.

[212] 季天剑.降雨对轮胎与路面的附着系数的影响[D].南京:东南大学,2004.

[213] 唐晋娟.不良天气条件下高速公路交通安全影响分析[D].南京:南京林业大学,2010.

[214] 中华人民共和国国家质量监督检验检疫总局,中国国家标准化管理委员会.雾天高速公路交通安全控制条件:GB/T 31445—2015[S].北京:中国标准出版社,2015.

[215] 中华人民共和国国家质量监督检验检疫总局,中国国家标准化管理委员会.风力等级:GB/T 28591—2012[S].北京:中国标准出版社,2012.

[216] 陈惠玲,黄国情,周辉,等.珊溪水利枢纽工程溢洪道掺气减蚀及泄洪雾化试验研究报告[R].南京:南京水利科学研究院,1998.

[217] 周辉,黄国兵,廖仁强.清江水布垭水利枢纽溢洪道泄洪雾化模型试验研究报告[R].南京:南京水利科学研究院,2002.

［218］陈惠玲，王河生. 乌江东风水电站水力学原型观测泄洪雾化观测报告［R］. 南京：南京水利科学研究院,1997.

［219］周辉,吴时强,陈慧玲.泄洪雾化的影响及其分区和分级防护初探［C］. 第二届全国水利学与水利信息学学术大会, 2005;96-101.

［220］周辉,沙海飞,陈惠玲.滩坑水电站溢洪道水力学及泄洪雾化试验研究报告［R］.南京:南京水利科学研究院,2006.

［221］周辉,等.锦屏一级水电站泄洪雾化模型试验研究［R］. 南京:南京水利科学研究院,2003.

［222］周辉,等.雅砻江锦屏一级水电站坝身泄洪消能水力学模型试验［R］. 南京:南京水利科学研究院,2006.

［223］练继建,冉聘颉,何军龄,等.挑坎体型对下游雾化影响的试验研究［J］.水科学进展,2020,31（02）:260-269.

［224］高拱坝表中孔水舌无碰撞泄洪消能方法及其对雾化的影响［R］. 南京:南京水利科学研究院,2015.

［225］张陆陈,骆少泽,等.澜沧江如美水电站可行性研究阶段 1:80 整体模型水力学试验研究［R］.南京:南京水利科学研究院, 2017.

［226］吴修锋,陈惠玲,吴时强.向家坝水电站泄洪消能雾化物理模型试验研究报告［R］.南京:南京水利科学研究院,2002.